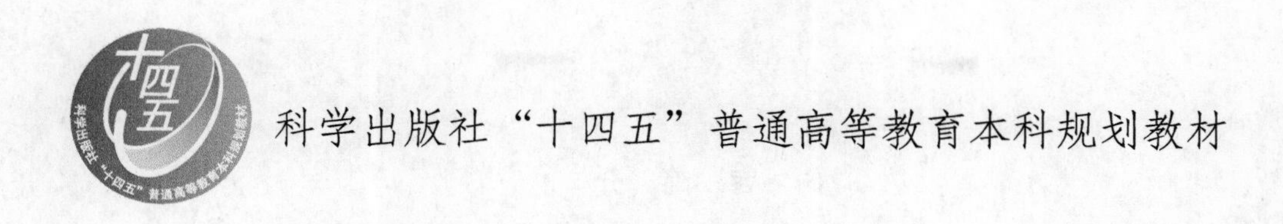

食品分析

孙丽平　主编

科学出版社

北京

内 容 简 介

本书共 15 章，涵盖了绪论、食品分析法律法规与标准、食品分析中的质量保证、食品的物理特性分析、水分的测定、灰分和矿物质的测定、脂类物质的测定、碳水化合物的测定、蛋白质和氨基酸的测定、酸度和酸性物质的测定、维生素的测定、典型有害矿质污染物的测定、加工和污染产生的典型有害物质的测定、农药残留和兽药残留的测定、典型生物性毒素的测定。本书以食品的基本物理性质、营养性成分、有毒有害成分的检测技术为主要内容，以国家颁布的最新分析技术标准为主要依据，尽可能将“食品分析”的主要内容进行归纳、整理，与相邻课程进行区分，从知识、能力和素养三个维度注重人才培养成效。

本书可作为高等院校食品科学与工程类专业本科生食品分析、食品理化检验等课程的教材，也可作为化工与制药类、农业工程类、林业工程类、生物工程类、植物生产类、动物生产类、水产类等专业本科生的教材或参考资料。还可作为食品质量监督管理机构、食品卫生检验部门、食品产品研发部门等的参考或培训用书。

图书在版编目（CIP）数据

食品分析 / 孙丽平主编. —北京：科学出版社，2024.7

科学出版社“十四五”普通高等教育本科规划教材

ISBN 978-7-03-078591-6

Ⅰ. ①食…　Ⅱ. ①孙…　Ⅲ. ①食品分析－高等学校－教材
Ⅳ. ①TS207.3

中国国家版本馆 CIP 数据核字（2024）第 106203 号

责任编辑：郭勇斌　彭婧煜　冷　玥 / 责任校对：周思梦
责任印制：徐晓晨 / 封面设计：义和文创

科学出版社出版

北京东黄城根北街 16 号
邮政编码：100717
http://www.sciencep.com

北京九州迅驰传媒文化有限公司印刷
科学出版社发行　各地新华书店经销

*

2024 年 7 月第　一　版　开本：787×1092　1/16
2024 年 7 月第一次印刷　印张：22 3/4
字数：527 000

定价：79.00 元

（如有印装质量问题，我社负责调换）

编写委员会

主　编： 孙丽平

副主编： 和劲松　樊雪静

编　委：（按姓氏拼音排序）

陈碧芬　侯洪波　胡永丹　刘　贺

刘　云　姜　燕　景年华　马庆昱

马雅鸽　张帮磊　张　杰　郑　琰

庄永亮

前　言

食品是人类赖以生存的最基本的物质基础，食品产业是一个国家或区域最重要的经济基础之一。食品的不断创新和食品产业的发展都需要食品专业不断培育人才。在食品专业人才培养中，“食品分析”课程是最重要的专业基础课程之一。

教材不仅是教师进行教学的基本依据，也是学生直接的学习对象，是理解课程内容并达成课程目标的重要媒介。教材的系统性和准确性使得它能够有效地传递学科知识。本教材是在昆明理工大学校级“十四五”规划教材建设项目支持下，凝练我校“食品分析”课程组多位教师的课堂教学和教改经验，经过多家高校“食品分析”课程任课教师的不断研讨，着手规划和编写的。本教材在规划和编写过程中，避免与“食品化学”“食品营养学”“食品安全学”“食品标准与法规”等重要相邻课程内容重复，尽可能构建系统和准确的知识体系，提升课程理论知识和技术的前沿性。

本教材由孙丽平担任主编，全书分为 15 章，具体编写分工如下：第 1 章、第 4 章、第 6 章和第 12 章由孙丽平、樊雪静编写，第 2 章由姜燕编写，第 3 章由庄永亮编写，第 5 章由张帮磊编写，第 7 章由刘云和张杰编写、第 8 章由马庆昱和陈碧芬编写，第 9 章由马雅鸽和郑琰编写，第 10 章由胡永丹编写，第 11 章由刘贺编写，第 13 章由景年华编写，第 14 章由侯洪波编写，第 15 章由和劲松编写。本书对每章配备了相应的教学课件、课堂练习题、课堂测试题、课后作业和习题集，可扫描封底二维码查看。这些教学资源不仅可供任课教师教学参考，还可使读者更高效地掌握课程内容，达到学习目的。

在本教材及其课件和习题编写过程中，昆明理工大学易伦朝教授、李辉教授、顾颖副教授、任达兵副教授、丁阳月博士和王曙光博士给予了很多的建议和帮助，在此表示诚挚感谢。

限于编者的水平，书中不足之处敬请读者批评指正。

编　者

2024 年 7 月于昆明

目　录

第1章 绪　论

“民以食为天”，食品是人类赖以生存的基础物资和能源物质。近年来，随着社会的发展和科学的进步，民众的生活水平逐步提高，我国市场食品供给充足，食品营养和食品安全逐渐成为消费者最为关注的公共问题之一。为此，食品工业、政府机构、科研工作者都在致力于为民众提供营养、美味、安全的食品。如何才能明确或量化某食品在某状态下的营养、口感、安全等性能呢？对，食品分析！所以，食品分析是发掘和应用各种方法、仪器和策略来获得特定食品中的特定成分或特性的一门科学。

目前，食品分析作为整个食品质量管理程序的一个重要组成部分，贯穿于食品开发、生产、储藏、运输和销售的全过程，乃至人体摄食后的消化和吸收。为满足目前各方对食品分析与检测工作者的需求，高等教育中的食品分析课程已是食品科学与工程类专业教学质量国家标准推荐的核心专业课。因此，为本课程的教学提供一本高质量的教材，不仅是培养高质量人才的需求，也是推进食品分析技术发展的需求。

1.1 食品分析的概念

食品分析是食品生产、加工、储运和销售过程中食品质量保证体系的重要组成部分之一。消费者、食品工业和政府法规均要求相关机构或组织监控食品组成，明确保证供应食品的质量和安全性。同时，食品分析还是优质产品及其生产过程的“眼睛”和“参谋”，辅助企业和研究者开发食品新资源、研发食品新产品、设计食品新工艺、创新食品新技术。

作为分析检测工作者，应能根据待测食品的性质和项目的特殊要求选择合适的分析方法，能正确采样和制样，能准确实施分析检测操作，以及能对检测数据正确处理，进而得到可靠的分析结果。而要正确做到这一切，必须有赖于食品分析工作者熟知各种相关的法律、标准和规定，有坚实的理论基础知识，全面了解各种来源的分析方法，有熟练的操作技能和正确的数据处理能力，还要有高度责任心。

1.1.1 食品分析的一般概念

1. *教育教学的角度*

在教育教学上，食品分析是专门研究各类食品组成成分检测方法及其有关理论，进而量化评价食品品质的一门技术性学科。所以，从面向产出的人才教育角度，食品分析与检测类的课程应重点学习食品物性和食品成分的检测方法、数据采集和处理、结果表达和分析。学生应学会食品物性和食品成分检测方法的基础知识和理论，应掌握基本实验技能，应能够正确地采集实验数据，并对实验数据进行有效处理，得到实验结果，并进一步地基于文献和其他课程的综合，对实验结果进行分析，得到有效的结论。目前该课程是食品科学与工程类专业教学质量国家标准示例的专业核心课程。

2. 工业生产的角度

在工业生产过程中，食品分析则是依据相关部门制定的各类标准，运用物理、化学、生物化学等学科的基本理论及各种科学技术手段，对加工过程的原料、辅助材料、半成品、成品、副产品等进行质量检验，以保证生产出质量合格的产品。即控制和管理生产，保证和监督食品的质量。在这个意义上，食品分析是食品检验机构依据国际技术规范、国家标准或者技术规范，利用仪器设备、环境设施、技术人员等条件和技能，对食品原料、食品辅料、加工过程、产品、副产品，甚至包装材料等对象，进行相关项目检验的系统的工作过程，以明确保证供应食品的质量与安全。同时，食品分析也是食品工厂进行食品质量控制和产品研发的核心工作，涵盖：①原料的验收、对各类食品加工生产使用原料的质量检验；②加工成品的质量检验和储存食品质量变化的示踪；③包装材料的食用安全性检查，是否含有害物质或加工和存放过程中产生有害物质，辅助材料管理如各类食品添加剂、消毒剂、加工助剂的使用种类及残留量检测；④加工和生产环境对食品的影响，包括对生产的环境、土壤、大气、水质的理化分析；⑤市场商品、流通商品食物的质量监督管理。

1.1.2　食品分析的样品类型

根据食品分析的定义，食品分析是食品加工过程中质量保证体系的一个重要组成部分，具体过程涉及原料、加工中的产品直至终产品。所以在食品质量保证体系中食品分析的样品类型如表 1-1 所示。但是对于食品研究和研发，食品分析的样品类型及其问题则是不局限的，甚至是与其他学科互相交叉的。

表 1-1　在食品质量保证体系中食品分析的样品类型

样品类型	重要问题
原料	是否符合特殊加工要求？ 是否符合法规要求？ 由于原料组成的变化是否需要调整加工参数？ 原料的质量与组成是否与前批原料相同？ 新供应商与原供应商提供的原料相比其质量如何？
过程控制样品	通过某一特殊的工序能否使产品具有可接受的组成或特性？ 为获得高质量的终产品是否需要进一步改进加工步骤？
终产品	是否符合法规要求？ 营养价值如何，是否与标签信息一致？ 营养价值是否与标签上的说明一致？ 是否满足有关产品声明的要求（如低脂肪）？ 是否能被消费者接受？ 是否具有合适的货架寿命？
优质样品	其组成和性质是什么？ 如何利用这些信息开发新产品？
劣质样品	消费者提出的劣质产品在组成和特性上与合格产品的区别是什么？

1.1.3　食品分析的内容

现代食品分析内容越来越多，已涵盖包括物理学、化学、生物学等范畴的测定。

1. 食品的感官评价和物理特性分析

尽管食品营养和食品安全已成为民众最关注的公共问题之一，对于普通消费者，选择食品的首要标准仍是食品的色、香、味、形等感官品质。食品的感官评价也是开发食品新资源、研发食品新产品、设计食品新工艺、创新食品新技术的首要任务。所以在食品科学与工程类专业课程体系中均设置有“食品感官分析”课程。

食品物理学（food physics），即食品物性学（physical properties of foods），重点研究食品和食品原料的物理性质和工程特性，如力学特性、流变学特性、质构、光学特性、介电特性、热特性等。这些特性则是与食品组成成分、微观结构、次价力、表观状态等因素有关，进而影响食品的流动性、黏弹性、凝聚性、附着性和口感；影响食品某些组分的扩散性、松弛性和质量稳定性，与食品的生物化学反应性相关；影响食品对环境光、电、热的反应，与食品分析检测相关。

2. 食品的化学特性分析

食品的化学特性分析涵盖两大部分的内容：一是食品营养成分含量分析；二是食品中的成分在加工过程中的化学特性及互相作用，如蛋白质的水合性质、表面性质、凝胶性能等，以及其在食品加工中的应用，同时也要分析食品中存在的其他物质成分，如金属离子等对蛋白质加工相关性能的影响。广义上的食品分析经常将食品中的成分在加工和储运过程中的化学特性及其变化纳入到课程的知识体系中，如油脂的酸价、碘价、皂价等化学特性指标的测定方法。实际上，这部分内容更应归在“食品化学”课程中，知识体系更为完整。

3. 食品安全性分析

从食品分析角度，食品安全性分析更偏重食品中健康风险因子的定性和定量测定。根据《食品安全国家标准　食品安全性毒理学评价程序》（GB 15193.1—2014）等资料，食品风险因子的发现、安全性分析和确认则是食品毒理学的内容。所以，食品分析更关注食品中有害物质或限量物质的检测理论和方法，如食品添加剂含量检测、农药残留量检测、兽药残留量检测、霉菌毒素残留量检测、各种有害金属元素含量检测、环境有害污染物含量检测等。

食品掺伪鉴别检验也是食品安全性分析的重要内容。食品掺伪是食品掺杂、掺假和伪造的总称，是一种人为地、有目的地向食品中加入一些非食品所固有的成分，以增加其重量或体积，降低成本，或改变某种品质，以色、香、味来迎合消费者心理的行为。如工业酒精勾兑制造白酒，工业色素非法添加至食品中等行为。食品掺伪行为主要是因为食品安全法律法规还不够健全，一些食品及其成分检验还缺乏灵敏有效的强制性标准，导致一些不法分子钻食品安全法制体系的空子，为了利益冲破道德底线。这就更要求食品分析技术的发展和进步，实现技术提升完善法制体系，法制体系巩固道德底线。

4. 食品中微生物的检测

通常，在高等教育食品科学与工程类专业的课程体系中，习惯将食品的微生物学知识，如食品病原微生物和寄生虫的检测等归到“食品微生物学与食品微生物检验”课程中进行学习。根据《食品安全国家标准 预包装食品中致病菌限量》（GB 29921—2021）和《食品安全国家标准 散装即食食品中致病菌限量》（GB 31607—2021），食品病原微生物检测方法为GB 4789系列，即食品微生物学检验标准。在食品质量与安全专业教学质量国家标准中，也将“食品微生物学”与“食品微生物检验”示例为专业核心课程。所以，食品中微生物的检测归在“食品微生物学与食品微生物检验”中，更利于构建完整的知识体系。

5. 食品成分分析

食品成分一般是指食品所固有的、提供给人体以满足人体正常新陈代谢需求的营养成分，如水分、蛋白质、脂质、碳水化合物、矿物质、维生素、膳食纤维等。食品成分分析是食品分析的常规项目和主要内容，包括了对食品中营养成分和食品营养标签要求的全部项目指标的检验。

根据《食品营养成分基本术语》（GB/Z 21922—2008），营养成分是指食品中具有的营养素和有益成分，包括营养素、水分、膳食纤维等。营养素则是指食品中具有特定生理作用，能维持机体生长、发育、活动、繁殖以及正常代谢所需的物质，缺少这些物质将导致机体发生相应的生化或生理学的不良变化。包括蛋白质、脂肪、碳水化合物、矿物质、维生素五大类。根据《食品安全国家标准 预包装食品营养标签通则》（GB 28050—2011），营养标签是指预包装食品标签上向消费者提供食品营养信息和特性的说明，包括营养成分表、营养声称和营养成分功能声称。营养成分表是标有食品营养成分名称、含量和占营养素参考值（NRV）百分比的规范性表格。营养声称是对食品营养特性的描述和声明，如能量水平、蛋白质含量水平。这里所述营养成分的含量水平均是食品分析的重要内容。

1.1.4 食品分析的方法

从《食品分析》课程教学角度，食品分析的方法及其有关理论是该课程的核心内容，学生应掌握食品分析从检测方法到数据处理的基础理论知识体系，进而在产业生产中应用食品分析方法的基础知识，结合文献调研，设计实验、开展实验，控制和管理生产，保证和监督食品的质量。产业生产中食品分析方法即食品分析工作的技术，根据其技术原理进行归类主要有感官检验法、理化检验法、仪器分析法、微生物分析法和免疫技术和酶技术分析法。

1. 感官检验法

感官检验法是通过人体的各种感官（眼、耳、鼻、舌、皮肤）所具有的视觉、听觉、嗅觉、味觉和触觉，结合平时训练和积累的实践经验，并借助一定的仪器对食品的色、香、味、形等质量特性和卫生状况做出判定和客观评价的方法。感官检验作为食品分析检验的重要方法之一，具有简便易行、快速灵敏、不需要特殊器材等特点，特别适用于目前还不能用仪器定量评价的某些食品特性的检验，如罐头食品组织、形态和杂质的检测，罐头食品色泽的检测，罐头食品滋味和气味的检测等，相关检测方法细则可见《罐头食品的检验方法》（GB/T 10786—2022）。除罐头食品外，很多产品质量标准中都规定了产品的感官要求及其感官检验方法。

2. 理化检验法

理化检验法是利用食品待测成分的特定物理性质或化学反应等，建立的检测方法，也是食品分析中应用范围最广的检验技术。

1）物理分析方法

根据食品的相对密度、折射率、旋光度、黏度、浊度等物理量与食品的组分及含量之间的关系检测目标物的方法。如通过测定相对密度可求算糖液的浓度、酒中乙醇的含量、判断牛乳是否掺水、脱脂等；通过测定折射率可求算果汁、番茄制品、蜂蜜、糖浆等食品的固形物含量，求算牛乳中乳糖含量等；通过测定旋光度可求算饮料中蔗糖含量、谷类食品中淀粉含量等。目前，物理分析方法是乳及乳制品、糖及其制品、蜂蜜及其制品等产品质量评定最常用的标准方法。

2）化学分析方法

化学分析方法以物质的化学反应为基础，使待测成分在一定条件下发生化学反应，由生成物的量或反应消耗试剂的量来确定被测成分含量的方法。化学分析方法包括定量分析和定性分析。方法的技术原理主要是重量分析与容量分析两部分。重量分析即方法是基于被测成分的重量进行的测定，如测定灰分的高温灼烧法、测定脂质的索氏抽提法、测定纤维质的酶-重量法等；容量分析即方法是基于被测成分的物质的量的反应进行的测定，如测定酸度的酸碱滴定法、测定蛋白质和氨基态氮的酸碱滴定法、测定还原糖的氧化还原滴定法、测定钙元素的置换反应滴定法、测定维生素 C 的 2, 6-二氯靛酚法等。化学分析方法是食品分析技术中最基础也是最重要的分析方法。

3. 仪器分析法

仪器分析法是以待测成分的物理性质、化学反应性等为基础，通过仪器进行检测的分析方法，包括光谱分析法、电化学分析法、色谱分析法、质谱分析法等类型。光谱分析法又分为紫外-可见分光光度法、原子吸收分光光度法、荧光分析法等，可用于测定食品中碳水化合物、蛋白质、氨基酸、无机元素、食品添加剂等成分，如测定蛋白质的考马斯亮蓝法、测定矿质元素的原子吸收法等。电化学分析法又分为电导分析法、电位分析法、极谱分析法等，如电位分析法用于测定食品 pH、无机元素、食品添加剂等成分。色谱分析法则是测定食品中微量物质成分最有效的方法，常用的是薄层色谱法、液相色谱法、气相色谱法等，如测定低分子量有机酸的液相色谱法、测定农药残留的气相色谱法、测定氨基酸组成的氨基酸分析仪法等。质谱分析法则是色谱分析法基础上进一步提高检测方法对待测成分的识别能力，质谱分析法常与色谱分析法联用，在微量、多组分待测物的高效分离和识别（高分辨、高通量）上呈现其他方法不可比拟的优势，如《食品安全国家标准 果蔬汁和果酒中512种农药及相关化学品残留量的测定 液相色谱-质谱法》（GB 23200.14—2016）通过有限次数的检测实现过果蔬汁和果酒中 512 种农药及相关化学品残留量的测定。

4. *微生物分析法*

食品分析中的微生物分析法不同于食品微生物检验学中微生物检验法，食品微生物检验学中微生物检验法主要指食源性病菌污染的检验，也包括真菌及其毒素、食源性病菌毒素等的检验。食品分析中的微生物分析法则是以特定的微生物为方法工具，基于某些微生物生长需要特定的物质或对特定物质敏感的生物特性，定性甚至定量测定某些维生素、抗生素残留、激素成分等。微生物分析法可克服化学分析方法和仪器分析法中某些被测成分易分解的缺点，方法的选择性也高。如《食品安全国家标准 食品中泛酸的测定》（GB 5009.210—2023）中第三法微生物法，其原理就是泛酸是植物乳杆菌（*Lactobacillus plantarum*）ATCC8014 生长所必需的营养素，在一定控制条件下，将植物乳杆菌液接种至含有试样液的培养液中，培养一定时间后测定透光率（或吸光度值），根据泛酸含量与透光率（或吸光度值）的标准曲线计算出试样中泛酸的含量。该方法适用于食品中泛酸的测定。

5. *免疫技术和酶技术分析法*

免疫技术和酶技术分析法是指利用抗体或酶的选择性和专一性快速检测食品中的物质成分的方法。现代食品检测技术在快速检测方面取得重要进展，可以为食品加工企业和监管部门提供高效、准确、快速的检测手段，以确保食品质量和食品安全。在快检技术中生物传感器、光学传感器等，充分利用了免疫技术和酶技术，实现食品中毒素、农药残留、添加剂、重金属等的快速检测，特别是现场检测。为了发挥食品快速检测排查食品安全风险隐患的作用，国家市场监督管理总局发布了《市场监管总局关于规范食品快速检测使用的意见》（国市监食检规〔2023〕1 号）。截至 2023 年，国家市场监督管理总局先后批准发布了《蔬菜水果中甲基异柳磷的快速检测 胶体金免疫层析法》（T/SATA 046—2023）等 49 项食品快速检测方法标准，涉及保健食品中罗格列酮和格列本脲的快速检测，保健食品中巴比妥类化学成分的快速检测，水发产品中甲醛的快速检测，水产品中氯霉素的快速检测，动物源性食品中喹诺酮类物质的快速检测，液体乳中三聚氰胺的快速检测，食品中硼酸的快速检测，食用油中苯并[a]芘的快速检测，食用植物油酸价、过氧化值的快速检测，白酒中甲醇的快速检测，食品中玉米赤霉烯酮的快速检测等检测项目。

1.2　食品分析的基本知识

在食品分析与检测工作中，分析样品包括原料、配料、加工中的产品到成品甚至包装材料，样品类型多样，接受的任务各不相同。分析过程的成功源于合理选择分析方法、正确取样与保存、合适的样品预处理、认真分析操作，以及准确计算分析数据并能合理解释检测结果。

1.2.1　食品分析的一般程序

对于食品分析工作者来讲，在具体分析与检测之前，了解食品分析的一般程序，做好人、物、料、法等各方面的充分准备，对保证分析过程的顺利实施，提高检测效率、保证检测结果质量，具有十分重要的意义。一个具体的食品分析过程是由多个相互关联的步骤有机结合的统一体系，每一步骤都会影响分析结果的准确性。尽管食品分析与检测工作中分析的任务、检测的样品、检测的目的和所用的方法等都不尽相同，但是一个具体的食品分析任务通常包含以下一般程序：

①接受分析任务，明确分析目的；

②查阅相关文献、收集相关资料；

③选择分析方法、制定分析方案；

④讨论具体实施细则，明确分工、落实任务；

⑤准备所需试剂、材料、仪器和记录本，必要时需对仪器设备进行校准；

⑥按照分析方法规定采集样品和管理；

⑦准备试液、试剂等，对样品进行预处理；

⑧按照分析方法规定测定目标物，记录测定数据；

⑨处理数据，获得检测结果，科学评价分析质量；

⑩给出分析结果报告、项目实施工作总结、分析全过程资料存档等。

这个程序主要是依据《检验检测机构资质认定评审准则》《食品检验机构资质认定条件》《食品检验工作规范》等文件中，针对食品检验机构开展具体食品分析任务做出的相关管理规定。实际上，在食品工厂内部品质控制过程中，食品工厂有与生产能力相适应的卫生和质量检验机构，负责产品卫生和检验工作。按国际规定的或企业品质控制标准和检验方法进行检验，签发检验结果单，妥善保存原始记录，并定期鉴定、维修检验用仪器、设备，保证检验结果的准确，形成明确的食品分析程序。

1.2.2　食品分析技术用语的基本规定

1. 检验方法中的用水

检验方法中所使用的水，未注明其他要求时，是指蒸馏水或去离子水。用于配制溶液时，是指纯度能满足分析要求的蒸馏水或去离子水。用于配制高效液相流动相溶液和标准溶液时，是指二次蒸馏水或超纯水（一般用电阻值≥18 mΩ 来指示）。

2. 试剂的要求

配制一般提取溶液或一般试液，用分析纯（analytical reagent，AR）及以上的试剂。

配制高效液相流动相和标准溶液的试剂，尽可能用优级纯（guaranteed reagent，GR）或基准级试剂。

溶液未指明用何种溶剂配制时，均指用水配制。

试剂瓶使用硬质玻璃。一般碱液和金属溶液用聚乙烯瓶存放。需避光试剂贮存于棕色瓶中。

3. 溶液的浓度

摩尔浓度：表示 1 L 溶液中含有溶质的物质的量，单位 mol/L。

液体组分浓度：表示各组分液体体积比。

体积百分浓度（体积分数）：在一定温度下，溶液中所含溶质体积与溶液体积的百分比。

质量百分浓度（质量分数）：溶液中所含溶质质量与溶液质量的百分比。

4. 测定结果表述形式

表述测定结果时，一定要先明确样品计量基础是湿重（wet weight，WW）还是干重（dry weight，DW）。

百分含量（%）：是指样品中被测组分质量与样品质量（或体积）的百分比。

百万分含量（part per million，ppm）：是指每千克（或每升）样品中所含被测组分的毫克数（mg/kg 或 mg/L），或每克（或每毫升）样品中所含被测组分的微克数（μg/g 或 μg/mL）。

十亿分含量（part per billion，ppb）：是指每千克（或每升）样品中所含被测组分的微克数（μg/kg 或 μg/L），或每克（或每毫升）样品中所含被测组分的纳克数（ng/g 或 ng/mL）。

1.2.3 样品的采集

1. 样品采集的基本原则

根据食品分析的一般程序，样品的采集是分析检测的第一步。食品理化检验根据样品的数量通常分为全数检验与抽样检验。全数检验是一种理想的检验方法，但是检验工作量大、费用高、耗时长，而且多数分析方法具有破坏性，因此，全数检验在实际工作中应用极少。抽样检验通常是从整批被检的食品中抽取一部分进行检验，用于分析和判断该批食品的安全性和某些质量特性。被检验的“一批食品”的全体称为总体（population）；从总体中取出一部分，作为总体的代表，称为样品（sample）。样品来自于总体，代表总体进行检验。抽验具有检验量少、检验费用低等优点。如此一来，从大量的被检食品的总体中抽取有代表性的一部分样品作为分析材料，这项工作就叫作样品的采集，简称采样。

千里之行始于足下，不管后续检验工作多么精密、准确，但如果采集的样品不足以代表全部物料的组成成分，则其检验结果也将毫无价值，所以采用科学的、正确的采样技术采集样品是保障分析工作正确进行的第一步。但是现实的情况是食品具有复杂多样的特点：①大多数食品具有不均匀性。食品的种类繁多，形态各异，不同种类的食品因品种、生产条件、加工及储存条件不同，食品中营养成分和含量，以及被污染程度差异较大；同种食品由于成熟程度、加工及外界环境的影响不同，个体之间、同一个体不同部位的组分和含量也不相同。②食品样品具有较大的易变性。多数食品来自动植物组织，本身就是具有生物活性的细胞；食品中营养物质丰富，又是微生物的天然培养基。因此，在样品采集、运输、保存、销售等过程中其营养成分和污染状况都有可能发生变化。应根据实际情况，选择合适的采样方法，将可能引起的误差降至最低，使采集的样品能够真正反映待检食品的整体水平。

所以，要做到正确采样，在样品采集前，应先进行周密细致的卫生学调查。了解待检食品的全部情况，包括其原料、辅料、加工工艺、运输、储存等环节和采样现场样品的存放条件及包装等；审查有关的证明材料，如生产记录、流转过程、标签、说明书、生产日期、批号、卫生检疫证书等。结合调查情况，制定出切实可行的采样方案。需要注意的是，对感官性状不同的食品应分别采样，并分别检验。采样的同时应详细记录现场情况、采样地点、时间、所采集的食品名称、样品编号、采样单位及采样人等事项。根据检验项目，选用硬质玻璃瓶或聚乙烯制品作为采样容器。

总之，正确采样必须遵循以下三个原则：①所采集的样品对总体应具有充分的代表性。即所采集的食品样品应能反映总体的组成、质量和卫生状况。采样时必须注意食品的生产日期、批号和均匀性，尽量使处于不同方位、不同层次的食品样品有均等的被采集机会，即采样时不带有选择性。②对于特定的检验目的，应采集具有典型性的样品。例如，对于食物中毒食品、掺伪食品及污染或疑似污染食品，应采集可疑部分作为样品。③采样过程中应尽量保持食品原有的理化性质，防止待测成分的损失或污染。

2. 样品采集的过程

一个完整的采样过程通常包括以下五个步骤，采集的样品在这个过程中主要可以分为检样、原始样品和平均样品，如图 1-1 所示。

①获得检样。由整批待检对象的各个部分采集的少量样品称为检样。

②形成原始样品。把许多份检样综合在一起，构成代表该批待检对象的样品，称为原始样品。

③得到平均样品。原始样品的量一般较多，有时是不均匀的，需要进一步粉碎、过筛、缩分等处理，然后均匀地抽取其中一部分做检验用，这部分被称为平均样品。

④三分平均样品。得到的平均样品可均分为三份，供检验、复检、备查或仲裁，一般散装样品每份不少于 0.5 kg。

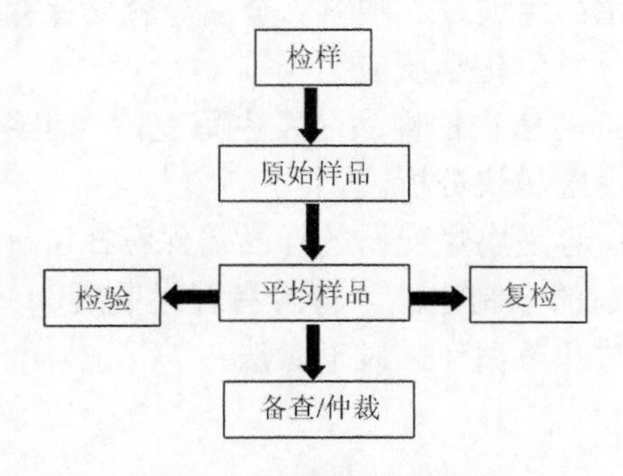

图 1-1　采样的一般程序

⑤填写采样记录。须填写样品名称、采样时间、采样地点、采样数量、采样人。上述 5 项内容可以样品签封和编号的形式记录于样品标签上。还需记录采样方法，采样方法一般是采样前进行预定，采样时进行相关标注或记录。

3. 采样要求及注意事项

为保证采样的公正性和严肃性，确保检测结果的准确可靠，《食品卫生检验方法 理化部分 总则》（GB/T 5009.1—2003）对采样过程提出了以下要求。

①采样应注意样品的生产日期、批号、代表性和均匀性（掺伪食品和食物中毒样品除外）。采集的数量应能反映该食品的卫生质量和满足检验项目对样品量的需求，一式三份，供检验、复检、备查或仲裁，一般散装样品每份不少于 0.5 kg。

②采样容器根据检验项目，选用硬质玻璃瓶或聚乙烯制品。

③液体、半流体饮食品如植物油、鲜乳、酒或其他饮料，如用大桶或大罐盛装者，应先充分混匀后再采样。样品应分别盛放在三个干净的容器中。

④粮食及固体食品应自每批食品上、中、下三层中的不同部位分别采取部分样品，混合后按四分法对角取样，再进行几次混合，最后取有代表性样品。

⑤肉类、水产等食品应按分析项目要求分别采取不同部位的样品或混合后采样。

⑥罐头、瓶装食品或其他小包装食品，应根据批号随机取样，同一批号取样件数，250 g 以上的包装不得少于 6 个，250 g 以下的包装不得少于 10 个。

⑦掺伪食品和食物中毒的样品采集，要具有典型性。

⑧检验后的样品保存：一般样品在检验结束后，应保留一个月，以备需要时复检。易变质食品不予保留，保存时应加封并尽量保持原状。检验取样一般皆系指取可食部分，以所检验的样品计算。

⑨感官不合格产品不必进行理化检验，直接判为不合格产品。

1.2.4 样品的管理

1. 样品的保存

保存的目的是防止样品发生受潮、挥发、风干、变质等现象，确保其成分不发生任何变化。保存方法根据样品可能的变化而定。

①防止样品吸水或失水：用玻璃、塑料、金属等容器保存，最好放在避光处。原则：容器不能同样品的主要成分发生化学反应。

②防止样品霉变：新鲜的植物性样品易发生霉变，当组织有损坏时易发生褐变，且组织受伤的样品不易保存，应尽快分析。

③防止样品滋生细菌：容易腐烂变质的样品需保存在 0～5℃冷藏或干藏。可根据样品性质和检测目的选择合适的干制方法，将容易腐烂变质、又不能及时完成分析的样品干燥后保存，如冷藏干燥法和热循环鼓风干燥法。

2. 样品的制备

按照采样的标准和方法，得到的原始样品一般较多，有时是不均匀的，需要进一步进行粉碎、筛分、混匀、缩分等处理，直至得到平均样品。而所谓样品的制备则是指对平均样品进一步进行粉碎、混匀等处理，以得到适合检验时量取或称取的样品状态，也可简称为制样。

制样的方法有很多，一般来讲可分为：①摇动或搅拌（适用于液体样品、浆体、悬浮液体）：用玻璃棒、电动搅拌器、电磁搅拌；②切细或搅碎（适用于固体样品）；③研磨或用捣碎机：对于带核、带骨头的样品，在制备前应该先去核、去骨、去皮，目前一般都用高速组织捣碎机进行样品的制备；④分离后分别采取（适用于互不相溶的液体，如油和水）。

1.2.5 样品的预处理

1. 样品预处理的定义

在食品分析中，由于食品组成复杂，食品组分之间往往又以复杂的结合形态存在，常给被测目标物的分析带来干扰。这就需要在检测目标物之前，对已准确称量或量取的试样进行适当处理，使被测目标物与其他组分分开，或除去干扰物。有些被测目标物则是浓度太低或含量太少，直接测定有困难，这就需要对被测目标物进行浓缩。所以，从定义上来说，样品的预处理是相对于样品中检测目标物的分析过程而定义的样品处理过程，是指样品中目标物分析测定前，对样品的溶解、消解、萃取、分离提取、净化、浓缩等处理过程，使样品中待测目标物或成分转变成可测定形式，或者使待测目标物净化或浓缩，保证测定结果的准确性。

2. 样品预处理的目的与原则

①样品预处理的目的：使被测目标组分同其他组分分离，或将干扰物质除去，或使被测物质达到浓缩。

②样品的预处理的原则：消除干扰因素；完整保留被测组分；使被测组分浓缩。

3. 常用预处理的方法及其适用性

1）有机物破坏法

有机物破坏法是测定食品中无机物质或矿质元素常用的预处理的方法。一般是指采用高温或强氧化条件，分解食品中有机物质，并使其在加热过程中形成气态而散逸掉，无机物质和矿质元素则残留下来。常用的有机物破坏法有干法灰化法和湿法消解法。

（1）干法灰化法（碱性灰化法和酸性灰化法）

量取或称量已制备好的样品，在电热板上加热炭化至无烟，置于高温炉中高温灰化（500～900℃），得到灰分，准确称量，可用于表征食品样品中无机物（粗灰分）的含量；加适量适当溶剂加热溶解，转移定容，用于测定目标组分。

干法灰化法的优点很突出：①有机物破坏彻底；②操作简便；③使用试剂少；④多数食品经灼烧后灰分体积很小，有利于目标物的浓缩。

但是本方法的缺点也很明显：①耗时较长；②温度高易造成某些易挥发性目标组分

的损失，所以测定可挥发或高温下可挥发的矿质组分时，不能使用干法灰化法；③灰化容器普通素瓷坩埚对被测组分有吸留作用。

（2）湿法消解法

量取或称量已制备好的样品，加入液态强氧化剂，加热消煮，得到消解液，加热驱赶残留的浓度过高的酸，去离子水定容，用于测定目标组分。

湿法消解法的优点主要有：①处理时间短；②温度较低，减少了易挥发元素的损失；③容器吸留少。

本方法的缺点：①常产生大量有害气体，需在通风橱中操作，或使用特定的设备，如微波消解仪；②消解反应时有机物分解，可能出现大量泡沫外溢而使样品损失，需要操作人员小心照管；③耗用试剂较多，做样品消解的同时必须做空白试验。

常用的消解剂有浓硝酸、浓硫酸、高氯酸、高锰酸钾、过氧化氢、氢氟酸等。

2）蒸馏法

蒸馏法是测定食品中可挥发或经处理后可挥发物质组分时常用的预处理方法，一般是指利用液体混合物中各组分挥发度不同所进行分离的方法。有常压蒸馏法、减压蒸馏法、水蒸气蒸馏法、分馏法等。《食品安全国家标准 食品中水分的测定》（GB 5009.3—2016）中第三法蒸馏法，就是利用了互不相溶的液体二元体系的沸点低于各组分沸点的物理性质，将水分与甲苯或二甲苯共同蒸出，收集水分，读取水分的体积，计算出试样中水分含量。《葡萄酒、果酒通用分析方法》（GB/T 15038—2006）中测定试样中挥发性有机酸，就是采用水蒸气蒸馏法，将试样中的待测有机酸蒸馏出来，再用接收液接收后进行测定。《食品安全国家标准 食品中蛋白质的测定》（GB 5009.5—2016）第一法凯氏定氮法测定试样中蛋白质含量时，则是采用水蒸气蒸馏法将湿法消解转化成的氨在碱性环境中蒸馏出来，再用接收液接收后进行测定。

3）溶剂提取法

溶剂提取法是测定试样中可溶于特定溶剂的物质组分时常用的分离方法，或是用于微量物质组分净化的预处理方法，一般是指利用混合物中各物质溶解度的不同，将混合物组分完全或部分分离的方法。

①浸泡法：用液体溶剂浸泡固体样品以提取其中溶质的方法，又称浸提法。《食品安全国家标准 食品中还原糖的测定》（GB 5009.7—2016）采用了水或一定浓度的乙醇溶液对固态试样中的还原糖进行浸提，得到还原糖提取液，经过一定净化后进行测定。

②溶剂萃取法，也称提取法：有常规液液萃取法、连续液液萃取法、反萃取法等。

③盐析法：向溶液中加入某一盐类物质，使溶质溶解在原溶剂中的溶解度大大降低，从而从溶液中沉淀出来的方法。盐析法经常配合浸提法，用来沉淀浸提法提取液中的干扰性大分子物质，如《食品安全国家标准 食品中还原糖的测定》（GB 5009.7—2016）采用了水或一定浓度的乙醇溶液对固态试样中的还原糖进行浸提，得到还原糖提取液，然后采用乙酸锌和亚铁氰化钾沉淀提取液中的蛋白质，实现对还原糖测试液的净化目的。

4）磺化法和皂化法

磺化法和皂化法是处理试样中油脂，测定与油脂共存的非极性目标物时经常使用的预处理方法。试样中的油脂被浓硫酸磺化或被碱皂化，由疏水性变成亲水性，与油脂共存的被测定的非极性物质就能较容易地由非极性或较弱极性的溶剂提取出来。

①磺化法：向试样中加入一定量的浓硫酸，在一定条件下试样中的油脂可发生磺化反应，生成极性大且易溶于水的化合物。磺化法就是利用这一反应，使试样中的油脂经磺化后再用水洗除去，该预处理方法常用于对酸稳定的脂溶性农药残留、兽药残留测定的样品预处理中。

②皂化法：对于一些碱稳定的脂溶性维生素、脂溶性农药残留、脂溶性兽药残留进行提取、净化时，可用皂化法除去脂肪的干扰。

5）色层分离法（又称层析分离法、色谱分离法）

色层分离法是一种在载体上进行物质分离的一系列方法的总称。通过分离体系与固定载体间相向运动，进行组分动态分配而进行分离。目前，色层分离法是现代仪器分析中应用最广泛的分离方法，因为此法的分离过程不仅可用于待测目标物的纯化与浓缩，而且往往也就是被测组分鉴定的过程，如色谱检测技术，就是填充了固定载体的色谱柱对分离体系的组分分离和鉴定的过程。

1.3 现代食品分析技术及发展方向

食品分析与检测是保障食品质量与安全的重要手段。现代食品检测是指利用现代化检测技术对食物的外观特征、营养成分以及致病物质等进行质量检测与含量测定，确保其指标符合国家对食品质量与安全的标准要求，为大众提供安全、健康的食品。通常食品检测的主要对象为乳、饮、肉、蛋以及酒类、食用油等天然的或经过人工加工而成的常见食物，其检测内容主要包括食物的尺寸、形状、味道以及新鲜度等，还包括食品中蛋白质、脂肪、糖类等营养物质的含量。此外，食品添加剂、农药残留物以及重金属残留物、致病微生物等也是食品检测的重点内容。对食品的生产、加工、运输、流通以及储存、售卖等全过程进行质量检测，确保食品质量符合国家安全标准，使消费者能够享受到健康、美味的食物。现代食品产业高速发展，一方面要求的食品检测项目与种类日渐增多，另一方面要求的检测技术高时效性越来越高，加之生鲜食品流通快、保质期短等特性，在此背景下，高通量、高灵敏、快速和便捷越来越成为食品分析技术的发展方向。

1.3.1 现代食品分析技术的基础及其特征

1. 现代食品分析技术的基础

与传统的食品分析技术相比，现代食品分析越来越多地基于计算机技术、传感技术、生化分析技术等多学科的创新与结合。现代食品分析技术则是以声、光、电、磁、热等为基础，依托仪器、试剂进行物质分析、识别、鉴定、测定等，以满足食品质量监督与安全检测需求。

对于检测人员来讲，现代食品分析技术类型多样，且各具优势，这就需要检测人员具有扎实的理论基础，能够对各检测技术具有全面、正确的认识，进而能够做出正确的选择，且能够在实践操作中，依据检测样品性质、检测要求、检测标准等构建可行的实验方案，有序开展实验，科学地采集实验数据，且能够对实验数据进行处理、表述和解释，获取有效的结论，进而有效保障食品质量和安全，维护食品市场秩序稳定。

2. 现代食品分析的特征

基于食品产业的高速发展和科学技术的极大进步，现代食品分析呈现两个明显的特征：一是食品分析项目与种类日渐增多，检测结果的时效性要求越来越高，部分安全卫生指标的限量值逐步降低，出现了诸如二噁英等食品污染物的皮克（pg）级限量指标，这就要求食品分析与检测技术越来越灵敏。快检技术是一项创新性的食品分析技术手段，可以在短时间内判断食品的质量与安全性，提高食品安全监管效力。《中华人民共和国食品安全法》第八十八条指出，采用国家规定的快速检测方法对食用农产品进行抽查检测，第一百一十二条中指出，县级以上人民政府食品药品监督管理部门在食品安全监督管理工作中可以采用国家规定的快速检测方法对食品进行抽查检测。检测速度越来越快，催生了各种快检技术和快检设备。二是食品分析方法日益趋向于高技术化、系列化（多残留、高通量）、速测化、便携化。如：农兽药残留的检测已从单个化合物的检测发展到可以同时检测几百种化合物的多残留系统分析。

1.3.2　现代食品分析技术的发展方向

随着消费者对食品质量与安全的日益关注，现代食品分析技术也在不断发展和完善。主要体现在以下几个方面：

一是多功能化。现代食品分析技术趋于集成多种检测功能，如同时检测多种农药残留、食品添加剂和重金属等。

二是自动化。现代食品分析技术越来越多地采用自动化检测设备，可以快速、准确地分析食品中的成分和污染物，提高检测效率。

三是硬件改进。现代食品分析技术在近红外光谱技术及其应用、计算机视觉技术及其应用、基因芯片技术及其应用、人工嗅觉/味觉检测技术及其应用的加持下，技术的硬件设备不断迭代更新，使得检测速度更快、准确度更高，甚至部分食品产业已实现生产线上实时无损的质量监测。如果蔬加工厂利用近红外光谱技术、智能视觉识别技术，已实现在线判别果实成熟度、糖酸度、新鲜度、品质等级等，并反馈到生产线对果实实行在线筛分，不仅极大地节约了人力物力，同时对适合加工用的原料进行了精准的区分和判断，及时剔除可能已霉变、腐烂的果实，保障了产品质量。

四是信息化。利用信息化技术对现代食品分析技术进行网络化管理和监测，实现对全国食品质量的实时监测和预警。

五是智能化。随着人工智能技术的发展，现代食品分析技术将趋向于智能化，可以自动识别食品成分、预测食品安全问题，并自动进行预警和处理。

六是聚合化。现代食品分析技术应用也趋向于多种技术的聚合，如利用纳米技术、基因工程技术等，进一步提高检测效率和准确性。

总之，现代食品分析技术及其应用将不断创新和完善，为保障食品质量和食品安全提供更加可靠的技术支持。

第2章　国内外食品分析法律法规与标准

法律法规是一种社会规范，标准是一种技术规范。食品安全立法的整体性目标是食品安全。对于从事食品行业相关的工作人员来讲，了解、认识并利用食品安全国家法律、法规、标准等是至关重要的。政府法规促使食品企业必须向消费者提供健康卫生、营养成分明确的食品。在一些情况下，政府法规可以规定某种食品中必须包含什么组分、具有什么风味和色泽，还可以规定某种食品中不能具有什么物质，或者什么物质的含量不能超过多少，并规定了用什么方法分析食品的安全系数和质量特征。本章简要梳理我国以及国际上有关食品分析的法律法规和标准，以便后续学习中对国标法、仲裁法等的理解。如果读者需要进一步学习我国和国际食品的法律法规，可以参考《食品标准与法规》《食品安全学》等书目。

2.1　食品法律法规

2.1.1　食品法律法规的概述

从概念上，法律法规是国家制定和发布的规范性法律文件的总称，泛指法律、法令、条例、规则和章程等。食品法律法规是指由国家制定或认可，以法律或政令形式颁布的，以加强食品监督管理、保证食品卫生、防止食品污染和有害因素对人体的危害、保障人民身体健康、增强人民体质为目的，通过国家强制力保证实施的法律规范的总和。食品法律法规既包括法律规范，也包括以技术规范为基础形成的各种食品法规。

2.1.2　我国食品法律法规体系

我国目前制定的食品法律法规，有法律、有行政法规，也有部门规章，为保证民众的食品安全发挥了很大作用。依据食品法律法规的具体表现形式及其法律效力层次，我国的食品法律法规体系由以下不同法律效力的规范性文件构成。

1. 法律

2015年10月1日起实施的新修订的《中华人民共和国食品安全法》是我国食品安全法律体系中法律效力层次最高的规范性文件，是制定从属性食品安全法规、规章和其他规范性文件的依据。我国已颁布实施的与食品安全相关的法律有《中华人民共和国产品质量法》《中华人民共和国农产品质量安全法》《中华人民共和国农业法》《中华人民共和国进出境动植物检疫法》《中华人民共和国进出口商品检验法》《中华人民共和国动物防疫法》《中华人民共和国消费者权益保护法》《中华人民共和国标准化法》《中华人民共和国国境卫生检疫法》《中华人民共和国渔业法》等。

2. 行政法规

我国的行政法规分国务院制定的行政法规和地方性行政法规，其地位和效力仅次于法律。一般来讲，对某一方面的行政工作作出的比较全面、系统的规定，称为“条例”；对某一方面的行政工作作出的比较具体的规定，称为“办法”。地方性食品法规是指省、自治区、直辖市，以及省级人民政府所在地的市和经国务院批准的较大的人民代表大会及其常务委员会制定的适用于本地方的规范性文件。我们国家已经制定实施的与食品安全相关的行政法规有《农业转基因生物安全管理条例》《中华人民共和国进出境动植物检疫法实施条例》《生猪屠宰管理条例》《食盐专营办法》《兽药管理条例》等。

3. 部门规章

部门规章包括国务院各行政部门依法在其职权内制定的规章和地方人民政府制定的规章，如《食品生产许可管理办法》《食盐质量安全监督管理办法》《市场监督管理投诉举报处理暂行办法》《药品、医疗器械、保健食品、特殊医学用途配方食品广告审查管理暂行办法》《消费品召回管理暂行规定》《强制性国家标准管理办法》《市场监督管理行政处罚听证暂行办法》《学校食品安全与营养健康管理规定》《食品安全抽样检验管理办法》《保健食品原料目录与保健功能目录管理办法》《食品经营许可和备案管理办法》《食品召回管理办法》《保健食品注册与备案管理办法》《关于进一步规范保健食品命名有关事项的公告》《食用农产品市场销售质量安全监督管理办法》《婴幼儿配方乳粉生产企业食品安全追溯信息记录规范》《有机产品认证管理办法》《绿色食品标志管理办法》《食品添加剂新品种管理办法》《食品生产加工企业质量安全监督管理实施细则（试行）》《农产品地理标志管理办法》《生鲜乳生产收购管理办法》《农产品质量安全监测管理办法》等。

4. 规范性文件

规范性文件不属于法律、行政法规和部门规章，也不属于标准等技术规范，如国务院或行政部门发布的各种通知、地方政府相关行政部门制定的食品卫生许可发放管理办法，以及食品生产者采购食品及其原料的索证管理办法等。这类规范性文件是食品法律法规体系的重要组成部分，其代表国家及各级政府在一定阶段的政策和指导思想。国务院规范性文件如《国务院关于实施健康中国行动的意见》（国发〔2019〕13 号）；《国务院关于调整工业产品生产许可证管理目录加强事中事后监管的决定》（国发〔2019〕19 号）；《国务院关于加强质量认证体系建设促进全面质量管理的意见》（国发〔2018〕3 号）；等等。部委规范性文件如《质量管理体系认证规则》（国家认监委 2014 年第 5 号公告）后经修订并实施；《乳制品生产企业危害分析与关键控制点（HACCP）管理认证实施规则（试行）》（国家认监委 2009 年第 16 号公告）；等等。

5. 食品标准

标准是专门管理机构批准、颁布实施的，是生产和生活中重复发生的一些事件的技术规范。食品标准是指食品工业领域各类标准的总和，包括食品术语标准、食品标签标准、食品生产标准、食品卫生标准、食品分析方法标准、食品管理标准、食品添加剂标准等。

食品标准是食品行业中的技术规范，涉及食品行业各个领域的不同方面，从多方面规定了食品的技术要求，如抽样检验规则、标志、标签、包装、运输、贮存等。食品标准是保障食品安全与营养的重要技术手段，是食品法律法规体系的重要组成部分。食品标准制定的依据是《中华人民共和国食品安全法》、《中华人民共和国标准化法》、有关国际组织的规定以及实际生产经验等。

2.1.3　国际和其他国家食品法律法规体系

随着经济的发展和科学技术的进步，世界大多数国家已解决温饱问题，人们对食品的关注逐渐深入到食品营养和安全，食品卫生与安全已成为世界各国都在关注的问题。各国政府都在努力倡导并采用法律法规手段督促企业加强自身管理现状，生产出更优质、更健康、更安全的食品。同时，不断加强国际合作，不断修正和完善法律法规体系。为保证国际食品贸易的公平和安全，联合国粮农组织和世界卫生组织创建了国际食品法典委员会（Codex Alimentarius Commission，CAC）；为保障食品工业各方面协调健康发展的国际标准组织还有国际标准化组织（International Organization for Standardization，ISO）、国际乳品联合会、国际葡萄与葡萄酒组织、国际谷物科技协会等。

1. 国际《食品法典》体系

国际食品法典委员会（CAC）由联合国粮农组织和世界卫生组织共同建立，是一个制定食品标准、准则和操作规范等相关文件的国际性机构，其宗旨是保护消费者健康和便利食品国际贸易，通过制定推荐的食品标准及食品加工规范，协调各国的食品标准立法并指导其建立食品安全体系。《食品法典》是CAC按照一定的程序制定与食品安全质量相关的标准、准则和建议，并提出各国采纳《食品法典》标准的程序，是全球食品生产加工者、消费者、食品管理机构、国际食品贸易重要的基本参考标准。

2. 国际标准体系

国际标准化组织（ISO）是目前世界上最大、最具权威性的全球性非政府性标准化专门机构。其主要工作是制定国际标准，直辖世界范围内的标准化工作，组织各成员国和技术委员会进行情报交流，以及与其他国际组织合作，共同研究有关标准化问题。其宗旨是在全世界范围内促进标准化工作及其相关活动的开展，以便于国际物资交流和相互服务，并扩大在知识、科学、技术和经济方面的合作。

3. 世界贸易组织体系

1）世界贸易组织概况

世界贸易组织（WTO）于1995年1月1日正式开始运作，负责管理世界经济和贸易秩序，是一个独立于联合国的具有法人地位的永久性国际组织，在协调成员争端方面具有更高权威性的地位，其总部设在瑞士日内瓦。WTO 的宗旨是提高生活水平，保证充分就业及大幅度、稳步提高实际收入和有效需求；扩大货物和服务的生产与贸易；坚持走可持续发展之路，各成员方应促进对世界资源的最优利用、保护和维护环境，并以符合不同经济发展水平下各成员需求的方式，加强采取各种相应的措施；积极努力确保发展中国家，尤其是最不发达国家在国际贸易增长中获得与其经济发展水平相适应的份额和利益。在此宗旨下，WTO 的基本职能有：管理和执行共同构成世贸组织的多边及诸边贸易协定；作为多边贸易谈判的讲坛，寻求解决成员间的贸易争端，监督各成员的贸易政策，同制定全球经济政策有关的国际机构进行合作等。

2）世界贸易组织与食品卫生安全工作

在食品卫生安全逐渐成为全球问题的当今世界，为维护全球人民的健康，WTO 对食品安全提出了一系列的建议及政策：①把食品安全作为公共卫生的基本职能之一，并提供足够的资源以建立和加强其食品安全规划。②制定和实施系统的和持久的预防措施，以显著减少食源性疾病的发生。③建立和维护国家和区域水平的食源性疾病调查以及食品中有关微生物和化学物的监测和控制手段，强化食品加工者、生产者和销售者在食品安全方面应负的责任；应提高实验室能力，尤其是发展中国家。④为防止微生物抗药性的发展，应将综合措施纳入食品安全策略。⑤支持食品危险因素评估科学的发展，其中包括与食源性疾病相关危险因素的分析。⑥把食品安全问题纳入消费者卫生和营养教育与咨询网络，尤其是引入小学和中学的课程中，并开展针对食品操作人员、消费者、农场主、农产品加工人员进行的符合文化特点的卫生和营养教育。⑦从消费者角度建立包括个体从业人员（尤其是在城市食品市场）在内的食品安全改善规划，并通过与食品企业合作，探索提高他们对良好操作规范的认识方法。⑧协调国家级食品安全相关部门进行的食品安全活动，尤其是与食源性疾病危险性评估相关的活动。⑨积极参与 CAC 及其工作委员会的工作，包括对新出现的食品安全风险的分析活动。另外，各国还应加强食源性疾病的监测系统建设，加强危险性评价，发展对新技术食品安全性评价的方法，增强 WHO 在 CAC 中科学性和公共健康方面的作用，加强危险性交流和提倡食品安全，加强国际和国内的有效合作，加强能力建设。

3）《卫生与植物卫生措施实施协定》（《SPS 协定》）

为保护人类和动植物的健康，最大程度降低贸易负面影响 WTO 各成员方达成了《卫生与植物卫生措施实施协定》（Agreement on the Application of Sanitary and Phytosanitary Measures），简称《SPS 协定》。该协定指出保护食品安全、防止动植物病害传入本国，各国均有权制定或采取一定防护措施，但是这些措施不能人为地或不公正地对各国商品贸易形成不平等待遇，或超过消费者要求的更加严格的标准，造成潜在的贸易限制。《SPS 协定》适用于所有可能直接或间接影响国际贸易的卫生与植物卫生措施，这些措施包括涵盖动物卫生、植物卫生和食品安全单个领域 5 个方面的内容：①保护成员方人的生命免受食品和饮料中的添加剂、污染物、毒素以及外来动植物病虫害传入危害的措施。②保护成员方动物的生命免受饲料中的添加剂、污染物、毒素以及外来病虫害传入危害的措施。③保护成员方植物的生命免受外来病虫害传入危害的措施。④防止外来病虫害传入成员方造成危害的措施。⑤与上述措施有关的所有法律、法规、要求和程序，特别包括：最终产品标准，工序和生产方法，检测、检验、出证和审批批准程序，各种检疫处理，有关统计方法、抽样程序风险评估方法的规定，以及与食品安全直接有关的包装和标签要求。

4）《技术性贸易壁垒协定》(《TBT 协定》)

《技术性贸易壁垒协定》(Agreement on Technical Barriers to Trade)，简称《TBT 协定》是非关税壁垒的主要表现形式。它以技术为支撑条件，即商品进口国在实施贸易进口管制时，通过颁布法律、法令、条例、规定，建立技术标准、认证制度、卫生检验检疫制度、检验程序以及包装和标签标准等，提高对进口产品的技术要求，增加进口难度，最终达到保障国家安全、保护消费者利益和保持国际收支平衡的目的。

4. 欧盟食品安全法律法规体系

欧盟具有较为完备的食品安全法律法规体系，涵盖了“从农田到餐桌”整个过程。制定的关于食品质量安全的法律法规 20 多部，具有代表性的有《食品法通则》《食品卫生法》《动物饲料法规》《添加剂、调料、包装和放射性食物的法规》一系列食品安全规范要求，包括动植物疾病控制的规定、农药和兽药残留量控制规范、食品生产和投放市场的卫生规定、对检验实施控制的规定、对第三国食物准入的控制规定、出口国官方兽医证书的规定等。2000 年年初，欧盟形成了以《食品安全白皮书》为核心的各种法律、法令、指令等并存的食品安全法律法规新框架。到 2002 年，欧盟已经制定了 13 类 173 个有关食品安全的法规标准，其中包括 31 个法令、128 个指令和 14 个决定，其法律的数量和内容在不断增加和完善中。其中几个重要的法律法规如食品安全基本法（EC）178/2002 号法令，主要制定了食品法律的一般原则和要求、建立欧盟食品安全管理局（EFSA）和拟订食品安全事务的程序。

5. 部分国家食品安全法律法规体系

1）美国

美国十分重视食品安全工作，建立了由总统食品安全顾问委员会综合协调，美国卫生与公众服务部（HHS）、美国农业部（USDA）、美国国家环境保护局（US EPA）等多部门具体负责的综合性监管体系。其中，美国食品药品监督管理局（FDA）、美国农业部和美国国家环境保护局分工负责相关的食品安全，并制定有关的法规和标准。美国联邦层面重要法典就有 35 个左右，主要包括《联邦食品、药物和化妆品法》《食品质量保护法》《营养标签及教育法》《公平包装和标签法》《公共卫生服务法》《联邦肉类检验法》《禽类及禽产品检验法》《蛋类食品检验法》及《2002 年公共卫生安全和生物恐怖主义防范与应对法》(《生物反恐法》) 等。其中，《联邦食品、药物和化妆品法》是美国有关农产品（食品）质量安全的基本法，是其他法规的基础与核心。同时，各执法部门还出台大量条例、守则性文件。

2）加拿大

加拿大有关食品安全的法律主要包括《加拿大农产品法》《食品和药品法》《加拿大

食品检验局法》，还配备了《肉类检验法》《鱼类检验法》《消费者包装和标识法》《动物健康法》《植物保护法》《饲料法》《种子法》《化肥法》《农业和农业食品行政管理处罚法》等。其中《食品和药品法》是一部刑法范畴的法律，而非商业法。加拿大的实体性农产品（食品）质量安全法律法规都匹配有规定具体操作标准与程序的条例，如《新鲜水果蔬菜条例》《食品药品条例》《谷物条例》《肉类检验条例》等。

3）英国

英国第一部食品法《面包法》问世以后，从 1984 年起分别制定了《食品法》《食品安全法》《食品标准法》《食品卫生法》等，出台了一些规定如《甜品规定》《食品标签规定》《肉类制品规定》《饲料卫生规定》《食品添加剂规定》等。1990 年起又将防御保护机制引入食品安全法案，保证“从农田到餐桌”整个食物链各环节的安全性。

4）日本

日本负责食品安全的机构主要由三个隶属于中央政府的部门组成，即厚生劳动省、农林水产省、食品安全委员会。其中厚生劳动省和农林水产省承担食品卫生安全方面的行政管理职能，农林水产省具体负责食品生产和质量保证，厚生劳动省负责稳定的食品供应和食品安全。主要的食品法律有《食品卫生法》和《食品安全基本法》。《食品卫生法》内容有 36 条，涉及对象众多，规定食品卫生的宗旨是防止民众因食物消费而受到健康危害。2003 年 5 月颁布的《食品安全基本法》为日本食品安全行政管理提供了基本原则和要素。其特点主要体现在确保食品安全；协调政策原则，建立食品安全委员会；强调地方政府和消费者共同参与，食品生产和流通企业对确保食品安全负有首要责任。

5）澳大利亚和新西兰

1981 年，澳大利亚发布了《食品法》，1984 年发布了《食品标准管理办法》，1989 年发布了《食品卫生管理办法》，同时发布了与之配套的《国家食品安全标准》，构成了一套完善的食品安全法规体系。两国食品管理的法律基础主要是 1991 年颁布的《澳大利亚新西兰食品标准法令 1991》，1994 年制定的《澳大利亚新西兰品标准法规 1994》是这一法令的实施细则。2002 年，制定了《澳大利亚新西兰食品标准法典》来保证食品的安全供应。

根据上述各国法规的性质及适用范围，可以将其分为五类，第一类是确立农产品（食品）质量安全管理机构权限和管理程序的创设性立法。这类法律中有的是明显的部门创设立法单独编纂成法，详尽规范某一农产品（食品）质量安全管理机关的职权范围。工作规则、责任和监督机制等。第二类是规定农产品（食品）质量安全基本原则和基本内容的法律法规。这类法通常是一国农产品质量安全最基本、最核心的立法，且都是联邦立法，如美国《联邦食品、药物和化妆品法》和《食品质量保护法》，加拿大《食品和药品法》和《加拿大农产品法》等。第三类是针对重点环节的法律法规。主要有独立规范商品流通环节的“标签法”“包装法”“免疫法”“注册法”等，还包括为实现目标管理所规定的危害分析与关键控制点（HACCP）、良好操作规范（GMP）、良好农业规范（GAP）等标准措施。第四类是针对粮食、禽、蛋、肉、水产品等重点产品的专门性法律法规。此类法律法规详细规定了重点产品的企业注册、生产要求、检测内容、检测标准、检测方法、检测主体及违规处理途径。指导行业标准和企业安全计划相互配合，实现对重点产品质量安全的有效监控。此类法律法规所规定的标准、程序往往比综合性基本农产品（食品）安全法中规定的标准更加严格。第五类是规范化肥、种子、农药等农业投入品生产销售与使用的法律法规，如《种子法》《化肥法》和条例等。这些法律法规对农业投入品生产企业注册登记、产品安全性标准、产品有效性标准、产品标志、检测方法、产品使用等问题作出详细规定。

2.2 食 品 标 准

食品分析工作的最终目的是量化评定食品的品质，为消费者提供符合法律法规要求的、有营养的高品质食物。这时，就必须有能进行量化评定的基准，这就是标准。食品分析工作者一定要完全理解标准的意义，能不断跟进我们国家颁布的通用标准、食品产品标准、特殊膳食标准、食品添加剂质量规格及相关标准、理化检验方法标准、农药残留检测方法标准、兽药残留检测方法标准等最基本的食品安全国家标准体系。

2.2.1 标准与标准化

标准化是指在经济、技术、科学和管理等社会实践中，对重复性的事物和概念，通过制定、发布和实施标准达到统一，以获得最佳秩序和社会效益。为适应科学发展和组织生产的需要，在产品质量、品种规格、零部件通用等方面，规定统一的技术标准，叫标准化。所以，标准化是人类在长期的生产实践过程中逐渐摸索和创立的一门科学，也是一门重要的应用技术。

1. “标准化”的定义

《标准化工作指南　第 1 部分：标准化和相关活动的通用术语》（GB/T 20000.1—2014）对“标准化”的定义是：

“为了在既定范围内获得最佳秩序，促进共同效益，对现实问题或潜在问题确立共同使用和重复使用的条款以及编制、发布和应用文件的活动。

“注 1：标准化活动确立的条款，可形成标准化文件，包括标准和其他标准化文件。

“注 2：标准化的主要效益在于为了产品、过程或服务的预期目的改进它们的适用性，促进贸易、交流以及技术合作。”

标准化的定义包含下述含义：

①标准化的出发点是“获得最佳秩序，促进共同效益”。

②标准化是一个活动过程，其活动的核心是标准。标准化是制定标准、实施标准和修订标准的活动过程。

③标准化是一项有目的的活动，其目的就是使产品、过程或服务具有适用性。

标准化活动是建立规范的活动，该规范具有共同使用和重复使用的特征。条款或规范不仅针对当前存在的问题，而且针对潜在的问题，这是信息时代标准化的一个重大变化和显著特点。标准化是一种科学活动，伴随着科学技术的进步和人类实践经验的不断深化，需要重新修订、贯彻标准，达到新的统一，具有不断循环、螺旋式上升的特征。

2. “标准”的定义

GB/T 20000.1—2014 对“标准”的定义是：

“通过标准化活动，按照规定的程序经协商一致制定，为各种活动或其结果提供规则、指南或特性，供共同使用和重复使用的文件。

“注 1：标准宜以科学、技术和经验的综合成果为基础。

“注 2：规定的程序指制定标准的机构颁布的标准制定程序。

“注 3：诸如国际标准、区域标准、国家标准等，由于它们可以公开获得以及必要时通过修正或修订保持与最新技术水平同步，因此它们被视为构成了公认的技术规则。其他层次上通过的标准，诸如专业协（学）会标准、企业标准等，在地域上可影响几个国家和地区。”

标准的定义包含下述含义：

①标准产生的基础是科学研究的成就、技术进步的新成果和先进的实践经验的结合。

②标准的对象是具有重复性的事物，标准是重复使用的文件。

③标准是一种特殊文件，该文件须按规定程序经协商一致制定。

综上所述，标准是科学、技术和实践经验的综合成果，是先进的科学与技术的结合，是理论与实践的统一，是综合现代科学技术和生产实践的产物。标准随着科学技术与生产的发展而发展，具有时效性，它是协调社会经济活动，规范市场秩序的重要手段，它既是科学技术研究和生产的依据，又是贸易中签订合同、交货和验货、仲裁纠纷的依据。

而在世界贸易组织《贸易技术性壁垒协议》中，“技术法规”指强制性文件，“标准”仅指自愿性文件。

①技术法规。WTO/TBT 对“技术法规”的定义是：“强制执行的规定产品特性或相应加工和生产方法（包括可适用的行政或管理规定在内）的文件。技术法规也可以包括或专门规定用于产品、加工或生产方法的术语、符号、包装、标志或标签要求。”

技术法规是指规定技术要求的法规，它或者直接规定技术要求，或者通过引用标准、技术规范或规程来规定技术要求，或者将标准、技术规范或规程的内容纳入法规中。

②标准。WTO/TBT 对“标准”的定义是：“由公认机构批准的、非强制性的、为了通用或反复使用的目的，为产品或相关加工和生产方法提供规则、指南或特性的文件。标准也可以包括或专门规定用于产品、加工或生产方法的术语、符号、包装、标志或标签要求。”

“注：ISO/IEC 指南 2 定义的标准可以是强制性的，也可以是自愿性的。本协议中标准定义为自愿性文件，技术法规定义为强制性文件。”

该定义是在发达国家普遍存在强制性技术法规的情况下产生的。在我国，当前还存在相当数量的强制性标准，也是“标准”的一部分。我国的强制性标准也发挥了国外某些技术法规的作用。这是目前我国的管理、法规体制与国际的差异所致。

3. “食品标准”与“食品标准化”的概念

1）“食品标准化”概念

基于 GB/T 20000.1—2014 中对标准化的定义，结合食品满足人们健康需求的属性，“食品标准化”可定义为：为了在食品领域特定范围内获得最佳秩序，促进共同效益，对食品基础性问题，现实或潜在的食品技术问题确立共同使用和重复使用的条款以及编制、发布和应用文件的活动。

食品标准化的定义揭示出其具有下述特征：

①食品标准化是一个活动过程。

②制定食品标准是食品标准化活动的基础。

③实施食品标准是实现食品生产管理和监管的关键。

2）“食品标准”概念

食品标准的概念与标准化的概念密不可分，结合食品的特点，可将“食品标准”定义为：通过食品标准化活动，按照规定的程序经协商一致制定为食品各种活动或其结果提供规则、指南或特性，供共同使用和重复使用的文件。

食品标准的定义包含下述含义：

①食品标准的制定是基于食品科技的成果。

②食品标准制定有特定对象，即食品本身、食品生产过程、食品接触材料与制品、食品标签等。

③食品标准需要得到国家或相关组织认可。

所以，在某种意义上，掌握标准化的主动权是保证质量与秩序的一种象征。追溯到历史 2000 多年前，中国是世界上第一个制定强制性国家标准的国家。2000 多年前，秦始皇统一中国后颁布了第一个国家标准，“车同轨，书同文”。“车同轨”就是规定当时马车两个轮子之间的距离都统一定为六尺，这样从首都长安到各府、州、县的车道、国道宽度一致，政令、军运物流畅通；“书同文”是指中国地域广阔、民族众多，虽然有方言，但规定文字相通，就使文化交流及法律法规的执行十分方便。但中国五千年的农耕文明和家庭手工经营，影响了产品质量标准的统一与提高。而西方工业国家在工业化 200 多年的进程中，形成了完整的标准体系。标准是国际通行的技术语言，也是各国公认的产品质量判据。我国标准化事业还需努力发展，需要科技的强力支撑。

2.2.2 我国食品标准

1. 我国食品标准现状

食品标准作为一项技术标准，是食品行业的技术规范，也是各国公认的产品质量判据，涉及食品行业各个领域的不同方面，多维度规定了食品的技术要求和质量卫生要求。2009 年《中华人民共和国食品安全法》发布实施后，根据第三章对食品安全标准的相关规定，完成了对 5000 项食品标准清理整合，陆续发布了食品安全国家标准，建立起现行的食品安全国家标准体系，截至 2023 年 9 月，我国共发布食品安全国家标准 1563 项，包括通用标准（15 项）、产品标准（72 项）、特殊膳食食品标准（10 项）、食品添加剂质量规格及相关标准（639 项）、食品营养强化剂质量规格标准（68 项）、食品相关产品标准（17 项）、生产经营规范标准（36 项）、理化检验方法标准（254 项）、寄生虫检验方法标准（6 项）、微生物检验方法标准（33 项）、毒理学检验方法与规程标准（29 项）、农药残留检测方法标准（120 项）、兽药残留检测方法标准（95 项）等 14 个分项、四个大类。

根据《中华人民共和国食品安全法》的规定，我国的标准按照效力或标准的权限，可以分为国家标准、行业标准、地方标准和团体标准、企业标准。

除了上述食品安全国家标准以外，食品标准还涵盖食品基础标准、其他食品检验方法标准、食品流通标准、食品产品及各类食品标准。

食品基础标准主要包括通用的食品术语标准，食品图形符号、代号类标准，食品分类标准等。如《食品营养成分基本术语》（GB/Z 21922—2008）《食品工业基本术语》（GB/T 15091—1994）《茶叶感官审评术语》（GB/T 14487—2017）等，使食品生产和流通中的术语统一，概念一致。食品分析和检测中经常混用“食品中营养成分”“食品中营养素”“食物中六大营养素”等概念，也经常混淆“食物中宏量营养素”“食物中微量营养素”的物质成分。实际上，按照 GB/Z 21922—2008 对相关术语的规定，食品的营养成分、营养素、必需营养素、宏量营养素、微量营养素等均有各自明确的物质范畴，不应混用或混淆。

2. 食品安全标准

1）食品安全标准的概念

《中华人民共和国食品安全法》中规定：“食品安全，指食品无毒、无害，符合应当有的营养要求，对人体健康不造成任何急性、亚急性或者慢性危害。”据此，食品安全标准是指为了对食品生产、加工、流通和消费，即“从农田到餐桌”食品链全过程影响食品安全和质量的各种要素以及各关键环节进行控制和管理，经协商一致制定并公认机构批准，共同使用的和重复使用的一种规范性文件。

食品安全标准不同于食品质量标准，它是保障食品安全与营养的重要技术手段，其根本目的是要实现全民的健康保护，是食品法律法规体系的重要组成部分，是进行法治化食品监督管理的基本依据。食品安全标准是强制执行的标准，对于食品安全国家标准的制定，应当依据食品安全风险评估结果并充分考虑农产品安全风险评估结果，参照相关的国家标准和国际食品安全风险评估结果，并将食品安全国家标准草案向社会公布，广泛听取食品生产经营者、消费者、有关部门等方面的意见，由国务院授权的部门（国务院卫生行政部门会同国务院食品安全监督管理部门）来负责制定和公布。对于省、自治区、直辖市人民政府负责食品安全标制定的部门要组织制定，修订食品安全地方标准，应当参照执行食品安全法有关食品安全国标准制定、修订的规定，并报国务院授权负责食品安全标准制定的部门备案。对于生产企业国家鼓励食品生产经营企业制定严于食品安全国家标准、地方标准的标准，在企业内部适用。

2）食品安全标准主要内容

《中华人民共和国食品安全法》规定：“食品安全标准应当包括下列内容：食品、食品添加剂、食品相关产品中的致病性微生物，农药残留、兽药残留、生物毒素、重金属等污染物质以及其他危害人体健康物质的限量规定；食品添加剂的品种、使用范围、用量；专供婴幼儿和其他特定人群的主辅食品的营养成分要求；对与卫生、营养等食品安全要求有关的标签、标志、说明书的要求；食品生产经营过程的卫生要求；与食品安全有关的质量要求；与食品安全有关的食品检验方法与规程；其他需要制定为食品安全标准的内容。”根据食品安全标准的内容；食品安全标准可分为以下几类：食品安全限量标准、食品添加剂标准、婴幼儿和其他特定人群的食品安全标准、食品标签标准、食品安全控制与管理标准、食品产品安全标准、食品安全检验方法与规程标准及其他标准。

3. 食品安全检验方法与规程标准

食品安全检验方法与规程标准是对食品的质量要素进行测定、试验、计量所做的统一规定。目前，我国已发布的食品安全检验方法标准中涉及了食品中部分理化指标的检测、部分微生物指标的检测、部分农药残留量的检测、部分兽药残留量的检测，以及食品安全性毒理学评价程序与方法。

食品理化检验主要是利用物理、化学、仪器等分析方法对食品中各种营养成分、添加剂等进行定性、定量测定；对食品中残留的或污染的有害有毒化学成分进行测定。食品理化检验的目标物多、方法各样，在各类食品中有些目标物是相同的，有些则是不同的，这对食品理化检验方法标准化研究提出三个层次的要求：基础方面，涉及基于食品样品特性的前处理过程、食品分析误差以及理论统计处理；分析方法方面，涉及新的检测方法研究、新目标物分析方法的研究、经典方法的改进研究以及简便快速检测方法的研究；分析仪器方面，涉及高新仪器检测方法开发和应用、高新仪器开发和应用等。目前，我国已发布的食品理化检验方法主要包含在 GB 5009 系列、GB 5413 系列、GB 14883 系列等系列标准内，部分最新目录见表 2-1，方法详细内容见本书第 5～15 章内容。

表 2-1　部分食品理化检验方法标准目录

序号	标准号	标准名称
1	GB 5009.2—2016	食品安全国家标准 食品相对密度的测定
2	GB 5009.3—2016	食品安全国家标准 食品中水分的测定
3	GB 5009.4—2016	食品安全国家标准 食品中灰分的测定
4	GB 5009.5—2016	食品安全国家标准 食品中蛋白质的测定
5	GB 5009.6—2016	食品安全国家标准 食品中脂肪的测定
6	GB 5009.7—2016	食品安全国家标准 食品中还原糖的测定
7	GB 5009.8—2023	食品安全国家标准 食品中果糖、葡萄糖、蔗糖、麦芽糖、乳糖的测定
8	GB 5009.9—2023	食品安全国家标准 食品中淀粉的测定
9	GB 5009.11—2014	食品安全国家标准 食品中总砷及无机砷的测定
10	GB 5009.12—2023	食品安全国家标准 食品中铅的测定

食品安全检验方法与规程标准除了上述系列外，国家相关部门还对历年来发布的食品中农兽药残留检测方法标准进行了清理，保留或修订了适用性和操作性强的标准，对

检测范围或检测目标有重复、交叉的检测方法予以整合，形成现行有效的农药残留检测方法标准（120项）和兽药残留检测方法标准（95项）。本书将以现行有效的农药残留和兽药残留检测方法的国家标准为主要参考资料，编撰第14章的内容。

食品安全国家标准中还收录了食品中部分微生物指标检测方法标准，用以正确客观地揭示食品的卫生情况，加强食品卫生的管理，保障人民的健康，并对防止某些传染病的发生提供科学依据。截至2023年9月，食品安全国家标准中共发布《食品安全国家标准 食品微生物学检验 总则》（GB 4789.1—2016）等33项微生物检验方法标准。根据《食品科学与工程类教学质量国家标准》对人才专业知识和专业核心课程的建议，本教材不涵盖微生物检验方法，可由《食品微生物学》或《食品微生物检验学》负责教授。

应用食品毒理学的方法对食品进行安全性评价，为正确认识和安全使用食品添加剂（包括营养强化剂）、开发食品新资源和新资源食品、开发保健食品提供了可靠的技术保证，为正确评价和控制食品容器和包装材料、辐照食品、食品及食品工具与设备用洗涤消毒剂、农药残留及兽药残留的安全性提供了可靠的操作方法。截至2023年9月，食品安全国家标准中共发布《食品安全国家标准 食品安全性毒理学评价程序》（GB 15193.1—2014）等29项食品毒理学检验方法与规程标准。

4. 食品快速检测方法

2015年，新修订的《中华人民共和国食品安全法》实施，明确创新监管手段，第一次将快速检测技术写入法律文件。2021年修订版本的第一百一十二条明确规定县级以上人民政府食品安全监督管理部门在食品安全监督管理工作中可以采用国家规定的快速检测方法对食品进行抽查检测。对抽查检测结果表明可能不符合食品安全标准的食品，应当依照本法第八十七条的规定进行检验。抽查检测结果确定有关食品不符合食品安全标准的，可以作为行政处罚的依据。所以食品快速检测方法也是保证食品质量、保障食品安全的重要手段。

根据《快速检测 术语与定义》（GB/T 42233—2022），快速检测方法是与参比方法相比，具备检测时间少、易于人工操作或者自动操作、小型化、检测成本低等特点的并满足用户适当需求的替代方法。所以食品快速检测具有快速排查食品安全风险隐患的作用。

为了发挥食品快速检测排查食品安全风险隐患的作用，国家市场监督管理总局发布了《市场监管总局关于规范食品快速检测使用的意见》（国市监食检规〔2023〕1号）。截至2023年6月，国家市场监督管理总局先后发布了《水产品中孔雀石绿的快速检测 胶体金免疫层析法》（KJ201701）等49项食品快速检测方法，部分方法信息如表2-2所示。方法文本可在国家市场监督管理总局食品安全抽检监测司食品快速检测方法数据库（http://www.samr.gov.cn/spcjs/ksjcff/）中查询和下载。

表2-2 部分食品快速检测方法标准

序号	标准编号	方法名称	公告号
1	KJ 202309	蔬菜水果中甲基异柳磷的快速检测 胶体金免疫层析法	2023年第23号
2	KJ 202301	动物源性食品中甲基苄啶的快速检测	2023年第23号

续表

序号	标准编号	方法名称	公告号
3	KJ 202210	蔬菜水果中灭蝇胺的快速检测 胶体金免疫层析法	2022年第40号
4	KJ 202201	粮食及其碾磨加工品中T-2毒素的快速检测 胶体金免疫层析法	2022年第40号
5	KJ 202106	玉米及其碾磨加工品中伏马毒素的快速检测 胶体金免疫层析法	2021年第19号
6	KJ 202101	食品中赭曲霉毒素A的快速检测 胶体金免疫层析法	2021年第2号
7	KJ 201913	食品中玉米赤霉烯酮快速检测 胶体金免疫层析法	2019年第41号
8	KJ 201901	保健食品中西地那非和他达拉非的快速检测 胶体金免疫层析法	2019年第41号
9	KJ 201801	辣椒制品中苏丹红Ⅰ 的快速检测 胶体金免疫层析法	2018年第6号
10	KJ 201710	蔬菜中敌百虫、丙溴磷、灭多威、克百威、敌敌畏残留的快速检测	2017年第113号
11	KJ 201701	水产品中孔雀石绿的快速检测 胶体金免疫层析法	2017年第58号

2.2.3　国际食品标准

1. 国际主要食品标准组织

国际标准化活动最早开始于电气领域。1906年6月世界上第一个国际标准化机构——国际电工委员会（International Electrotechnical Commission，IEC）成立。1928年国际标准化协会（International Standardization Association，ISA）成立。1946年10月，25个国家的代表汇聚伦敦，讨论成立国际标准化组织问题，并把这个新机构称为国际标准化组织（International Organization for Standardization，ISO）。1947年2月，ISO正式成立，IEC作为一个电工部门被并入ISO，1976年又从ISO中分立出来。直至今日，IEC主要负责制定电工、电子领域的国际标准，而其他所有领域的国际标准都由ISO负责制定。而国际标准通常是指ISO、IEC和国际电信联盟（International Telecommunication Union，ITU）制定的标准以及ISO确认并公布的其他国际组织制定的标准。

食品领域的国际标准主要包括两个部分：一是由ISO制定的标准；二是由ISO认可，并在ISO标准目录上公布的其他国际组织制定的标准。其他国际组织主要有国际食品法典委员会、国际谷物科技协会、国际乳品联合会、国际有机农业运动联合会、国际葡萄与葡萄酒组织、世界卫生组织、联合国粮食与农业组织等。这些组织所制定的某些标准被ISO列入《国际标准题内关键词索引》，也属于国际标准。

2. ISO中的食品标准

ISO系统的食品标准主要由组织中的农产食品技术委员会（TC34）制定，少数标准由淀粉委员会（TC93）、化学委员会（TC47）和铁管、钢管和金属配件技术委员会（TC5）制定。ISO 食品标准包括了术语、分析方法和取样方法、产品质量和分级、操作、运输和贮存要求等方面。

ISO 标准规定了各类食品的取样方法、检验方法和分析方法。这类标准所占比重最大，而且也是世界各国采用最多的标准。其制定具体的取样、检验、分析方法是ISO标准制定工作中的首要任务，这主要是因为：第一，国际交易的食品如果没有统一的检验方法，就无法确定和比较各种来源的食品的质量，无法就技术方面的分歧达成各国间一致认同的协议，国际食品贸易也就难以进行；第二，ISO 标准规定的取样、检验、分析方法融合了世界各国的先进技术，代表国际一致的技术发展水平，被各国普遍采用。TC 34 制定和出版了水果、蔬菜、谷物、肉、蛋等 10 类食品的取样、检测、分析方法以及微生物、感官分析方法。

诸如《食品安全管理体系 食品链中各类组织的要求》(ISO 22000：2018)等 ISO 22000 系列食品安全管理体系更是各国普遍采用的 ISO 食品标准。我国已经 ISO 22000 转化为国家标准，并于 2006 年发布了《食品安全管理体系 食品链中各类组织的要求》(GB/T 22000—2006)。用以提高食品企业的食品安全管理水平，保证产品质量，提高市场竞争力，促进食品国际贸易。

第3章　食品分析中的质量保证

检验检测结果的准确是检验检测工作质量永远的追求。检测虽是客观的，但是在检测过程中，由于检测方法和检测仪器不可能绝对准确，同时检验检测过程中，还存在着检测操作的差异、环境条件等因素的影响，检测并不能得到结果的真值，也就是检测结果总是带有误差。特别是随着快检技术和微痕量检测技术的迅速发展，检测数据获取速度越来越快，对检测结果的准确度的要求也越来越高。

检验检测结果又是许多重要决策的基础。例如，乳品企业收购原料乳时要根据相关检测结果决定是否收购及收购价格。食品企业根据加工过程中各关键控制点的在线检测结果，掌握食品安全控制状态，决定是否需要采取预防或纠偏措施。同样的，食品企业要根据终产品相关指标的检验检测结果来确定某批次的产品是否合格，能否放行，进入食品流通渠道。又如，政府机构相关部门要根据检验检测结果进行食品质量与安全方面的监督、管理甚至执法，以保护消费者健康，维护消费者合法权益。总而言之，准确的检验检测结果和客观的结论是生产、科研、司法等重要活动所必需的依据。

如何保证准确的检验检测结果和客观的结论？实践证明，首先要在检验检测过程中有可靠的分析质量保证措施，提供可靠的检测数据；其次需要合适的数据处理和分析，得到客观的结论。本章简要学习食品检测和分析中的质量保证、检测数据的评价和数据处理以及结果表述等基础知识。如果读者需要详细学习实验室质量控制、分析质量保证、分析数据评价和数据处理等相关知识，可以参阅《检验检测机构资质认定能力评价 检验检测机构通用要求》（RB/T 214—2017）《实验室质量控制规范 食品理化检测》（GB/T 27404—2008）《检验检测机构试验数据处理方法》《试验设计与数据处理》等资料或相关书目。

3.1　检验检测机构质量管理体系概述

3.1.1　检验检测机构质量管理体系基本描述

根据《检验检测机构资质认定能力评价 检验检测机构通用要求》（RB/T 214—2017）《检验检测机构资质认定能力评价 食品检验机构要求》（RB/T 215—2017）《检验检测机构资质认定能力评价 食品复检机构要求》（RB/T 216—2017）等文件，质量管理是检验检测机构保证检测结果准确可靠的所有活动。其体系构成和目的如图3-1所示。

作为出具检测报告的检测单位，认真做好实验室的质量控制是计量认证的一项重要的技术管理工作，也是检验检测机构质量管理体系的最终目的。实验室质量控制绝不仅仅是检测过程的控制，而是贯穿于实验室全部质量活动的始终。重中之重是完整、有效、适应的质量管理体系，使实验室的质量活动处于受控状态，而非随意为之。实验室质量控制的目的是把分析测试的误差控制在容许范围内，保证分析的精密度、准确度，使分

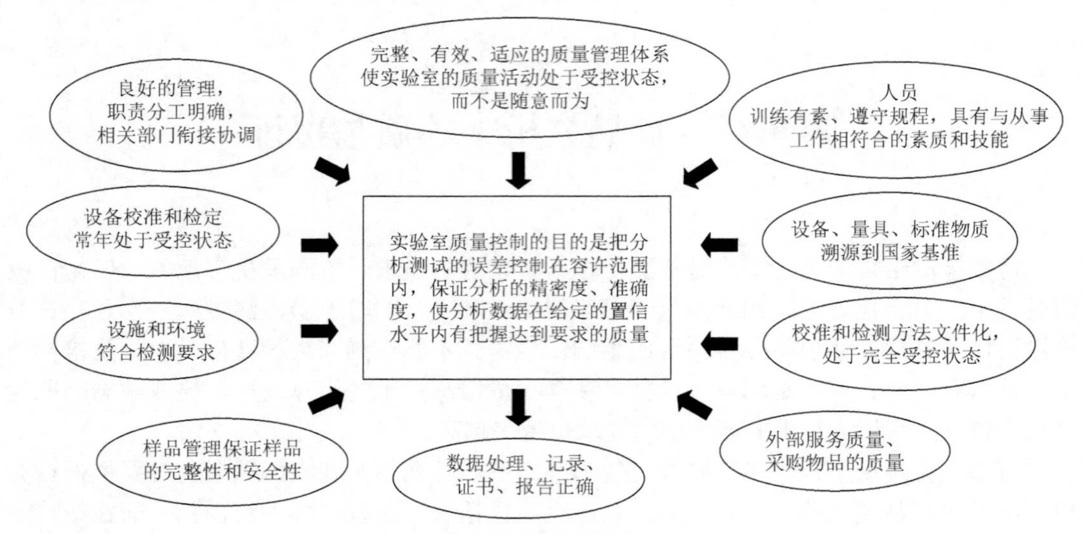

图 3-1　检验检测机构质量管理体系

析数据在给定的置信水平内有把握达到要求的质量。为实现这一目的，《实验室质量控制规范 食品理化检测》（GB/T 27404—2008）等与食品学科相关的六大实验室质量控制规范（表 3-1）均从管理、技术、过程控制、结果质量控制等几大方面规定了相关技术要求。根据 GB/T 27404—2008，食品理化检测是指采取化学分析手段和装置从事食品的品质、安全检测，其过程主要包括受理申请、测试方法准备和确认、样品采集和处置、检测过程控制和结果的确认、报告等一系列过程。

上述的检验检测机构质量管理主要是指有资质的食品检测机构及其检测过程。实际上，在食品学科的科研和教学中，科研和教学人员也要在食品理化检验实验室从事各种食品理化检测工作。对于食品学科的科研，更多是探索未知，所以其食品理化检测过程不一定受限于规范要求的工作程序，但是一定要保证测定数据的精密度和准确度，所以，从一定程度上也要进行实验室质量控制。食品学科的职业教育和高等教育中，食品理化检测理论教学的重点是使学生掌握食品分析与检测的知识，实践教学则是使学生掌握食品分析与检验的技能，所以目前的食品理化检测实践教学以验证性实验为主，探究性实验为辅。在验证性实验中，一般是选用商品化食品试样，其部分待测目标物含量水平是营养标签上已知的。学生实施检测过程，得到检测数据，进行数据处理后，可将检测结果与试样标签进行比对，分析检测过程影响检测结果的因素，进而理解分析质量控制。这是学生学习的过程。但是在实际食品理化检测工作中，要看检测机构在有效的管理体系下，人（人员）、机（设备、器具）、料（试样、标准物质）、法（设备校准和检定、样品管理、检验方法）能达到的质量水平是否符合相关质量要求。

表 3-1　食品学科相关的实验室质量控制规范

标准名称	代码
实验室质量控制规范 动物检疫	GB/T 27401
实验室质量控制规范 植物检疫	GB/T 27402

续表

标准名称	代码
实验室质量控制规范　食品分子生物学检测	GB/T 27403
实验室质量控制规范　食品理化检测	GB/T 27404
实验室质量控制规范　食品微生物检测	GB/T 27405
实验室质量控制规范　食品毒理学检测	GB/T 27406

3.1.2　质量保证的概念和理解

《质量管理体系　基础和术语》（GB/T 19000—2016）中对质量保证（quality assurance，QA）的定义是"质量管理的一部分，致力于提供质量要求会得到满足的信任"。检验检测机构的主要产品是数据，所以分析测试中的质量保证（analytical quality assurance，AQA）是指分析测试过程中，为了将各种误差减到预期要求而采取的一系列培训、能力测试、控制、监督、审核、认证等措施的过程。因此，分析质量保证涉及各种影响分析结果的因素。根据《实验室质量控制规范　食品理化检测》（GB/T 27404—2008），可将某项目检测过程质量控制关键要素概括为人、机、料、法等四个方面。比如，实验室应当有足够的人力资源，应确保人员能力，应针对不同层次的实验室人员制定教育、培训和技能目标，以保证实验室人员的人力和能力。而对于分析质量保证下已获得的检测数据的准确性，则需要一系列的数学方法进行确认、验证和评价。这部分将在本章第四节详细学习。

3.2　检验检测数据的质量

检验检测数据应做到准确、规范、明确。检验检测数据的准确性是核心，同时，也要根据检验检测标准的要求，保证检验检测数据的合理性。准确性是指检验检测过程中，测定的数据误差或偏差要小，给出的测定允许误差或精密度要确切。合理性是指数值有效位数的取舍要符合数值的修约规则，有效位数的多少要根据实际工作的需要及量具的精度来确定。

3.2.1　误差和误差分析

我们已经知道，在检验检测过程中，由于仪器、人员、环境、方法等因素，获得的某样品中某项目的检测值与其客观真实值并不完全一致，这种不一致在数值上被称为误差（error）。为了保证最终结果的准确性，首先应对原始数据的可靠性进行客观评定，也就是需要对检验数据进行误差分析（error analysis）。

1. 真值与平均值

真值（true value）是指在某一时刻和某一状态下，某量的客观值或实际值。真值一般是未知的，但是从相对意义上，真值又是已知的。比如，平面三角形三内角之和恒为180°；国家标准样品的标称值；国际上公认的计量值，如碳12的原子量为12。

在科学试验和检验检测机构中，虽然误差在所难免，但平均值（mean）可综合反映测定值在一定条件下的一般水平，所以在科学试验中，经常将多次测定值的平均值作为真值的近似值。平均值的种类很多，经常用的有算术平均值、加权平均值、对数平均值和几何平均值。不同的平均值都有各自适用的测试过程，到底应选用哪种求算平均值的方法，主要取决于测定数据本身的特点，如分布类型、可靠程度等。

2. 误差的种类和来源

根据误差的性质和来源，可将误差分为系统误差、偶然误差和过失误差。

1）系统误差（systematic error）

定义：一定试验条件下，由某个或某些因素按照某一确定的规律起作用而形成的误差。

产生的原因有多方面。①仪器和试剂误差：如仪器表头或移液管的刻度不均匀，酸碱计（pH计）未经校正；试验过程所用的蒸馏水中含有干扰待测组分或干扰杂质；②操作误差：分析工作者掌握的操作方法与标准规程有出入，或分析工作者的主观因素造成的误差；③方法误差：实验方法本身的不完善，或分析体系本身的物理化学性质造成的误差。

特点：系统误差大小及其符号在同一试验中是恒定的。如：当试验条件确定后，系统误差大小具有确定的规律性，如累积性、周期性和复杂规律性，因而系统误差成为一个客观存在的恒定值。同时，系统误差还具有确定性，其正负具有单向性，固定地偏向结果的某一边，即对分析结果的影响比较固定，不能通过多次试验而发现，也不能通过多次测量而抵消或减弱。只有对系统误差产生的原因有了充分的认识，才可能采取一定的措施对它进行校正，或设法消除。

2）偶然误差（random/chance error）

定义：偶然误差也叫随机误差，以不可预知的规律变化着的误差。所以偶然误差时正时负，时大时小。

产生的原因：偶然因素。

特点：具有统计规律。如：在相同条件下做多次测量，尽管其误差的大小、正负方向不一定，测量结果具有一定分散性，但大小相等的正误差和负误差出现的机会相等，具有抵偿性，完全服从统计规律，服从正态分布，研究偶然误差可以采用概率统计的方法。

小误差比大误差出现机会多。正、负误差出现的次数近似相等。当试验次数足够多时，误差的平均值趋向于零。偶然误差的存在，主要是一般只注意认识影响较大的一些因素，而往往忽略其他一些小的影响因素，不是尚未发现，就是无法控制，而这些影响因素正是造成偶然误差的原因。可以通过增加试验次数减小偶然误差，但是偶然误差是不可完全避免的。在误差理论中，常用精密度一词来表征偶然误差的大小，偶然误差越大，精密度越低，反之亦然。

3）过失误差（mistake error）

定义：一种显然与事实不符的误差。

产生的原因：一般是实验人员粗心大意造成，如读数错误或记录错误。

特点：没有一定的规律，但是可以完全避免。

3. 数据的精准度

误差的大小可以反映试验结果的好坏，但这个误差可能是由随机误差或系统误差单独造成的，还可能是两者的叠加，为了表征这一问题，引出了精密度、正确度和准确度这三个表示误差性质的术语。本小节主要介绍精密度和准确度。

1）精密度（precision）

精密度是指在一定的试验条件下，多次试验值的彼此符合程度，即重复性。

例如，甲：11.45，11.46，11.45，11.44；乙：11.39，11.45，11.48，11.50。

甲组数据的彼此符合程度好于乙组，所以甲组数据的精密度较高。

数据的精密度反映了检测过程中偶然误差大小的程度。可以通过增加试验次数而达到提高数据精密度的目的；但是也不能过于追求数据的精密度，因为试验数据的精密度是建立在数据用途基础之上的，比如后续学习的各种测定方法均有精密度的要求，只要实验过程达到方法要求的精密度即可；试验过程足够精密，则只需少量几次试验就能满足要求。

常见的判断试验数据精密度高低的参数有 3 个，分别是：

①极差（range）：一组试验值中最大值与最小值的差值，$R = x_{\max} - x_{\min}$，极差越小，则精密度越高；

②标准差（standard error）：由于方差的量纲与 x^2 相同，不能完全说明测量值的波动，故将方差开方使量纲还原。方差的平方根叫作标准差或标准偏差。

总体标准差 $$\sigma = \sqrt{\frac{\sum_{i=1}^{n}(x_i - \overline{x})^2}{n}} \tag{3-1}$$

样本标准差 $$s = \sqrt{\frac{\sum_{i=1}^{n}(x_i - \overline{x})^2}{n-1}} \tag{3-2}$$

标准差越小，精密度越高；

③方差（variance）：各试验值偏差的平方和被自由度除得到方差，总体方差 $\sigma^2 = \frac{\sum_{i=1}^{n}(x_i - \overline{x})^2}{n}$，样本方差 $s^2 = \frac{\sum_{i=1}^{n}(x_i - \overline{x})^2}{n-1}$，方差越小，精密度越高。

2）准确度（accuracy）

数据的准确度表示了试验结果与真值的一致程度，反映了检测过程中系统误差的大小，而精密度与真值无关，它主要反映的是多次试验值的彼此符合程度。所以，精密度高不一定准确度高，只有在消除了系统误差之后，精密度高，准确度才高，图 3-2 从左至右依次以甲、乙、丙打靶为例，示意了准确度与精密度的关系。

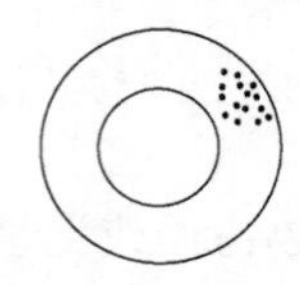
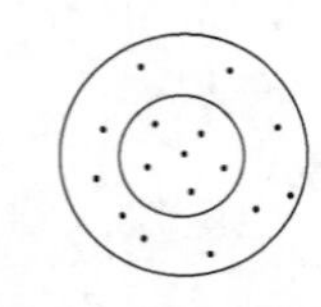
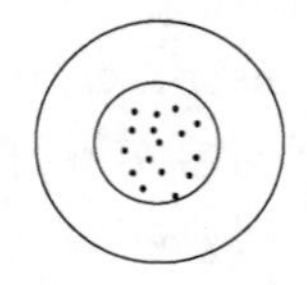

图 3-2　准确度与精密度的关系示意图

图中甲的精密度很高，但是可能存在所用枪的准星未校准等系统误差，所以多次打靶均未打中靶心，准确度不高。乙的精密度不高，但是导致精密度低的偶然误差经过多次打靶，可能正负误差抵消，使平均结果接近真值，具有一定的准确度，但是精密度低。丙则是不存在显著的系统误差和偶然误差，精密度和准确度都很高。

食品分析与检测对准确度和精密度的要求取决于分析目的、分析方法和待测组分的含量，如表 3-2 所示的组分含量不同时，对相对误差允许的范围是不同的。精密度和准确度满足工作的需求即可，不一定要求越高越好。在实际检测工作中，应根据分析目的、分析方法和分析结果使用等情况综合考虑。例如，用万分之一电子天平称量 0.1 g 试样可准确到 0.0001 g，用十分之一台秤称 100 g 试样可准确至 0.1 g，两者具有相同的相对误差。所以，不是万分之一电子天平比十分之一台秤称量更准确，要视具体操作要求进行合适选择。

表 3-2　被测组分含量不同时分析结果允许的相对误差范围

组分含量/%	80～100	40～80	10～40	1～10	0.01～1	0.001～0.01
相对误差/%	0.1～0.4	0.4～0.6	0.6～1.0	1～2	2～5	5～10

3.2.2　检测数据的合理性

数据的准确性一般也包含合理性的内容，但准确的数据不一定全合理，准确性是对误差而言，合理性是对符合实际要求和规定而言。

数据的合理性主要包括两个方面的内容：一是检测过程所得数据的有效数字的位数，一定要与测试的仪器、定量玻璃器具的精度所能达到的有效位数一致，而且测出的位数能够满足实际需要；二是数据有效位数的取舍要符合数字修约标准《数值修约规则与极限数值的表示和判定》（GB/T 8170—2008）的有关规定，运算过程要符合有效位数运算规则，正确取位。这就涉及了一个重要的概念——有效数字以及一个重要的数学问题——有效数字的修约及有效数字的运算。

1. 有效数字

0、1、2、3、4、5、6、7、8、9，这 10 个数码被称为数字。有效数字就是在检测工作中能测到的有实际意义的数字，它不但反映了测定数据“量”的多少，而且也反映了测定时所用仪器的准确程度，除最后一位为“欠准确数字”（估计数字）外，其他的数字都能从仪器上准确读出。所以，有效数字保留的位数，应当根据分析方法和所用仪器的精确程度来决定。例如，用最小刻度是 0.1 mL 的 50 mL 滴定管进行滴定实验，滴定时消耗滴定剂体积为 24.44 mL，是四位有效数字，最后一个 4 是“欠准确数字”，其他数字都可以从滴定管上准确读出。但最后一个 4 并不是任意臆造的，而是根据滴定的实际情况估计来的，含有一定的可信性（实际为 24.44±0.01）。由此可知，有效数字是由“准确数字”和“估计数字”两部分组成的。如果数据中有“0”，要分析具体情况再确定其有效数字的位数。第一个非零数字前面的零不是有效数字，它只起定位作用，如将该数字转换为指数的形式能将零省略，这些零就不是有效数字。例如：

1.0008，3.8200　　五位有效数字

31.05%，6.023×10^{23}　　四位有效数字

0.008 02，6.02×10^{23}　　三位有效数字

0.000 012，1.8×10^{-7}　　两位有效数字

5000，5×10^{3}　　一位有效数字

5000.0，5.0000×10^{3}　　五位有效数字

0.008 02 数字中，第一个非零数字 8 前面的“0”都只起定位作用，不是有效数字，它可以写为 8.02×10^{-3}。同样，0.000 012 中所有的“0”都不是有效数字，它可以写为 1.2×10^{-5}，而非零数字中间和其后的所有零都是有效数字。5000 可以写成指数的形式，含有一位有效数字；5000.0 中所有“0”都应该保留下来，因含有五位有效数字。食品分析中常遇到倍数、分数关系，如 M（$K_2Cr_2O_7/6$），基本单元中的 6 并非是一位有效数字，并非由分析仪器上测得，它只是表示一种比例关系，是一个自然数。自然数和常数如 π、e 等有效数字的位数可以认为没有限制，在计算过程中需要几位就写几位。而 pH、pM、lg$K$ 等对数数值，其有效数字的位数仅取决于尾数部分的位数，因整数部分（首数）只说明该数的方次。例如，pH = 12.68，即$[H^+] = 2.1\times10^{-13}$ mol/L，其有效数字是两位而不是四位。

2. 有效数字的修约规则

对分析数据进行处理时，必须根据各步的测量精度及有效数字的计算规则，合理修约并保留有效数字的位数。当有效数字的位数确定后，其余数字（尾数）应一律弃去。其修约的规则是“四舍六入五留成双”，即当尾数小于等于 4 时则舍；尾数大于等于 6 时则入；尾数等于 5 而后面数为 0 时，若 5 前面为偶数则舍，为奇数则入。如果 5 后面还有不是零的任何数时，无论 5 前面是偶数还是奇数皆入。例如，将下列数据修约为 4 位有效数字：

3.1424→3.142；3.2156→3.216；10.2350→10.24；250.650→250.6；16.0852→16.09 18.065→18.06；2.015 454 6→2.015

修约数字时，只允许对原测量值一次修约到所需要的位数，不能分次修约。例如，如果将上列最后一个数分次修约为 2.015 454 6→2.015 455→2.015 46→2.015 5→2.016，就是错误的，只能一次修约为 2.015。

3. 有效数字的运算规则

在分析结果的计算中，每个测量值的误差都要传递到结果里面。因此，必须按照有

效数字的运算规则，做到合理取舍。先按照下述规则将各个数据正确修约，然后再计算结果并正确保留结果的有效数字位数。

①加减法。和或差的有效数字的保留，应以小数点后位数最少（绝对误差最大）的数据为依据，对参加计算的所有数据进行一次性修约后，再计算并正确保留结果的有效数字。例如，计算 0.0121 + 25.64 + 1.057 82。

由于 25.64 的绝对误差为±0.01，均大于其他两个数值的绝对误差。所以，该题应以 25.64 为基准进行修约并计算。

$$0.0121 + 25.64 + 1.057\,82 = 0.01 + 25.64 + 1.06 = 26.71$$

②乘除法。积或商的有效数字的保留，应以有效数字位数最少的那个数据为依据（以相对误差最大的那个数据为基准）去修约其他数据，然后进行乘除。例如，计算 0.0121×25.64×1.057 82。

由于 0.0121 的相对误差为±0.8%，均大于其他两个数据的相对误差。因此，应以 0.0121 为基准进行修约和计算。

$$0.0121 \times 25.64 \times 1.057\,82 = 0.0121 \times 25.6 \times 1.06 = 0.328$$

③在对数运算中，所取对数的位数应与真数有效数字的位数相等。例如，lg765 = 2.8837 = 2.884，lg3174 = 3.5017 等。

④如果有效数字的第一位数等于或大于 8，计算时，其有效数字的位数可多算一位。例如，9.77 虽只有三位，但它很接近于 10.00，故可以认为它是四位有效数字。而最后计算结果的有效数字位数必须与所选定的基准数据相一致。

⑤安全数字。为使误差不迅速累积，在大量数据（4 个数据以上）的运算中，对参加运算的所有数据可以多保留一位有效数字进行计算。多保留的这一位数字称为“安全数字”，用小号字来表示。例如：

$$5.2727 + 0.075 + 3.70 + 2.124 + 2.50 = 5.273 + 0.075 + 3.70 + 2.124 + 2.50 = 13.672 = 13.67$$

注意：不论是用计算器、计算机或手工方法进行计算，完成所有运算之后，最后的结果一定要按“四舍六入五留成双”的修约规则弃去多余的数字。

⑥表示分析结果的误差或偏差时，大多数情况下只取一位有效数字即可，最多取两位有效数字。如果超过两位有效数字，则表示测定数据有可疑值存在，没有进行检验，或者没有按有效数字的修约规则及计算规则去处理数据，这是对“量”的概念没有理解和掌握的表现，在规范的日常工作中不该出现这种不规范的现象。

4. 有效数字在食品定量分析中的主要应用

有效数字及其有关规则在食品定量分析中占有极为重要的地位，分析工作者要能够牢固地掌握它并将有关规则贯穿、应用于分析的全过程。

1）正确地记录测量数据

记录食品定量分析中各步骤的测量数据时，必须能够反映出所用仪器的准确程度，除最后一位为“欠准确”的估计数字外，其他的数字都能从所用仪器上准确读出。例如，用最小分度值为 0.1 mg（万分之一）的分析天平称取样品，可读取并记录到小数点后第 4 位小数。若最小分度值为 1 mg 的（千分之一）分析天平可以记录到小数点后第 3 位小数。

若在台秤上称量时，则只能记录到小数点后第1位小数。

普通滴定管能读准至0.1 mL，如果正好滴定30 mL，应记录为30.00 mL。如果滴定前滴定管液面正好在“0”刻度线，初读数应记录为0.00 mL。

移液管、容量瓶、吸量管等精密量器通常和滴定管配套使用，且使用前要进行校正。所以，也要正确记录到小数点后至少两位。例如，200 mL 容量瓶的体积应记录为200.00 mL。而微量滴定管和吸量管要根据具体情况正确记录。

2）正确地选用仪器

要根据食品分析的内容、对象和对准确度的具体要求，正确地选择仪器，该用精密量器的不能用粗量器，该用粗量器的也没有必要用精密仪器。例如，用固体 NaOH 制备标准溶液时，先粗配，此时没有必要用分析天平称量溶质，也没有必要用容量瓶准确定容或用移液管量取蒸馏水的体积。因为这些花费时间太多的操作对下一步的精细标定来说意义不大，选用台秤和量筒进行工作就是极为合适的。但在用基准物质准确标定其粗配溶液的浓度时，一定要选用精密的仪器或量器。

3）正确地表示分析结果

根据误差的传递规律和累积性，分析结果的准确度不可能高于分析过程中某一步骤的准确度。所以，分析结果准确度的报告必须合理、正确。例如，测定食品中的含铜量时，用台秤粗称5.5 g 样品。三次平行测定的平均值，甲同学报告为0.049%，乙同学报告为0.048 99%，采用哪个分析结果较合理呢？这要看他们分析结果的准确度与称量的准确度是否相吻合。

甲分析结果的相对误差：$\pm 0.001 \div 0.049 \times 100\% = \pm 2\%$；

乙分析结果的相对误差：$\pm 0.00001 \div 0.048\,99 \times 100\% = \pm 0.02\%$；

称样的相对误差：$\pm 0.1 \div 5.5 \times 100\% = \pm 2\%$。

由此可知，甲的准确度与称样的准确度相一致，乙的准确度大大超过称量的准确度，显然是不合理的。

对于高含量组分（＞10%）的测定，一般要求分析结果有四位有效数字；中含量组分（1%～10%）一般要求三位有效数字；对微量组分（＜1%）的测定，一般只要求两位有效数字。用计算器或计算机连续运算进行统计处理时，可能保留了很多的计算数字，但最后结果应当按有效数字有关规则计算，并修约成适当的位数，以正确表达分析结果的准确度。

3.3　分析检测方法的选择和评价

随着科学技术突飞猛进地发展，食品分析检测方法也在不断的更新。检验检测机构在确定某一检测项目后，检测方法的选择、评价和确认是保证分析检测质量的重要因素之一。所以，作为食品分析检测的专业人员需要理解什么是分析检测方法的选择和评价。分析检测方法的评价即是对所选方法进行有效性确认的一套标准措施。一般来讲，评价标准主要是确认所选方法的准确度、精密度、灵敏度、检出限、线性范围、回收率、专一性、稳定性以及费用与效益等。

3.3.1　分析方法的选择

在第 1 章和第 2 章，我们已经就常用食品分析与检测方法进行了梳理。若是依据方法的技术原理，可以将常用的食品分析与检测方法分为感官检验法、理化检验法、仪器分析法、微生物分析法、免疫技术和酶技术分析法等五大类。若是从方法的法律效力上，可将常用的食品分析与检测方法分为国标方法（国际标准和国家标准）、有标方法（地方标准、行业标准、企业制定的标准等）、非标方法（可以是根据检测目的指定的方法，或者还没有标准方法，或者是目前公开刊物上发表的检测方法）。

基于上述的梳理，选择分析方法时要考虑的因素一般有两个维度。一个维度是分析检测的目的，也就是试样检测是为了内部质量控制还是外部品质评价。如果分析检测的目的是生产者的内部质量控制，进行生产过程指导，选择的方法只要能满足质量监控要求，方法越简单、速度越快、成本越低越好。如果分析检测的目的是外部品质评价，如对成品质量进行检验或对标志认证产品进行质量监督，则必须采用强制性法定分析方法，首选国标、仲裁法等法定分析方法，利用统一的技术标准，便于比较与鉴定产品质量，为各种食品贸易往来、流通提供统一的技术依据，提高分析结果的权威性。进行国际贸易时，采用国际公认的标准更具有优效性。

另一个维度是科学研究，将已有的方法用于新产品研发、新资源开发、新性能评价、安全性确认等工作过程时，选择的方法应是精密度和准确度更高，或者灵敏度更高，检出限和定量限更低，甚至需要进一步对现有方法从试样预处理、仪器设备等方面进行有效性提升，甚至是重新开发和建立新的分析方法。

待测组分在样品中的相对含量和性质也是应当考虑的因素，如果待测组分是含量大于1%的常量物质，选用标准的化学分析方法；如果是含量小于 1%的微量、痕量组分，则采用比较灵敏的仪器分析方法可以获得较准确的分析结果。了解待测组分的性质有利于分析方法的选择。例如，过渡金属离子均可形成配合物，可用配位滴定法测定。金属元素又都能发射或吸收特征光谱线，所以含量低时可用原子发射光谱或原子吸收光谱法的测定，也可以在一定的条件下用吸光光度法或极谱法分析。为保证测定方法具有较高的准确度，共存组分的干扰必须加以考虑。在日常生活和生产中多为含有多种共存组分的复杂溶液，为确定溶液中是否含有某种组分或溶液中某种组分的浓度是否符合要求，需要对多组分混合的复杂溶液中的一种或几种组分的含量进行定量分析。例如，现代检验医学通过定量检测人体血液、尿液中成分含量从而得到人体的健康信息，为临床诊断提供依据；在农业生产中，通过对农作物粉末或溶液的成分构成分析从而获得植物的营养价值和植物生长环境的相关信息；在地质研究中，通过从海水中提取铷、铯等稀有金属；在石油的开采过程中，也需要对石油中含有的碳氢化合物种类和含量，以及特殊的微量化合物进行含量测定。因此，对于含有多种共存组分的复杂溶液，要准确测定待测组分的含量就要采用方便可行的方法排除干扰或必要时加以分离，且要尽量选择具有较高选择性和灵敏度的分析方法。

3.3.2　分析方法的评价

进行食品分析时，常遇到一种被测组分可以用多种方法进行测定，而一种分析方法也可以测定多种组分的情况。如果能够用一系列参数对不同的分析方法进行评价，就可以有效地帮助我们比较不同的分析方法，选择最优的测定方法，减少工作时的盲目性。随着食品科学的不断发展，食品分析方法的评价标准和参数也将逐步建立和完善，这些参数主要如下。

1. 精密度

精密度（precision）是指在相同条件下对同一样品进行多次平行测定，各平行测定结果之间的符合程度。同一人员在同一条件下分析的精密度称为重复性，不同人员在各自条件下分析的精密度称为再现性，通常情况是指前者。

精密度一般用标准偏差 s（对有限次测定）或相对标准偏差 RSD（%）表示，其值越小，平行测定的精密度越高。

$$s=\sqrt{\frac{\sum_{i=1}^{n}(x_i-\overline{x})^2}{n-1}} \tag{3-3}$$

式中，n 为测定次数；x_i 为个别测定值；$\overline{x}$ 为平行测定的平均值；$n-1$ 为自由度。

$$\mathrm{RSD}=\frac{s}{\overline{x}}\times 100\% \tag{3-4}$$

2. 准确度

准确度（accuracy）是多次测定的平均值与真值相符合的程度，用误差或相对误差描述，其值越小，准确度越高。实际工作中，常用标准物质或标准方法进行对照实验确定，或用纯物质加标进行回收率实验估计，加标回收率越接近100%，分析方法的准确度越高，但加标回收实验不能发现某些固定的系统误差。

3. 灵敏度

仪器或方法的灵敏度（sensitivity）是指被测组分在低浓度下，当浓度改变一个单位时所引起的测定信号的改变量，它受校正曲线的斜率和仪器设备本身的精密度的限制。两种方法的精密度相同时，校正曲线斜率较大的方法较灵敏，两种方法校正曲线的斜率相等时，精密度好的灵敏度高。

根据国际纯粹与应用化学联合会（IUPAC）的规定，灵敏度的定量定义是指在浓度线性范围内校正曲线的斜率，各种方法的灵敏度可以通过测量一系列的标准溶液来求得。

4. 线性范围

校正曲线的线性范围（linearity range）是指定量测定的最低浓度到遵循线性相应关系的最高浓度范围，在实际应用中，分析方法的线性范围至少应有两个数量级，有些方法的线性范围可达5～7个数量级。线性范围越宽，样品测定的浓度适用性越强。

5. 检出限

检测下限简称检出限（detection limit），是指能以适当的置信度被检出的组分的最低浓度或最小质量（或最小物质的量），它是由最小检测信号值推导出的。设测定仪器的噪声平均值为 $\overline{A}_0$（空白值信号），在与样品相同条件下对空白样进行足够多次平行测定（通常 $n = 10 \sim 20$）的标准偏差为 S_0，在检出限水平时测得的信号平均值为 $\overline{A}_L$，则最小检测信号值为

$$\overline{A}_L - \overline{A}_0 = 3S_0 \tag{3-5}$$

噪声 $\overline{A}_0$ 是任何仪器上都会产生的偶然的信号波动，当样品产生的信号高出噪声的 3 倍标准偏差 S_0 值时，该仪器正好处于最低检出限。此时，所需被测组分的质量或浓度称为该物质测定的最小检出量 Q_L 或最低检出浓度 C_L，它们统称为检出限，可按式 3-6 或式 3-7 进行计算：

$$Q_L = \frac{3S_0}{K} \tag{3-6}$$

$$C_L = \frac{3S_0}{K} \tag{3-7}$$

式中，K 为灵敏度即校正曲线的斜率。

由式 3-6 或式 3-7 可知，检出限和灵敏度是密切相关的，但其含义不同。灵敏度指的是分析信号随组分含量的变化率，与检测器的放大倍数有直接关系，并没有考虑噪声的影响。因为随着灵敏度的提高，噪声也会随之增大，信噪比和方法的检出能力不一定会得到提高，而检出限与仪器噪声直接相联系，提高测定精密度、降低噪声，可以改善检出限，而高度易变的空白值会增大检出限。因此，越灵敏的痕量分析方法越要注意环境和溶液本底的干扰，它们往往是决定分析方法检出限的主要因素。

6. 定量限

定量限（limit of quantitation）是指被测组分能被定量测定的最低量，其测定结果可达到定量分析方法应达到的精密度和准确度。由于实际测定时受到校正曲线在最低浓度区域的非线性关系、环境污染、所用试剂纯度等因素的影响，定量限应高于检出限。通常以测定信号相当于 10 倍仪器噪声标准偏差 $10S_0$ 时所测得的质量 Q_q 或浓度 C_q 来表述，可按式 3-8 或式 3-9 进行计算：

$$Q_q = \frac{10S_0}{K} \tag{3-8}$$

$$C_q = \frac{10S_0}{K} \tag{3-9}$$

由此可知，进行食品定量分析方法研究时，可根据检出限确定定量限。

7. 选择性

选择性（selectivity）是指分析方法不受试样基体共存物质干扰的程度。然而，迄今还没有发现哪一种分析方法绝对不受其他物质的干扰。选择性越好，干扰越少。如果一种分析方法对某待测组分不存在任何干扰，那么这种测定方法对待测组分就是专一性的或称为是特效性的，发生在生物体内的酶催化反应通常具有很高的专一性。

8. 分析速度

快速检测方法首先是能缩短检测时间，从配制所需试剂开始，包括样品的处理在内，通常能够在 10 min 左右得到的测定结果最为理想，但这种理想的分析方法目前还不多。一般来说，作为理化检验，能够在 2 h 内得出分析结果就认为是快速的检验方法。

9. 适用性

每一种分析方法都有一定的适用范围和测定对象。例如，原子吸收光谱法适用于测定样品中的微量、痕量金属元素，气相色谱法适用于测定样品中沸点较低的有机化合物，而红外光谱分析法主要用于鉴别物质的精细空间结构。所以，学习各种分析方法时，一定要清楚它们的主要测定对象和适用范围。

10. 耐用性

耐用性是指在正常的多样化的操作条件下测试结果应具有重现性，包括环境因素（温度、湿度、气压等），系统因素（仪器型号、试剂批号、独立的实验室等），人员因素（不同的操作者、不同的时间等）。但是，不是每一种食品分析方法都需要进行以上指标的认证，而是根据分析目的不同而变化。比如，对常量含量的测定，对检出限、定量限不要求。因此根据不同的分析方法选择必要的认证指标是建立法定食品分析方法的可靠保证。

3.3.3　分析方法质量控制

食品分析质量控制是指在分析实验过程中尽量减小偶然误差，减小或消除系统误差，以保证数据的质量和分析结果的可靠性。在日常分析实验中，我们常采用以下几种方法来提高准确度和实验的可靠性。

1. 各种仪器、试剂的准确性

分析仪器要定期自行或者送往相关部门鉴定，以保证仪器的灵敏度和准确度；标准试剂应定期标定，以保证试剂的浓度和质量。试验所用试剂要保证纯度，分析中多用分析纯和优级纯试剂，试验用水通常指蒸馏水或者去离子水。

2. 增加重复测定次数

增加平行测定次数可以减小平均值的随机误差。一般认为，当测定次数 $n>6$ 时，偶然误差可减小到可以忽略的程度。一般平行测定 3～4 次。

3. 做空白试验

空白试验的目的就是在测定值中扣除空白值，可以抵消许多不明因素的影响。

4. 做对照试验

在分析测定样品的同时，以标准品为对照，以抵消某些不清楚的因素。

5. 做回收实验

样品中加入标准物质，测定其回收率，可以检验方法的准确程度和样品所引起的干扰误差。

6. 标准回归曲线

在分析实验中，在用比色计、荧光计、分光光度计时，常常需要制备一套标准物质系列，来确定未知浓度。要尽量注意标准物质与待测物的匹配。

3.4 分析检测中的质量保证

检验检测机构的主要产品是数据，所以分析测试中的质量保证是为了使分析测试数据更好地反映真实值，其具体目的是把分析中的误差控制在容许的限度内，保证测量结果的精密度和准确度，使分析数据在给定的置信水平内，有把握达到所要求的分析测试质量。加强对食品理化检验机构在分析测试中的质量保证，是保证食品理化检验数据质量的关键。要做好食品理化检验的内部管理工作，就必须保证检验结果的可控性，以确保食品安全。

通过对《检测和校准实验室能力的通用要求》[ISO/IEC FDIS 17025：2017（E）]《检测和校准实验室能力认可准则》（CNAS-CL 01：2018）《检验检测机构资质认定能力评价 检验检测机构通用要求》（RB/T 214—2017）《实验室质量控制规范 食品理化检测》（GB/T 27404—2008）等检验检测实验室管理、认证、认可相关资料的学习，可以明确一般分析测试活动是在实验室中进行的，所以分析测试中的质量保证一般包括实验室内部质量保证和实验室外部质量保证。其中质量保证活动包括质量控制和质量评定两方面的内容。质量控制是指为使分析测试达到质量要求所需遵循的步骤；而质量评定是指用于检验质量控制系统处于允许限度内的工作和评价数据质量的步骤。

3.4.1 实验室内部质量保证

1. 实验室内部质量控制

质量控制是质量保证中的核心部分，实验室内部质量控制是保证实验室提供可信分析结果的关键，也是保证实验室间（实验室外部）质量控制顺利进行的基础。

实验室内部质量控制技术包括从试样的采集、预处理、分析测定到数据处理的全过程的控制操作和步骤。质量控制的基本要素有：人员素质；仪器设备；实验室环境；采样及样品处理；试剂及原材料；测量方法和操作规程；原始记录和数据处理；技术资料及必要的检查程序；等等。

1）人员素质

分析人员的能力和经验是保证分析测试质量的首要条件。随着现代分析仪器的应用，对人员的专业水平要求更高。实验室应有与其检验检测活动相适应的检验检测技术人员和管理人员，应建立和保持人员管理程序。①实验室应制定人员管理程序，该管理程序应对检验检测人员的资格确认、任用、授权和能力保持等进行规范管理，对技术人员和管理人员的岗位职责、任职要求和工作关系予以明确，使其与岗位要求相匹配，并有相应权力和资源，确保管理体系建立、实施、保持和持续改进。②实验室应拥有为保证管理体系的有效运行、出具正确检验检测数据和结果所需的技术人员（检验检测的操作人员、数据和结果验证人员）和管理人员（对质量、技术负有管理职责的人员）。管理层作为主要管理人员，包括最高管理者、技术负责人、质量负责人和中层负责人。技术人员应按合理的比例进行高、中和初级的配备，各自承担相应的分析测试任务；同时技术人员必须具有一定的物理知识、数学知识、化学知识和计量学知识并经过专门培训，还要不断地对各类人员继续进行业务技术培训，并为每一位工作人员建立技术业务档案，包括学历、能承担的分析任务项目、撰写的论文与技术资料、参加的学术会议、专业培训（包括短训班、夜大学、进修有关的课程、研讨会）与资格证明、工作成果、考核成绩、奖惩情况等。这些个人技术业务档案不仅是对个人业务能力的考核，也是显示实验室水平的重要基础，是社会认可实验室的重要依据。③实验室中所有可能影响检验检测活动的人员，无论是内部还是外部人员，均应行为公正、受到监督、胜任工作，并按照管理体系要求履行职责。

2）仪器设备

仪器设备是实验室不可缺少的重要的物质基础，是开展分析工作的必要条件。实验室的仪器设备必须适应实验室的任务要求，与其业务范围相适应。应根据实验室任务的需要，选择合适的仪器设备，不盲目追求仪器设备的档次。还必须正确地管理、使用和保养好所用仪器设备，防止污染和性能退化，使其产生误差的因素处于控制之下，满足检验检测工作需要，以得到合乎质量要求的数据。

（1）实验室仪器设备规章制度管理

仪器设备规章制度管理是指导、检查有关设备管理工作的各项规定，是设备管理、使用、修理等各项工作实施的依据和检查的标准。仪器的规章制度必须贯彻执行国家有关设备管理的方针、政策，符合相关法律法规的要求，不得与国家、行业、地方的规章、制度相抵触。仪器设备管理规章制度的内容主要包括：①适用范围。按照各部门的业务范围，将设备全寿命周期进行科学分段，确定每一段的管理范围和管理对象，编写相应的规章制度。②管理职能。确定有关部门的职能，如设备、供应、财务等部门在该项管理中的责任和权限。③管理业务内容。一般按照设备物流、价值流的流动方向或管理工作程序，规定各职能部门的管理工作内容、方法、手段、相应的凭证及凭证的传递路线、应具备的资料等，同时要制定相关部门之间业务上的衔接、协调和制约方式。④检查和考核。规定管理业务所应达到的标准、要求，对相关管理人员的考核内容、考核时间、考核办法、奖惩办法等。

（2）常用仪器设备的校准

大部分的仪器分析方法都是相对分析技术，必须用标准物质（例如标准溶液）对仪器设备的响应值进行校正。校正的标准物质，可以用国家质量管理部门监制的标准物质，也可用制造厂家标定的设备和厂家标明的一定纯度的化学试剂。

分析天平：常用 50 g 或 100 g 高质量的砝码（或标准砝码）来校正。电子分析天平内常装有已知质量的标准砝码，用于天平的校正。天平校正的时间间隔长短依赖于天平的使用次数，如果使用较多，须每天或每周校准一次，有些部门还要求定期由计量检测部门检测。

容量玻璃器皿：若使用正规厂家生产的标有“一等”字样的玻璃量器，除非要求方法的准确度高于 0.2%，一般不用校正。

烘箱：烘箱应使用校正过的温度计（可以根据生产厂家提供的证明），烘箱的温度每天要检查。

马弗炉：马弗炉的温度通常不须校正，若要校正可采用光学高温计。

紫外-可见分光光度计：可用钕玻璃滤光器进行波长校正，也可用将 K_2CrO_4 溶于 0.05 mol/L 的 KOH 溶液后所得溶液（K_2CrO_4 浓度为 0.0400 g/L）进行波长校正。$KMnO_4$ 溶液可用于检查可见光区 526 nm 和 546 nm 吸收峰的分辨能力。吸光度的校正采用工作曲线法。分光光度计的波长和吸光度至少每周要校准一次。

pH 计：用标准 pH 缓冲溶液进行校准。每次使用前校准。

红外光谱仪：可用聚苯乙烯薄膜进行波数的校正及分辨率的校正。

荧光计：荧光强度用已知浓度的硫酸奎宁溶液校正。荧光计的激发光谱和荧光谱，可使用罗丹明 B 标准光子计数器进行校正。其波长的分辨率可以用汞灯的波长 365.0 nm、365.5 nm 和 366.3 nm 三条线的分辨情况来检查。

原子吸收光谱仪：每次使用前均须用被测元素的空心阴极灯进行波长校正，用标准溶液进行浓度校正或制作工作曲线。

电导仪：电导值可用一定浓度的 KCl 或 NaCl 标准溶液校准，至少每周一次。

气相色谱仪和高效液相色谱仪：每批样品测定至少要用工作曲线校正一次。必要时还要用内标法校正。

（3）仪器设备的维护

安放仪器设备的实验室应符合该仪器设备对环境的要求，以确保仪器的精度及使用寿命。仪器室内应防尘、防腐蚀、防震、防晒、防热、防湿等。仪器不能与化学操作室混用，应远离化学操作室，安放在单独房间内。①防尘：仪器中的各种光学元件及一些开关、触点等，应经常保持清洁。但由于光学元件的精密度很高，因此对清洁方法、清洁液等都有特殊要求，在做清洁之前需仔细阅读仪器的维护说明，不宜草率行事，以免擦伤、损坏其光学表面。②防腐蚀：在仪器的使用过程中及存放时，应避免接触有酸碱等腐蚀性气体和液体的环境，以免各种元件受侵蚀而损坏。③防震：震动不仅会影响检验仪器的性能和测量结果，还会造成某些精密元件的损坏，因此，要求将仪器安放在远离震源的水泥工作台或减震台上。④防热、防晒：检验仪器一般都要求工作和存放环境要有适当的、波动较小的温度，因此一般都配置温度调节器（如空调），通常温度以保持在 20～25℃最为合适；另外还要求远离热源并避免阳光直接照射。⑤防湿：仪器的光学元件、光电元件、电子元件等受潮后，易霉变、损坏，因此有必要定期进行检查，及时更换干燥剂；长期不用时应定期开机通电以驱赶潮气，达到防潮的目的。

使用仪器之前应经专人指导培训或认真仔细地阅读仪器设备的说明书，弄懂仪器的原理、结构、性能、操作规程及注意事项等方能进行操作。操作应严格按操作规程进行。未经准许和未经专门培训的人员，严禁使用或操作贵重仪器。禁止胡乱拨弄仪器、猛拨开关、乱按键盘等破坏行为。

仪器设备应建立专人管理的责任制。仪器名称、规格、型号、数量、单价、出厂和购置年月以及主要零配件都要准确登记。

每台大型精密仪器都须建立技术档案，内容包括：①仪器的装箱单、零配件清单、合同复印件、说明书等；②仪器的安装、调试、性能鉴定、验收等记录；③使用规程、保养维修规程；④使用登记本、事故与检修记录。

大型精密仪器的管理使用、维修等应由专人负责，检修记录应存档。使用与维修人员经考核合格后方能上岗。如果须拆卸、改装固定的仪器设备均应有一定的审批手续。出现事故应及时汇报有关部门处理。

3）实验室管理

（1）组织管理与质量管理的九项制度

①技术资料档案管理制度，要经常注意收集本行业和有关专业的技术性书刊和技术资料，以及有关字典、辞典、手册等必备的工具书，这些资料在专柜保存，由专人管理，负责购置、登记、编号、保管、出借、收回等工作；②技术责任制和岗位责任制；③检验实验工作质量的检验制度；④样品管理制度；⑤设备、仪器的使用、管理、维修制度；⑥试剂、药品以及低值易耗品的使用管理制度；⑦技术人员考核、晋升制度；⑧实验事故的分析和报告制度；⑨安全、保密、卫生、保健等制度。

（2）实验室环境管理

在进行样品理化检验时，理化检验人员往往在样品制作和样品筛选等操作过程中会忽视理化检验环境对样品的影响，存在较大的样品提取和生产误差，导致最终无法充分反映样品的质量状况。因此，理化检验环境对样品的检验结果起着至关重要的作用。

①实验室的环境应符合装备技术条件所规定的操作环境的要求，如要防止烟雾、尘埃、振动、噪声、电磁、辐射等可能的干扰。②保持环境的整齐清洁。除有特殊要求外，一般应保持正常的气候条件，如确定的温度与湿度。③仪器设备的布局要便于进行操作和记录测试结果，并便于仪器设备的维修。

（3）文件和记录管理

实验室应建立和保持程序来控制质量和技术记录的识别、收集、存取、归档、储存维护和清理。在实验室分析过程中测试的方法、步骤、程序、注意事项、注释、修改的内容，以及测试结果和报告等都要有文字记载，装订成册，并按照易于存取的方式保存，储存设施环境适宜，防止记录的损坏变质和丢失，以供使用与引用。对所采用的测试方法要进行评定，且来自内部审核和管理评审的报告及纠正和预防措施均需进行记录。所有记录应予安全保护和保密，且实验室应明确规定各种质量和技术记录的保存期。保存期限应根据检测性质或记录的具体情况来确定，某些情况下依照法律法规要求来确定。实验室应建立程序来保护以电子形式储存的记录并备份，防止未经授权的入侵或修改。

①对原始记录的要求：原始记录是对检测全过程的现象、条件、数据和事实的记载。原始记录要做到记录齐全、反映真实、表达准确、整齐清洁。记录要用编有页码的记录

本或按规定印制的原始记录单，不得用白纸或其他记录纸替代；原始记录不准用铅笔或圆珠笔书写，也不准先用铅笔书写后再用墨水笔描写；原始记录不可重新抄写，以保证记录的原始性；原始记录不能随意涂改或销毁，必须涂改的数据，涂改后应签字盖章，正确的数据写在涂改数据的上方。检验人员要签名并注明日期，负责人要定期检查原始记录并签名与检查日期。

②对实验报告的要求：要写明实验依据的标准；实验结论意见要清楚；实验结果要与依据的标准及实验要求进行比较；样品有简单的说明；实验分析报告要写明测试分析实验室的全称、编号、委托单位或委托人、交样日期、样品名称、样品数量、分析项目、分析批号、实验人员、审核人员、负责人等签字和日期、报告页数。

③收取试样的登记：试样要编号并妥善保管一定时间。试样应贴有标签，标签上记录编号、委托单位、交样日期、实验人员、实验日期、报告签发日期以及其他简要说明。

4）技术资料

实验室的技术资料需妥善保存以备用，这些资料主要有：①测试分析方法汇编；②原始数据记录本及数据处理；③测试报告的复印件；④实验室的各种规章制度；⑤质量控制图；⑥考核样品的分析结果报告；⑦标准物质、盲样；⑧鉴定或审查报告、鉴定证书；⑨质量控制手册、质量控制审计文件；⑩分析试样需编号保存一定时间，以便查询或复检；⑪实验室人员的技术业务档案。

2. 实验室内部质量评定

质量评定是对分析过程进行监督的方法。实验室内部质量评定是在实验室内由本室工作人员所采取的质量保证措施，它决定即时的测定结果是否有效及报告能否发出。主要目的是监测实验室分析数据的重复性（即精密度）和发现分析方法在某一天出现的重大误差，并找出原因。

实验室内部的质量评定可采用下列方法：

①用重复测试样品的方法来评价测试方法的精密度。

②用测量标准物质或内部参考标准中组分的方法来评价测试方法的系统误差。

③利用标准物质，采用交换操作者、交换仪器设备的方法来评价测试方法的系统误差，可以评价该系统误差是来自操作者，还是来自仪器设备。

④利用标准测量方法或权威测量方法与现用的测量方法测得的结果相比较，可用来评价方法的系统误差。

3.4.2 实验室外部质量保证

实验室外部质量保证是在实验室内部质量保证的基础上，检验实验室内部质量保证的效果，发现与消除系统误差，使分析结果具有准确性与可比性。外部质量保证措施是发现和消除实验室监测工作各环节的系统误差，提高工作水平，确保监测结果的准确性、科学性和可比性的必要手段。一般这两类质量保证和质量控制是穿插进行的，特别是对于在全国范围内普遍开展的分析监测工作，仅仅依靠实验室内部的质量保证是不够的，必须建立一个良好的外部质量保证和控制体系，定期对全国各实验室分析数据实施外部质量控制和质量评定。例如，为确保某一全国性的分析检测质量，可自上而下地建立个质量保证体系，在省级范围内每年开展1～2次外部质量控制和质量评定，使各实验室的日常分析工作保质保量地进行。

1. 外部质量控制

外部质量控制措施主要包括以下内容：

①加强信息交流，注意国际国内有关分析标准、规范、方法和理论、概念的变化，及时使用分析工作的新的国家和行业标准和规定。

②广泛收集国际国内权威机构公布的各种技术参数。在分析工作中应该选用法定的、通用的、可靠的参数。

③积极参加各种分析比对。对已成熟的分析项目，原则上规定参加国际国内比对及参加区域性或实验室之间比对不少于每年一次。对于条件尚不成熟的项目应积极参加区域性或实验室之间的比对。比对的方式可以分为仪器比对、方法比对和同类仪器相同方法的技术比对。通过比对结果的分析，寻找原因、总结经验，提高分析质量。

④接受权威机构组织的检查考核。考核可以是对整个分析工作的全面检查，而不仅是对分析结果的比较，如国家质量技术监督局组织的定期和不定期的计量认证检查。

⑤抽取一定比例的样品送权威实验室外检。对于大样本的分析项目，这是保证总体分析质量的必要手段。

⑥对于实验室的标准物质和器具，包括标准物质、仪器、仪表、容器等必须定期进行检定或校验，保证量值溯源的可靠性。

2. 外部质量评定

实验室外部质量评定是多家实验室分析同样本并由外部独立机构收集和反馈实验室上报结果、评价实验室能力的过程。外部质量评定的主要目的是测定某一实验室的结果与其他实验室结果之间存在的差异（偏差），建立实验室间测定的可比性。它是对实验室测定结果的回顾性评价。分析质量的外部评定是很重要的。它可以避免实验室内部的主观因素，评价分析系统的系统误差的大小；它是实验室水平的鉴定、认可的重要手段。

实验室外部质量评定主要用途包括以下几个方面：评价实验室的分析能力；监控实验室可能出现的技术问题；改正存在的问题；改进分析能力、实验方法和与其他实验室的可比性；教育和训练实验室工作人员；作为实验室质量保证的外部监督工具。

外部评定可采用实验室之间共同分析一个试样、实验室空间交换试样以及分析从其他实验室得到的标准物质或质量控制样品等方法。

标准物质为比较分析系统和比较各实验室在不同条件下取得的数据提供了可比性的依据，它已被广泛认可为评价分析系统的最好的考核样品。

由主管部门或中心实验室每年一次或两次把考核样品（常是标准物质）发放到各实验室，用指定的方式对考核样品进行分析测试，可依据标准物质的标准值及其误差范围来判断和验证各实验室分析测验的能力与水平。

用标准物质或质量控制样品作为考核样品，对包括人员、仪器、方法等在内的整个测量系统进行质量评定，最常用的方法是“盲样”分析。盲样分析有单盲分析和双盲分析两种。所谓单盲分析是指考核这件事是通知被考核的实验室或操作人员的，但考核样品真实组分含量是保密的。所谓双盲分析是指被考核的实验室或操作人员根本不知道考核这件事，当然更不知道考核样品组分的真实含量。双盲分析的要求要比单盲分析高。

如果没有合适的标准物质作为考核样品时、可由管理部门或中心实验室配制质量控制样品，发放到各实验室。由于质量控制样品的稳定性（均匀性）都没有经过严格的鉴定，又没有准确的标准值，在评价各实验室数据时，管理部门或中心实验室可以利用自己的质量控制图。其控制图中的控制限一般要大于内部控制图的控制限。因为各实验室使用了不同的仪器、试剂、器械等，实验室之间的差异总是大于一个实验室范围内的差异。如果从各实验室能得到足够多的数据时，也可以根据置信区间来评价各实验室的分析测试质量水平，也可以建立各实验室之间的控制图来进行评价。

3.4.3　实验室认可

实验室认可是指权威机构给予某实验室具有执行规定任务能力的正式承认。继产品质量认证、质量体系认证之后，实验室的认可制度日益受到重视，并日趋完善。随着国际贸易自由化程度的提高，各国要求加快消除贸易壁垒，特别是技术壁垒，以形成全球统一的市场。因而，各国实验室认可活动的国际化趋势已提到了显著的位置。

1. 检测实验室认可的作用和意义

中国合格评定国家认可委员会（CNAS）是根据《中华人民共和国认证认可条例》的规定，由国家认证认可监督管理委员会批准设立并授权的国家认可机构，统一负责对认证机构、实验室和检查机构等相关机构的认可工作，是国家质量监督检验检疫总局（现国家市场监督管理总局）授权唯一在我国进行实验室认可的权威组织。通过认可，证明实验室的水平和能力达到国际标准要求，其检测结果可靠。出具的证书/报告在签署互认协议的国家/地区内可以被承认，可消除非关税技术性贸易壁垒，减少重复检测，使被检测的商品在激烈竞争的市场中，更能赢得客户信任。通过实验室认可具有以下作用：

①表明实验室具备了按相应认可准则开展检测和校准服务的技术能力；

②增强实验室市场竞争能力，赢得政府部门、社会各界的信任；

③获得签署互认协议方国家和地区实验室认可机构的承认；

④有机会参与国际实验室间合格评定机构认可双边、多边合作交流；

⑤可在被认可的范围内使用 CNAS 国家实验室认可标志和国际实验室认可合作组织（ILAC）国际互认联合标志；

⑥列入获准认可机构名录，提高实验室知名度。

2. 实验室认可合作组织

目前国际国内主要实验室认可合作组织有：

①国际实验室认可合作组织（International Laboratory Accreditation Cooperation，ILAC）；

②中国合格评定国家认可委员会（China National Accreditation Service Conformity Assessment，CNAS）；

③区域实验室认可合作组织有亚太实验室认可合作组织（APLAC）和欧洲实验室认可合作组织（EA）。

3. 实验室认可的程序

1）实验室提出申请

①意向申请：申请人可以用任何方式向CNAS秘书处表示认可意向，如来访、电话、传真以及其他电子通信方式。需要时，CNAS 秘书处应确保申请人能够得到最新版本的认可规范和其他有关文件。

②正式申请：申请实验室应按CNAS秘书处的要求提供申请资料，并交纳申请费用。CNAS秘书处审查申请实验室正式提交的申请材料，提交申请前实验室必须：对CNAS的相关要求基本了解：质量管理体系正式运行超过6个月，且进行了完整的内审和管理评审：至少参加一项恰当的能力验证计划、测量审核或比对计划，且获得满意结果的证明。

2）现场审核

①初次现场审核：正式申请受理后3个月内CNAS秘书处将安排现场评审。

②评审准备：在征得申请实验室同意后，CNAS 秘书处根据公正原则，在自己的评审专家中指定具备相应技术能力的评审组和专家。

③评审：CNAS秘书处根据评审组长的提议，征得申请实验室同意，可进行预评审。预评审不可以进行任何咨询活动。在申请实验室采取有效纠正措施解决发现的主要问题后，评审组长方可进行现场评审。

文件审查通过后，评审组长与申请实验室商定现场评审的具体时间安排和评审计划，报CNAS秘书处批准后实施评审。CNAS秘书处可根据情况在评审组中委派观察员。

3）证书

评审专家组将评审结果和推荐意见报 CNAS 秘书处，评定委员会对申请实验室与认可要求的符合性进行评价并作出决定，对同意认可或部分认可的检测能力作出评价，经评定委员会 CNAS 授权签字人签字批准后发放认可证书。

4）实验室计量认证

第二方实验室经主管部授权可进行计量认证，计量认证证书由国家认证认可监督管理委员会发放，实验室在申请 CNAS 认可证书的同时，需申请实验室计量认证，计量审核可与 CNAS 认可审核同时进行。

第 4 章　食品的物理特性分析

随着生活水平的提高，消费者不仅对食品的营养品质和安全系数提出更高的要求，也逐渐开始关注食品在食用过程中的质地和口感，要求食品工业提供的食品能满足感官愉悦的需求。消费者对食品质构的感知取决于食品组成成分、微观结构以及宏观层次上通过视觉、味觉、触觉和听觉衍生出来的感官感知。宏观层次上的感官感知在食品分析范畴上是食品感官分析的内容。根据《食品卫生检验方法 理化部分 总则》（GB/T 5009.1—2003），对样品的要求上，规定感官不合格产品不必进行理化检验，直接判为不合格产品。所以食品的感官分析不仅是食品理化分析的最基础层面，也是消费者在选购食品和食品原料时鉴定优劣和真伪的最直接手段。

随着科技的发展，食品的物理特性可以被精确测定和量化表述，并作为食品生产加工的质量控制指标以及防止掺伪食品进入市场的主要控制指标。鉴于此，本章简要学习食品物理特性的概念、分析方法以及现代食品物性分析技术的发展。如果读者需要详细学习食品感官分析、食品物理特性等相关知识，可以参考《食品感官评价》《食品风味化学》《食品物性学》等书。

4.1　概　　述

4.1.1　食品物理特性概念

食品的物理特性主要可以分为两种类型：一种类型是食品的物理常数与食品的组成及其含量之间存在着一定的数学关系，可以通过测定物理常数间接地反映食品的组成成分含量。这种类型的物理特性主要有相对密度、折射率、旋光度等；另一种类型是食品的某些物理量可直接反映该食品的品质因素，是食品质量及感官评价的重要指标。这种类型的物理特性主要有色度、黏度和质构。其中质构主要包括食品的硬度、脆性、胶黏性、内聚性、回弹性、弹性、凝胶强度、耐压性、可延展性、剪切性、咀嚼性等，这部分相关的技术性内容将在 4.5 节详细学习。

4.1.2　食品物理特性类别

食品中含有无机物、有机物，甚至还包括具有细胞结构的生物体，是一个复杂的物质系统。因此，食品的物理性质是复杂多样的。

食品的物理性质主要包括力学性质、热学性质、光学性质和电化学性质等。食品的力学性质是指食品在力的作用下产生变振动、流动等的规律；食品的热学性质是指食品的相变规律、潜热、传热规律及与温度有关的热膨胀规律等；食品的光学性质是指食品物质对光的吸收、反射及其对感官反应的性质等；食品的电化学性质是指食品及其原料的导电特性、介电特性及其他电磁和物理特性等。

4.1.3　食品物理特性分析的应用

1. 电物性与食品加工

1）直流电在食品加工中的应用

电渗透：利用食品胶体粒子的荷电性质和动电现象，用电渗透的方法对食品进行固液分离或脱水处理。

电渗析：利用离子交换膜对甜菜糖等加工食品进行净化处理，以及对乳制品中的去盐、海水淡化等处理。

电泳：牛奶蛋白分离，从悬浊液中使固体粒子沉降。

电浮选：食品厂排污的净化和蛋白脂肪回收、酒及其他液态食品的澄清。

2）静电场在食品加工中的应用

静电是指静电荷，是电荷在静止时的状态，而静止电荷所建立的电场称为静电场，是指不随时间变化的电场。

清洗净化：对空气净化、对溶质的沉降、食品表面防腐剂的喷涂等。

分离：从谷粒、茶叶、油料种子及明胶中除去杂质。

改质：静电防腐、肉制品表面除霉、设备的无拆卸消毒杀菌。

2. 食品流变学在食品生产中的应用

在食品加工中，液态食品的管道输送是十分常见和非常重要的。被输送的液态食品范围很广，有牛奶、果汁等牛顿流体，也有巧克力酱、果酱等非牛顿液体，这些流体的流变特性是千差万别的，就是同一种物质在不同的输送条件下也会呈现不同的流变特性。因此，在设计输送系统，选择输送装置时，必须掌握被输送物质的流变特性参数，根据流变特性进行有关计算。

在进行输送计算时，首先要根据实验测得的数据判断所要计算的食品物质的流变特性，确定是哪一类型的流体，然后将实验数据做适当的处理，得到描述该种类型流体方程所需的流变参数，例如，对幂律流体要确定流态特征系统 n 和稠度系数 k，对塑性流体要确定屈服应力等。

在完成上述步骤后，要根据流动条件确定流动状态，即流动是处于层流状态还是湍流状态，然后依据流动状态选择不同的计算公式。值得指出的是，目前有关非牛顿食品物质输送计算的研究大多是关于层流状态流动的。关于湍流状态流动的研究还较少，并且在食品生产中层流情况比湍流要多。

4.2　食品的物理特性及其分析技术

本节中主要学习食品相对密度、折射率、旋光度、色度等四个重要的物理特性及其检测分析技术。

4.2.1 相对密度及其测定方法

密度是指单位体积中的物质质量，以 ρ 表示，单位为 g/mL。相对密度即物质的质量与同体积同温度纯水质量的比值，用 d 表示，是个量纲一的物理概念。一般的液态食品都有一定的相对密度，与其所含的固形物含量之间具有一定的数学关系，因此，测定液态食品的相对密度可求出其固形物的含量；当其所含固形物的成分及浓度发生变化时，相对密度也随之改变，因此，测定液态食品的相对密度可用于检验食品的纯度或浓度、用于判别食品是否变质或掺杂。当变质或掺杂发生时，液体食品的组成成分及含量会发生变化，相对密度发生改变，测定相对密度可初步判断食品是否正常以及纯净的程度。例如，在 15℃时，正常牛乳的相对密度在 1.028～1.034，脱脂乳的相对密度在 1.034～1.040。当牛乳的相对密度低于 1.028，很可能是掺水了；而当相对密度高于 1.034，很可能是添加了脱脂乳或牛乳部分脱脂导致相对密度增高。因此，常用比重计检测牛乳的相对密度和全乳固体来判断是否掺水或掺杂。

测定液态食品相对密度的方法主要有密度瓶法、密度天平法（即韦氏比重秤法，Westphal balance method）和密度计法等。

1. 密度瓶法

1）原理

利用同一密度瓶，在一定温度下（一般在 20℃下），分别称量等体积的样品试液与蒸馏水的质量。两者的质量比，就是该样品试液的相对密度。由水的质量可确定密度瓶的容积即待测样品溶液的体积，根据待测样品溶液的质量及体积可求出其密度。

2）仪器和设备

常用的密度瓶有两种，一种是如图 4-1（a）所示的带温度计的精密密度瓶，可用于测量具挥发性的液体样品；另一种如图 4-1（b）所示，是普通的带毛细管的密度瓶，可用于测量较黏稠的液体样品。

3）方法操作步骤

取洁净、干燥、恒重、准确称量的密度瓶，装满样品试液后，置 20℃水浴中浸 0.5 h，使内容物的温度达到 20℃，用细滤纸条吸去支管标线上的试样，盖上小帽，取出，用滤纸将密度瓶外擦干，置天平室内 0.5 h，称量。再将试液倾出，洗净密度瓶，装满水，按上述操作，测出同体积 20℃蒸馏水的质量。注意，密度瓶内不应有气泡，天平室内温度保持 20℃恒温条件，否则不应使用此方法。

4）数据计算与结果表述

待测样品试液在 20℃时的相对密度公式按式 4-1 进行计算。

$$d_{20}^{20} = \frac{m_2 - m_0}{m_1 - m_0} \tag{4-1}$$

式中，d_{20}^{20} 为待测样品试液在 20℃时的相对密度；m_0 为密度瓶的质量，g；m_1 为密度瓶加蒸馏水的质量，g；m_2 为密度瓶加待测样品试液的质量，g。

计算结果表示到称量天平的精度的有效数位。在重复性条件下获得的两次独立测定结果的绝对差值不得超过算术平均值的5%。

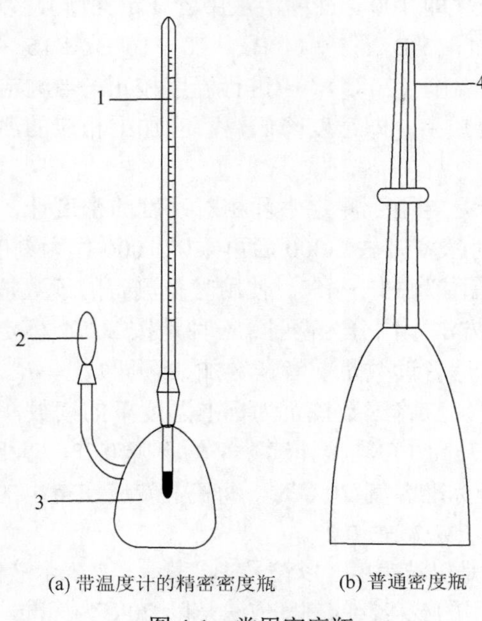

图4-1　常用密度瓶

1. 温度计；2. 小帽；3. 密度瓶体；4. 毛细管

密度瓶法适用于测定各种液体食品的相对密度，测定结果准确，但操作较烦琐；实验中不少操作需要细致对待，例如控制温度、排除瓶中气泡、瓶外壁防油污等。

2. 密度计法

1）原理

密度计利用了阿基米德原理，将待测样品试液倒入一个较高的容器，再将密度计放入液体中。密度计下沉到一定高度后呈漂浮状态。此时液面的位置在密度计玻璃管上所对应的刻度就是该液体的密度。测得试液和水的密度的比值即为相对密度。

2）仪器和设备

密度计是根据阿基米德原理制成的，其种类很多，但结构和形式基本相同，都是由玻璃外壳制成，由三部分组成，头部是球形或圆锥形，内部灌有铅珠、水银或其他重金属，使密度计能直立于溶液中。中部是胖肚空腔，内有空气，故能浮起。尾部是一细长管，内附有刻度标记，刻度是利用各种不同密度的液体标度的。食品工业中常用的密度计按其标度方法的不同，可分为普通密度计、锤度计、乳稠计、波美计等。

（1）普通密度计　普通密度计是直接以20℃时的密度值为刻度的（因 d_4^{20} 与 ρ_{20} 在数值上相等，也可以说是以 d_4^{20} 为刻度的）。一套通常由几支组成，每支的刻度范围不同，刻度值小于1（0.700～1.000）的称为轻表，用于测量密度比水小的液体；刻度值大于1（1.000～2.000）的称为重表，用来测量密度比水大的液体。

（2）锤度计　锤度计是专用于测定糖液浓度的密度计。它是以蔗糖溶液的质量百分浓度为刻度的，以符号°Bx 表示。其标度方法是以 20℃为标准温度，在蒸馏水中为 0°Bx，在 1%蔗糖溶液中为 1°Bx（即 100 g 蔗糖溶液中含 1 g 蔗糖），以此类推。锤度计的刻度范围有多种，常用的有：1～6°Bx、5～11°Bx、10～16°Bx、15～21°Bx、20～26°Bx 等。

若测定温度不在标准温度（20℃），应进行温度校正。当测定温度高于 20℃时，因糖液体积膨胀导致相对密度减小，即锤度降低，故应加上相应的温度校正值；反之，则应减去相应的温度校正值。

（3）乳稠计　乳稠计是专用于测定牛乳相对密度的密度计，测量相对密度的范围为 1.015～1.045。它是将相对密度减去 1.000 后再乘以 1000 作为刻度，以度（符号：数字右上角标°）表示，其刻度范围为 15°～45°。使用时把测得的读数按上述关系可换算为相对密度值。乳稠计按其标度方法不同分为两种：一种是按 20°/4°标定的，另一种是按 15°/15°标定的。两者的关系是：后者读数是前者读数加 2，即 $d_{15}^{15} = d_{4}^{20} + 0.002$ 使用乳稠计时，若测定温度不是标准温度，应将读数校正为标准温度下的读数。对于 20°/4°乳稠计，在 10～25℃范围内，温度每升高 1℃乳稠计读数平均下降 0.2°，即相当于相对密度值平均减小 0.0002。故当乳温高于标准温度 20℃时，每高 1℃应在得出的乳稠计读数上加 0.2°；乳温低于 20℃时，每低 1℃应减去 0.2°。

（4）波美计　波美计是以波美度（以符号°Bé 表示）来表示液体浓度大小。按标度方法的不同分为多种类型，常用的波美计的刻度方法是以 20℃为标准，在蒸馏水中为 0°Bé；在 15%氯化钠溶液中为 15°Bé；在纯硫酸（相对密度为 1.8427）中为 66°Bé；其余刻度等分。波美计分为轻表和重表两种，分别用于测定相对密度小于 1 的和相对密度大于 1 的液体。

3）方法操作步骤

将密度计洗净擦干，缓缓放入盛有待测样品试液的适当量筒中，勿使其碰及容器四周及底部，保持试样温度在 20℃，待其静置后，再轻轻按下少许，然后待其自然上升，静置至无气泡冒出后，从水平位置观察与液面相交处的刻度，即为试样的密度。分别测试试样和水的密度，两者比值即为试样相对密度。

4）数据计算与结果表述

待测样品试液在 20℃时的相对密度公式按式 4-2 进行计算。

$$D_{t_0}^{t} = \frac{\rho_1}{\rho_2} \tag{4-2}$$

式中，$D_{t_0}^{t}$ 为试样在 t℃时相对于 t_0℃时同体积水的相对密度；ρ_1 为试样在 t℃时的密度，g/mL；ρ_2 为水在 t_0℃时的密度，g/mL。

若测试密度，只需用密度计在规定温度下测试样品试液，读数即为试样的密度。不需再测试水值和计算。两次平行试验绝对误差不大于 0.02。

4.2.2　折射率及折射检验法

1. 概念及应用

折射率是物质重要的物理参数之一，许多纯物质都有一定的折射率。折射率的大小取决于物质的性质，即不同物质有不同的折射率；对于同种物质，其折射率的大小则取决于该物质溶液的浓度大小。但是如果其中含有杂质，或多组分体系，折射率就会发生偏差，基质越复杂，偏差越大。正常情况下，某些液态食品的折射率处于一定范围，当其因稀释、掺杂、来源改变等而引起基质发生变化时，折射率也会发生变化，所以通过折射率的测定可以鉴别样品的组成、确定样品浓度、判断样品的纯度及品质等。

折射检验法就是测量物质的折射率鉴别物质的组成，确定其纯度、浓度及判断食品品质的分析方法，简称折光法。在食品分析中一般被用于油脂和脂肪酸、制糖、乳品分析和果汁、饮料中可溶性固形物含量等的检测。也可测定生长期果蔬汁液的折射率，判断果蔬的成熟度。值得注意的是，若食品内的固形物是可溶性固形物和悬浮物组成的，不能用折光法来测定。因为悬浮物的固体粒子不能在折光仪上反映出它的折射率。

2. *方法原理*

折光法通常用折射仪测定样品试液的折射率。折射仪的工作原理是利用光折射极限。在一定温度和压力下，光线从一种透明介质进入另一种透明介质时，由于光在不同介质中的传播速度不同，光传播的方向会发生改变，在界面上产生折射。根据折射定律，折射率是光线从入射角 α_1 的正弦与折射角 α_2 的正弦之比。当光由光疏介质 A 进入光密介质 B 时，折射角 α_2 必小于入射角 α_1。当入射角为 90°时，$\sin\alpha_1 = 1$，这时折射角达到最大，称为临界角，用 $\alpha_{临}$ 表示。这时，所有的入射光（1′、2′、3′）全部折射在临界角以内（1、2、3），如图 4-2 所示，临界线以外无光线，形成临界线（4）左边明亮，右边完全黑暗的黑白分界。利用这一原理，通过实验可以测出 $\alpha_{临}$，得出折射率，为：

$$n_D = \frac{1}{\sin\alpha_{临}}$$

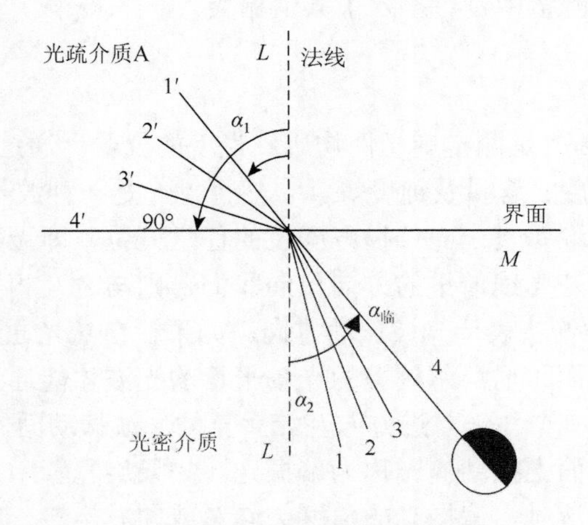

图 4-2　折射仪工作的光学原理

3. 检测仪器

测量折射率较为经典的仪器是阿贝折射仪，是利用进光棱晶和折射棱晶夹着薄层样液，经过光的折射后，测出样液的折射率而得到样液浓度的一种仪器。阿贝折射仪能测定透明、半透明液体或固体的折射率。如果仪器接上恒温器，则可测定温度为0～70℃内样品的折射率。阿贝折射仪还能测出蔗糖溶液的质量分数（锤度）（0～95%，相当于折射率为1.333～1.531），广泛应用于制药、食品、日用化工、制糖工业。在实际测量时，阿贝折射仪的入射光不是单色光，而是由多种单色光组成的普通白光，因不同波长的光的折射率不同而产生色散，在目镜中看到的是一条彩色的光带，而没有清晰的明暗分界线，为此，阿贝折射仪中安置了一套消色散棱晶（又称补偿棱晶）。通过调节消色散棱晶，使色散光线消失，明暗分界线变得清晰。此时测得的液体折射率相当于用单色光钠光D线（$\lambda = 589.3$ nm）所测得的折射率 n_D。

4.2.3　旋光性及旋光检验法

1. 概念及应用

旋光性是一些物质所具有的能使偏振光通过时偏振面旋转一定角度的性质，它使偏振光振动平面旋转的角度叫作旋光度。旋光性主要是因为分子结构中有不对称碳原子而形成的，单糖、蔗糖、低聚糖、淀粉、大多数的氨基酸和羧酸等许多食品成分都具有这种性质。其中能把偏振光的振动平面向右旋转（顺时针方向）的称为“具有右旋性”，以“+”号表示；使偏振光的振动平面向左旋转（逆时针方向）的称为“具有左旋性”，以“−”号表示。

基于物质的旋光性，建立旋光检验法，测定其旋光度，可检测食品样品的浓度、含量及纯度等，因而旋光法广泛应用于制药、制糖、食品、香料、味精以及石油化工等行业的化验分析及过程质量控制。例如，糖厂通常利用旋光法糖含量来监控产品的生产过程；利用旋光法可鉴别蜂蜜中是否掺入了其他糖类。

2. 旋光检测仪器

旋光仪（polarimeter）是测定旋光性物质旋光度的仪器，通过对样品旋光度的测量，可以分析确定物质的浓度、含量及纯度等。自然可见光是一种波长为380～780 nm的电磁波，其振动方向可以取垂直于光传播方向上的任意方位，即无数个与光线前进方向互相垂直的光波振动面，若光线前进的方向指向我们，则与之互相垂直的光波振动平面如图4-3（a）所示，图中箭头表示光波振动方向。如果让自然光通过某些偏振元件，如尼科尔棱镜等，由于振动面与尼科尔棱镜的光轴平行的光波才能通过尼科尔棱镜，那么通过尼科尔棱镜的光只有一个与光前进方向互相垂直的光波振动面，如图4-3（b）中实线所示，这种只在一个平面上振动的光称为偏振光。如果旋光管中盛装的为旋光性物质，当偏振光通过该物质溶液时，偏振光的角度会向左或向右旋转一定角度，这时，为了让旋转一定角度后的偏振光能通过检偏镜光栅，必须将检偏镜旋转一定角度，在目镜处才能看到明亮。这个所旋转的角度就是该待测物质溶液的旋光度。

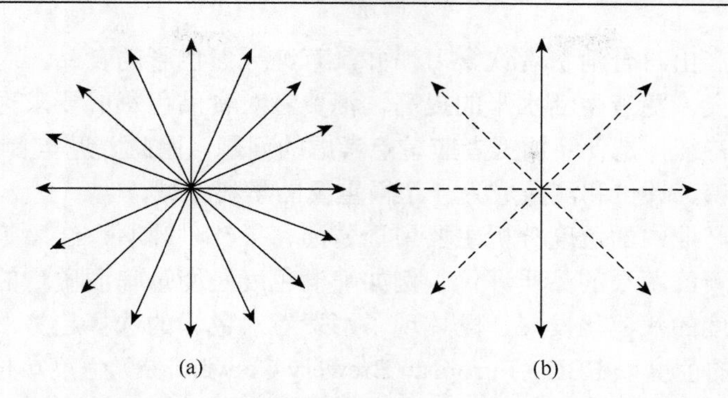

图 4-3　自然光（a）和偏振光（b）的光波振动平面

3. 检测方法

偏振光通过某些物质时，偏振光的振动平面方向会转一个角度，所旋转的角度称为该物质的旋光度，以 α 表示。不同的旋光物质有不同的旋光度，这是决定旋光度的主要因素之一，除此之外，旋光度的大小与光源的波长、测定温度、旋光物质溶液的浓度及液层的厚度有关。对于特定的旋光物质，在光源波长和测定温度固定的情况下，其旋光度 α 与旋光物质溶液的浓度 c 和液层的厚度 L 成正比，即：

$$\alpha = K \times c \times L \tag{4-3}$$

式中，K 为系数。当旋光物质的浓度为 1 g/mL，液层的厚度为 1 dm 时，所测得的旋光度称为比旋光度，以 $[\alpha]_\lambda^t$ 表示，则有式 4-3，$[\alpha]_\lambda^t$ 表示单位长度的某种旋光物质，温度为 t℃时，对波长 λ 的平面偏振光的旋光度：

$$[\alpha]_\lambda^t = K \times 1 \times 1 \tag{4-4}$$

即 $K = [\alpha]_\lambda^t$，结合式 4-4，则有：

$$\alpha = [\alpha]_\lambda^t \times c \times L \tag{4-5}$$

比旋光度与光源波长及测定温度有关，通常规定用钠光 D 线（$\lambda = 589.3$ nm）在 20℃时测定，此时，比旋光度用$[\alpha]$表示，是已知的，L 为液层厚度或旋光管长度，对于一定的旋光仪，L 也是已知的，因而测定了旋光度 α 就可以通过式 4-5 计算出待测溶度 c。

在检测某些含有还原糖类（如葡萄糖、果糖、乳糖、麦芽糖等）的食品溶液时，其旋光度起初变化迅速，渐渐变化缓慢，最后达到恒定值，这种现象称为变旋光作用。这是由于这些糖类存在两种异构体，即 α 型和 β 型，两种异构体的旋光度不同。因此，在用旋光法测定蜂蜜或葡萄糖等含有还原糖的样品时，应将待测溶液放置过夜后再测定。

4.2.4　色度学和色度检测法

1. 概念及应用

色度学是研究颜色视觉规律、颜色测量的理论与技术的科学。色度学在食品中具有极大应用价值，这主要是在美食的色、香、味、形四大要素中，色是对食品品质评价的第一印象，直接影响消费者对食品品质优劣、新鲜与否的判断，是影响消费者美食心理需要的重要条件。符合消费者感官要求的食品能给人以美的感觉，激发消费者食欲，增强购买欲望，生产出符合消费者饮食习惯并具有纯天然色彩的食品，对提高食品的市场价值具有重要意义。随着生活水平的提高，消费者对食品色彩的要求也越来越高。如何提高食品的色泽特征，是食品加工者应重点考虑的问题，因此，近年食品特性的研究中，对食品色彩的认识、评价和测量成为一个很重要的学科领域。

目前，食品产业中的色度分析主要用于酱油、果汁、啤酒、红酒等产品的研发及品质监控，也用于新鲜蔬果的品质评价。例如啤酒色度是衡量啤酒质量的重要技术指标之一，因为啤酒色度的浅色化发展，既体现了消费者对色泽的选择趋势，也反映了酿造水平的高低。啤酒的色度以 EBC（European Brewery Convention）色度单位表示。国家标准《啤酒》（GB 4927—2008）在产品分类上，就以 EBC 色度为依据，将啤酒分为淡色啤酒（2～14EBC）、浓色啤酒（15～40EBC）和黑色啤酒（≥41EBC），并进一步对各类啤酒的感官要求进行了规定；而《啤酒分析方法》（GB/T 4928—2008）则是推荐了啤酒色度的检测方法。

2. 色度检测方法

人们眼中所反映出的颜色，不仅取决于物体本身的特性，还与照明光源的光谱成分有关。因而在人们眼中反映出的颜色是物体本身的自然属性与照明条件的综合效果，色度学评价的就是这种综合的效果。彩色视觉是人眼的一种明视觉。彩色光的基本参数有三个：明亮度、色调和饱和度。明亮度是光作用于人眼时引起的明亮程度的感觉。一般来说，彩色光能量越大则越亮，反之则越暗。色调是颜色的类别，如红色、黄色、绿色等。彩色物体的色调取决于在光照明下所反射光的光谱成分。当反射光中的某种颜色的成分较多时，则显现出这种颜色，其他成分被吸收掉。而对于透射光，其色调由透射光的波长分布或光谱所决定。饱和度是指彩色光所呈现颜色的深浅或纯洁程度。同一色调的彩色光，其饱和度越高，颜色就越深，也就越纯；饱和度越小，颜色就越浅，纯度就越低。色调与饱和度又合称为色度，既说明彩色光的颜色类别，又说明颜色的深浅程度。

测定色度的方法主要有目视比色法和仪器测定法两大类。

1）目视比色法

（1）标准色卡对照法　根据色彩图制定了很多种的标准色卡，常见的有孟塞尔色图（Munsell Book of Color）、522 匀色空间色卡（522 UCS）、麦里与鲍尔色典和日本的标准色卡（CC5000）等。利用这些标准色卡与待测物质的颜色进行对照比色，是最简便的测定色度的方法，常用于谷物、淀粉、水果和蔬菜等的色度检测。

（2）标准溶液对照法　该方法主要应用于比较液体食品的颜色，标准溶液多用化学药品溶液制成。例如，橘子汁颜色监控中，常采用重铬酸钾溶液做标准比色溶液；酱油色度的监控常采用碘液和焦糖色作为标准比色溶液；常采用铂-钴比色法或铬-钴比色法。

2）仪器测定法

目前测定色度的仪器有很多种，根据具体检测的物质不同，可有专用的色度测定仪，其检测的工作原理和标准对照都各有不同。下面介绍几种常用的色度检测仪器。

（1）SD9012 型色度仪　主要用于检测水的色度、啤酒色度、麦芽汁色度等。仪器采用光电比色原理，测量溶解状态的物质所产生的颜色。当测试水溶液的色度时，仪器采用《生活饮用水标准检验方法》（GB/T 5750 系列）中所规定的铂-钴色度标准溶液进行标定，采用铂-钴色度作为色度计量单位，测量范围在 0°～50°。当测试啤酒色度时，仪器采用哈同（Hartong）标准溶液进行标定，采用 EBC 作为色度计量单位，测量范围在 0～30EBC。该类型色度仪主要应用于啤酒色度测量，也可以应用于纯净水厂、制酒行业、制药行业、自来水厂、生活污水处理厂等的水质色度测定。

（2）罗维朋比色计（WSL-2 比较测色仪）罗维朋比色计是一种目视颜色测量仪器，采用了国际公认的专用色标——罗维朋色标来测量各种液体、胶体、固体和粉末样品的色度。检测时，可使用透射法或反射法进行测量，透射法适用于液体及透明有色物质的测量，反射法适用于非透明物质表面颜色的测量。

（3）HunterLab 色度仪 HunterLab 色度仪具有多种不同型号，典型产品包括 UItraScan PRO、国际照明委员会（CIE）标准 UtraScan VIS、ColorQuest XE、ClorFlx EZ 和手提式 MiniScan EZ 等。

为了评价颜色或颜色差别，必须选择恰当的表色系统。HunterLab 色度仪所采用的是 CIE 在 1976 年推荐的 L^*、a^*、b^*颜色系统，即 CIE1976 表色系统，本颜色系统是比较理想的均匀色空间。简言之，表色系统中立轴代表明度，用 L^*表示，称为明度系数，$L^* = 100$ 表示白色，$L^* = 0$ 表示黑色，中间有 100 个等级，代表不同的灰度。与立轴垂直的平面分为 4 个象限，由红绿线和黄蓝线划分。$+a^*$代表红色，$-a^*$代表绿色；$+b^*$代表黄色，$-b^*$代表蓝色，a^*、b^*称为彩度指数，所以也有资料将本表色系统称为 CIELAB 表色系统。CIELAB 表色系统还延伸了参数 c^*和 h，$c^* = \sqrt{a^{*2} + b^{*2}}$，$h = \tan$（$b^*/a^*$），$c^*$称为彩度，$h$ 称为色调角。绝对值越大，色彩越饱和，越纯正。

实际上，CIELAB 表色系统是一个椭球体，在椭球体上任意一点都代表一种颜色。HunterLab 色度仪对食品颜色的定量化测试基于 CIE1976 表色系统对食品的相关色度学指标加以测试计算，从而获得食品的色差来定量化评价食品的颜色，即用 L^*、a^*、b^*三个参数就可以表示任何样品的反射色或投射色。每一种产品都应该且可以有一组 L^*、a^*、b^*值来描述其色泽特点。根据测试和计算所获得的色差 ΔE^*和 ΔL^*、Δa^*、Δb^*值，即可进一步对测试食品的颜色进行量化评价。例如，绿茶色泽特点是绿色为主，则 a^*值为负，但若绿茶茶汤发生褐变，反映为 a^*值增加，褐变越严重 a^*值越大。同样，红茶也有相应适当的 L^*、a^*、b^*值，特点是 L^*值较高，表示茶汤有较好的明亮度以及较高的 a^*值，若 a^*值低，则表明茶汤中茶红素含量较少，说明红茶品质不高。

4.3　黏性食品的流变特性及其分析技术

食品组成和形态非常复杂，为了方便研究，把主要具有流体性质的食品归属于黏性液态食品，同时表现出固体性质和黏性流体性质的食品归属于黏弹性食品。流变学（rheology）是研究物质的流动和变形的科学，主要研究作用于物体上的应力和由此产生的应变的规律，是力、变形和时间的函数。简言之，流变特性是物体在外力作用下发生的应变与其应力之间的定量关系。真实物体（或材料）在外力作用下都将发生形变（或流动），按其性质不同，形变可分为弹性变形、黏性流动和塑性流动。

本节主要学习黏性液态食品或分散于水体系中呈现流体性质的食品成分的流变特性及其分析技术。

4.3.1 黏性流体的流变学基础

1. 黏性和黏度

黏性是表现流体流动性质的指标。举一个最简单的例子，水和食用植物油都是很容易流动的液体，但是我们把水和油分别倒在平板上时，就会发现水的摊开流动速度要比油快，也就是说，水比油更容易流动。这种阻碍流体流动的性质称为黏性。黏性流动则是指流体在外力作用下流动时，由于体系内部各种摩擦阻力（真溶液的分子之间、分散介质与分散相之间、分散相之间及分散介质之间）的存在，表现为流体在运动过程中总是在抵消外力或减弱流动的显像。

黏度（η）则是描述液体的黏稠程度，指液体在外力作用下发生流动时，分子间所产生的滞弹性，是物质的固有性质，其大小由分子结构及分子之间的作用力决定，作用力大的液体黏度也大。此外，黏度还与液体的温度有关，温度升高时液体分子的运动速度加快，动能增大，分子之间的作用力减小，黏度变小；反之，黏度就会增大。

对于食品而言，黏度的大小是判断液态食品品质的一项重要物理参数，测定黏度数值可以揭示干物质的量及浓度，预测产品在市场的可接受程度，指导新产品的开发。目前已有碳酸饮料、果汁饮料、蔬菜饮料、含果肉饮料、乳类饮料、茶和咖啡类饮料、果酱类、酒类、调味品类及其他食品的黏度进行的系统分析与测定，以此评价食品品质优劣。

2. 黏性及牛顿黏性定律

在测试过程中，具有一定黏度的流体通常被放置于两个平行板之间，上板移动，下板保持静止（图 4-4）。此时，紧贴上板的液体具备与上板相同的速度，而紧贴下板的液体因紧贴下板而静止不动。在垂直于流动方向的液体内部就会形成速度梯度，层与层之间存在黏性力（viscous force）或者流体的滞弹性（anelasticity），如图 4-4（a）所示。

沿平行于流动方向取一流体微元，即在某一短促时间 dt（单位：s）内发生的剪切变形的过程，如图 4-4（b）所示，微元上下两层流体接触面积为 A（单位：m^2），两层距离为 dy（单位：m），两层间黏性阻力为 F（单位：N），两层的流速分别为 u 和 $u + \mathrm{d}u$（单位：m/s）。剪切应变 ε 一般用它在剪切应力作用下转过的角度（弧度）来表示，即 $\varepsilon = \theta = \mathrm{d}x/\mathrm{d}y$。那么，剪切应变的速度（即剪切速率，单位：$s^{-1}$）为：

$$\dot{\varepsilon} = \frac{\theta}{\mathrm{d}t} = \frac{\mathrm{d}x / \mathrm{d}y}{\mathrm{d}t} = \frac{\mathrm{d}x / \mathrm{d}t}{\mathrm{d}y} = \frac{\mathrm{d}u}{\mathrm{d}y} \tag{4-6}$$

通常 du/dy 被称为速度梯度，即 y 方向上流体速度的变化率。实验结果表明，对于一定流体，黏性力 F 与两层之间速度差 du 成正比，与两层之间垂直距离 dy 成反比。从而与 du/dy 成正比，与上下两层流体接触面积为 A 成正比。即：

$$F \propto A\frac{\mathrm{d}u}{\mathrm{d}y} \tag{4-7}$$

代入黏度（η），可以将上式写为：

$$F = \eta A\frac{\mathrm{d}u}{\mathrm{d}y} \tag{4-8}$$

单位面积上的黏性力称为剪切应力，用 σ 表示：$\sigma = F/A$，单位为 Pa。即：

$$\sigma = \eta\frac{\mathrm{d}u}{\mathrm{d}y} \tag{4-9}$$

式 4-9 所显示的关系被称为牛顿黏性定律，也称为牛顿流体流动状态方程。可以进一步将式 4-9 牛顿黏性定律写成：

$$\sigma = \eta \cdot \dot{\varepsilon} \tag{4-10}$$

因此，牛顿黏性定律即流体流动时剪切速率与剪切应力成正比关系。这也是黏性的基本法则。

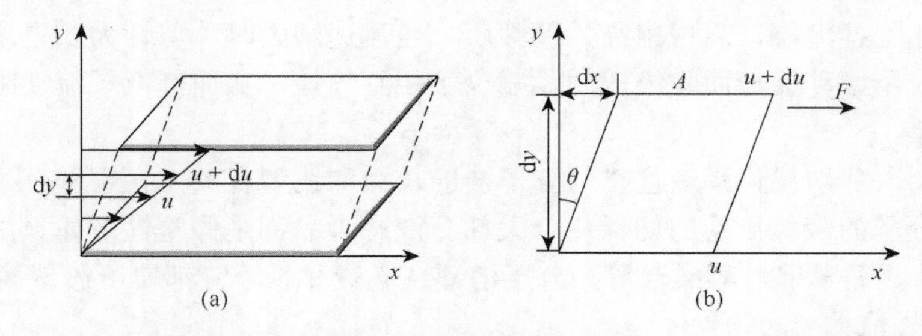

图 4-4　（a）两平板间液体的黏性流动分析图；（b）取自（a）中的微元体分析图

4.3.2　黏性流体的分类

1. 牛顿流体和非牛顿流体

牛顿流体和非牛顿流体之间的区别在于流体的剪切应力和剪切速率之间是否满足牛顿黏性定律，即式 4-9。即牛顿流体的特征是：流体流动时剪切应力和剪切速率成正比。黏度作为牛顿流体的固有属性，不随剪切速率的变化而变化。大多数液体都属于这一类（例如：水、糖水溶液的低浓度牛乳等）。反之，非牛顿流体的剪切应力和剪切速率不满足式 4-9 的关系，且流体的黏度不是常数，它随剪切速率的变化而变化。例如：一些高分子溶液、胶体溶液等。因此非牛顿流体的流动状态方程可以用以下经验公式表示：

$$\sigma = k \cdot \dot{\varepsilon}^{n} \tag{4-11}$$

式中，k 为黏性系数，又称浓度系数；n 为流动特性指数。$n = 1$ 时，上式就是牛顿流体公式。

在非牛顿流体流动状态方程中，根据 $0<n<1$ 和 $1<n<\infty$，又可以将非牛顿流体分为假塑性流体和胀塑性流体这两类（图 4-5）。

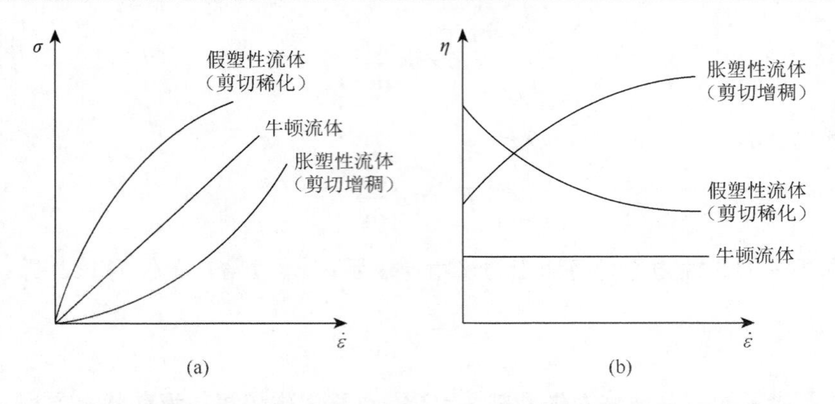

图 4-5　（a）流体剪切应力与剪切速率的关系；（b）流体表观黏度与剪切速率之间的关系

1）假塑性流体

如图 4-5 所示，当流动特性指数 $0<n<1$ 时，表观黏度随着剪切应力或剪切速率的增大而减少。这种流体具有剪切变稀特性，称为假塑性流体。具备假塑性流动性质的液体食品，大多含有高分子的胶体粒子，这些粒子在低流速中流动时，其中所包含的巨大的链状分子互相勾挂缠绕，表现出高黏稠性质。当流速增大时，剪切力随之增大，使比较散乱的链状粒子滚动旋转而收缩成团，减少了相互勾挂，从而降低了流动阻力，表现出剪切变稀现象。

研究表明，剪切稀化程度往往与分子链的长短和线型有关，含直链分子多的液体比含多支结构分子的液体更易剪切稀化。大部分液态食品都是假塑性液体。如：酱油、淀粉糊、浓糖水、番茄酱、苹果酱等高分子溶液、乳液和悬浮液都属于假塑性流体。

2）胀塑性流体

当流动特性指数 $1<n<\infty$时，表观黏度随着剪切应力或剪切速率的增大而增大。这种流体具有剪切增稠特性，称为胀塑性流体。如图 4-6 所示，具有剪切增稠特性的糊状液体一般处于致密填充状态。水作为分散介质，充满在排列紧密的粒子间隙中。当缓慢流动时，由于水的滑动和流动作用，糊状液体会表现出较小的黏性阻力。一旦用力搅动，

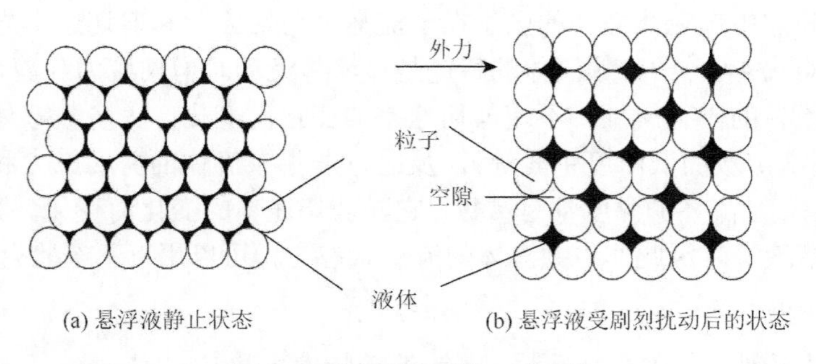

图 4-6　剪切体积膨胀示意图①

① 姜松，赵文杰，等. 食品物性学[M]. 北京：化学工业出版社，2016.

成为多孔隙的疏松排列构造。原来的水分子再也不能充满粒子间隙。粒子与粒子之间无水层的润滑作用。黏性阻力骤加，甚至失去流动性质。粒子在强烈的剪切作用下结构排列疏松，外观体积增大。这种现象也被称为胀容现象。例如，食品体系中，生淀粉糊是典型的胀塑性流体的液态食品，当往淀粉中加水，混合成糊状后缓慢倾斜，淀粉糊会像液体那样流动。一旦对其施加剪应力，淀粉糊会变“硬”。

2. 塑性流体

根据宾厄姆理论，当作用在物质上的剪切应力大于屈服应力（σ_0）时，物质开始流动，否则，物质就保持即时形状并停止流动，这种流体被称为塑性流体。例如：牙膏作为典型的塑性流体，在经过挤压时，它才会流出来。食品中的蛋黄酱、番茄酱等也属于塑性流体。

对于塑性流动来说，当作用在物质上的剪切应力大于屈服应力，流动特性指数 $n = 1$ 的流体称为宾厄姆流体。同样，有的流体在流动之前也需要施加不小于屈服应力的剪切应力，剪切应力与剪切速率的关系图不是线性关系（图 4-7）。这类流体在超过屈服应力的剪切应力作用下，呈现稀化或增稠。这类流体被称为非宾厄姆塑性流体。如图 4-7 所示，以上流动特性曲线均不通过坐标原点。

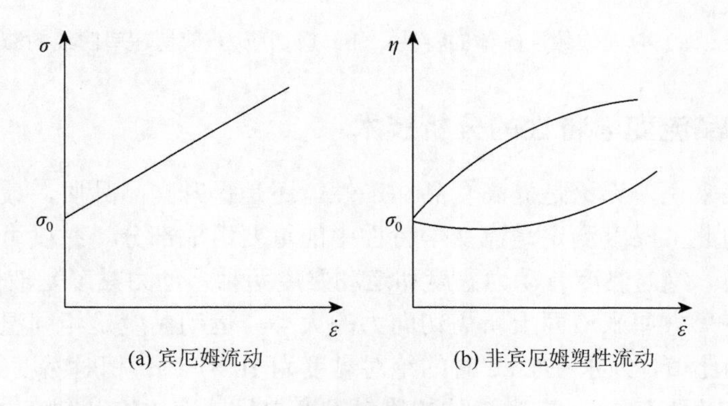

图 4-7　塑性流体流动曲线

3. 时间依赖性流体

时间依赖性流体是指在受到恒定的剪切力作用时，会随时间稀化或者增稠的流体（图 4-8）。在恒定剪切速率作用下，剪切应力和表观黏度随剪切时间延长而减小（即随时间剪切稀化）的流体称为触变流体，如图 4-8（a）所示。明胶、蛋清和起酥油都属于这类流体。

触变流体的机理可以理解为随着剪切应力的增加，流体的结构被破坏，黏性减小。在作用力停止后，粒子间的结构在一段时间后逐渐恢复原样。因此，剪切速率减少时的曲线与增加的曲线不重叠，形成了与流动时间相关的滞后环。滞后环的面积反映了流体的触变性强度，如图 4-8（b）所示。

与触变流体相反，剪切应力和表观黏度随剪切时间增加而增加（即随时间剪切增稠）的流体称为流凝流体，如图 4-8（a）所示。这种流体性质的食品往往具有黏稠性的口感。例如食品中的糖浆、搅打后的稀奶油等。

流凝流体的机理主要在于随着剪切应力的持续，流体内发生聚集或者缔合作用，形成新的组织结构，从而内摩擦阻力增大。流凝流体具备与触变流体相反的特征。即在剪切速率增大到最大值后，再降低剪切速率，在同样的剪切速率下的剪切应力减速过程大于加速过程，即减速过程在上，加速过程在下，如图 4-8（b）所示。

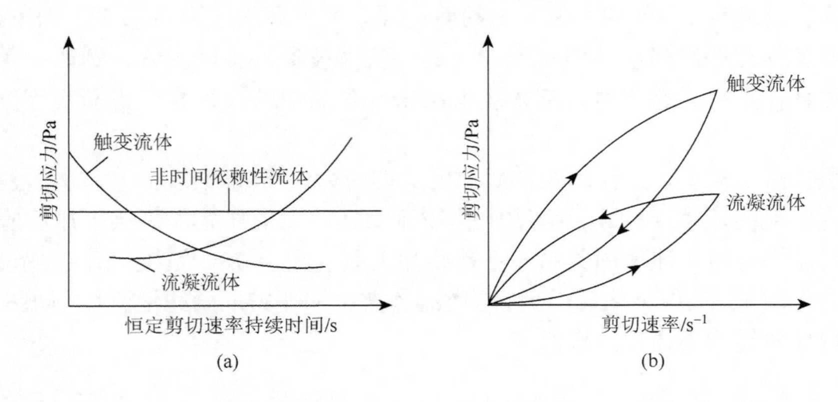

图 4-8 （a）时间依赖性流体的特性；（b）剪切应力-剪切速率曲线的滞后现象[①]

4.3.3 黏性食品流变学特性的分析技术

对流体食品来说，无论是提高食品加工性能还是提升食品品质，最重要的流变学特性还是黏度。因此，黏度测定是流变学特性中的重要组成部分。黏度可分为绝对黏度和相对黏度两大类。绝对黏度有动力黏度和运动黏度两种：动力黏度是液体以 1 cm/s 的流速流动时，在每平方厘米液面上所需切向力的大小，运动黏度是相同温度下液体的绝对黏度与其密度的比值，纯水在 20℃时的绝对黏度为 10^{-3} Pa·s；相对黏度又分为恩氏黏度、雷氏黏度等，相对黏度是在 *t*℃时液体的绝对黏度与另一液体绝对黏度之比，用以比较的液体通常是水或适当的液体。

黏度的测定可用黏度计，主要有毛细管黏度计法和旋转黏度计法。毛细管黏度计法设备简单、操作方便、精度高，旋转黏度计法需要贵重的特殊仪器，适用于研究部门。牛顿流体流动时所需剪应力不随流速的改变而改变，纯液体和低分子物质的溶液属于此类；非牛顿流体流动时所需剪应力随流速的改变而改变，高聚物的溶液、混悬液、乳剂分散液体和表面活性剂的溶液属于此类。毛细管黏度计由于不能调节线速度，不适用于测定非牛顿流体的黏度，但对高聚物的稀薄溶液或低黏度液体的黏度测定影响不大；旋转式黏度度计适用于非牛顿流体的黏度测定。

---

① 李云飞，殷涌光，徐树来，等. 食品物性学[M]. 2 版. 北京：中国轻工业出版社，2017.

1. 毛细管黏度计

毛细管黏度计测定的主要是运动黏度，由待测试样通过一定规格的毛细管所需的时间求得其黏度。毛细管黏度计有多种规格可选，包括有不同的半径、长度以及球体积可选，为了使测定结果更准确，应根据所用的溶剂的黏度而定，使溶剂流出时间在100 s以上。

2. 旋转式黏度计

旋转式黏度计可以用来测定非牛顿流体的黏度，主要依靠旋转来产生简单剪切，快速测定材料的黏性、弹性等流变性能，也叫旋转流变仪，主要有转筒式、锥板式和平行板式。

如图 4-9（a）所示，转筒式黏度计相对比较简单，同步电机以一定的速度带动刻度圆盘旋转，又通过游丝和转轴带动转子旋转。当转子未受到阻力时，则游丝与刻度圆盘同速旋转；当待测液体试样存在时，转子受到黏滞阻力的作用使游丝产生力矩。当两力达到平衡时，与游丝相连的指针在刻度圆盘上指示出一数值，根据这一数值，结合转子号数及转速即可算出被测样液的绝对黏度。

如图 4-9（b）所示，锥板式黏度计多用于测量黏弹性流体，其顶角 θ_0 一般很小（＜3°），在锥板上施加一定的旋转角速度 $\varOmega$ 时，其黏度和剪切速率分别为：

$$\eta = \frac{3\theta_0 M}{2\pi r_0^3 \varOmega} \tag{4-12}$$

$$\dot{\varepsilon} = \frac{\varOmega}{\theta_0} \tag{4-13}$$

式中，η 为黏度；θ_0 为以弧度表示的圆锥角；M 为扭矩，可以从实验中得出；r_0 是旋转的圆锥或者圆盘的直径；$\dot{\varepsilon}$ 为剪切速率；$\varOmega$ 为旋转角速度。

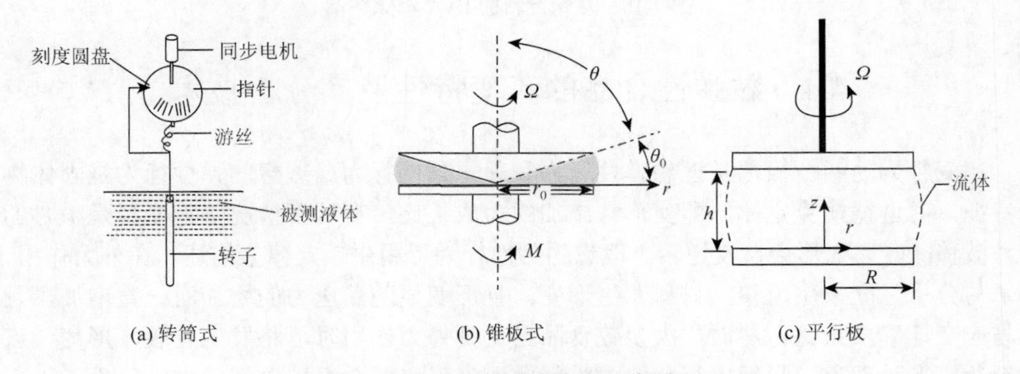

图 4-9　三种旋转式黏度计工作原理

如图 4-9（c）所示，对于聚合物熔体、部分黏弹性大的液体，甚至固体等，则可以选择平行板黏度计测定材料的黏度和弹性等性质。

3. 快速黏度分析仪

快速黏度分析仪（rapid visco analyzer，RVA）是一种蒸煮、搅拌式黏度计，具有程序控温、可变剪切力、高灵敏度和准确度的特点，广泛适用于与物料黏度变化相关的研究，如粮食糊化特性、糊化度分析、淀粉酶活性测定、糖化力测定、发芽损伤、变性淀粉糊化度分析等指标。《淀粉黏度测定》（GB/T 22427.7—2023）中规定的方法三就是RVA法，并对RVA峰值黏度、谷值黏度、终值黏度、黏度降落值、黏度回生值等相关术语进行了规定。图4-10是薏米淀粉的RVA测试图谱，可知薏米淀粉的峰值黏度为4657 cP①，低谷黏度为1730 cP，崩解值为2927 cP，最终黏度2631 cP，回生值为901 cP，糊化温度为72.30℃。测定结果全面表征了薏米淀粉的物化性质，为薏米淀粉的加工利用提供了全面的理论数据。

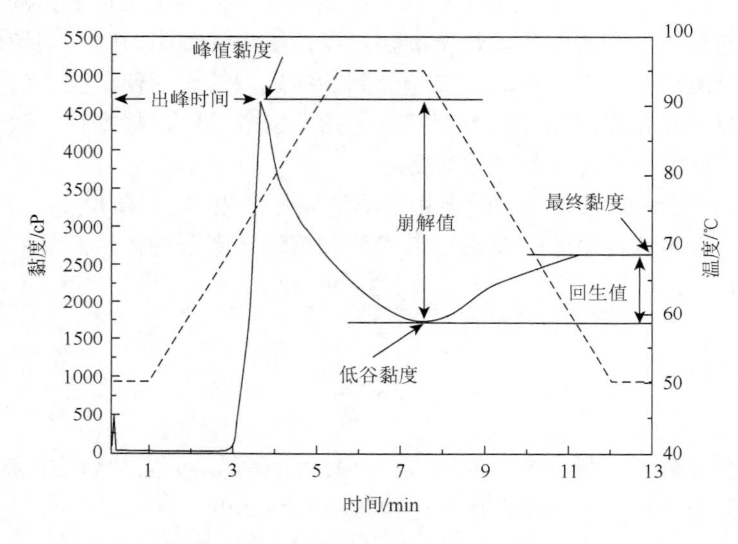

图4-10　薏米淀粉的RVA测试图谱

4.4　黏弹性食品的流变特性及其分析技术

流变行为的两个极端是理想弹性行为和理想黏性行为。理想的弹性行为是固体物质的特征，并遵循胡克定律，即变形与施加的力成正比。在这种情况下，变形是瞬时的，当力被移除时，变形会自发逆转。理想的黏性行为可用牛顿定律来描述，在外力作用下，分子与分子之间发生位移，材料发生形变，且形变量随着压力的增加而一直增加，且应力与应变速率成正比。然而，大多数食品当受到外力作用时，将发生屈服、形变、流动和裂断等多种现象，呈现出复杂的力学问题，表现出两个极端之间的中间行为，因而不能归类为纯弹性或黏性，称为具有黏弹性。因此，黏弹性（viscoelasticity）食品是指既具

① 1 cP = 10^{-3} Pa·s

有固体的弹性又具有液体的黏性这样两种特性的食品，与食品本身的化学组成、分子构造、分子内结合、分子间结合、胶体组织和分散状态有关。黏弹性食品如面团、蛋黄酱、面条、奶糖、酸奶和奶酪等，既具有流动性又具有弹性。

早在 19 世纪，科学家们对食品的黏弹性行为就有了初步的认识。1867～1868 年，詹姆斯·麦克斯韦用黏弹性液体提出了“麦克斯韦行为”，被认为是固体表现出黏性行为的第一个解释；该模型由弹簧和阻尼器串联组成，表明了弹性和黏性行为是连续的。1874 年，奥斯卡·迈耶尔（Oskar Meyer）提出了开尔文-沃伊特（Kelvin-Voigt）模型，这是最早总结固体黏弹性行为的模型之一。该模型由振荡试验完成，由弹簧和阻尼器并联组成，表明这些元件同时对施加的扭矩或变形作出反应。1924 年，海因里希·亨基（Heinrich Hencky）研究黏弹性效应，定义了亨基（Hencky）应变，即物体变形的真应变，以及亨基应变率。1935 年发展起来的伯格斯（Burgers）模型是麦克斯韦（Maxwell）模型和开尔文-沃伊特模型的衍生模型。伯格斯模型可用于描述固体食物（如奶酪和乳制品泡沫）的瞬态黏弹性特性。研究已表明，黏弹性一般分为线性黏弹性和非线性黏弹性两种类型。黏弹性质仅与时间有关，与外力大小等无关，多数食品在小的应变量内均可视为线性黏弹性体，如海藻胶、新鲜水果和肉类等。黏弹性质不但与时间有关，而且与外力大小和应变速率等有关就是非线性黏弹性体。

4.4.1　黏弹性食品的力学特性基础

当固体食品材料受到外力作用时，将表现出一定的形变，多个参数可以用来量化弹性行为，包括杨氏模量、体积模量和剪切模量，这些模量的主要区别在于施加力的方向，如图 4-11。

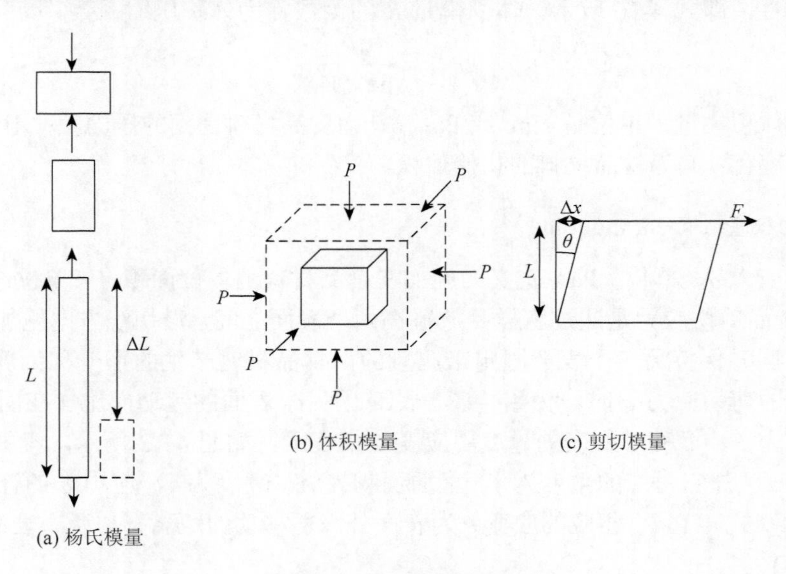

图 4-11　力学模量图

1. 杨氏模量（Young modulus）

由应力应变关系可知，当物体受到的应力逐渐增大时，其应变也将随之增大。直线部分的倾角，即应力与应变的比值称为弹性模量。当食品材料仅受轴向力作用时，即作用于表面的力在单轴方向上引起应力并产生应变时，此时的弹性模量即为杨氏模量（E），也称为拉伸模量。杨氏模量可以有效地指示所研究材料的收缩和拉伸的变形程度，也表示食品材料的刚度。

部分食品材料的杨氏模量已得到明确，如冰的杨氏模量为 9.9×10^9 Pa，意大利干面条的杨氏模量为 3×10^9 Pa，明胶的杨氏模量为 2×10^3 Pa，鲜苹果的杨氏模量为（0.6～1.4）$\times10^3$ Pa，香蕉的杨氏模量为（0.8～3.0）$\times10^6$ Pa，桃子和梨的杨氏模量分别为1.03 MPa和 5.3 MPa，大豆的杨氏模量在 125～126 MPa。已有研究报道，半固体食品可通过配方或物理处理改变其弹性。例如，在酸奶中添加粒径范围为 0.4～1.0 mm 的膳食纤维，酸奶黏弹性模量增加 0.2%～1.0%（w/w），同时保持相对恒定的相位角（～0.3 rad），表明膳食纤维的加入促进了更为刚性的酸奶凝胶的形成。

2. 体积模量（bulk modulus）

物体在受到各方向力时，在各个方向上同样存在弹性变形和塑性变形。设体积为 V 的物体表面所受的静水压为 P，当压力由 P 增大到 $P+\Delta P$ 时，物体体积减小了 ΔV，则体积应变 ε_V 为：

$$\varepsilon_V=\frac{\Delta V}{V} \tag{4-14}$$

假设压力的变化 ΔP 和体积应变 ε_V 之间符合胡克定律，可用体积模量 K 表征食品材料受到各个方向压力时发生的体积变化。体积模量是食品材料的固有性质，反映了食品材料的坚固性，即式 4-16 所示。体积模量 K 的倒数称为体积压缩系数。

$$K=\frac{\mathrm{d}P}{\mathrm{d}V/V} \tag{4-15}$$

式中，K 为体积模量，单位是 Nm^2 或 Pa；dP 为食品材料受到的压力差；dV 为食品材料体积的微分变化；V 为食品材料的初始体积。

3. 剪切模量（shear modulus）

通常将应力 σ（单位：Pa）定义为施加在食品材料上单位面积 A（单位：m^2）的力 F（单位：N）。而剪切应力是通过将样品放置在两个表面之间，沿切线方向施加力 F 来移动一个表面，同时保持另一个表面固定来测量的，食品材料产生的形变称为剪切变形。测量食品材料的剪切应力 σ 时，使用传感器测量因另一表面的运动而施加在面积为 A 的固定表面上的力 F，而变形程度的量度用应变 ε 来表示。如图 4-12 所示，设立方体的上面移动距离为 x，与它对应的角度为 γ，上面面积为 A，高度为 y，应力 σ 的计算为力 F 与面积 A 之比（式 4-16），相应的应变 ε 为表面外缘所移动的距离 x 与两个表面间的间隙 y 之比（式 4-17）：

$$\sigma=\frac{F}{A} \tag{4-16}$$

$$\varepsilon=\frac{x}{y} \tag{4-17}$$

由于应变的定义与用于试验的特定几何形状密切相关，在不同几何形状的测试中，应用不同的方程来描述应变。例如，将某食品材料放置在半径为 R（单位：m）的平行板之间，通过保持固定一个表面而将另一个表面旋转指定角度 θ 来进行剪切作用时，剪切应变则定义为旋转圆形表面在其外缘所走的距离 θR 除以表面之间的间隙 y（单位：m），即：

$$\varepsilon=\frac{\theta R}{y} \tag{4-18}$$

应变速率 $\dot{\varepsilon}$（单位：1/s）又称为剪切速率，是材料变形速度的量度，被定义为由于施加应力而建立的速度梯度，可由应变 ε 与时间 t（单位：s）之比来表示，即：

$$\dot{\varepsilon}=\mathrm{d}\varepsilon\mathrm{d}t \tag{4-19}$$

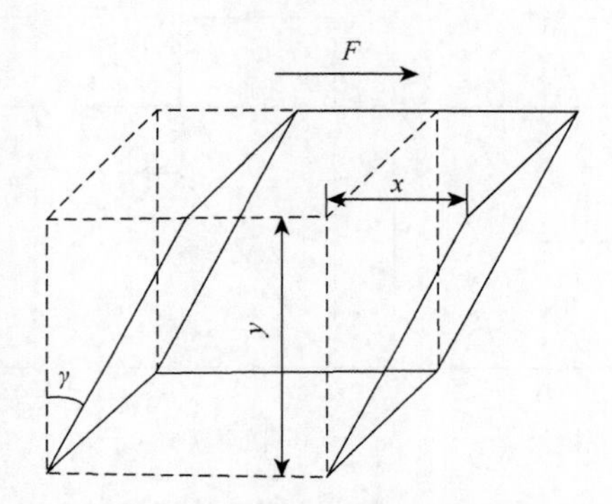

图 4-12　剪切力与剪切应变

剪切模量 G（单位：Pa 或 $\mathrm{N/m^2}$）是材料刚度或刚性的量度，即反映材料受力弯曲或者扭曲的难易程度，一般定义为应力 σ 与应变 ε 的比值（式 4-20），反映了食品材料受力弯曲或扭曲的难易程度，其倒数 $J=1/G$ 称为剪切柔量。如果变形是通过将材料瞬间变形到固定应变 ε_0 来施加的，则模量可称为松弛模量。

$$G=\frac{\sigma}{\varepsilon} \tag{4-20}$$

式中，G 的单位是 $\mathrm{N/m^2}$。

4.4.2　研究黏弹性食品的力学模型

1. 单要素模型

（1）胡克（Hooker）模型　在研究黏弹性体时，其弹性部分用一个代表弹性体的模型表示，此模型称为弹簧体模型或胡克模型。胡克模型代表完全弹性体的力学表现，即加上载荷的瞬间同时发生相应的变形，变形大小与受力的大小成正比。胡克模型符号及其应力-应变特征曲线如图 4-13（a）所示。

（2）阻尼（dashpot）模型　流变学中把物体黏性性质用一个阻尼体模型表示，因此称为“阻尼模型”或“阻尼体”。阻尼模型瞬时加载时，阻尼体即开始运动，当载荷去掉时，阻尼体立刻停止运动，并保持变形，没有弹性恢复。需要注意的是，阻尼模型既可表示牛顿流体性质，也可表示非牛顿流体性质。不特殊说明时，代表牛顿流体。阻尼模型符号及流动时应力应变特征曲线如图 4-13（b）所示。

（3）滑块（slider）模型　滑块模型虽不能独立地用来表示某种流变性质，但常与其他流变元件组合，表示有屈服应力存在的塑性流体性质。滑块模型亦称为“摩擦片”“文思特滑片”。阻尼模型符号及流动时应力应变特征曲线如图 4-13（c）所示。

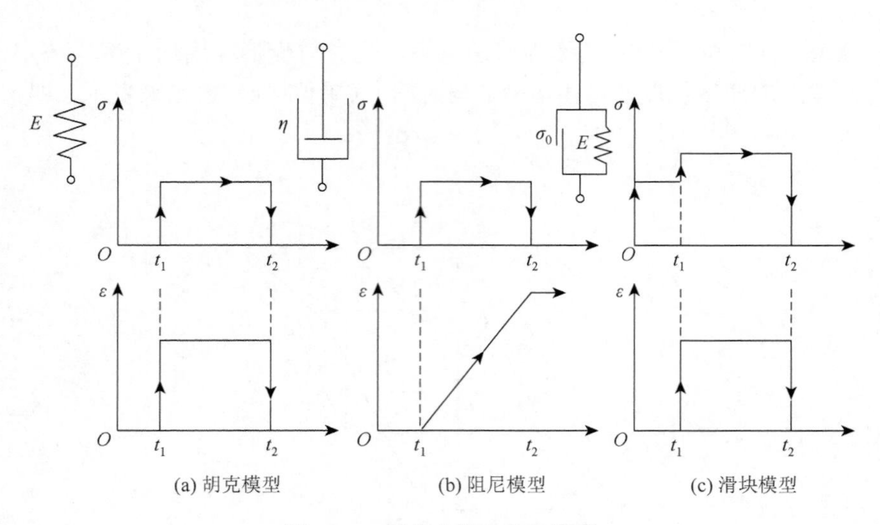

图 4-13　基本力学元件和模型

2. 麦克斯韦模型

麦克斯韦模型是由一个弹簧和一个黏壶串联构建的黏弹性两元件模型。当模型一端受力而被拉伸一定长度时，由于弹簧可快速变形，而黏壶由于黏性作用来不及移动，弹簧首先被拉开，然后在弹簧恢复力作用下，黏壶在黏性作用下，随时间的增加而逐渐被拉开，弹簧受到的拉力也逐渐减小至零。如图 4-14（a）所示。这是最早提出的黏弹模型。这一模型可以用来反映黏弹性体的应力松弛过程。

松弛时间也是麦克斯韦模型的流变特性参数，表示外力作用下物质分子链由原来构象过渡到与外力相适应构象的过程时间，它是物质的黏度和弹性模量的比值。这就说明，松弛时间的产生是由于黏性和弹性同时存在而引起的。如果材料的黏性非常大，松弛时间也大，说明黏滞性很高的材料对链段等微观调整有阻碍作用，材料需要更多的时间完成调整。如果弹性模量非常大，松弛时间相对较短，说明材料的刚硬度很强，这种材料多属于弹性较好的固形物，调整的尺度往往是原子或者分子间距，因此，松弛时间很短。

图 4-14（c）是麦克斯韦应力松弛曲线，图中应力下降与时间的关系服从指数规律，开始下降很快，然后逐渐变慢。由此得到应力松弛时间的实验确定方法：即在应力坐标轴上从原点开始至初始应力 σ_0 的 36%，做水平线与实验曲线相交，交点对应的时间坐标值即为应力松弛时间。这也是通过松弛时间进一步确定弹簧弹性模量 E 和黏壶黏度 η 的实验方法，应力松弛也可以用模量表示，即松弛模量，用 $E(t)$表示。

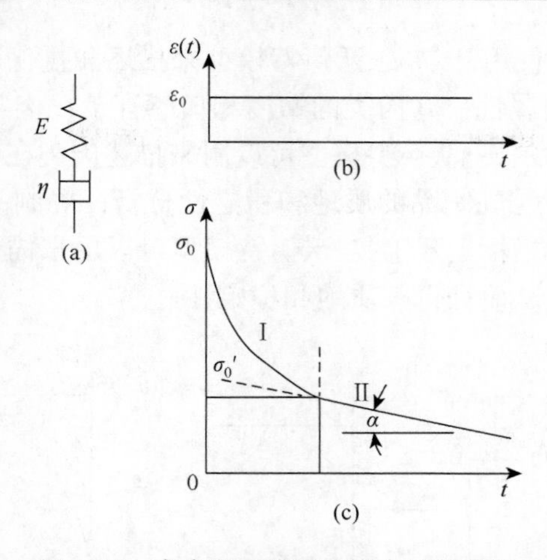

图 4-14　麦克斯韦模型及应力松弛曲线

（a）麦克斯韦模型结构；（b）应变特性；（c）应力松弛特性

进行应力松弛试验时，首先要找出试样的应力与应变的线性关系范围，然后在这一范围内使试样达到并保持某一变形，测定其应力与时间的关系曲线，根据测定结果绘制松弛曲线并建立其流变学模型。凝胶状食品一般在 10%～15%的应变范围内与应力保持线性关系。

3. 开尔文-沃伊特模型（Kelvin-Voigt model）

开尔文-沃伊特模型，也称为沃伊特（Voigt）模型或者开尔文（Kelvin）模型，由并联的纯黏性阻尼器（黏壶）和纯弹性弹簧构建，如图 4-15 所示。在这个模型中，材料被表示为一个纯弹性的弹簧和一个纯黏性的阻尼器并联排列。这种配置使得模型能够捕捉黏弹性材料的时间依赖性变形行为。

在开尔文-沃伊特模型中，“纯弹性的弹簧”和“纯黏性的阻尼器”代表了两种不同的力学行为。纯弹性的弹簧：弹簧是一个理想化的弹性体，它的变形遵循胡克定律，即弹簧的伸长或压缩与所施加的力成正比，模拟了材料的弹性行为。纯黏性的阻尼器：阻尼器（或称为黏性阻尼器）是一个理想化的黏性元件，模拟了黏性流体的行为。在阻尼器中，流动的阻力与速率成正比，这一点类似于液体在流动时所表现出的黏滞阻力。

将这两个元件并联组合，开尔文-沃伊特模型可以描述一个既具有弹性又有黏性的材料。当模型上作用恒定外力时，由于阻尼器的作用，弹簧不能够被立即拉开，去掉外力后，在弹簧回复力的作用下，又可以慢慢恢复原状。这种并联的组合使得模型能够模拟真实世界中许多材料的行为，包括食品的蠕变过程。

开尔文-沃伊特模型在食品科学中有广泛的应用，特别是在食品质地分析和食品感官评价中，比如：①面包的弹性和黏性分析：面包的质构是其重要的感官属性之一，新鲜的面包通常具有良好的弹性和适中的黏性，随着面包变老，其弹性会降低，而黏性会增加，开尔文-沃伊特模型可以用来描述和量化这些变化，不仅量化评价面包的感官，还可评价面包的新鲜度；②果冻和凝胶食品的质地分析：果冻和凝胶食品的质地是由其弹性和黏性共同决定的，通过使用开尔文-沃伊特模型来描述和量化这些性质，可以更好地理解和控制这些食品的质地属性；③肉类的嫩度和口感评价：肉类的嫩度和口感是消费者购买的重要考虑因素，开尔文-沃伊特模型可以用来描述肉类在咀嚼过程中的力学行为，从而评价其嫩度和口感；④乳制品的质地和稳定性分析：乳制品如奶酪、酸奶等的质地和稳定性是其重要的质量指标，开尔文-沃伊特模型可以用来描述乳制品在加工、储存和消费过程中的力学行为，从而评价其质地和稳定性。

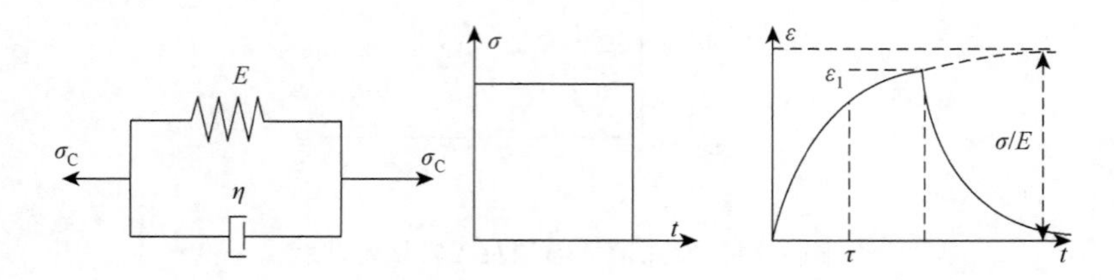

图 4-15 开尔文-沃伊特模型及应力松弛曲线

4.4.3 静态流变学实验方法

1. 基本流变特性参数测定法

对于流动性非常低的黏弹性体，其流变参数往往采用以下几种静态测定方法。

1）双重剪切测定法

双重剪切测定常用于蛋糕、人造奶油、冰淇淋等许多食品的测定。如表 4-1 所示，将试样填充于三块平板之间的区域，拉动中间平板，那么剪切模量 G 可以用下式求出：

$$G = \frac{hF}{2Ad} \tag{4-21}$$

式中，h 为试样厚度，F 为拉动中间平板所需的力，A 为试样接触面积，d 为拉动位移。如保持拉力不变，还可以求出蠕变曲线。

2）拉力试验

拉力试验常用来测定小麦粉面团的黏弹性质。如表 4-1 所示，长度为 L（单位：m），截断面积为 A（单位：m^2）的棒状试样被固定一端，另一端作用于拉力 F（单位：N），试样的弹性伸长为 d（单位：m）。则延伸弹性率 E 和延伸黏度 η_t 可以分别用下式求出：

$$E = \frac{LF}{Ad}, \eta_t = \frac{LF}{A\dot{d}} \tag{4-22}$$

式中，$\dot{d}$ 为拉伸速度，m/s。剪切速率可用 3 倍率求出：

$$\eta = \frac{LF}{3A\dot{d}} \tag{4-23}$$

3）套筒流动

如表 4-1 所示，测定方法：在同心的双圆间隙中填满试样，给内筒沿中心轴方向加定载荷 F（单位：N），内筒开始滑动，最终与黏性阻力平衡达到匀速 v_0 运动状态。此原理被用于设计黏度计。

4）平行板塑性计

平行板塑性计的原理如表 4-1 所示，测定方法：在半径为 R 的平行圆板之间放入试样，夹住试样，并施以夹紧力 F，让试样的厚度随之减小。

表 4-1　基本流变特性参数测定法

测定方法	方法示意图	测得的流变特性参数			符号意义
		应力/Pa	速率/s^{-1}	黏度/(Pa·s)	
双重剪切		$\sigma=\frac{F}{2A}$	$\dot{\varepsilon}=\frac{\dot{d}}{h}$	$\eta=\frac{hF}{2A\dot{d}}$	F：拉力（单位：N） A：试样接触面积（单位：m^2） h：试样厚度（单位：m） $\dot{d}$：移动速度（单位：m/s）
拉力试验		$\sigma=\frac{F}{A}$	$\dot{\varepsilon}=\frac{\dot{d}}{L}$	$\eta=\frac{LF}{3A\dot{d}}$ $\eta_t=\frac{LF}{A\dot{d}}$	$\dot{d}$：拉伸速度（单位：m/s） F：拉力（单位：N） A：试样断面积（单位：m^2） L：试样长度（单位：m） η：延伸黏度（单位：Pa·s）
套筒流动		$\sigma=\frac{F}{2\pi R_i h}$	$\dot{\varepsilon}=\frac{v_0}{R_i}\cdot\frac{1}{1\left(\frac{R_0}{R_i}\right)}$	$\eta=\frac{F}{2\pi h v_0}\cdot\left(\frac{R_0}{R_i}\right)$	F：拉力（单位：N） R_i：内筒半径（单位：m） R_0：外筒半径（单位：m） h：试样高度（单位：m） v_0：内筒末速度（单位：m/s）
平行板塑性计		试样容积 V 一定 $\sigma=\frac{2}{3}\cdot\frac{\pi^{1/2}h^{5/2}F}{V^{3/2}}$	$\dot{\varepsilon}=\frac{2}{3}\cdot\frac{\pi^{1/2}h^{5/2}F}{\eta V^{3/2}}$	–	η：试样剪切黏度（单位：Pa·s） h：试样厚度（单位：m） V：试样容积（单位：m^3） F：试样压力（单位：N）

2. *应力松弛试验*

应力松弛是指试样瞬时变形后，在变形（应变）不变情况下，试样内部的应力随时间的延长而减少的过程，也称为小变形实验。其解析结果能够真实反映出样品内部的结构构成和黏弹性状态，在食品原料物性分析中起到非常重要的作用。

应力松弛性质与食品的口感与品质有很大的关系。人在吃米饭、面条等食品时，通过牙齿的张合咀嚼食品，从牙齿的咬合到重新张开间有短暂的静止期，食品有一个很短的应力松弛过程。这种松弛时间的快慢，通过齿龈膜传到神经，给人以某种口感。例如，柔软的米饭应力松弛时间为 6～8 s，较硬的米粉为 10～14 s。

1）基本测试方法

①首先找出试样的应力与应变之间的线性关系范围；

②在这一范围内使试样达到并保持某一变形，测定其应力与时间的关系曲线；

③根据测定结果绘制松弛曲线并建立其流变学模型。

2）应力松弛试验示例

以番茄应变松弛试验来示例本实验具体操作过程和数据处理。图 4-16 是番茄应变松弛试验的示意图。

①找出试样的应力与应变之间的线性关系范围：试验前对果实进行筛选，番茄纵向直径在 50～70 mm，保证无损伤、无病虫害。将番茄分成 3 组，成熟度Ⅰ——绿熟期（绿色带白），成熟度Ⅱ——半熟期（表面 30%～70%着色），成熟度Ⅲ（表面着色程度 90%以上）。对三组不同成熟度的番茄进行纵向破坏性压缩实验，通过力-位移曲线，可以得到番茄纵向压缩的最大弹性形变，如图 4-17 所示，为应力松弛试验提供瞬时形变的参考范围。

②得到应力与时间的关系曲线：然后利用万能试验机对 3 组成熟度的番茄随机取样做应力松弛试验，选取破坏压缩试验提供的弹性范围之内的某个值作为瞬时形变的值，然后保持这个值不变，番茄所受的压力会随着时间的延长而变小，当经过一段时间不再变化时停止试验，便可得到相应的应力松弛曲线，如图 4-18 所示。

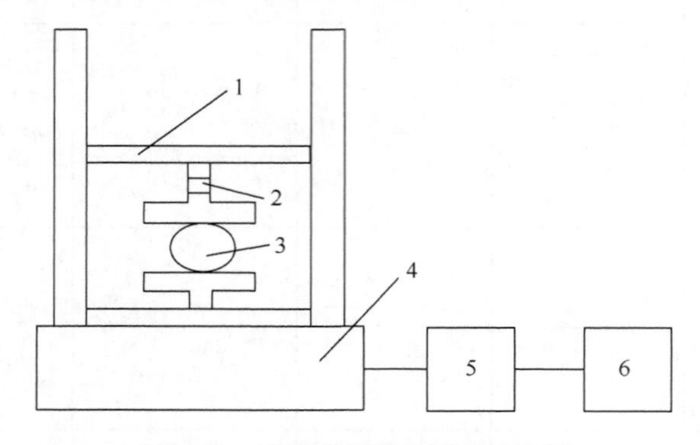

图 4-16　番茄应变松弛试验示意图

1. 横梁；2. 传感器；3. 番茄；4. 调速电机和传动结构；5. 放大器；6. 计算机

③数据处理：使用 SPSS 的非线性拟合对测定的数据按照预计的流变学模型所对应的指数函数多项式拟合求解，并建立流变学模型。常见的模型参考 4.4.2 研究黏弹性食品的力学模型。

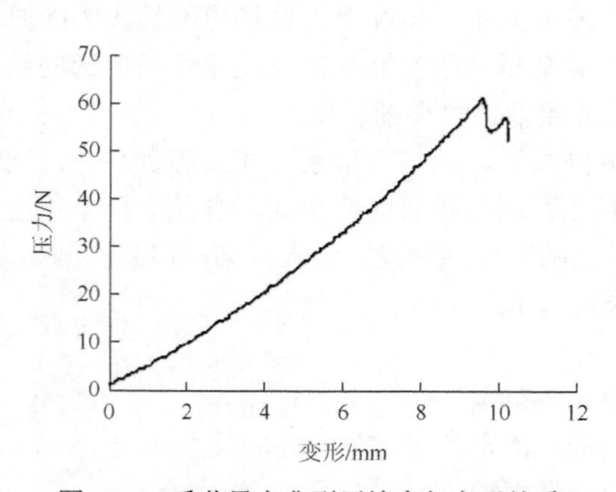

图 4-17　番茄果实典型压缩力与变形关系

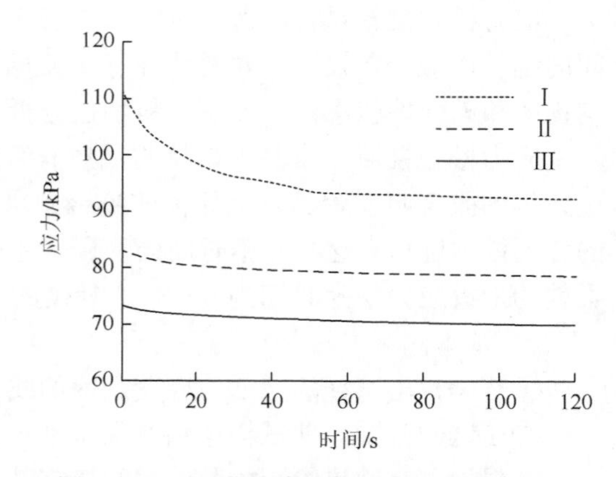

图 4-18　不同成熟度番茄果实应力松弛曲线

3. 蠕变试验

蠕变和应力松弛相反。蠕变是指把一定大小的力（应力）施加于黏弹性体时，物体的变形（应变）随时间的变化而逐渐增加的现象。蠕变试验是通过给试样施以恒定应力，测定应变随时间变化的情况。蠕变试验可用于比较食品材料的结构强度和黏弹性行为，刚性较强的食品由于其结构较强，在蠕变试验中表现出较低的应变变化；更有弹性的食物由于储存的能量多，在测试的松弛部分会表现出更大的恢复。蠕变曲线与食品的感官品质有密切关系，如米饭蠕变曲线所示的总变形、永久变形和流动性越大，弹性越小，米饭越好吃。

4. 滞变实验

滞变曲线是测定试样在定速压缩和定速拉伸过程中，应力随时间的变化曲线。

以大米的滞变曲线（图 4-19）为例：

OPQR 为等速压缩部分曲线，其中 *OP* 反映了大米的弹性，*PQ* 是大米产生流动发生较大塑性变形部分，*QR* 为米粒破裂部分，*RSTUO* 为停止压缩，开始向上拉伸时的曲线恢复部分，弹性恢复为 *R'S*，*STU* 为大米黏着力所表现出的拉伸曲线，*SO* 为永久变形。

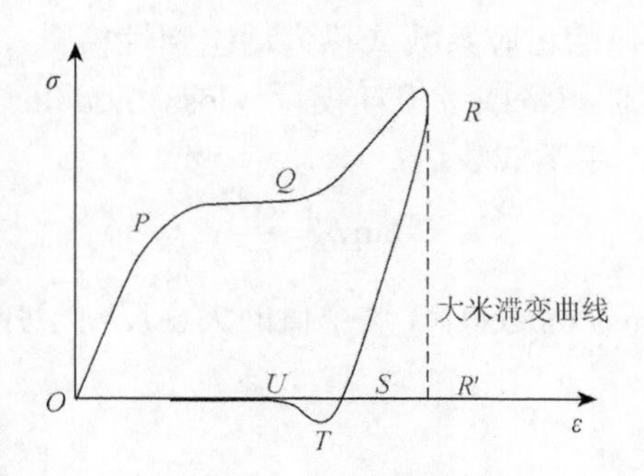

图 4-19　大米的滞变曲线

米饭团的滞变曲线和感官评价如表 4-2 所示。

表 4-2　米饭团的滞变曲线及感官评价

图形 / 物性和口感	R P Q S R' O U T			
弹性率	很小	中	大	很大
屈服应力	小	中	大	大
破裂应变	大	中	小	大
流变功	小	中	大	大
黏着功	大	中	小	很小
口感	柔软，有黏性，很好吃	稍硬，味道一般或不好吃	硬而松散，黏性小，不好吃	非常硬，缺少黏性，很不好吃

4.4.4　动态流变学实验方法

1. 动态流变学分析基本理论

静态黏弹性的测定虽然简单且直观，但在实际测定的过程中有以下缺点：①在静态黏弹性测定时，由于力的大小方向不变，对于流动性强的物质，流动会持续发生，难以测定其弹性；②对于弹性较强、流动性不明显的物质，应力松弛时间和滞后时间会很长，不仅测定花费时间，而且在测定过程中，一些食品还易发生化学变化，导致测定结果不准确；③静态测定所需要的阶跃应变，或瞬时加载，实际操作上均有难度，且当变形较大时，会超出线性变化范围，引起较大的误差。因此，动态黏弹性测定是食品流变特性的另一重要内容。

动态黏弹性实验是指给黏弹性体施以振动，或施以周期性变动的应力或应变时，该物体所表现出的黏弹性质。动态黏弹性实验方法分为正弦波应力应变试验（谐振动测定法）、共振实验、脉冲振动试验等。常用的多为正弦波应力应变试验。测试中测量的两个参数为 G' 和 G''， G' 称为弹性相应系数或称为动态弹性模量，也称为储能模量（storage modulus）； G'' 称为动态黏性模量或者损耗模量（loss modulus）。G'' 与 G' 的比值反映两种相应对应力的贡献大小，用下式表达：

$$\tan\delta = \frac{G''}{G'} \tag{4-24}$$

这称为损耗角正切（loss tangent）。这个值的大小反映了弹黏性体是近于黏性还是近于弹性。

2. 动态黏弹性测量

在动态黏弹性的测量中，当应力和应变很小时，各模量与时间呈线性关系；而当应力和应变较大时，情况会变得非常复杂，各模量与时间之间呈现出非线性的关系，数据难以处理。因此，实验中一般采用小振幅、较低频率的振动测量法，如谐振动测定法。谐振动测定法包括纵向振动法和剪切振动法。

（1）纵向振动法　用纵向振动法测定凝胶状食品动态黏弹性的基本原理是：把圆柱形试样 S 黏在接有加振器 V 的试样台上，试样的上段滴黏着剂，黏在接有应变仪 SG2（测应力用）的平板 P 上（图 4-20）。黏试样时要注意不要对试样造成变形。为此，要把试样的上下端面做得光滑。由起振器 O 发出的正弦波，通过增幅器 A 和加振器 V 给试样的下端施加正弦变化的应变，上端产生同频率的正弦应力。下端的应变通过应变仪 SG1 输出，上端的应力通过应变仪 SG2 输出，经过各自的增幅器 SA 后，在记录仪 R 上记录如图 4-21 所示的李萨如图形。可通过计算求出复数模量 G^*的实数部 G'和虚数部 G''。

（2）剪切振动法　对于流动性较大的黏弹性体，剪切振动法比较方便。其测试装置之一如图 4-22 所示。将试样放入一个有底的容器中，容器可以在垂直方向上下振动。在试样中插入一个棒或平板。当容器连同试样振动时，传感器可以测出其所受应力的变化。把测得的应力用相位示波回路分解为与应变同相的分力和与应变速率同相的分力，据此，可求出复数弹性模量的实部 G'和虚部 G''。

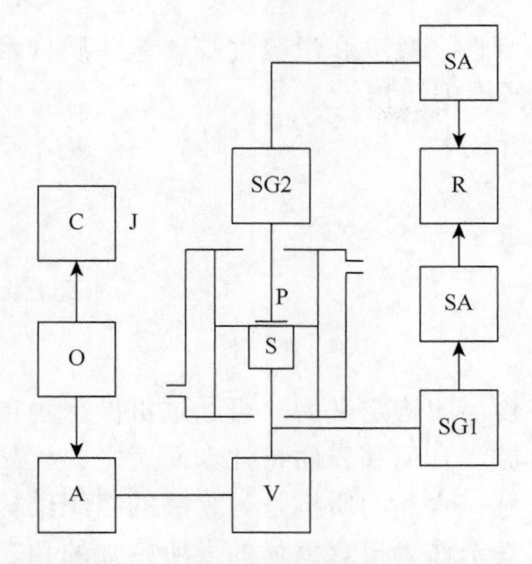

图 4-20　凝胶食品的动态黏弹性测定原理

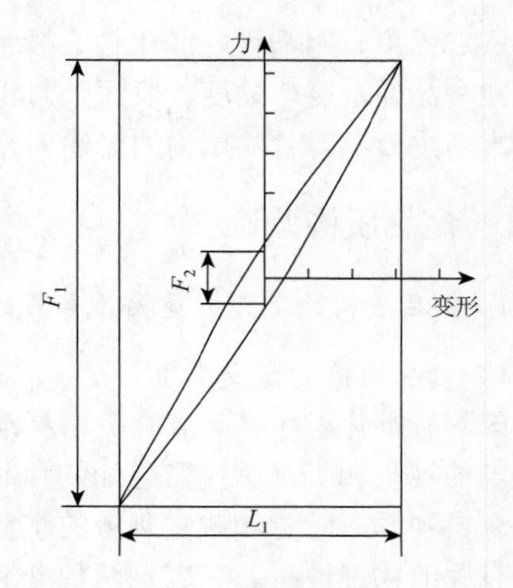

图 4-21　李萨如图形

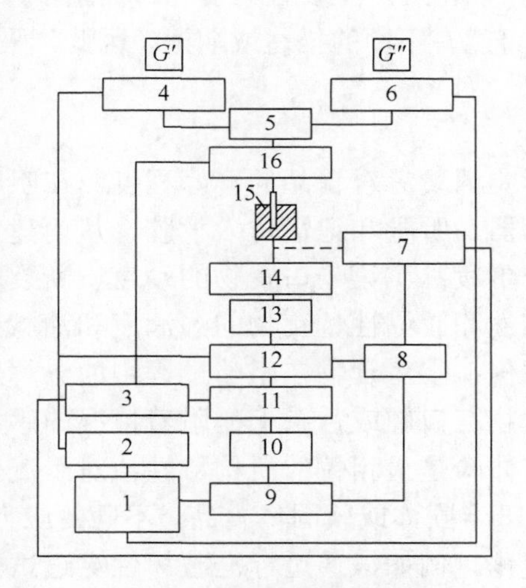

图 4-22　剪切振动测量装置

1. $\frac{\pi}{2}$ 移相器；2、3. 激振器；4、6、9、12. 相位检波回路；5、8、10、13. 放大器；7、16. 应变传感器；11. 移相器；14. 可动线圈；15. 试样

4.5　食品的质构特性及其分析技术

食品的品质主要包括两个方面：食品的内在品质和感官品质。食品的内在品质主要指其营养价值，包括碳水化合物、脂肪、蛋白质、维生素和矿物质等营养成分的质和量；食品的感官品质主要指其色泽、香气、味道、形状和质构。其中，质构被认为是最重要的食品品质之一，食品的质构特性是由食品基质中存在的弱和强物理相互作用（疏水、氢键、静电）和共价键、交联的数量决定的。其中，共价交联对食物基质的坚固性作出了主要贡献。目前，描述食品品质的大量术语与质构特性有关，如硬度、柔软度、脆度、

嫩度、成熟度、咀嚼性、胶黏性、砂性、面性、酥性、黏度和滑爽性等，这些质构术语与特定食品的密度、黏度、表面张力和其他物理特性密切相关。

本节主要学习食品质构的概述、分类及其分析技术。

4.5.1　食品质构概论

1. 食品质构的定义、重要性和目的

1）食品质构的定义

国际标准化组织在其感官分析标准词汇中将食品质构定义为：可通过机械、触觉以及适当的视觉和听觉感受器感知的食品的所有机械、几何和表面特性。简言之，食品质构是源自视觉、听觉和触觉刺激的感官体验的总称。食品的质构是与食品的组织结构及状态有关的物理性质。它表示两种含义：第一，表示作为摄食主体的人所感知的和表现的内容；第二，表示食品本身的性质。

给食物质构下定义之所以困难，主要因为食物种类繁多，质构性质各有差异，且不同人群对不同类型的食物可能有不同的描述或期望。因此，采用客观、标准的方法来评价食品质构特性非常重要。

2）食品质构的重要性

食物质构特性直接影响消费者对食品的喜好程度。在咀嚼过程中，食物质构变化的信息通过口腔中的传感器、听觉和记忆传入大脑，从而建立起食物质构特性的感知轮廓。这可分为以下几个阶段：①第一口食物的硬度、断裂能力和稠度的初步评估；②对咀嚼时的咀嚼感、黏性和胶黏性、食物的湿润度和油腻感的感知，以及对单块食物的大小和几何形状的评价；③对食物在咀嚼过程中的分解速度、形成的碎块类型、水分的释放或吸收以及食物在口腔或舌头上的附着情况的感知。对于固体食品而言，与断裂和破碎相关的感官体验是最相关的质构特性；对于流体食品而言，流动感是其最关键的质构特征；而至于半固体或软固体食品，不同的应力-应变变形模式则用于评价这类食品微妙的质构变化。例如，通过标准破坏性穿透试验检测，苹果的硬度如果达不到要求，就有可能被降级，甚至被零售商拒收；如果薯片的脆度达不到声学和力学测试的要求，就会给人一种潮湿的感觉，从而遭到消费者的否定；嫩度则是决定肉制品和水产品新鲜度的重要质构特性。

除了直接影响消费者对食品的喜好程度外，质构还影响着挥发性风味物质的释放和感知。如果要感知食品中的风味成分，其必须从食品基质中释放到达味觉感受器。风味的释放与食物结构在口腔中的分解方式密切相关，既与食物的初始质构有关，也与整个咀嚼过程中质构的变化有关。此外，质构还间接影响食品的颜色、平滑度和光泽度等性质。

质构还影响着产品的加工工艺。比如，小麦的质构硬度太大，不仅口感不好，而且其消化性和嗜好性也不佳。因此，人们将小麦加工成面粉，然后再制成面包等食品食用。经过适当处理，使食品原料所具有的固有组织转化为感官效果较好的质构，即食品加工就是改善食品原料质构的固有性和原始性，从而增加其实用性、商品性和感官性的过程。综上，食品质构研究是食品工程不可缺少的基础理论之一。

3）研究食品质构的目的

研究食品的质构有如下目的：①解释食品的组织结构特性；②解释食品在加工和烹饪过程中所发生的物性变化；③提高食品的品质及嗜好特性；④为生产功能性好的食品提供理论依据；⑤明确食品物性的仪器测定和感官检验的关系。

2. 食品质构的分类和研究方法

1）食品质构的分类

在 1963 年，施切尼阿克（Szczesniak）博士将食品质构的感官特性分类为机械特性、几何特性，以及与产品的水分和脂肪含量相关的特性，如表 4-3 所示。机械特性又被进一步细分为硬度、凝聚性、黏性、弹性和黏附性等一级特性，以及酥脆性、咀嚼性和胶黏性等二级特性。各种特性又按摄食过程细分为咀嚼初期的一次特性和咀嚼后期的二次特性。而这些用来描述质构的常用术语往往表示这些特性的强度等级。所提出的分类既适用于客观的质构表征方法，也适用于主观的评价方式。

随后，在 1969 年，谢尔曼（Sherman）认为食品的质构特性对消费者接受度非常重要。然而，传统的感官评估方法只能提供较模糊的信息，而不是对质构特性的具体分析。谢尔曼的观点是我们对食物的感觉评价是在包括烹饪在内的整个摄食过程中形成的。他认为，我们对食物的硬度和黏度等力学特性的感知，是食物在口中动态变化的过程中进行的。因此，他将整个摄食过程分为四个阶段：第一阶段，是在食物进入口中之前的感觉；第二阶段，是食物入口中时的最初感觉；第三阶段，是在咀嚼食物时的感觉；最后一个阶段，是咀嚼结束后的口感，如表 4-4 所示。

谢尔曼将食品的质构特性分为一级、二级和三级特性。一级特性包括分析成分、颗粒尺寸和分布、颗粒形状、气体含量等基本属性。二级特性包括弹性、黏性和黏附性这三个属性。而三级特性则是从这些二级特性中派生出来的，是感官分析中最常用的质构特征。这些三级特性是由两个或更多二级特性的复杂组合形成的。咀嚼初期作为一次特征，主要是感觉食品颗粒的尺寸和形状；二次特征主要感觉弹性、黏性和黏附性；咀嚼后期作为三次特征，主要感觉硬度、脆性、滑腻感等。可见，在一系列摄食的过程中，主要是通过咀嚼作为评价食品的质构。所以，在整个摄食的过程中，咀嚼是我们评价食物质构的主要方式。

表 4-3　施切尼阿克分类表

特征	一次特性	特性内容（定义）	二次特性	特性内容（定义）	惯用语
机械特性（力学）	硬度	使食品产生一定变形所需要的力			柔软、坚硬
	凝聚性	形成（保持）食品形状的内部结合力（黏聚力）	酥脆性	与硬度和内聚性有关的，使食品破裂时所需的力	酥、脆、嫩
			咀嚼性	与硬度、内聚性、弹性有关的，将固体食品咀嚼到可吞咽时需做的功	柔软-坚韧
			胶黏性	与硬度及内聚性有关的，将半固体食品嚼碎至可吞咽时需做的功	酥松-粉状-糊状-橡胶状

续表

特征	一次特性	特性内容（定义）	二次特性	特性内容（定义）	惯用语
机械特性（力学）	黏性	在一定力作用下流动时分子间的阻力			松散-黏稠
	弹性	外力作用时的变形及去力后的恢复原来状态的能力			可塑性-弹性
	黏附性	食品表面与其他物体（舌、牙齿、腭等）黏在一起的力			发黏的-易黏的
几何特性	颗粒尺寸、形状和方向				粉状、砂状、粗粒状纤维、细胞状、结晶状
其他特性	水分含量、油脂含量		油状脂状		干的-湿的-多汁的-油腻-肥腻

表 4-4　谢尔曼分类表

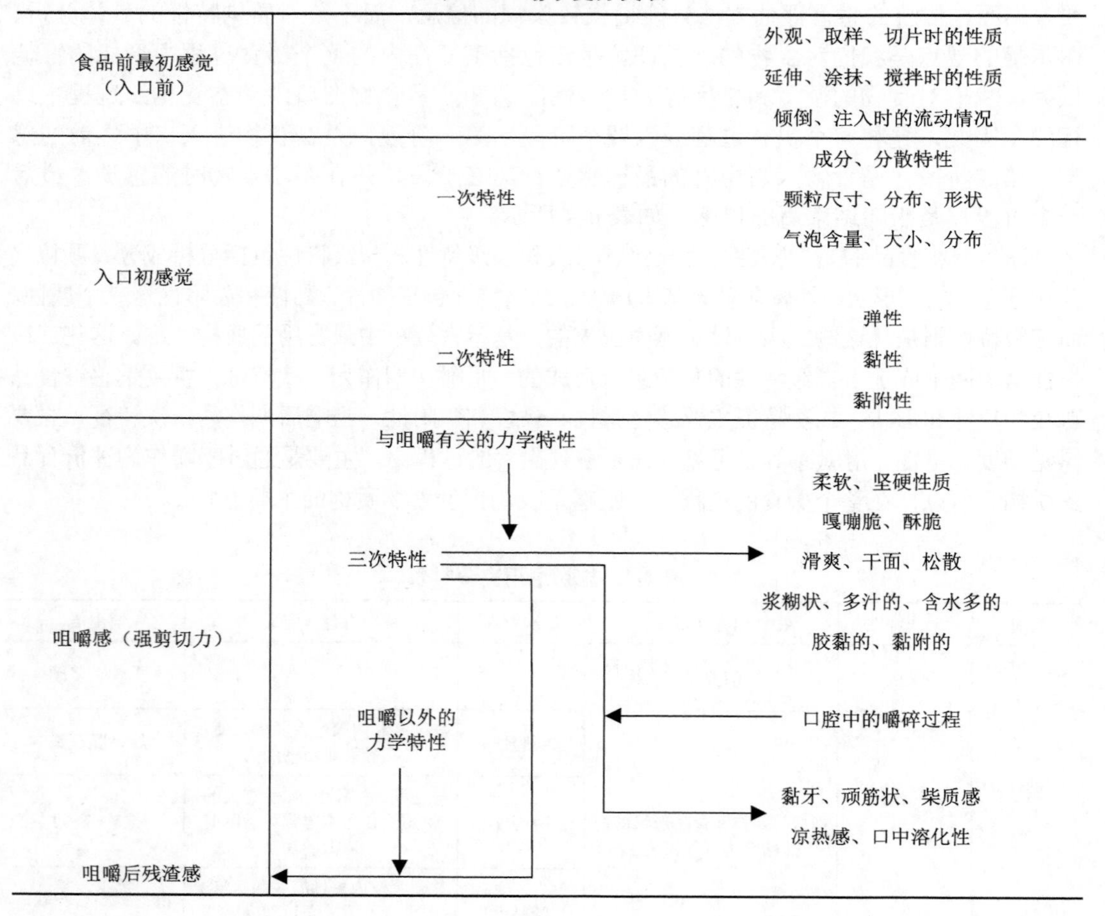

2）食品质构的研究方法

食品质构的研究方法主要有感官检验和仪器测定两种方法。我们将对食品质构的感官检验称为主观评价法（subjective method），将采用仪器对食品质构评价的方法称为客观评价法（objective method）。常见的感官评价和仪器分析方法有描述性检验、质构仪分析、计算机视觉检测、超声成像技术检测和近红外光谱技术检测等。本节主要学习质构仪分析技术。

食品质构的仪器测定方法分为基础力学测定法、半经验测定法和模拟测定法。基础力学测定仪器，即测定具有明确力学定义参数的仪器。如：黏度仪、基础流变仪等。优点是，它们测出的值具有明确的物理单位，数据互换性强，便于对影响这一性质的因素进行分析等。如：黏度和弹性率等。不足之处在于形变保持在线性变化的微小范围，很难表现感观评定对食品质构那样的综合力学性质。半经验测定和模拟测定是根据人们的实际经验和模拟人进食的动作而开发的测试仪器。其特点是它们的测定范围不像基础力学测定那样变形保持在线性变化的微小范围，而是非线性的大变形或破坏性测定，它是食品质构综合力学性质的表现。优点是所测定的特征量能很好地表现出相应食品的质构。缺点是所测得的数据，不如用基础力学测定法所测得的数据具有普遍性。这类仪器已被广泛应用于食品工业中。目前，它们的种类越来越多，测量的精度也逐步提高。

食品感官检验作为一种评价食品质量和特性的方法。它能够提供直观、真实的信息，与理化检测方法相比，感官检验更贴近消费者的实际体验，能够准确捕捉食品的口感、气味、外观等特性。这种直观性使得食品生产商能够更好地理解消费者的需求和偏好。然而，感官评价需要具有相应的专业能力的评审员，而且需要一定的人员规模和材料制备。而且由于主观评价的稳定性和一致性较差，受个人偏好影响较大。仪器检验的优点包括精确性、可重复性、客观性、详细分析、标准化和高效性。它可以提供精确和准确的质构属性测量，这对于质量控制和研究目的至关重要。然而，仪器检验也存在成本高、复杂性、样品破坏性等缺点。

然而，在食品科学的研究和实践中，感官检验和仪器测定并不是孤立存在的两个实体，而是相互补充和强化的工具。它们共同构建了一个全面、客观和真实的评估框架，使我们能够准确地理解和描述食品的质构特性。感官检验提供了直接的人类感知数据，反映了消费者对食品的实际需求和反应。而仪器测定则提供了精确、可重复的物理和化学数据。这两种方法的结合，使我们能够从多个角度全面地评估食品质构，从而更好地满足消费者的需求，同时也能推动食品科学的研究和发展。食品质构研究的目标不仅仅是理解食品质构，更重要的是，我们期望通过这些研究，让食品以最佳的质构呈现在消费者的餐桌上，为我们的生活增添色彩和滋味。

3. 食品质构的评价术语

在食品科学领域，食品质构的评价术语是描述和理解食品的物理和感官特性是一种重要的工具。然而，由于语言和文化的差异，这些术语在全球范围内的理解和应用可能会有所不同。ISO 制定了一套标准化的食品质构评价术语，旨在促进全球范围内的准确和一致的食品质构描述。而我国于 1988 年开始陆续颁布和修订了食品感官分析方面的国家标准，同时这些标准内容也采用了 ISO 的相关标准。

在本节中，我们将列举《感官分析 术语》（GB/T 10221—2021）中的一些食品质构评价术语，在该国标中界定了有关感官分析的术语及其定义，包括一般性术语、与感觉有关的术语、与感官特性有关的术语及与方法有关的术语。这些术语描述了食品在咀嚼和吞咽过程中的物理感觉，如硬度、韧性、黏性、脆性和湿润度等；反映了食品在口中产生的味觉和嗅觉感觉；涵盖了食品的颜色、形状和尺寸等视觉属性。

深入理解这些食品质构评价术语，我们可以更准确地描述和理解食品的质构特性，从而更好地开发和评估食品。

1）与力学特性相关的术语

硬度，hardness。与使产品达到变形、穿透或碎裂所需力有关的机械质地特性。

内聚性，cohesiveness。与物质断裂前的变形程度有关的机械质地特性。它包括碎裂性（fracturability）、咀嚼性（chewiness）和胶黏性（gumminess）。

碎裂性，fracturability。与内聚性、硬度和粉碎产品所需力量有关的机械质地特性。可通过在门齿间（前门牙）或手指间的快速挤压来评价。

黏附性，adhesiveness。与移除附着在口腔或一个基底上的物料所需力量相关的机械质地特性。

咀嚼性，chewiness。与咀嚼固体产品至可被吞咽所需的能量有关的机械质地特性。

胶黏性，gumminess。与嫩的产品的内聚性有关的机械质地特性。

黏度，viscosity。与阻止流动性有关的机械质地特性。

稠度，consistency。通过刺激触觉或视觉感受器而觉察到的机械特性。

弹性，elasticity；springiness；resilience。在解除形变压力后，与变形产品恢复至原形的程度及速度有关的机械质地特性。

重，heaviness。与饮料黏度或固体产品密实度有关的特性。

密实度，denseness。产品完全咬穿后感知到的，与产品截面结构紧密性有关的几何质地特性。

2）与食品结构有关的术语

（1）粒度，granularity，颗粒的大小和形状：

与不同程度粒度相关的形容词主要有：

平滑的，smooth；粉末的，powdery。无粒度，例如冰糖粉、干玉米粉；

细粒的，gritty。低度，例如某些梨；

粒状的，grainy。中度，例如蒸粗麦粉；

珠状的，beady。有小球状颗粒，例如西米；

颗粒状的，granular。有多角形的硬颗粒，例如德麦拉拉蔗糖（凿色糖）；

粗粒的，coarse。高度，例如煮熟的燕麦粥；

块状的，lumpy。高度，含有大的不规则状颗粒，例如湿奶酪。

（2）结构的排列和形状：

构型，conformation。与感知到的产品中颗粒形状和排列有关的几何质地特性。

与不同程度构型相关的形容词主要有：

囊包状的，cellular。由薄壁结构构成的球形或卵形粒子，薄壁结构中包裹液体或气体，例如橙子。

结晶状的，crystalline。大小相似、结构对称、立体状的多角形粒子，例如砂糖。

纤维状的，fibrous。沿同一方向排列的长粒子或线状粒子，例如芹菜。

层状的，flaky。松散而易于分离的层状结构，例如熟金枪鱼、羊角面包、油酥千层面。

蓬松的，puffy。外壳坚硬，内部充满大而不规则的气腔，例如奶油泡芙、膨化米。

3）与口感有关的术语

（1）口感，mouthfeel，刺激的物理和化学特性在口中产生的复合感觉。

湿润性，moisture。描述感知到的产品吸收或释放水分的表面质构特性。

湿润感，moisture。（感知）口中的触觉感受器感知到的食物中的水分含量，以及与产品润滑特性有关的感觉。

与不同程度脂质感相关的形容同主要有：

有油的，oily。被油脂浸泡或有油脂滴出的感觉，例如法式调味色拉。

油腻的，greasy。渗出脂肪的感觉，例如腊肉、炸薯条、炸薯片。

肥的，fatty。产品中脂肪含量很高的感觉，很油腻，油得不得了，例如猪油、牛脂。

充气的，aerated。描述含有规则小孔的固体、半固体产品。小孔中充满气体（通常为二氧化碳或空气），且通常为软孔壁所包裹。

起泡的，effervescent。液体产品中，因化学反应产生气体，或压力降低释放气体导致气泡形成的现象。

酸味，acidity；acid taste。由酸性物质（例如柠檬酸、酒石酸等）的稀水溶液产生的一种基本味。

酸，sourness；sour taste。一般由于有机酸的存在而产生的复合味感。

苦味，bitterness；bitter taste。由如奎宁、咖啡因等物质的稀水溶液产生的一种基本味。

咸味，saltiness；salty taste。由如氯化钠等物质的稀水溶液产生的一种基本味。

甜味，sweetness；sweet taste。由如蔗糖或阿斯巴甜等天然或人造物质的稀水溶液产生的一种基本味。

碱味，alkalinity；alkaline taste。由pH>7.0的碱性物质（如氢氧化钠）的稀水溶液产生的一种基本味。

鲜味，umami。由特定种类的氨基酸或核苷酸（如谷氨酸钠、肌苷酸二钠）的稀水溶液产生的一种基本味。

涩感，astringency。由如柿单宁、黑刺李单宁等物质产生的，伴随着口腔皮肤或黏膜表面收缩、拉紧或起皱的复杂感觉。

灼热的，burning；温热的，warming。形容口腔中热的感觉。

刺激性的，pungent。醋、芥末、辣根等刺激口腔和鼻腔黏膜产生的强烈的、刺鼻的感觉。

化学凉感，chemical cooling。由于接触到薄荷醇、薄荷或茴香等物质引起的温度降低的感觉。

物理凉感，physical cooling。由于接触到低温物质或溶解时吸热物质（如山梨醇）或易挥发物质（如丙酮、乙醇）引起的温度降低的感觉。

化学热感，chemical heat。由于接触到诸如辣椒素、辣椒等物质引起的温度升高的感觉。刺激去除后，该感觉通常还会持续。

物理热感，physical heat。接触到温度较高的物质（如温度高于48℃的水）时引起的温度升高的感觉。

（2）滋味有关的术语

净口感，clean。吞咽后口腔无产品滞留的后感特性。

后味/余味，after-taste/residual taste。产品移除后产生的嗅觉和（或）味觉。有别于产品在口腔时产生的感觉。

后感，after-feel。质地刺激去除后，随之而来的感受。此感受可能是质地刺激存在时的感受的延续，或是经过吞咽、唾液作用、稀释以及其他影响，改变刺激物质或感觉域后所造成的不同感受。

滞留性，persistence。有关刺激引起的，响应在测量时间内存在长短的特性。

乏味的，insipid。描述产品的风味（强度）远不及期望的水平。

平淡无味的，bland。描述产品风味不浓且无特色。

中庸的，neutral。描述无任何明显特色的产品。

寡淡的，flat。描述对产品的感觉低于所期望的感官水平。

4）与颜色有关的术语

色调，hue。与波长的变化相应的颜色特性。

明度，lightness。颜色的明亮程度。与从绝对黑色到绝对白色的标度上的中性灰相比较获得的视觉亮度。

透明的，transparent。可使光线通过并出现清晰成像。

半透明的，translucent。不能使光线通过。

不透明的，opaque。不能使光线通过。

有光泽的，glossy；shiny。表面在某一角度比其他角度可反射出更多光能的一种发光特性。

色觉，colour。由于视网膜受到不同波长光线的刺激而产生的对色调、饱和度和明度的感觉。

饱和度，saturation。颜色的纯度，颜色的基本属性之一。饱和度高时呈现出的颜色为单一色泽，没有灰色；饱和度低时呈现出的颜色包含大量灰色。

亮度对比度，brightness contrast。周围物体或颜色的亮度对某个物体的视觉亮度或颜色的影响。

4.5.2　食品质构的仪器检验

随着时代的发展，食品研究水平也在不断提高，在食品研究的过程中，质构仪是一项重要的分析工具。较传统的食品研究工具而言，质构仪不仅能够针对不同的食品进行检测，而且检测成果的精确程度非常高，自身的性能也非常稳定。另外，质构仪在食品研究和检测过程中应用范围也非常广泛，并不仅仅局限于单一形式的食品检测，在一定程度上提升了食品研究的效率和水平。食品的质构，如硬度、脆性、胶黏性、弹性、回弹性等是评价食品品质的重要因素，其评价方法有感官评价法和仪器评价法。感官评价方法与评价员的情绪、健康状况等有很大的关系，会造成较大的人为误差，而仪器评价法因其具有客观、易操作性等优点，越来越受到研究者的青睐，并为我国的食品安全提供了重要保障。

目前，我国针对质构仪的应用虽然在不同领域中都有一定的突破，但是从广义上来说，质构仪在食品研究过程中，其本身的应用仍有一定的局限性，由于技术水平等诸多因素的影响，质构仪针对一些特殊食品的质量检测还存在数据准确性低下的问题，如何将仪器读数（力、距离和其他看起来像物理实验中的数字的数据）与人们在品尝、咀嚼和吞咽食品时的实际体验联系起来仍是我们需要解决的难题，需要在未来的发展过程中，将各项工作难题进行突破，促进数据的准确性提高，从而为国家食品检测工作的开展带来更多的可能，并为我国的食品研究发展奠定坚实的基础。

1. 质构仪测定的原理

质构仪是模拟人的触感，分析检测在力作用下食品物理性质的仪器，通过模拟人类的行为，如咬、切、拉伸和咀嚼等，质构仪可以数据量化人们对于食物的满意程度。如图 4-23 所示。

质构仪有单臂型和双臂型 2 种机型。机器结构上主要包括硬件和软件，硬件主要是由主机、测试探头和附件构成。如图 4-23 所示，简单地说，质构仪主要由主机、专用软件、备用探头及附件组成。质构仪主机与计算机相连，在测试过程中，软件对作用力、时间、测试距离进行记录和结果分析。

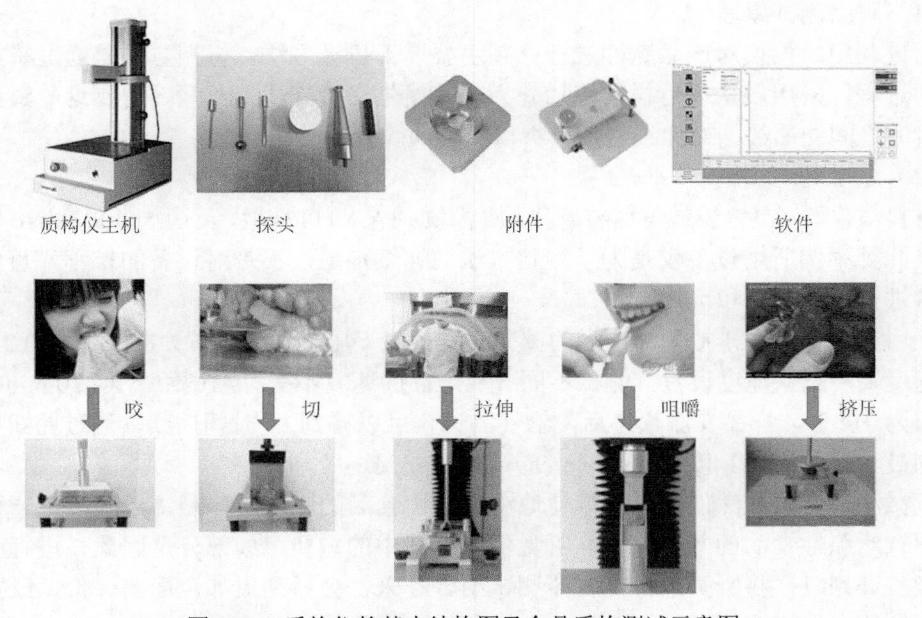

图 4-23　质构仪的基本结构图及食品质构测试示意图

在主机的机械臂和测试探头连接处有一个力量感应元，能够感应食品物料对探头的反作用力，并将这种力学信号传递给计算机，并转变为数字记录和图形表示，快速直观地描述样品的受力情况。样品测试之前，通过计算机程序控制，设计合适的机械臂移动速度，当传感器与被测物体接触达到设定触发力或设定触发深度时，计算机以设定的速度进行记录，并在直角坐标系中绘图表示，时间位移可以自由转换，并可计算出被测物体的应力与应变关系。质构仪的检测原理如图 4-24 所示。

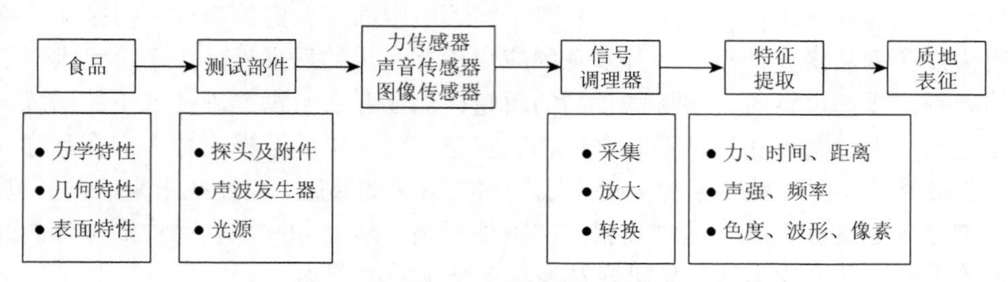

图 4-24　质构仪的检测原理

根据所选探头/夹具的不同，质构仪可进行压缩、拉伸、切割、挤压、弯曲和剪切测试，从而测量脆性、咀嚼性、黏性、稠度、咬合力和回弹性等性质。

2. *质构仪测定方法*

1）脆性检测

脆性是衡量果蔬脆片、薯片、膨化食品品质的一个重要属性。脆性判别依据主要有产品的质地结构、样品受到外来作用断裂发出的声音、产品破碎时需要的力、产品破碎后碎块分布情况等。

（1）脆度测试原理

通过利用质构仪对产品脆性进行评判主要属于机械方法，机械方法是通过模拟牙齿咀嚼的过程。采用质构仪对样品施加外力使其发生形变破损来测量，得到这一过程中的力与时间之间的曲线，对曲线进行分析得到反映脆性的数据。

（2）脆度测定实施例——薯片

材料与仪器：市售袋装与桶装薯片，质构仪：TA.XTPlus 型，英国 StabIe Micro System 公司（此处举例所用设备仅是为了测定方法的详细描述，不是对设备的推荐。可依据各自设备进行方法选择和优化）。

采用三点支撑法模拟牙齿咀嚼的试验过程，在下压过程中测试力的大小为 0.2 N；测试前速度采用默认速度设置，测试不同薯片产品的速度不变；测试距离为 20 mm；感应力量程为 100 N。样品在测量之后，物性测试仪可以得到力-时间曲线，通过曲线可以直观得到最大力（force）以及面积（area），如图 4-25。

机械测试方法虽然能更直观方便地测试脆性食品的脆度，但是由于脆度是一种人的多种感官对脆性食品的复杂感知，听觉信号是其中的重要组成部分，因此在进行脆性食品的脆度评判时，将听觉评价与仪器测试结合起来，会得到更加全面的评价，既能得到脆性食品的力学特性，又能与主观评价形成对应参考。

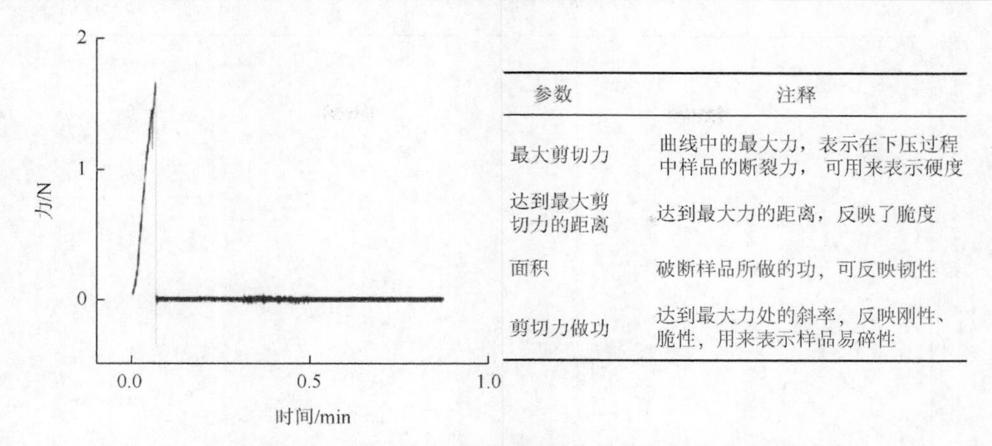

参数	注释
最大剪切力	曲线中的最大力，表示在下压过程中样品的断裂力，可用来表示硬度
达到最大剪切力的距离	达到最大力的距离，反映了脆度
面积	破断样品所做的功，可反映韧性
剪切力做功	达到最大力处的斜率，反映刚性、脆性，用来表示样品易碎性

图 4-25　薯片脆性力-时间曲线图以及力-时间曲线图参数意义

2）凝胶强度测定

凝胶是食品中非常重要的物质状态，食品中除了果汁、酱油、牛乳、油等液态食品和饼干、酥饼、硬糖等固体食品外，绝大部分食品都是在凝胶状态供食用的。因此，凝胶食品质地决定着食品的品质。另外，食品制造中常用胶体添加剂，如果胶、琼脂、明胶、阿拉伯胶、海藻胶、淀粉和大豆蛋白等，这些添加剂的凝胶性能对制品品质起着重要作用。凝胶性能表征指标之一是凝胶强度。

（1）凝胶强度测定原理

凝胶的强度可以通过测量其应力-应变曲线来确定。应力是施加到材料上的力，应变是材料对力信号以某种方式响应的程度。应力-应变曲线表示凝胶在受力时的变形，从而揭示了其物理特性。凝胶强度的测定原理则是通过测量不同断面上的应力（例如，压缩、撕裂、切割等）来确定凝胶的强度。应力-应变曲线的形状取决于凝胶的组成成分、处理工艺和结构特征。

（2）凝胶强度测量实施例——鱼糕［参考《冷冻鱼糜》（GB/T 36187—2018）］

①鱼糕凝胶强度测量原理

向半解冻的鱼糜添加食用盐，经斩拌、灌肠、加热、冷却后制成鱼糕。以载物平台恒速相向运动，探头挤压直到鱼糕破裂，测得破断力和破断距离，二者乘积即为鱼糜的凝胶强度。

②鱼糕凝胶强度测量步骤与参数设定

切好的鱼糕置于载物平台上，中心对准探头。将载物平台与探头以 60 mm/min 的速度恒定相向运动，直至探头插入鱼糕中，测得破断力（以 g 表示，精确至 1 g）和破断距离（以 cm 表示，精确至 0.01 cm），连续检测 10 个平行样。图 4-26 为凝胶强度测试结果曲线图。

③数据处理和结果表述

凝胶强度可由设备软件直接给出，单位为克厘米（g·cm），最终取检测平行样的平均值。

3）穿刺测试

在穿刺测试中，使探针穿刺测试样品，并在规定的条件下测量达到特定穿刺深度或在指定时间内达到穿刺深度所需的力，并将其用作硬度、坚固性和韧性等指标。

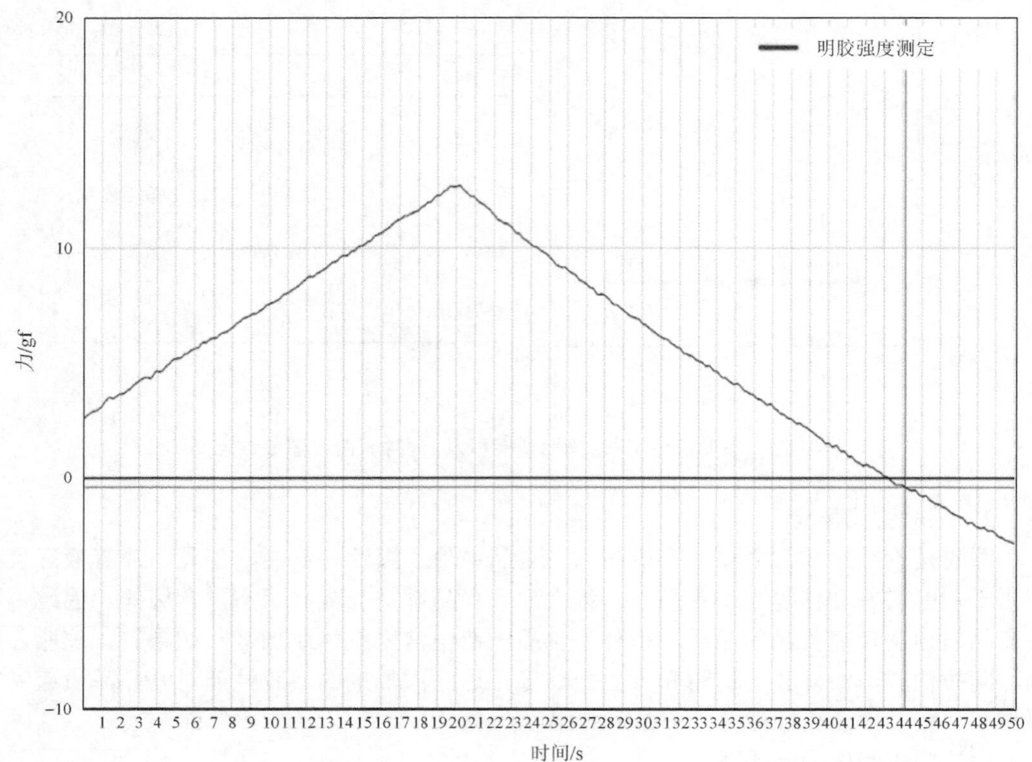

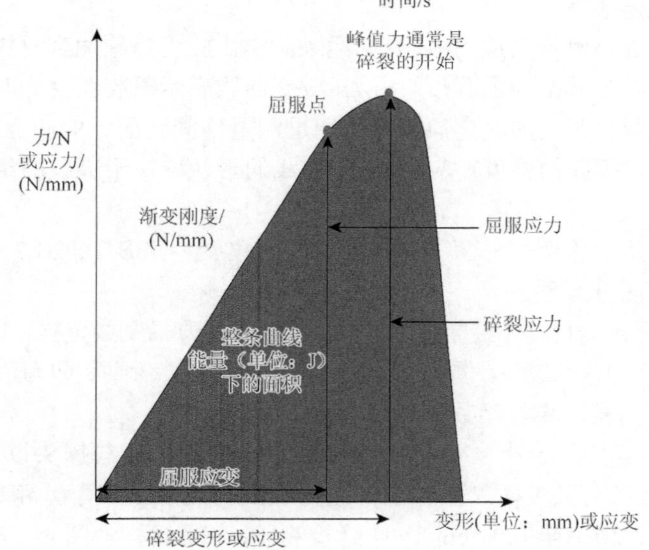

图 4-26　凝胶强度测试曲线示意图

（1）穿刺测试原理

规格尺寸的穿刺针以一定的速度刺穿试样的力值即为穿刺强度。穿刺针安装在设备的上夹具中，上夹具中配置有力值传感器与位移传感器，且可根据设定的速度进行移动。试样夹具安装在下夹具中，下夹具为静夹具。试验时，上夹具以设定的速度向试样移动并刺穿试样，力值与位移传感器可实时监测并分别记录刺穿过程中的力值与试样变形所产生的位移变化，从而得到试样的穿刺强度。所用探头的直径小于样品表面的直径，通常使用圆柱体（直径 2～10 mm）、圆锥体、球形探头或针头。如图 4-27 所示。

图 4-27　质构穿刺测试的各种应用场景

（2）穿刺测试实施例——三华李

①材料与仪器：三华李、TA.XT.Plus 型质构仪。

②测试方法：采用整果穿刺试验法，利用 P/2E 探头，测试时将果实放置于质构仪的载物台中心，穿刺部位选取果实中部，设定测前速度、贯入速度、侧后速度分别为 1mm/s、2mm/s、10mm/s，最小感知力为 3*g*，得到三华李力值-测定时间曲线如图 4-28 所示。

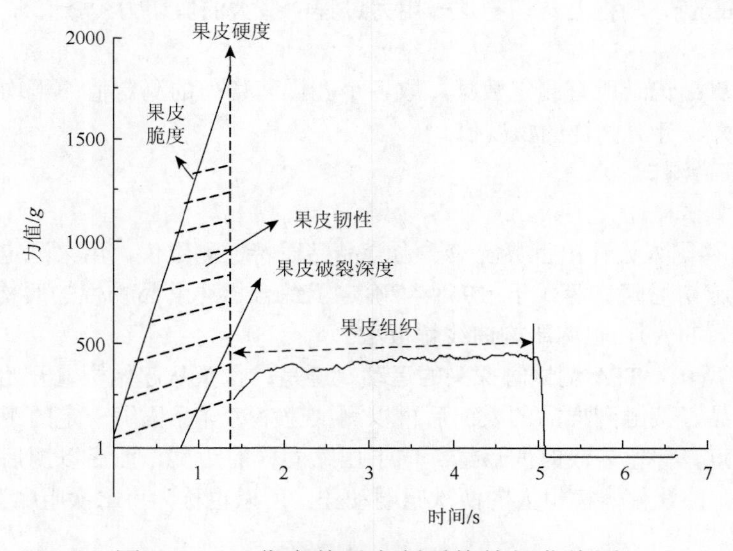

图 4-28　三华李整果穿刺质构特征曲线图

该测试可以检测出不同采收期三华李果实质地品质细微差异，同时不受果实大小、硬度差异等方面的影响。

4）嫩度测试（剪切力测定法）

嫩度是以切断肉品肌纤维的难易程度为判断标准，即剪切力值来表示，国际上通用的标准单位为 N/cm^2。

（1）嫩度测试原理

根据我国农业行业标准《肉嫩度的测定　剪切力测定法》（NY/T 1180—2006）可知，可以使用刀片将特定大小的肌肉样品切断，在此过程中所得到的最大剪切力值可以作为肌肉嫩度的测定值。

（2）肉嫩度的测试实施例

①仪器与设备：选用配有 WBS（Warner-Bratzler Shear）刀具的相关剪切力测定仪；圆形钻孔取样器：直径 1.27 cm；恒温水浴锅；热电耦测温仪（探头直径小于 2 mm）；刀具厚度 3.0 mm±0.2 mm，刃口内角度 60°，内三角切口的高度≥35 mm，砧床口宽 4.0 mm±0.2 mm。

②样品处理：取肉样长×宽×高不少于 6 cm×3 cm×3 cm 的整块肉样。剔除肉表面的筋、腱、膜及脂肪。取中心温度为 0～4℃的肉样，放入功率为 1500 W 的恒温水浴锅中 80℃加热，用电热耦测温仪测量肉样中心温度，待肉样中心温度达到 70℃时，将肉样取出，冷却中心温度至 0～4℃，用直径为 1.27 cm 的圆形取样器沿与肌纤维平行的方向钻切肉样，孔样长度不少于 2.5 cm，取样位置应距离样品边缘不少于 5 mm，两个取样边缘间距不少于 5 mm，剔除有明显缺陷的孔样，测定样品数量不少于 3 个，取样后立即测定。

③测试：将孔样置于仪器的刀槽上，使肌纤维与刀口走向垂直，启动仪器剪切肉样，剪切速度为 1 mm/s，测得刀具切割这一用力过程中最大的剪切力（峰值），为孔样剪切力的测定值。

④嫩度计算：记录所有测定数据，取各个孔样剪切力的测定值的平均值和扣除空载运行最大剪切力，计算肉样的嫩度值。

5）TPA 综合测试

（1）TPA 测试概述

1861 年，德国人设计出世界上第一台食品品质特性测定仪，用来测定胶状物的稳定程度。之后，施切尼阿克等人于 1963 年确定了综合描述食品物性的质构分析（texture profile analysis，TPA），也称质构曲线解析法。

如图 4-29 所示，TPA 测试时探头的运动轨迹是：探头从起始位置开始，先以一定速率压向测试样品，接触到样品的表面后再以测试速率对样品压缩一定的距离，而后返回到压缩的触发点，停留一段时间后继续向下压缩同样的距离，而后以测后速率返回到探头测前的位置。即让仪器模拟人的两次咀嚼动作，所以也称为“二次咀嚼测试”。在 TPA

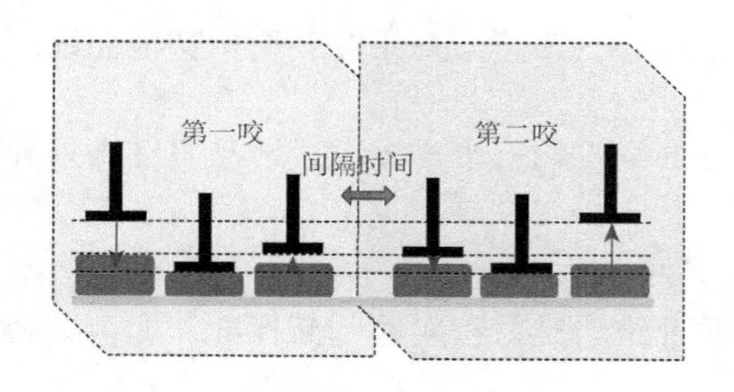

图 4-29　TPA 分析动作说明

测试中，样品经过探头两次挤压后可量化样品的一系列质构特征。例如，硬度、脆度、内聚性、弹性和回弹性等参数。

（2）TPA 参数的定义及计算

①硬度（hardness）：最直接反应口感的一项指标，在 TPA 分析中，直接影响咀嚼性和胶着性等指标。在 TPA 图（图 4-30）中，第一次下压区段内的最大力量值。

②脆度（fracturability）：针对样品有酥脆外壳（外皮）者所独有，多数样品都无法测得此参数。在 TPA 图中，硬度之前出现的较小峰值。

③黏性：样品经过加压变形之后，样品表面若有黏性，会产生负向的力量。在食品领域可以解释为黏牙性口感。在 TPA 图中，为第一个负峰的面积（A_3）或者最大值。

④弹性（springiness）：食物在第一咬结束与第二咬开始之间可以恢复的高度。在 TPA 图中为 T_2/T_1。

⑤内聚性（cohesiveness）：内聚性（凝聚性）被定义为第一压缩与第二压缩正受力面积的比值。抗拉伸强度是凝聚力的一种体现。在 TPA 图中，内聚性 = A_2/A_1。

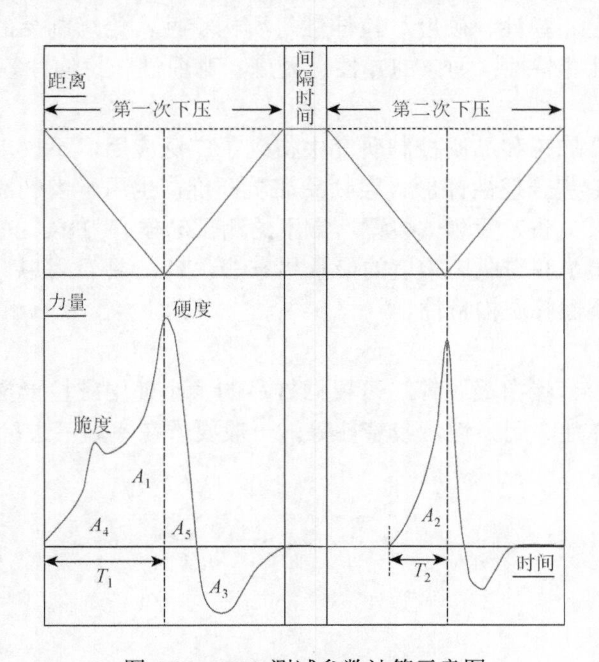

图 4-30　TPA 测试参数计算示意图

⑥胶着性（gumminess）：胶着性被定义为硬度×内聚性。半固体食品的一个特点就是具有低硬度，高凝聚力。因此这项指标应该用于描述半固体食品的口感所使用。在 TPA 图中，胶着性 = A_2/A_1×硬度。

⑦咀嚼性（chewiness）：咀嚼性被定义为胶着性×弹性。可以解释为咀嚼固体食物所需的能量。难以精确测量，因为咀嚼涉及压缩、剪切、穿刺、粉碎、撕裂和切割等，另外也与口腔状况有关（唾液分泌和体温）。这个参数主要用在固体食品的口感描述上。在 TPA 图中，咀嚼性 = 硬度×A_2/A_1×T_2/T_1。

⑧回弹性（resilience）：定义为第一下压时，形变目标之前面积与形变目标之后面积的比值。在量测的时候需要注意样品的恢复状况，一般而言会使用一个较慢的测试速度以达到使样品有足够时间恢复的状况，也能确保这个特性的准确性。在 TPA 图中，回弹性 = A_5/A_4。

（3）TPA 测试在食品品质分析中的应用

①果蔬制品

质构仪在果蔬及其制品质构分析与测定研究中，可使用的模式有穿刺试验、挤压模式、剪切试验、TPA、压缩模式等。和果蔬其他的质构测试方式相比，TPA 测试模式可以一次提供多个参数，从细胞间结合力大小和组织结构等不同角度来反映果实物理性状，省时、省力，同时最大程度地节约了样品。

②面制品

质构仪在面制品加工与品质分析研究中，主要利用压缩模式、TPA、拉伸、破碎、穿刺模式等测试动作进行测试。常用探头主要有盘形、柱形、刀具、拉伸等装置，以获得面团的黏性、延展性、弹性、硬度、拉伸性等质构特性；焙烤制品的硬度、柔软性、弹性、酥脆性、咀嚼性等特性；面条的弹性、硬度、弯曲性、拉伸性等。

③肉制品

质构仪在肉制品加工和品质控制研究中得到了广泛应用，不仅用于生鲜肉的新鲜度评价、肉制品加工工艺合理性评价、肉制品品质评价，也用于肉制品品质改良。常用探头有柱形、球形等探头和刀片测试装置。常用的测试动作有 TPA、剪切和穿刺模式。其中，剪切和穿刺试验是获得肌肉嫩度的最常用方法。TPA 测试可以获得肉制品的硬度、弹性、内聚性、咀嚼性等质构特性。

④食品凝胶

主要有淀粉凝胶、蛋白凝胶等，可根据样品的大小使用圆柱形探头，主要研究指标为硬度、内聚性、弹性、回弹性，胶着性等，一般要求在室温下进行。

第5章 食品中水分的测定

水是生命之源。水分不仅是生命体中最主要的物质成分，占据人体体重的60%～70%；同时水分在生命过程中发挥至关重要的生理作用，比如体温调节剂、作为营养素和废弃物的载体、是生物功能大分子稳定剂等。

食物来源于动物、植物、微生物等资源，水分是食物中最主要的物质成分，也是食物供给人体的最主要营养成分之一。同时，食品中水分含量的多少直接影响了食品的品质，在很大程度上决定了产品的经济效益。本章重点学习食品中水分含量的测定方法。食品中水分的存在形态、影响因素、水分活度，以及现代食品工业中高新技术中水分相变等问题也是重要分析测试指标，如果读者需要进一步学习，可以参考《食品化学》《食品工程原理》等书目。

5.1 概 述

5.1.1 食品中水分的赋存

1. 食品中水的作用

水作为食品重要的组成成分，其含量高低和赋存状态直接影响着食品的感官性状、营养品质和储藏稳定性。各种食品都有其特定的水分质量分数，如面包、馒头等水分含量一般在40%左右，若低于30%，其外观形态干瘪，失去光泽；蔬菜、水果等水分含量一般在80%～90%，失水达5%则会导致许多种类果蔬发生萎蔫、皱缩，食用品质下降，造成经济损失；肉类的水分含量一般在50%～70%。

2. 食品中水的存在状态

在宏观水平上，根据水在食品中所处状态以及与非水组分结合强弱的差异，食品中水分的赋存形态可分为结合水和自由水。结合水（bound water），也被称为束缚水，可以理解为存在于溶质或其他非水组分临近处的水，并呈现与同一体系中的“体相水”显著不同的性质。而上述中的“体相水”则是自由水（free water）的概念了，是指没被非水物质化学结合的水。实际上，结合水和自由水很难定量截然区别，只能根据物理性质、化学性质进行定性区分，水结合（water bonding）、水合（hydration）、持水力（water holding）等术语可用于帮助描述水对食品体系一些性质的影响。

3. 食品科学中与水相关的几个概念

“水结合”和“水合”常被用于描述水与亲水性物质缔合的一般倾向，包括与细胞物质的缔合。“水结合能力”则是一个更为专门化的、按定量方式被定义的术语，用于描述亲水性物质水结合或水合的程度和强度。术语“持水力”常用来描述分子（通常是低浓度的大分子）构成的网络，物理截留大量水，使其在外力（通常是重力或离心力）作用下不能渗出的能力。以该方式截留水的食物基质包括淀粉、果胶、动植物组织的细胞等。食品营养学上开发的一些膳食纤维，其持水能力可达每 100 g 膳食纤维持几千克水，可有效增加其在人体消化道内的容积，实现饱腹感，减少人体进食量。

5.1.2　食品中水分含量测定的意义

首先来讲，一个食品去除水分后剩下的干基称为总固形物，其组分主要是蛋白质、脂肪、碳水化合物、无机矿质等，所以水分含量数据可用于表述或判断食品试样在同一计量基础上其他分析的测定结果。如，乳粉中的非脂乳固体质量分数是用总量减去脂肪质量分数和水分质量分数来表述的。再如某一新鲜蔬菜试样，某检验人员采用分光光度法测定其总糖含量，计算结果为 16.5 g/100 g，可以判断其测试或计算有误。

其次，在生产上分析水分的含量对物料衡算、工艺监督、保证产品质量具有重要意义，特别是产品中水分的质量分数对成本核算、提高经济效益具有极其重要的意义，所以干制食品产品质量标准中均有水分含量的限量要求，如《食品安全国家标准　干海参》（GB 31602—2015）规定干海参中水分含量≤15 g/100 g。《小麦粉》（GB/T 1355—2021）规定水分含量≤14.5%。因此，为了能使产品达到相应的标准，需要通过水分含量检测进行分析和控制。

再次，水分含量是影响食品品质和保藏性的重要因素。食品中水分含量的增减变化均会引起水分和食品中其他组分平衡关系的破坏，产生蛋白质变性、糖和盐的结晶，降低食品的富水性、保藏性及组织形态等。如，全脂乳粉水分质量分数一般控制在 2.5%～3.0%，可抑制微生物的生长繁殖，延长保存期。脱水果蔬的非酶褐变可随水分含量的增加而增加。所以分析食品中的水分含量，对有效控制和保持食品良好的感官性状、维持食品中其他组分的平衡、保证食品具备一定的保藏期具有重要的作用。

5.2　水分含量的测定方法

对食品分析来讲，水分含量的测定是最基本、最重要的测定项目，也是最难进行精准测定的项目。目前测定食品中水分含量的方法主要有两大类：直接法和间接法。利用水分自身的理化性质除去试样中的水分，对其进行定量的方法称为直接测定法，如干燥法、蒸馏法和卡尔·费休法等。利用测定试样的密度、折射率、电导率、介电常数等物理性质求算水分含量的方法称为间接测定法。相对而言，直接测定法精确度高、重复性好，但费时，且主要靠人工操作，劳动强度大。间接测定法的准确度低于直接测定法，且要经常进行校准，但是测定速度快，能自动连续测量，可用于食品生产过程中水分含量的自动监控。总之，水分含量的测定要根据食品的性质和测定目的选择合适的分析方法。

目前，测定食品水分的法定方法比较多，我们国家主要是《食品安全国家标准 食品中水分的测定》（GB 5009.3—2016）规定的干燥法、蒸馏法和卡尔·费休法。美国分析化学家协会（AOAC）规定的方法里还包括了微波水分测定仪法。本节主要依据 GB 5009.3—2016 中规定的 4 个方法进行学习。

5.2.1　干燥法

在一定的温度和压力条件下，将制备好的试样加热干燥，通过水分蒸发以排除其水分至完全，根据试样加热前后的重量差来计算水分含量的方法称为干燥法。

1. *直接干燥法*

1）原理

利用食品中水分的物理性质，在 101.3 kPa（一个大气压），温度 101～105℃下采用挥发方法测定样品中干燥减失的重量，包括吸湿水、部分结晶水和该条件下能挥发的物质，再通过干燥前后的称量数值计算出水分的含量。

2）试剂和仪器

除非另有说明，本方法所用试剂均为分析纯，水为GB/T 6682 规定的三级水。

试剂：氢氧化钠；盐酸；海砂。

仪器：扁形铝制或玻璃制称量瓶；电热恒温干燥箱；干燥器，内附有效干燥剂；天平，感量为 0.1 mg。

3）方法操作步骤

固体试样：①准备称量瓶：取洁净铝制或玻璃制的扁形称量瓶，置于 101～105℃干燥箱中，瓶盖斜支于瓶边，加热 1.0 h，取出盖好，置干燥器内冷却 0.5 h，称量，并重复干燥至前后两次质量差不超过 2 mg，即为恒重，记录数据。②称量试样：将混合均匀的试样迅速磨细至颗粒小于 2 mm，不易研磨的样品应尽可能切碎，称取 2～10 g 试样（精确至 0.0001 g），放入准备好的称量瓶中，试样厚度不超过 5 mm，如为疏松试样，厚度不超过 10 mm，加盖，精密称量后，记录数据。③加热恒重：将准确称量的称量瓶和试样置于 101～105℃干燥箱中，瓶盖斜支于瓶边，干燥 2～4 h 后，盖好取出，放入干燥器内冷却 0.5 h 后称量。然后再放入 101～105℃干燥箱中干燥 1 h 左右，取出，放入干燥器内冷却 0.5 h 后再称量。并重复以上操作至前后两次质量差不超过 2 mg，即为恒重。

注：两次恒重值在最后计算中，取质量较小的一次称量值。

半固体或液体试样：①准备称量瓶：取洁净铝制或玻璃制的扁形称量瓶，内加 10 g 海砂（测试过程中可根据需要适当增加海砂的质量）及一根小玻棒，置于 101～105℃干燥箱中，干燥 1.0 h 后取出，放入干燥器内冷却 0.5 h 后称量，并重复干燥至恒重，记录数据。②称量试样：称取 5～10 g 试样（精确至 0.0001 g），置于称量瓶中，用小棒搅匀，放在沸水浴上随时搅拌蒸干。③加热恒重：擦去称量瓶底的水滴，置于 101～105℃干燥箱中干燥 4 h 后盖好取出，放入干燥器内冷却 0.5 h 后称量。然后再放入 101～105℃干燥箱中干燥 1 h 左右，取出，放入干燥器内冷却 0.5 h 后再称量。并重复以上操作至前后两次质量差不超过 2 mg，即为恒重，记录数据。

4）数据计算和结果表述

试样中的水分含量，按式 5-1 计算：

$$X=\frac{m_1-m_2}{m_1-m_3}\times 100 \tag{5-1}$$

式中，X 为试样中水分的含量，g/100 g；m_1 为称量瓶（加海砂、玻棒）和试样的质量，g；m_2 为称量瓶（加海砂、玻棒）和试样干燥后的质量，g；m_3 为称量瓶（加海砂、玻棒）的质量，g；100 为单位换算系数。水分含量≥1 g/100 g 时，计算结果保留三位有效数字；水分含量＜1 g/100 g 时，计算结果保留两位有效数字。在重复性条件下获得的两次独立测定结果的绝对差值不得超过算术平均值的 10%。

5）方法适用范围

直接干燥法适用于在 101～105℃下，蔬菜、谷物及其制品、水产品、豆制品、乳制品、肉制品、卤菜制品、粮食（水分含量低于 18%）、油料（水分含量低于 13%）、淀粉及茶叶类等食品中水分的测定，不适用于水分含量小于 0.5 g/100 g 的样品。

6）操作条件的选择

①称样量。称样量一般控制其在干燥后的残留物质量在 1.5～3 g。所以水分含量较高的生鲜果蔬、液态食品等，通常称样量在 15～20 g；水分含量较低的固态、浓稠态食品，称样量在 3～5 g。

②称量瓶。常用的称量瓶有玻璃和铝两种材质。玻璃称量瓶不受试样性质的限制，适用范围广，但是使用过程中易碎裂。铝质称量瓶质量轻，导热性强，但是不适用于酸性试样。称量瓶规格的选择，以样品置于其中铺平后的厚度不超过容器高度的 1/3 为宜，如称样量为 15 g 时，应选择 50 mL 的称量瓶。

③干燥设备。最好采用电热恒温鼓风干燥箱，样品受热均匀。

④干燥条件。温度：一般控制在 101～105℃，对热稳定的谷类等，可提高到 130～135℃进行干燥（时间为 40 min）；对还原糖含量较高的食品应先用低温（50～60℃）干燥 0.5 h，然后再用 100～105℃干燥。时间：一种是干燥至恒重，另一种是规定一定的干燥时间。

⑤干燥器。盛有试样的称量瓶从干燥箱里取出后，应迅速放入干燥器中进行冷却，并盖好干燥器，否则不易达到恒重。干燥器内一般用硅胶作为干燥剂。硅胶吸潮后干燥效能降低，所以当硅胶蓝色减退或变红时，应及时更换，吸潮的硅胶置于 135℃干燥箱中干燥 2～3 h 使其再生后可重复使用。

⑥加热过程试样的化学反应。加热过程中一些试样可发生化学反应，使测定结果产生误差，需要特殊处理。果糖含量较高的食品，如水果制品、蜂蜜等，在高温（＞70℃）长时间加热，样品中的果糖会发生氧化作用而导致测试误差，故宜采用减压干燥法测定。油脂含量较高的食品，如油炸糕点，在高温下长时间加热，油脂会发生氧化，恒重操作时前后质量可能会增重，要以前一次恒重的质量为准。

2. 减压干燥法

1）原理

利用食品中水分的物理性质，在达到 40～53 kPa 压力后加热至 60℃±5℃，采用减压烘干方法去除试样中的水分，再通过烘干前后的称量数值计算出水分的含量。

2）试剂和仪器

除非另有说明，本方法所用试剂均为分析纯，水为 GB/T 6682 规定的三级水。

试剂：氢氧化钠；盐酸；海砂。

仪器：扁形铝制或玻璃制称量瓶；真空干燥箱；干燥器，内附有效干燥剂；天平，感量为 0.1 mg。

3）方法操作步骤

试样制备：粉末和结晶试样直接称取；较大块硬糖经研钵粉碎，混匀备用。

测定：取已恒重的扁形铝制或玻璃制称量瓶称取 2～10 g（精确至 0.0001 g）试样，放入真空干燥箱内，将真空干燥箱连接真空泵，抽出真空干燥箱内空气（所需压力一般为 40～53 kPa），并同时加热至所需温度 60℃±5℃。关闭真空泵上的活塞，停止抽气，使真空干燥箱内保持一定的温度和压力，经 4 h 后，打开活塞，使空气经干燥装置缓缓通入至真空干燥箱内，待压力恢复正常后再打开。取出称量瓶，放入干燥器中 0.5 h 后称量，并重复以上操作至前后两次质量差不超过 2 mg，即为恒重。

4）数据计算和结果表达

试样中的水分含量，按式 5-1 进行计算和表述。

在重复性条件下获得的两次独立测定结果的绝对差值不得超过算术平均值的 10%。

5）方法适用范围

减压干燥法适用于在较高温度下易分解或发生化学反应的试样，以及含较高结晶水的试样，如糖浆、果糖、味精等，不适用于添加了其他原料的糖果（如奶糖、软糖等食品）中水分的测定，不适用于水分含量小于 0.5 g/100 g 的样品（糖和味精除外）。

6）操作条件的选择

①取样量。同常压干燥法，一般是控制器干燥后的残留物质量在 1.5～3 g。

②称量瓶。同常压干燥法，要根据试样性质和取样量，选择合适材质、合适规格的称量瓶。

③干燥箱。选用的真空干燥箱的密封性要好，加热稳定，能保持干燥所需的压力和温度。特别是，配备的真空泵若是油封真空泵，要有止回阀，防止泵体中的油倒吸至干燥箱中。

5.2.2 蒸馏法

1. 原理

基于两种互不相溶的液体二元体系的沸点低于各组分沸点的原理，使用水分测定器将不溶于水的有机溶剂和食品试样共同加热蒸馏，食品中的水分与甲苯或二甲苯共同蒸出，冷凝并收集馏出液，由于密度不同，馏出液在收集管中分层，根据接收的水的体积计算出试样中水分的含量。

2. 试剂和仪器

除非另有说明，本方法所用试剂均为分析纯，水为 GB/T 6682 规定的三级水。

试剂：甲苯或二甲苯。

仪器：水分测定器，如图 5-1 所示（带可调电热套）。水分接收管容量 5 mL，最小刻度值 0.1 mL，容量误差小于 0.1 mL。

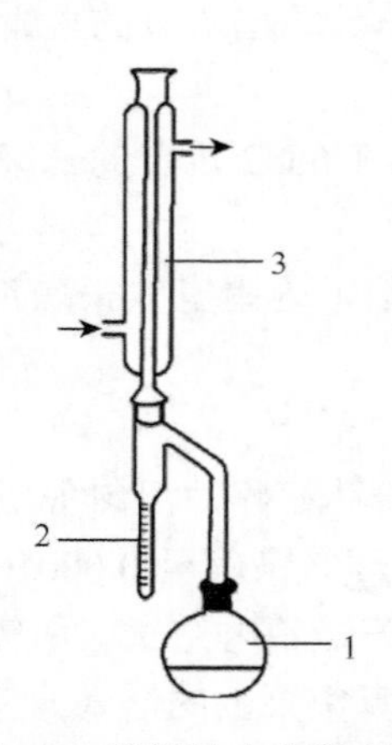

图 5-1　蒸馏法水分测定器

1. 250 mL 蒸馏瓶；2. 水分接收管，有刻度；3. 冷凝管

3. 方法操作步骤

准确称取适量试样（应使最终蒸出的水在 2～5 mL，但最多取样量不得超过蒸馏瓶的 2/3），放入 250 mL 蒸馏瓶中，加入新蒸馏的甲苯（或二甲苯）75 mL，连接冷凝管与水分接收管，从冷凝管顶端注入甲苯（或二甲苯），装满水分接收管。同时做甲苯（或二甲苯）的试剂空白。

加热慢慢蒸馏，使每秒钟的馏出液为 2 滴，待大部分水分蒸出后，加速蒸馏约每秒钟 4 滴，当水分全部蒸出后，接收管内的水分体积不再增加时，从冷凝管顶端加入甲苯冲洗。如冷凝管壁附有水滴，可用附有小橡皮头的铜丝擦下，再蒸馏片刻至接收管上部及冷凝管壁无水滴附着，接收管水平面保持 10 min 不变为蒸馏终点，读取接收管水层的容积。

4. 数据计算和结果表述

试样中水分的含量，按式 5-2 进行计算：

$$X=\frac{V-V_0}{m}\times 100 \tag{5-2}$$

式中，X 为试样中水分的含量，mL/100 g，或按水在 20℃的相对密度 0.9982 g/mL 计算质量；V 为做试样时接收管内水的体积，mL；V_0 为做试剂空白时接收管内水的体积，mL；m 为试样的质量，g；100 为单位换算系数。计算结果以重复性条件下获得的两次独立测定结果的算术平均值表示，保留三位有效数字。在重复性条件下获得的两次独立测定结果的绝对差值不得超过算术平均值的 10%。

5. 方法适用范围

蒸馏法适用于含有较多挥发性成分的水果、香辛料及调味品、肉与肉制品等食品中水分的测定，不适用于水分含量小于 1 g/100 g 的试样。该方法是香精香料的标准分析方法。

6. 操作条件的选择

①取样量。取样量一般控制其完全蒸馏后水分体积在 2～5 mL，但最多取样量不得超过蒸馏瓶的 2/3。

②水分接收管和冷凝管。充分清洁并干燥水分接收管和冷凝管，防止蒸出的水分凝结在水分接收管和冷凝管的内壁。

③蒸馏条件。加热蒸馏速度不宜过快，以防馏出液乳化，难以分层，开始加热时以每

秒钟从冷凝管滴下 2 滴为宜，待接收管内的水增加不显著时，加速蒸馏，每秒钟滴下 4 滴。

④溶剂。苯、甲苯、二甲苯、四氯化碳等都是常用蒸馏溶剂。对热不稳定的食品，一般不选用二甲苯，因为其沸点高，宜选用苯、甲苯或甲苯-二甲苯的混合液等低沸点的溶剂。

5.2.3　卡尔 · 费休法

卡尔 · 费休法又简称为费休法，是 1953 年卡尔 · 费休（Karl Fischer）提出的测定水分的容量分析方法。方法的基本原理是利用碘氧化二氧化硫时，需要一定量的水参加反应，即 $I_2 + SO_2 + 2H_2O \longrightarrow 2HI + H_2SO_4$。本反应是可逆的，当反应体系中生成的硫酸浓度达到 0.05%以上时，即能发生可逆反应。这就需要加入适当的碱性物质以中和反应过程中生成的酸，可使反应向右进行。实验证明，吡啶是最适宜的一种碱性试剂，可以与硫酸作用生成硫酸酐吡啶，同时吡啶还具有可与碘和二氧化硫结合以降低二者蒸气压的作用。研究表明反应体系中还可加入甲醇或另一种含活泼·OH 的试剂，使硫酸酐吡啶转变成更稳定的甲基硫酸吡啶。所以卡尔 · 费休法是测定物质中水分的一种化学分析方法，且是测定水分的各类化学方法中，对水最为专一、最为准确的方法。

1. 原理

碘能与水和二氧化硫发生化学反应，在有吡啶和甲醇共存时，1 mol 碘只与 1 mol 水作用，反应式如下：

$$C_5H_5N{\cdot}I_2 + C_5H_5N{\cdot}SO_2 + C_5H_5N + H_2O + CH_3OH \longrightarrow 2C_5H_5N{\cdot}HI + C_5H_6N[SO_4CH_3]$$

卡尔 · 费休法又分为库仑法和容量法。其中容量法测定的碘是作为滴定剂加入的，滴定剂中碘的浓度是已知的，根据消耗滴定剂的体积，计算消耗碘的量，从而计量出被测物质水的含量。所以容量法属于碘量法。

碘量法是一种氧化还原滴定法，以碘作为氧化剂，或以碘化物（如碘化钾）作为还原剂进行滴定的方法，用于测定物质含量。从上述反应式可以看出 1 mol 水需要 1 mol 碘、1 mol 二氧化硫、3 mol 吡啶及 1 mol 甲醇，产生 2 mol 氢碘酸吡啶、1 mol 甲基硫酸吡啶。反应体系中 SO_2、吡啶、CH_3OH 的用量都是过量的，反应完毕后多余的游离碘呈现红棕色，即可确定为到达终点，所以若以甲醇作溶剂，则费休试剂中 I_2、SO_2、C_5H_5N（含水量在 0.05%以下）三者的摩尔比为 1∶3∶10。

2. 试剂和仪器

除非另有说明，本方法所用试剂均为分析纯，水为 GB/T 6682 规定的三级水。

试剂：卡尔 · 费休试剂，主要成分有 I_2、SO_2、C_5H_5N，摩尔比为 1∶3∶10；无水甲醇，优级纯。

仪器：卡尔 · 费休水分测定仪；天平，感量为 0.1 mg。

3. 方法操作步骤

1）卡尔 · 费休试剂的标定（容量法）

在反应瓶中加一定体积（能浸没铂电极）的甲醇或方法选用的溶剂，在搅拌下用卡

尔 · 费休试剂滴定至测定仪规定的终点。加入 10 mg 水（精确至 0.0001 g），滴定至终点并记录卡尔 · 费休试剂的用量（V）。卡尔 · 费休试剂的滴定度按式 5-3 计算：

$$T = \frac{m}{V} \tag{5-3}$$

式中，T 为卡尔 · 费休试剂的滴定度，mg/mL；m 为水的质量，mg；V 为滴定水消耗的卡尔 · 费休试剂的用量，mL。

2）试样前处理

可粉碎的固体试样要尽量粉碎，使之均匀。不易粉碎的试样可切碎。

3）试样中水分的测定

于反应瓶中加一定体积的甲醇或卡尔 · 费休水分测定仪中规定的溶剂浸没铂电极，在搅拌下用卡尔 · 费休试剂滴定至终点。迅速将易溶于甲醇或卡尔 · 费休测定仪中规定的溶剂的试样直接加入滴定杯中；对于不易溶解的试样，应采用对滴定杯进行加热或加入已测定水分的其他溶剂辅助溶解后用卡尔 · 费休试剂滴定至终点。

4. 数据计算和结果表述

固体试样中水分的含量按式 5-4，液体试样中水分的含量按式 5-5 进行计算：

$$X = \frac{V \times T}{m} \times 100 \tag{5-4}$$

$$X = \frac{V \times T}{V_0 \times \rho} \times 100 \tag{5-5}$$

式中，X 为试样中水分的含量，g/100 g；V 为滴定样品时消耗卡尔 · 费休试剂体积，mL；T 为卡尔 · 费休试剂的滴定度，g/mL；m 为样品质量，g；V_0 为液体试样的取样体积，mL；ρ 为液体试样的密度，g/mL；100 为单位换算系数。水分含量≥1 g/100 g 时，计算结果保留三位有效数字；水分含量＜1 g/100 g 时，计算结果保留两位有效数字。在重复性条件下获得的两次独立测定结果的绝对差值不得超过算术平均值的 10%。

5. 方法适用范围

卡尔 · 费休法是以甲醇为介质、以卡尔 · 费休试剂为滴定液进行样品水分测量的一种方法。此方法操作简单，准确度高，适用于许多无机化合物和有机化合物中含水量的测定，是世界公认的测定物质水分含量的经典方法，广泛应用于医药、石油、化工、农药、染料、粮食等领域，尤其适用于遇热易被破坏的样品，不仅测出自由水，也可测出结合水，常被作为水分特别是痕量水分的标准分析方法。在食品试样中，此法适用于多数有机样品，包括食品中糖果、巧克力、油脂、乳糖和脱水果蔬类等样品；样品中有强还原性物料，包括维生素 C 的样品不能测定；样品中含有酮、醛类物质的，会与试剂发生缩酮、缩醛反应，必须采用专用的醛酮类试剂测试。对于部分在甲醇中不溶解的样品，需要另寻合适的溶剂溶解后检测，或者采用卡氏加热炉将水分汽化后测定。

5.3　水分活度的测定

前述方法中测定的是食品中除结晶水以外的所有水分赋存总量。但是单纯的含水量并不能评估食品的稳定性，因为研究表明相同含水量的食品呈现不同的腐败变质现象。为了进一步表示食品中所含水分作为微生物生长、化学变化等食品变质的可利用价值，提出了水分活度（water activity，A_w）的概念。水分活度定义为：同温同压下，食品水分的饱和蒸气压与相同温度下纯水的饱和蒸气压之比。一般而言，含水量高的食品 A_w 较高，但是 A_w 与含水量并不成线性关系。目前，已有的测定食品 A_w 法定方法比测定食品水分含量的要少。《食品安全国家标准　食品水分活度的测定》（GB 5009.238—2016）规定了康卫氏皿扩散法和水分活度仪扩散法两种测定食品 A_w 的方法。本节主要依据这两个方法进行学习。

5.3.1　康卫氏皿扩散法

1. 原理

在密封、恒温的康卫氏皿中，试样中的自由水与水分活度（A_w）较高和较低的标准饱和溶液相互扩散，达到平衡后，根据试样质量的变化量，求得样品的水分活度。

2. 试剂和仪器

除非另有说明，本方法所用试剂均为分析纯，水为 GB/T 6682 规定的三级水；所用无机盐的饱和溶液按照表 5-1 配制。

表 5-1　饱和盐溶液的配制

序号	过饱和盐种类	试剂名称	称取试剂的质量 X(加入热水[a]200 mL)[b]/g	水分活度 A_w（25℃）
1	溴化锂饱和溶液	溴化锂（$LiBr·2H_2O$）	500	0.064
2	氯化锂饱和溶液	氯化钾（$LiCl·H_2O$）	220	0.113
3	氯化镁饱和溶液	氯化镁（$MgCl_2·6H_2O$）	150	0.328
4	碳酸钾饱和溶液	碳酸钾（K_2CO_3）	300	0.432
5	硝酸镁饱和溶液	硝酸镁[$Mg(NO_3)_2·6H_2O$]	200	0.529
6	溴化钠饱和溶液	溴化钠（$NaBr·2H_2O$）	260	0.576
7	氯化钴饱和溶液	氯化钴（$CoCl_2·6H_2O$）	160	0.649
8	氯化锶饱和溶液	氯化锶（$SrCl_2·6H_2O$）	200	0.709
9	硝酸钠饱和溶液	硝酸钠（$NaNO_3$）	260	0.743
10	氯化钠饱和溶液	氯化钠（NaCl）	100	0.753
11	溴化钾饱和溶液	溴化钾（KBr）	200	0.809
12	硫酸铵饱和溶液	硫酸铵[$(NH_4)_2SO_4$]	210	0.810
13	氯化钾饱和溶液	氯化钾（KCl）	100	0.843
14	硝酸锶饱和溶液	硝酸锶[$Sr(NO_3)_2$]	240	0.851

续表

序号	过饱和盐种类	试剂名称	称取试剂的质量 X(加入热水[a]200 mL)[b]/g	水分活度 A_w（25℃）
15	氯化钡饱和溶液	氯化钡（$BaCl_2 \cdot 2H_2O$）	100	0.902
16	硝酸钾饱和溶液	硝酸钾（KNO_3）	120	0.936
17	硫酸钾饱和溶液	硫酸钾（K_2SO_4）	35	0.973

a. 以盐易于溶解的温度为宜；

b. 冷却至形成固液两相的饱和溶液，贮于棕色试剂瓶中，常温下放置一周后使用。

康卫氏皿（带磨砂玻璃盖）；称量皿：直径 35 mm，高 10 mm；天平：感量 0.0001 g 和 0.1 g；恒温培养箱：精度±1℃；电热恒温鼓风干燥箱。

3. *方法操作步骤*

1）试样制备

粉末状固体、颗粒状固体及糊状样品：取有代表性样品至少 200 g，混匀，置于密闭的玻璃容器内。

块状样品：取可食部分的代表性样品至少 200 g，在室温 18～25℃，湿度 50%～80% 的条件下，迅速切成约小于 3 mm×3 mm×3 mm 的小块，不得使用组织捣碎机，混匀后置于密闭的玻璃容器内。

瓶装固体、液体混合样品：取液体部分。

质量多样混合样品：取有代表性的混合均匀样品。

液体或流动酱汁样品：直接采取均匀样品进行称重。

2）试样预测定

将盛有试样的密闭容器、康卫氏皿及称量皿置于恒温培养箱内，于 25℃±1℃条件下，恒温 30 min。取出后立即使用及测定。

预测定：分别取表 5-1 配制的 12.0 mL 溴化锂饱和溶液、氯化镁饱和溶液、氯化钴饱和溶液、硫酸钾饱和溶液于 4 只康卫氏皿的外室，用经恒温的、预先干燥并称量的称量皿，迅速称取与标准饱和盐溶液相等份数的同一试样约 1.5 g（精确至 0.0001 g），放入盛有标准饱和盐溶液的康卫氏皿的内室。沿康卫氏皿上口平行移动盖好涂有凡士林的磨砂玻璃片，放入 25℃±1℃的恒温培养箱内，恒温 24 h。取出盛有试样的称量皿，立即称量（精确至 0.0001 g）。

3）预测定结果计算

（1）试样质量的增减按照式 5-6 进行计算：

$$X = \frac{m_1 - m}{m - m_0} \tag{5-6}$$

式中，X 为试样质量的增减量，g/g；m_1 为 25℃扩散平衡后，试样和称量皿的质量，g；m 为 25℃扩散平衡前，试样和称量皿的质量，g；m_0 为称量皿的质量，g。

（2）绘制二维直线图

以所选饱和盐溶液（25℃）的水分活度（A_w）数值为横坐标，对应标准饱和盐溶液的试样的质量增减数值为纵坐标，绘制二维直线图。取横坐标截距值，即为该样品的水分活度预测值，图 5-2 是某蛋糕试样水分活度预测结果的二维直线图。

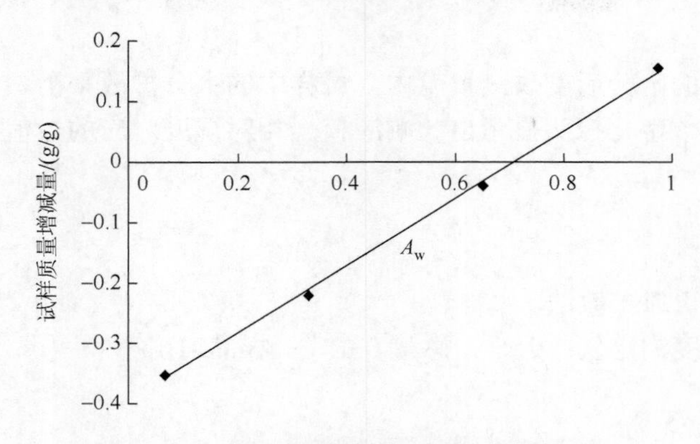

图 5-2　蛋糕水分活度预测结果的二维直线图

4）试样的测定

依据预测定结果，分别选用水分活度数值大于和小于试样预测结果数值的饱和盐溶液各 3 种，各取 12.0 mL，注入康卫氏皿的外室，在预先恒温、干燥并称量的称量皿中（精确至 0.0001 g），迅速称取与标准饱和盐溶液相等份数的同一试样约 1.5 g（精确至 0.0001 g），放入盛有标准饱和盐溶液的康卫氏皿的内室。沿康卫氏皿上口平行移动盖好涂有凡士林的磨砂玻璃片，放入 25℃±1℃的恒温培养箱内，恒温 24 h。取出盛有试样的称量皿，立即称量（精确至 0.0001 g）。

4. *数据计算和结果表述*

数据计算同式 5-6。

取横轴截距值，即为该试样的水分活度值，图 5-3 是某蛋糕试样水分活度测定结果的二维直线图。当符合精密度所规定的要求时，取三次平行测定的算术平均值作为结果。计算结果保留两位有效数字。

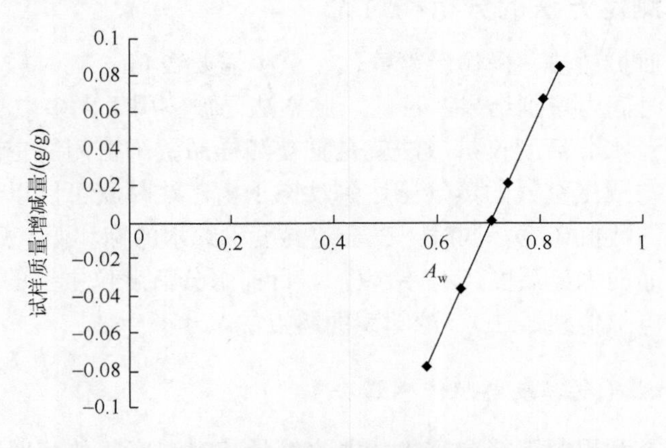

图 5-3　某蛋糕试样水分活度测定结果的二维直线图

5.3.2　水分活度仪扩散法

1. 原理

在密闭、恒温的水分活度仪测量舱内，试样中的水分扩散平衡。此时水分活度仪测量舱内的传感器或数字化探头显示出的响应值（相对湿度对应的数值）即为样品的水分活度。

2. 试剂和仪器

试剂：同康卫氏皿扩散法。

仪器：水分活度测定仪；天平，感量 0.01 g；样品皿。

3. 方法操作步骤

1）试样制备

同康卫氏皿扩散法。

2）试样的测定

仪器准备：在室温 18～25℃，湿度 50%～80%的条件下，用饱和盐溶液校正水分活度仪。

试样测试：称取约 1 g（精确至 0.01 g）试样，迅速放入样品皿中，封闭测量仓，在温度 20～25℃、相对湿度 50%～80%的条件下测定。每间隔 5 min 记录水分活度仪的响应值。当相邻两次响应值之差小于 0.005 A_w 时，即为测定值。仪器充分平衡后，同一样品重复测定 3 次。

4. 数据计算和结果表述

当符合精密度所规定的要求时，取两次平行测定的算术平均值作为结果。计算结果保留两位有效数字。在重复性条件下获得的两次独立测定结果的绝对差值不得超过算术平均值的 5%。

5.3.3　水分活度测定方法的分析和讨论

传统的康卫氏皿扩散法，操作步骤繁琐，至少需要 24 h，耗时较长；水分活度仪扩散法可以在很短的时间内得到结果，目前，此方法已被应用于大多数实验室。

在工作原理上，水分活度仪扩散法就是把被测样品置于密闭的空间内，在保持恒温的条件下，使样品与周围空气的蒸气压达到动态平衡，这时就可以以气体空间的水蒸气压作为样品蒸气压的数值（P），同时，在一定温度下纯水的饱和蒸气压（P_0）是一定的，从而计算出被测样品的水分活度（$A_w = P/P_0$）。目前水分活度仪主要的测试方法有：电子湿度计法（电容或电阻传感器法）、冷却镜面露点法。

1. 电子湿度计法（电容或电阻传感器法）

电子湿度计法是利用电阻或电容传感器来测量相对湿度。传感器通过电容或电阻的变化，仪器将电信号和湿度信号进行转换，得出一个平衡相对湿度值，当样品温度和传感器温度达到一致时，平衡相对湿度数值上等于样品水分活度。每次使用前传感器必须用标准盐溶液进行校准，水分进入传感器后，需要在传感器里达到充分平衡，此过程一般需要 15 min 到 1 h 不等，才能使最终数值稳定。本方法的优势是仪器设计简单，容易实现小型化和集成化，但在其使用过程需要校准，检测时间长，数据稳定性差，精度较低。而且传感器易受污染，保养维护费用可能较高。

2. 冷却镜面露点法

露点，即在空气中水汽含量不变，保持气压一定的情况下，使空气冷却达到饱和时的温度称露点温度，简称露点，单位用℃或℉表示。冷却镜面露点，即将一个光洁的金属表面放到相对湿度低于 100%的空气中并使之冷却，当温度降到某一数值时，靠近该表面的相对湿度达到 100%，这时将有露在表面上形成。基于上述两个技术原理，在冷却镜面露点系统里，先将待测样品放入样品杯内，再将样品杯密封在样品仓内，仓内有一个冷却镜面露点传感器和一个红外温度传感器。露点传感器测量空气的露点温度，红外传感器测量样品的温度。当样品的水分活度和空气的相对湿度达到平衡时，气体中的水蒸气随着镜面的温度逐渐降低而达到饱和时，开始析出凝析物，此时所测量到的镜面温度即为该大气压下气体的露点，通过露点温度和样品温度计算水分活度。

冷却镜面露点方法的最大优势在于检测的速度和精度，该方法是基于基础热力学原则测量相对湿度的主要方法，由于测量是在温度测量的基础上，可以在 5 min 之内测量精度达到（+ 0.0030 A_w），而且这种测量方法一般无须校准。冷却镜面露点方法是经 AOAC 国际认证的首要的测量水分活度的方法，并且是唯一可以溯源到国家国际标准的方法。

第 6 章　食品中灰分和矿物质的测定

6.1　概　　述

6.1.1　食品的灰分

矿物质在食品中的存在性和总量一般用灰分（ash）来描述，是指食品经高温（500～600℃）灼烧，其有机物中的 C、H、O、N 等元素以氧化物或水的形式散失，大部分的矿物质转化成金属氧化物、金属盐的形式得以残留，这些残留物被称为食品的灰分。食品的灰分含量代表食品中总的矿物质含量，是直接用于营养评估的一个重要指标。

大部分新鲜食品的可食部分灰分含量不高于 5%（干重）。纯净的油和脂的灰分很少或不含灰分。鲜肉含有 0.5%～1.2%的灰分，加工后肉制品，如烟熏肉、腊肉等可含有高于 6%的灰分，干牛肉含有高于 11.6%的灰分。液态牛乳一般含有 0.7%的灰分，浓缩乳、乳粉、脱脂乳粉等乳制品的灰分含量增高，可高达 8.2%。含糠的谷物及其制品比精制的谷物及其制品灰分含量高，面粉类和麦片类含有 0.3%～4.3%的灰分，纯淀粉含有 0.3%的灰分，小麦胚芽含有 4.3%的灰分。坚果及其制品富含油脂，其灰分含量较低，一般为 0.8%～3.4%。海产品类特别是海藻类食品的灰分含量较高，可高于 20%；食用菌的灰分含量较蔬菜类食品高，一般为 4%左右，野生食用菌的灰分含量较高，可高达 16.48%。

6.1.2　食品中的矿物质

生物界物种都处于地球表面的岩石圈、水圈和大气圈所构成的环境中，与环境进行物质交换，从环境中选择了一部分元素来构成自身的机体，并维持生存。就人体而言，公认的构成人体组织、参与机体代谢、维持生理功能所需的元素有 26～28 种，包括 H、C、N、O、P、S、F、Cl、I、Na、K、Mg、Ca、Fe、Zn、Cu、Mn、Mo、Co、Cr、V、Ni、Sn、Se、B、Si 等。其中，人体重量的 95%～96%是由 H、C、N、O、S、P 等组成的蛋白质、糖类、脂类、核酸等有机物和水分，这些元素主要以有机物质和水分的形式存在；4%～5%则是由多种不同的无机元素组成，这些无机元素以及人体中存在的其他无机元素被统称为矿物质（minerals）。

人体所需矿物质主要由膳食和饮水供给，天然食品中矿物质含量非常丰富。基于人体对各种矿物元素的需求，食品营养学将食品中存在的矿物元素分类为人体必需宏量元素、人体必需微量元素、典型有毒元素等。食品中经常探讨的人体必需宏量元素主要是钙、磷、钾、钠、氯、镁，人体必需微量元素一般指铁、锌、铜、钼、铬、钴、锰、钒、碘、硒。由于金属采冶、化工、尾气排放、垃圾掩埋渗滤液、污水灌溉、污泥重用等人类活动，环境污染日益严重，导致食品中镉、铅、汞、砷、铝等金属和类金属过度积累，成为食品中的典型有毒元素。

6.1.3　食品矿物质强化

在世界范围内，居民的营养与健康一直是各国政府公共卫生最重要的议题。在解决温饱问题后（食品的供量安全），居民的营养与健康问题主要是微量营养素（如维生素和矿物质）的缺乏。WHO 针对这些问题先后发布了一系列的专题报告，如 2006 年《微量营养素食物强化指南》，2011 年《指南：用多种微量营养素粉对孕妇食品进行家庭营养强化》等；2014 年第二届国际营养大会文件《营养问题罗马宣言》中也指出全球面临微量营养素缺乏症的问题，尤其缺乏维生素 A、碘、铁和锌等。《中国食物与营养发展纲要（2014—2020 年）》提出了营养素摄入量的目标，即保持适量的维生素和矿物质摄入量，维生素和矿物质等微量营养素摄入量基本达到居民健康需求，以及营养性疾病控制目标，孕产妇贫血率控制在 17%以下。重点改善低收入孕妇人群膳食中钙、铁、锌和维生素 A 摄入不足的状况。正在制定的《中国食物与营养发展纲要（2021—2035 年）》的实施将促进中国食物产业的可持续发展，提高人民的饮食素质，实现健康中国的目标。政府将加强农业科技创新，提高农产品质量安全监管，推动食物与健康产业的融合发展，为人民提供更加安全、健康的食物。所以矿物质等微量营养元素的有效补给将是食品营养学重点攻克的难题。

6.1.4　食品中灰分和矿物质测定的意义

第一，灰分含量代表食物中总矿物质含量，是直接用于营养评估分析的一部分，所以灰分含量测定是食品分析的重要项目之一。第二，灰分含量是一些食品重要的质量监控指标。如《小麦粉》（GB/T 1355—2021）以灰分含量作为小麦粉加工精度的分类指标，将小麦粉分为精制粉、标准粉和普通粉三个类别，其灰分含量（以干基计）分别是≤0.70%、≤1.10%和≤1.60%。灰分含量还可判断牛奶是否掺水或浓缩。牛奶中的灰分含量一般为 0.68%～0.74%，平均值接近 0.7%。若测出牛奶试样中灰分含量降低，可能掺水；若测出含量增加，可能浓缩，甚至可以根据灰分含量判断浓缩比。第三，测定植物性原料的灰分和矿质可反映植物生长对应的自然条件，进行产地溯源。第四，食品中营养性矿质的测定是食品营养性评价、矿质强化等工作的必要内容。

目前，食品中灰分的测定、重要营养性矿质的测定都已有食品安全国家标准规定的测定方法。本章主要以食品安全国家标准规定的方法学习食品中各类灰分含量的测定方法，也简要介绍了食品供给人体的几种重要营养性矿质，包括碘、钠、钾、镁、钙、铁、锌、铜、硒含量的测定方法。食品中营养性矿质和典型有害矿质的赋存形态是影响其生物利用性、发挥其营养支持作用或有害性的重要因素，也是现代食品营养和安全控制研究中需要重点分析测试的指标，如果读者需要进一步学习，可以参考《食品营养学》《食品质量与安全检测技术》等书目。

6.2　食品中灰分的测定

《食品安全国家标准　食品中灰分的测定》（GB 5009.4—2016）规定了食品中总灰分、

水溶性灰分和水不溶性灰分、酸不溶性灰分的测定方法。本节主要依据 GB 5009.4—2016 规定的技术要点进行整理和学习。

6.2.1 食品中总灰分的测定

1. 原理

食品经灼烧后所残留的无机物质称为灰分。灰分含量系用灼烧、称重后计算得出。

方法采用高温灼烧有机物破坏法除去食品中有机物质的影响。在高温灼烧过程中，食品组成成分中的水分和挥发性成分直接散失，H、C、O、N、S、P 等有机成分转化为水或氧化物的形式散失，部分有机成分的氧化物被金属氧化物吸收而滞留，金属盐、金属氧化物等不易挥发散失而残留，这些残留物就是食品的灰分。

2. 试剂和仪器

除非另有说明，本方法所用试剂均为分析纯，水为 GB/T 6682 规定的三级水。

试剂：乙酸镁；浓盐酸。

试剂配制：①乙酸镁溶液（80 g/L）。称取 8.0 g 乙酸镁加水溶解并定容至 100 mL，混匀。②乙酸镁溶液（240 g/L）。称取 24.0 g 乙酸镁加水溶解并定容至 100 mL，混匀。③10%盐酸溶液。量取 24 mL 分析纯浓盐酸用蒸馏水稀释至 100 mL。

仪器：高温炉，最高使用温度≥950℃；分析天平，感量分别为 0.1 mg、1 mg、0.1 g；石英坩埚或瓷坩埚；干燥器，内有干燥剂；电热板或万用电炉，配石棉网；恒温水浴锅，控温精度±2℃。

3. 方法操作步骤

1）坩埚的准备

选择材质、规格合适的坩埚。若选用新的素瓷坩埚，使用前需在盐酸溶液（浓盐酸：水＝1：4，体积比）中煮沸 1～2 h 后，用自来水、蒸馏水分别洗净并烘干。然后用蓝墨水和三氯化铁混合液在外壁及盖上编号，置 500～550℃高温炉中反复灼烧和编号，至编号清晰。

（1）含磷量较高的食品和其他食品用坩埚的准备

取规格适宜的石英坩埚或瓷坩埚置高温炉中，在 550℃±25℃下灼烧 30 min，冷却至 200℃左右，取出，放入干燥器中冷却 30 min，准确称量。重复灼烧至前后两次称量相差不超过 0.5 mg 为恒重。

（2）淀粉类食品用坩埚的准备

先用沸腾的稀盐酸洗涤，再用大量自来水洗涤，最后用蒸馏水冲洗。将洗净的坩埚置于高温炉内，在 900℃±25℃下灼烧 30 min，并在干燥器内冷却至室温，称重，精确至 0.0001 g。

2）称样

含磷量较高的食品和其他食品：灰分大于或等于 10 g/100 g 的试样称取 2～3 g（精确至 0.0001 g）；灰分小于或等于 10 g/100 g 的试样称取 3～10 g（精确至 0.0001 g，对于灰分含量更低的样品可适当增加称样量）。淀粉类食品：称取样品 2～10 g（马铃薯淀粉、小麦淀粉以及大米淀粉至少称 5 g，玉米淀粉和木薯淀粉称 10 g），精确至 0.0001 g。将样品均匀分布在坩埚内，不要压紧。

3）测定

（1）含磷量较高的豆类及其制品、肉禽及其制品、蛋及其制品、水产及其制品、乳及乳制品

称样后，加入 1.00 mL 乙酸镁溶液（240 g/L）或 3.00 mL 乙酸镁溶液（80 g/L），使试样完全润湿。放置 10 min 后，在水浴上将水分蒸干，在电热板或万用电炉上以小火加热使试样充分炭化至无烟，然后置于高温炉中，在 550℃±25℃灼烧 4 h。冷却至 200℃左右，取出，放入干燥器中冷却 30 min，观察残留物，若发现残渣有炭粒时，应向残渣中滴入少许水湿润，使结块松散，蒸干水分再次灼烧至无炭粒即表示灰化完全，方可称量。重复灼烧至前后两次称量相差不超过 0.5 mg 为恒重。同时做 3 次试剂空白试验。当 3 次试验结果的标准偏差小于 0.003 g 时，取算术平均值作为空白值。若标准偏差大于或等于 0.003 g 时，应重新做空白值试验。

（2）淀粉类食品

称样后，将坩埚置于高温炉口或电热板上，半盖坩埚盖，小心加热使样品在通气情况下完全炭化至无烟，即刻将坩埚放入高温炉内，将温度升高至 900℃±25℃，一般保持此温度 1 h 可灰化完毕，冷却至 200℃左右，取出，放入干燥器中冷却 30 min，观察残留物，若发现残渣有炭粒时，应向残渣中滴入少许水湿润，使结块松散，蒸干水分再次灼烧至无炭粒即表示灰化完全，方可称量。重复灼烧至前后两次称量相差不超过 0.5 mg 为恒重。

（3）其他食品

液体和半固体试样称样后应先在沸水浴上蒸干。固体或蒸干后的试样，先在电热板或万用电炉上以小火加热使试样充分炭化至无烟，然后置于高温炉中，在 550℃±25℃灼烧 4 h。冷却至 200℃左右，取出，放入干燥器中冷却 30 min，观察残留物，若发现残渣有炭粒时，应向残渣中滴入少许水湿润，使结块松散，蒸干水分再次灼烧至无炭粒即表示灰化完全，方可称量。重复灼烧至前后两次称量相差不超过 0.5 mg 为恒重。

4. 数据计算与结果表述

试样中灰分的含量，加了乙酸镁溶液的试样，按式 6-1 计算：

$$X_1 = \frac{m_1 - m_2 - m_0}{m_3 - m_2} \times 100 \tag{6-1}$$

式中，X_1 为加了乙酸镁溶液试样中灰分的含量，g/100 g；m_1 为坩埚和灰分的质量，g；m_2 为坩埚的质量，g；m_0 为氧化镁（乙酸镁灼烧后生成物）的质量，g；m_3 为坩埚和试样的质量，g；100 为单位换算系数。

试样中灰分的含量，未加乙酸镁溶液的试样，按式 6-2 计算：

$$X_2 = \frac{m_1 - m_2}{m_3 - m_2} \times 100 \tag{6-2}$$

式中，X_2 为未加乙酸镁溶液试样中灰分的含量，g/100 g；m_1 为坩埚和灰分的质量，g；m_2 为坩埚的质量，g；m_3 为坩埚和试样的质量，g；100 为单位换算系数。

所测试样中灰分含量≥10 g/100 g 时，保留三位有效数字；试样中灰分含量＜10 g/100 g 时，保留两位有效数字。在重复性条件下获得的两次独立测定结果的绝对差值不得超过算术平均值的 5%。

5. 方法的适用范围

高温灼烧法测试食品中总灰分的含量，适用范围很广，常见食品试样均可采用本方法测定灰分含量，只是需要选择合适的方法条件。

6. 方法条件的选择

1）取样量

测定总灰分时，取样量应根据样品的种类、性状、灰分含量的高低来确定。一般来讲，以灼烧后得到的灰分残留物质量为 10～100 mg 来确定取样量。通常，乳粉、麦乳精、大豆粉、调味料、鱼类、海产品等灰分含量较高的食品取样 1～2 g；谷类及其制品、肉及其制品、糕点、牛乳等取样 3～5 g，蔬菜及其制品、砂糖及其制品、淀粉及其制品、蜂蜜、奶油等取样 5～10 g，水果及其制品取样 20 g，油脂取样 50 g。

2）灰化容器

常见的灰化容器是各种规格的素瓷坩埚。素瓷坩埚价格低廉、耐高温、内壁光滑、耐酸，但是不耐碱，温度骤变时易破裂。灼烧碱性食品时素瓷坩埚内壁釉层会腐蚀溶解，多次使用后难以恒重。所以，碱性食品宜选用铂坩埚。

灰化容器的规格应根据样品的性状选择。液态样品、加热易膨胀的含糖试样及灰分含量低、取样量大的试样，需要选用稍大的坩埚。但是灰化容器过大会使称量误差增大。

3）灰化温度

测定食品试样的灰分含量，灰化温度一般在 500～600℃。灰化温度过高，会使钾、钠、氯等元素挥发损失，且磷酸盐会熔融，将炭粒包裹起来使其无法被氧化灰化；灰化温度过低，速度慢、时间长，灰化不完全。因此，必须根据食品的种类和性状，在保证灰化完全的前提下，选择合适的灰化温度，尽可能减少无机成分的挥发损失并缩短灰化时间。

果蔬及其制品、肉及肉制品、糖及糖制品≤525℃；谷类食品、乳制品（奶油除外，奶油≤500℃）、鱼、海产品、酒类≤550℃。

4）灰化时间

方法要求高温灼烧至残留物恒重，一般需要灰化 2～5 h。灰化至恒重的时间因样品的不同而异，可通过观察灰分残留物的颜色初步判断灰化是否完全。灰化完全的灰分残留物一般是显白色或浅灰色，含铁量高的食品残灰显褐色，含铜、锰高的食品，残灰显蓝绿色。

5）加速灰化的方法

对于难挥发的试样，可以采取下述方法来加速灰化的进行。

①对难挥发样品，先初步灼烧，取出冷却后加入少量的去离子水，使水溶性盐类溶解，使被包裹的炭粒暴露出来，在水浴上蒸干后，置于 120～130℃烘箱中充分干燥，再灼烧至干重。

②添加硝酸盐、乙醇、过氧化氢、碳酸铵等，这些物质一般可加速试样氧化或使试样疏松，暴露炭粒，加速试样的灰化。且这些物质在灼烧时分解为气体逸出，不增加残灰质量。

③添加碳酸钙、氧化镁等惰性不溶物（MgO 熔点为 2800℃），这类物质也是可以与试样混合，使炭粒不受覆盖和包裹。采用此法应同时做空白试验。

6.2.2　食品中水溶性灰分和水不溶性灰分的测定

1. 原理

采用高温灼烧法得到食品的总灰分，用热水提取总灰分，经无灰滤纸过滤、灼烧、称量残留物，测得水不溶性灰分，由总灰分和水不溶性灰分的质量之差计算水溶性灰分。

水溶性灰分反映了食品中存在的可溶性 K、Na、Ca、Mg 等活泼碱金属和碱土金属氧化物及其盐类的含量，是食品供给人体的常量营养性元素。

2. 试剂和仪器

试剂：除非另有说明，本方法所用水为 GB/T 6682 规定的三级水。

仪器：高温炉，最高温度≥950℃；分析天平，感量分别为 0.1 mg、1 mg、0.1 g；石英坩埚或瓷坩埚；干燥器，内有干燥剂；无灰滤纸；漏斗；表面皿，直径 6 cm；烧杯（高型），容量 100 mL；恒温水浴锅，控温精度±2℃。

3. 方法操作步骤

（1）坩埚的准备

方法同 6.2.1 中 3.1）。

（2）称样

方法同 6.2.1 中 3.2）。

（3）总灰分的制备

方法同 6.2.1 中 3.3）。

（4）测定

用约 25 mL 热蒸馏水分次将总灰分从坩埚中洗入 100 mL 烧杯中，盖上表面皿，用小火加热至微沸，防止溶液溅出。趁热用无灰滤纸过滤，并用热蒸馏水分次洗涤杯中残渣，直至滤液和洗涤体积约达 150 mL 为止，将滤纸连同残渣移入原坩埚内，放在沸水浴锅上小心地蒸去水分，然后将坩埚烘干并移入高温炉内，以 550℃±25℃灼烧至无炭粒（一般需 1 h）。待炉温降至 200℃时，放入干燥器内，冷却至室温，称重（准确至 0.0001 g）。再放入高温炉内，以 550℃±25℃灼烧 30 min，如前冷却并称重。如此重复操作，直至连续两次称重之差不超过 0.5 mg 为止，记下最低质量。

4. 数据计算与结果表述

水不溶性灰分的含量，按式 6-3 计算：

$$X_1 = \frac{m_1 - m_2}{m_3 - m_2} \times 100 \tag{6-3}$$

式中，X_1 为水不溶性灰分的含量，g/100 g；m_1 为坩埚和水不溶性灰分的质量，g；m_2 为坩埚的质量，g；m_3 为坩埚和试样的质量，g；100 为单位换算系数。

水溶性灰分的含量，按式 6-4 计算：

$$X_2 = \frac{m_4 - m_5}{m_0} \times 100 \tag{6-4}$$

式中，X_2 为水溶性灰分的质量，g/100 g；m_0 为试样的质量，g；m_4 为总灰分的质量，g；m_5 为水不溶性灰分的质量，g；100 为单位换算系数。

试样中灰分含量≥10 g/100 g 时，保留三位有效数字；试样中灰分含量＜10 g/100 g 时，保留两位有效数字。在重复性条件下获得的两次独立测定结果的绝对差值不得超过算术平均值的 5%。

6.2.3　食品中酸不溶性灰分的测定

1. 原理

采用高温灼烧法得到食品的总灰分，用盐酸溶液溶解，过滤、灼烧、称量残留物，测得酸不溶性灰分。

酸溶性灰分反映了食品中存在的 Fe、Cu、Zn 等惰性金属氧化物和盐类的含量，是食品供给人体的微量矿质元素。酸不溶性灰分反映了食品污染的泥沙及机械物，以及食品中原存在的 SiO_2 的含量，可在一定程度上表征食品卫生状况。

2. 试剂和仪器

除非另有说明，本方法所用试剂均为分析纯，水为 GB/T 6682 规定的三级水。

试剂：浓盐酸（HCl）；10%盐酸溶液（量取 24 mL 分析纯浓盐酸用蒸馏水稀释至 100 mL）。

仪器：高温炉，最高温度≥950℃；分析天平，感量分别为 0.1 mg、1 mg、0.1 g；石英坩埚或瓷坩埚；干燥器（内有干燥剂）；无灰滤纸；漏斗；表面皿，直径 6 cm；烧杯（高型），容量 100 mL；恒温水浴锅，控温精度±2℃。

3. 方法操作步骤

1）坩埚的准备

方法同 6.2.1 中 3.1）。

2）称样

方法同 6.2.1 中 3.2）。

3）总灰分的制备

方法同6.2.1中3.3)。

4）测定

用25 mL 10%盐酸溶液将总灰分分次洗入100 mL烧杯中，盖上表面皿，在沸水浴上小心加热，至溶液由浑浊变为透明时，继续加热5 min，趁热用无灰滤纸过滤，用沸蒸馏水少量反复洗涤烧杯和滤纸上的残留物，直至中性（约 150 mL）。将滤纸连同残渣移入原坩埚内，在沸水浴上小心蒸去水分，移入高温炉内，以550℃±25℃灼烧至无炭粒（一般需1 h）。待炉温降至200℃时，取出坩埚，放入干燥器内，冷却至室温，称重（准确至0.0001 g）。再放入高温炉内，以550℃±25℃灼烧30 min，如前冷却并称重。如此重复操作，直至连续两次称重之差不超过0.5 mg为止，记下最低质量。

4. 数据计算与结果表述

酸不溶性灰分的含量，按式6-5计算：

$$X_1 = \frac{m_1 - m_2}{m_3 - m_2} \times 100 \tag{6-5}$$

式中，X_1为酸不溶性灰分的含量，g/100 g；m_1为坩埚和酸不溶性灰分的质量，g；m_2为坩埚的质量，g；m_3为坩埚和试样的质量，g；100为单位换算系数。

试样中灰分含量≥10 g/100 g 时，保留三位有效数字；试样中灰分含量＜10 g/100 g时，保留两位有效数字。在重复性条件下同一样品获得的测定结果的绝对差值不得超过算术平均值的5%。

6.3　几种重要营养性矿物质的测定

食品营养学上根据人体对膳食矿质元素需求量，将食品中的矿质分为常量元素（macroelement）和微量元素（microelement或trace element）两大类。常量元素包括钙、磷、硫、钾、钠、氯、镁7种元素，其在体内的含量一般大于体重的0.01%，人体每日需要量在 100 mg 以上；微量元素在体内含量小于 0.01%，每日需要量在 100 mg 以下，甚至以微克计。这种区分虽被广泛采用，但意义不大。不管是常量元素还是微量元素均是人体正常生命活动所必需的，矿物质在人体内不能合成，必须从食物和饮水中摄取，摄入体内的矿物质经过机体新陈代谢，每日都有一定量通过毛发、汗液、尿液、粪便以及皮肤黏膜细胞脱落等等途径排出体外。因此，人体矿物质必须不断从食物中予以补充。本节中，主要依据食品安全国家标准规定的方法，学习食品中碘、钾、钠、钙、镁 5 种常量元素和铁、锌、铜、硒4种微量元素的测定方法。

《食品安全国家标准 食品中多元素的测定》（GB 5009.268—2016）规定的食品中多元素测定的电感耦合等离子体质谱法（ICP-MS），适用于食品中硼、钠、镁、铝、钾、钙、钛、钒、铬、锰、铁、钴、镍、铜、锌、砷、硒、锶、钼、镉、锡、锑、钡、汞、铊、铅等26种矿质元素的测定，是多项国标引用的矿质元素测定第二法，感兴趣的同学可自行查阅学习。

6.3.1　食品中矿质测定常用的有机物破坏法

食品中矿质元素测定一般需要有机物破坏法对试样进行预处理，排除有机物对矿质元素测定的影响，常用的有机物破坏法有四种，分别是湿法消解法、微波消解法、压力罐消解法和干法灰化法，为避免此部分内容在后续各元素方法学习中重复描述，在此进行详细描述。

1. 湿法消解法

准确称取固体试样 0.2～3 g（精确至 0.001 g）或准确移取液体试样 0.50～5.00 mL 于带刻度消解管中，加入 10 mL 硝酸和 0.5 mL 高氯酸，在可调式电热炉上消解，参考条件：120℃/0.5～1 h、升至 180℃/2～4 h、升至 200～220℃。若消解液呈棕褐色，再加少量硝酸，消解至冒白烟，消解液呈无色透明或略带黄色，取出消解管，冷却后用水定容至 25 mL 或 50 mL，混匀备用。同时做试剂空白试验。亦可采用锥形瓶，于可调式电热板上，按上述操作方法进行湿法消解。

2. 微波消解法

准确称取固体试样 0.2～0.8 g（精确至 0.001 g）或准确移取液体试样 0.50～3.00 mL 于微波消解罐中，加入 5 mL 硝酸，按照微波消解的操作步骤消解试样。冷却后取出消解罐，在电热板上或赶酸仪于 140～160℃赶酸至 1.0 mL 左右。冷却后将消解液转移至 25 mL 或 50 mL 容量瓶中，用少量水洗涤消解罐 2～3 次，合并洗涤液于容量瓶中，用水定容至刻度，混匀备用。同时做试剂空白试验。

3. 压力罐消解法

准确称取固体试样 0.2～1 g（精确至 0.001 g）或准确移取液体试样 0.50～5.00 mL 于消解内罐中，加入 5 mL 硝酸。盖好内盖，旋紧不锈钢外套，放入恒温干燥箱，于 140～160℃下保持 4～5 h。冷却后缓慢旋松外罐，取出消解内罐，放在可调式电热板上于 140～160℃赶酸至 1.0 mL 左右。冷却后将消解液转移至 25 mL 或 50 mL 容量瓶中，用少量水洗涤内罐和内盖 2～3 次，合并洗涤液于容量瓶中并用水定容至刻度，混匀备用。同时做试剂空白试验。

4. 干法灰化法

准确称取固体试样 0.5～5 g（精确至 0.001 g）或准确移取液体试样 0.50～10.0 mL 于坩埚中，小火加热，炭化至无烟，转移至马弗炉中，于 550℃灰化 3～4 h。冷却，取出，对于灰化不彻底的试样，加数滴硝酸，小火加热，小心蒸干，再转入 550℃马弗炉中，继续灰化 1～2 h，至残留物呈白灰状，冷却，取出，用适量硝酸溶液（1 + 1）溶解，并用水定容至 25 mL 或 50 mL。同时做试剂空白试验。

6.3.2　食品中碘的测定

《食品安全国家标准 食品中碘的测定》（GB 5009.267—2020）规定了食品中碘含量

的测定方法。第一法为电感耦合等离子体质谱法（ICP-MS），适用于食品中碘的测定。第二法为氧化还原滴定法，适用于藻类及其制品中碘的测定。第三法为砷铈催化分光光度法，适用于粮食、蔬菜、水果、豆类及其制品、乳及其制品、肉类、鱼类、蛋类等食品中碘的测定。第四法为气相色谱法，适用于婴幼儿配方食品和乳品中营养强化剂碘的测定（特殊医学用途婴儿配方食品及特殊医学用途配方食品除外）。本节主要就电感耦合等离子体法和氧化还原滴定法进行学习。

1. 电感耦合等离子体质谱法（ICP-MS）

1）原理

试样中的碘经四甲基氢氧化铵溶液提取，采用电感耦合等离子体质谱仪测定，以碘元素特定质量数 127（质荷比，*m*/*z*）定性，以碘元素和内标元素质谱信号的强度比值与碘元素的浓度成正比进行定量，测定试样中碘的含量。

2）试剂和材料

除另有说明，本方法所用试剂均为优级纯，水为 GB/T 6682 规定的一级水或 GB/T 33087—2016 规定的仪器分析用高纯水。

试剂：25%四甲基氢氧化铵[$(CH_3)_4NOH$]水溶液（TMAH）；异丙醇（色谱纯）；氩气（Ar）：氩气（≥99.995%）或液氩；氦气（He）：氦气（≥99.995%）；碘化钾（KI）或碘酸钾（KIO_3）（基准试剂）。

试剂配制：①提取液（5%TMAH）：量取 100 mL 25%四甲基氢氧化铵水溶液，用水稀释至 500 mL。②稀释液（0.5%TMAH）：量取 10 mL 25%四甲基氢氧化铵水溶液，用水稀释至 500 mL。③碘标准贮备液（1000 mg/L）：称取已于 180℃±2℃干燥至恒重的碘酸钾 0.1685 g，用水溶解并定容至 100 mL；或称取经硅胶干燥器干燥 24 h 的碘化钾 0.1307 g，用水溶解并稀释至 100 mL，贮存于棕色瓶中；也可直接选用经国家认证并授予标准物质证书的碘标准溶液。根据选用仪器性能和试样性质稀释获得合适浓度的标准工作溶液。

3）仪器和设备

电感耦合等离子体质谱仪（ICP-MS）；分析天平：感量为 0.1 mg 和 1 mg；恒温干燥箱或恒温水浴摇床；样品粉碎设备：匀浆机、高速粉碎机；离心机：转速大于 3000 r/min；涡旋混匀器。

4）方法操作步骤

（1）试样制备

豆类、谷物、菌类、茶叶、干制水果、焙烤食品等样品，取可食部分，经高速粉碎机粉碎，搅拌至均匀；对于固体乳制品、蛋白粉、面粉等呈均匀状的粉状样品，摇匀。蔬菜、水果、水产品等样品必要时洗净、沥干，取可食部分匀浆至均质；对于肉类、蛋类等样品取可食部分匀浆至均质。经解冻的速冻食品及罐头样品，取可食部分匀浆至均质。软饮料、调味品等样品摇匀。

（2）试样预处理

称取试样 0.2～1 g（精确到 0.001 g）于 50 mL 的耐 110℃塑料离心管中，加入 5 mL

提取液，涡旋 1 min，使样品充分分散均匀，旋紧盖子，置于 85℃±5℃恒温干燥箱（每隔半小时取出振摇）或水浴摇床提取 3 h，冷却，用水定容至 50 mL，并以大于 3000 r/min 的转速，离心 10 min，取上层清液用 0.45 μm 过滤膜过滤后，备用，同时做试剂空白。

注：为了防止样品遇水结块，可采用称量纸称取样品，然后慢慢加入盛有提取液的离心管中，涡旋 1 min，若样品太稠可补加 5 mL 提取液，如大米粉及面粉等吸水性强的样品。

（3）试样测定

①仪器参考条件

射频功率 1550 W；等离子气流速 15 L/min；载气流速 0.80～0.90 L/min；辅助气流速 0.30～0.40 L/min；分析时泵速 0.10 r/s；采样深度 8～10 mm；雾化器为高盐/同心雾化器；半导体制冷雾室，控温在 2.0℃；石英炬管；碰撞池气体 He 气流速 4～5 mL/min，每测一个样品，进样系统的冲洗时间大于 60 s。

在调谐仪器达到测定要求后，编辑测定方法，选择碘元素同位素（^{127}I）及内标碲同位素（^{125}Te、^{130}Te）或 ^{103}Rh 或 ^{115}In 或 ^{185}Re。

注：若 ICP-MS 仪器由酸性进样体系转变为碱性体系，则建议更换所有进样泵管，用 0.5%TMAH 溶液清洗进样系统 1～2 h，直至 ^{127}I 信号稳定。

②制作标准曲线

将配制好的碘标准溶液注入 ICP-MS 中，测定碘元素和内标元素的信号响应值，以碘元素的质量浓度为横坐标，碘元素与所选内标元素响应信号值的比值为纵坐标，绘制标准曲线。

③试样溶液的测定

将空白和试样溶液分别注入电感耦合等离子质谱仪中，测定碘元素和所选内标元素的信号响应值，计算碘元素与所选内标元素的响应信号值比值，根据标准曲线得到待测液中碘元素的质量浓度。

5）数据计算与结果表述

试样中碘元素含量按式 6-6 计算：

$$X=\frac{(\rho-\rho_0)\times V\times f}{m\times 1000} \tag{6-6}$$

式中：X 为试样中碘元素含量，mg/kg；ρ 为试样溶液中碘元素质量浓度，μg/L；ρ_0 为试样空白液中碘元素质量浓度，μg/L；V 为试样液定容体积，mL；f 为试样稀释倍数；m 为试样称取质量，g；1000 为单位换算系数；计算结果保留三位有效数字。

6）方法评价

试样中碘元素含量大于 1 mg/kg 时，在重复性条件下获得的两次独立测定结果的绝对差值不过算术平均值的 10%；小于等于 1 mg/kg 且大于 0.1 mg/kg 时，在重复性条件下获得的两次独立结果的绝对差值不得超过算术平均值的 15%；小于等于 0.1 mg/kg 时，在重复性条件下获得的两次测定结果的绝对差值不得超过算术平均值的 20%。

以取样量 0.5 g，定容至 50 mL 计算，方法检出限为 0.01 mg/kg，定量限为 0.03 mg/kg。

2. 氧化还原滴定法

1）原理

样品经炭化、灰化后，将有机碘转化为无机碘离子，在酸性介质中，用溴水将碘离子氧化成碘酸根离子，生成的碘酸根离子在碘化钾的酸性溶液中被还原析出碘，用硫代硫酸钠溶液滴定反应中析出的碘。

$$I^- + 3Br_2 + 3H_2O \rightarrow IO_3^- + 6H^+ + 6Br^-$$

$$IO_3^- + 5I^- + 6H^+ \rightarrow 3I_2 + 3H_2O$$

$$I_2 + 2S_2O_3^{2-} \rightarrow 2I^- + S_4O_6^{2-}$$

2）试剂和仪器

除非另有说明，本方法所用试剂均为分析纯，水为 GB/T 6682 规定的三级水。

试剂：无水碳酸钠；液溴；硫酸；甲酸钠；硫代硫酸钠；碘化钾：基准物质；甲基橙；可溶性淀粉。

试剂配制：①碳酸钠溶液（50 g/L）。②饱和溴水。量取 5 mL 液溴置于涂有凡士林塞子的棕色玻璃瓶中，加水 100 mL，充分振荡，使其成为饱和溶液（溶液底部留有少量溴液，操作应在通风橱内进行）。③硫酸溶液（3 mol/L）。量取 180 mL 硫酸，缓缓注入盛有 700 mL 水的烧杯中，并不断搅拌，冷却至室温，用水稀释至 1000 mL，混匀。④硫酸溶液（1 mol/L）：量取 57 mL 硫酸，按上述方法配制。⑤碘化钾溶液（150 g/L）：称取 15.0 g 碘化钾，用水溶解并稀释至 100 mL，贮存于棕色瓶中，现用现配。⑥甲酸钠溶液（200 g/L）：称取 20.0 g 甲酸钠，用水溶解并稀释至 100 mL。⑦硫代硫酸钠标准溶液（0.01 mol/L）：按 GB/T 60 中的规定配制及标定。⑧甲基橙溶液（1 g/L）：称取 0.1 g 甲基橙粉末，溶于 100 mL 水中。⑨淀粉溶液（5 g/L）：称取 0.5 g 淀粉于 200 mL 烧杯中，加入 5 mL 水调成糊状，再倒入 100 mL 沸水，搅拌后再煮沸 0.5 min，冷却备用，现用现配。

仪器：组织捣碎机；高速粉碎机；分析天平，感量为 0.1 mg；电热恒温干燥箱；马弗炉（≥600℃）；瓷坩埚（50 mL）；可调电炉（1000 W）；碘量瓶（250 mL）；棕色酸式滴定管（25 mL，最小刻度为 0.1 mL）；微量酸式滴定管（1 mL，最小刻度为 0.01 mL）。

3）方法操作步骤

（1）试样制备

方法同 6.3.2 中 1.4）（1）。

（2）试样测定

称取试样 2～5 g（精确至 0.1 mg），置于 50 mL 瓷坩埚中，加入 5～10 mL 碳酸钠溶液，使充分浸润试样，静置 5 min，置于 101～105℃电热恒温干燥箱中烘干，取出。

在通风橱内用可调电炉加热，使试样充分炭化至无烟，置于 550℃±25℃马弗炉中灼烧 40 min，冷却至室温后取出。在坩埚中加入少量水研磨，将溶液及残渣全部转入 250 mL 烧杯中，坩埚用水冲洗数次并入烧杯中，烧杯中溶液总量约为 150～200 mL，煮沸 5 min 后趁热用滤纸过滤至 250 mL 碘量瓶中，备用。

在碘量瓶中加入 2～3 滴甲基橙溶液，用 1 mo1/L 硫酸溶液调至红色，在通风橱内加入 5 mL 饱和溴水，加热煮沸至黄色消失。稍冷后加入 5 mL 甲酸钠溶液，在电炉上加热煮沸 2 min，取下，用水浴冷却至 30℃以下，再加入 5 mL 3 mo1/L 硫酸溶液，5 mL 碘化钾溶液，盖上瓶盖，放置 10 min，用硫代硫酸钠标准溶液滴定至溶液呈浅黄色，加入 1 mL 淀粉溶液，继续滴定至蓝色恰好消失。同时做空白试验，分别记录消耗的硫代硫酸钠标准溶液体积 V、V_0。

4）数据计算与结果表述

试样中碘的含量按公式 6-7 算：

$$X_1 = \frac{(V - V_0) \times c \times 21.15 \times f}{m} \times 1000 \qquad (6\text{-}7)$$

式中：X_1 为试样中碘的含量，mg/kg；V 为滴定样液消耗硫代硫酸钠标准溶液的体积，mL；V_0 为滴定试剂空白消耗硫代硫酸钠标准溶液的体积，mL；c 为硫代硫酸钠标准溶液的浓度，mol/L；21.15 为与 1.00 mL 硫代硫酸钠标准滴定溶液[$c(Na_2S_2O_3)$ = 1.000 mol/L]相当的碘的质量，mg；f 为试样稀释倍数；m 为样品的质量，g；1000 为单位换算系数。结果保留至小数点后一位。在重复性条件下获得的两次独立测定结果的绝对差值不得超过算术平均值的 10%。

6.3.3　食品中钾、钠的测定

《食品安全国家标准　食品中钾、钠的测定》（GB 5009.91—2017）中规定了食品中钾、钠的火焰原子吸收光谱法、火焰原子发射光谱法、电感耦合等离子体发射光谱法和电感耦合等离子体质谱法四种测定方法。本节主要就火焰原子吸收光谱法进行学习。

1. 原理

试样经消解处理后注入原子吸收光谱仪中，火焰原子化后钾、钠分别吸收 766.5 nm、589.0 nm 共振线，在一定浓度范围内，其吸收值与钾、钠含量成正比，与标准系列比较定量。

2. 试剂和标准品

除非另有说明，本方法所用试剂均为优级纯，水为 GB/T 6682 规定的二级水。

试剂：硝酸；高氯酸；氯化铯。

试剂配制：①混合酸［高氯酸 + 硝酸（1 + 9）］：取 100 mL 高氯酸，缓慢加入 900 mL 硝酸中，混匀。②1%硝酸溶液（1 + 99）：取 10 mL 硝酸，缓慢加入 990 mL 水中，混匀。③氯化铯溶液（50 g/L）：将 5.0 g 氯化铯溶于水，用水稀释至 100 mL。

标准品：氯化钾标准品（KCl），纯度大于 99.99%。氯化钠标准品（NaCl），纯度大于 99.99%。或直接选用经国家认证并授予标准物质证书的钾、钠标准储备溶液。根据选用仪器的性能和试样性质配制合适浓度的标准工作溶液。

3. 仪器和设备

原子吸收光谱仪：配有火焰原子化器及钾、钠空心阴极灯；分析天平：感量为 0.1 mg

和 1.0 mg；分析用钢瓶乙炔气和空气压缩机；样品粉碎设备：匀浆机、高速粉碎机；马弗炉；可调式控温电热板；可调式控温电热炉；微波消解仪：配有聚四氟乙烯消解内罐；恒温干燥箱；压力消解罐：配有聚四氟乙烯消解内罐。

4. 方法操作步骤

1）试样制备

豆类、谷物、菌类、茶叶、干制水果、焙烤食品等低含水量样品，取可食部分，必要时经高速粉碎机粉碎均匀；对于固体乳制品、蛋白粉、面粉等呈均匀状的粉状样品，摇匀。蔬菜、水果、水产品等高含水量新鲜样品必要时洗净，晾干，取可食部分匀浆均匀；对于肉类、蛋类等样品取可食部分匀浆均匀。经解冻的速冻食品及罐头样品，取可食部分匀浆均匀。软饮料、调味品等液态样品，摇匀。半固态样品，搅拌均匀。

2）试样的预处理

食品试样中的钾和钠赋存稳定，可采用湿法消解、微波消解、压力罐消解、干法灰化等各种有机物破坏手段，对试样进行预处理。

3）仪器参考条件

根据各自仪器性能调至最佳状态。参考条件为：空气-乙炔火焰，波长 766.5 nm/589.0 nm（K/Na），狭缝 0.5 nm，灯电流 5～15 mA，乙炔流量 1.2 L/min。

4）标准曲线的制作

编辑仪器测试工作程序，分别将钾、钠标准系列工作液注入原子吸收光谱仪中，测定吸光度值，以标准工作液的浓度为横坐标，吸光度值为纵坐标，绘制标准曲线。

5）试样溶液的测定

根据试样溶液中被测元素的含量，需要时将试样溶液用水稀释至适当浓度，并在空白溶液和试样最终测定液中加入一定量的氯化铯溶液，使氯化铯浓度达到 0.2%。于测定标准曲线工作液相同的实验条件下，将空白溶液和测定液注入原子吸收光谱仪中，分别测定钾或钠的吸光值，根据标准曲线得到待测液中钾或钠的浓度。

5. 数据计算与结果表述

试样中钾、钠含量按式 6-8 计算：

$$X=\frac{(\rho-\rho_0)\times V\times f\times 100}{m\times 1000} \tag{6-8}$$

式中，X 为试样中被测元素含量，mg/100 g 或 mg/100 mL；ρ 为测定液中元素的质量浓度，mg/L；ρ_0 为测定空白试液中元素的质量浓度，mg/L；V 为样液体积，mL；f 为样液稀释倍数；100、1000 为换算系数；m 为试样的质量或体积，g 或 mL。

计算结果保留三位有效数字。在重复性条件下获得的两次独立测定结果的绝对差值不得超过算术平均值的 10%。其他：以取样量 0.5 g，定容至 25 mL 计，本方法钾的检出限为 0.2 mg/100 g，定量限为 0.5 mg/100 g；钠的检出限为 0.8 mg/100 g，定量限为 3 mg/100 g。

6.3.4　食品中钙的测定

《食品安全国家标准 食品中钙的测定》（GB 5009.92—2016）规定了食品中钙含量测定的火焰原子吸收光谱法、滴定法、电感耦合等离子体发射光谱法和电感耦合等离子体质谱法。其中电感耦合等离子体发射光谱法和电感耦合等离子体质谱法均参照《食品安全国家标准 食品中多元素的测定》（GB 5009.268—2016）中相关技术规定。本部分中主要学习火焰原子吸收光谱法和滴定法测定食品中的钙。

1. 火焰原子吸收光谱法

1）原理

试样经消解处理后，加入镧溶液作为释放剂，钙离子经原子吸收仪的火焰原子化后，在 422.7 nm 处测定的吸光度值在一定浓度范围内与钙含量成正比，与标准系列比较定量。

2）试剂材料

除非另有规定，本方法所用试剂均为优级纯，水为 GB/T 6682 规定的二级水。

试剂：硝酸；高氯酸；盐酸；氧化镧。

试剂配制：①硝酸溶液（5 + 95）：量取 50 mL 硝酸，加入 950 mL 水，混匀。②硝酸溶液（1 + 1）：量取 500 mL 硝酸，与 500 mL 水混合均匀。③盐酸溶液（1 + 1）：量取 500 mL 盐酸，与 500 mL 水混合均匀。④镧溶液（20 g/L）：称取 23.45 g 氧化镧，先用少量水湿润后再加入 75 mL 盐酸溶液（1 + 1）溶解，转入 1000 mL 容量瓶中，加水定容至刻度，混匀。

标准品：碳酸钙（$CaCO_3$，CAS 号 471-34-1），纯度＞99.99%；或直接选用经国家认证并授予标准物质证书的一定浓度的钙标准贮备溶液。根据选用仪器的性能和试样性质配制合适浓度的标准工作溶液。

3）仪器和设备

所有玻璃器皿及聚四氟乙烯消解内罐均需硝酸溶液（1 + 5）浸泡过夜，用自来水反复冲洗，最后用水冲洗干净。

原子吸收光谱仪：配火焰原子化器，钙空心阴极灯；分析天平：感量为 1 mg 和 0.1 mg；微波消解系统：配聚四氟乙烯消解内罐。可调式电热炉；可调式电热板；压力消解罐：配聚四氟乙烯消解内罐；恒温干燥箱；马弗炉。

4）方法操作步骤

（1）试样制备

粮食、豆类样品，去除杂物后，粉碎，储存于塑料瓶中。蔬菜、水果、鱼类、肉类等新鲜食品样品，用水洗净，晾干，取可食部分，制成匀浆，储于塑料瓶中。饮料、酒、醋、酱油、食用植物油、液态乳等液体样品，摇匀。

（2）试样预处理

食品试样中的钙赋存稳定，可采用湿法消解、微波消解、压力罐消解、干法灰化等各种有机物破坏手段，对试样进行预处理。消解液冷却后用水定容至 25 mL，再根据实际测定需要稀释，并在稀释液中加入一定体积的镧溶液（20 g/L），使其在最终稀释液中的浓度为1 g/L，混匀备用，此为试样待测液。

（3）仪器参考条件

根据各自仪器性能调至最佳状态。参考条件为：空气-乙炔火焰，波长422.7 nm，狭缝1.3 nm，灯电流5～15 mA，燃烧头高度3 mm，空气流量9 L/min，乙炔流量2 L/min。

（4）标准曲线的制作

根据设置好的仪器测定条件，将钙标准系列工作溶液按浓度由低到高的顺序分别导入火焰原子化器，测定吸光度值，以标准系列溶液中钙的质量浓度为横坐标，相应的吸光度值为纵坐标，制作标准曲线。

（5）试样溶液的测定

在与测定标准溶液相同的实验条件下，将空白溶液和试样待测液分别导入原子化器，测定相应的吸光度值，与标准系列比较定量。

5）数据计算与结果表述

试样中钙的含量按式6-9计算：

$$X=\frac{(\rho-\rho_0)\times f\times V}{m} \tag{6-9}$$

式中，X为试样中钙的含量，mg/kg或mg/L；ρ为试样待测液中钙的质量浓度，mg/L；ρ_0为空白溶液中钙的质量浓度，mg/L；f为试样消解液的稀释倍数；V为试样消解液的定容体积，mL；m为试样质量或移取体积，g或mL。

当钙含量≥10.0 mg/kg 或 10.0 mg/L 时，计算结果保留三位有效数字，当钙含量＜10.0 mg/kg或10.0 mg/L时，计算结果保留两位有效数字。

6）方法评价

在重复性条件下获得的两次独立测定结果的绝对差值不得超过算术平均值的10%。

以称样量 0.5 g（或 0.5 mL），定容至 25 mL 计算，方法检出限为 0.5 mg/kg（或0.5 mg/L），定量限为1.5 mg/kg（或1.5 mg/L）。

2. 乙二胺四乙酸二钠（EDTA）滴定法

钙的检测方法很多，如上述火焰原子吸收光谱法，方法简便，灵敏度也较高，但是需要配备原子吸收光谱仪，对测试条件要求较高。所以EDTA滴定法仍是测定钙元素的最常用方法，特别是食品和饲料行业，方法操作简单，效率高，准确性高，成本低。

1）原理

EDTA是一种强螯合剂，可以与多种金属离子形成稳定的络合物。在适当的pH范围内，EDTA作为滴定剂，与待测溶液中的钙离子反应，生成背景色无色的金属络合物。在滴定过程中，选用可以显色或变色的指示剂，所以以EDTA滴定含钙离子待测液，在达到当量点时，溶液呈现游离指示剂的颜色。根据EDTA用量，计算钙的含量。

2）试剂和仪器

除非另有规定，本方法所用试剂均为分析纯，水为GB/T 6682规定的三级水。

试剂：氢氧化钾；硫化钠；柠檬酸钠；乙二胺四乙酸二钠；钙红指示剂；盐酸、硝酸、高氯酸：优级纯。

试剂配制：①氢氧化钾溶液（1.25 mol/L）：称取 70.13 g 氢氧化钾，用水稀释至 1000 mL，混匀。②硫化钠溶液（10 g/L）：称取 1 g 硫化钠，用水稀释至 100 mL，混匀。③柠檬酸钠溶液（0.05 mol/L）：称取 14.7 g 柠檬酸钠，用水稀释至 1000 mL，混匀。④EDTA 溶液：称取 4.5 g EDTA，用水稀释至 1000 mL，混匀，贮存于聚乙烯瓶中，4℃保存。使用时稀释 10 倍即可。⑤钙红指示剂：称取 0.1 g 钙红指示剂（$C_{21}H_{14}N_2O_7S$），用水稀释至 100 mL，混匀。⑥盐酸溶液（1 + 1）：量取 500 mL 盐酸，与 500 mL 水混合均匀。

标准品：碳酸钙（$CaCO_3$，CAS 号 471-34-1），纯度＞99.99%，或经国家认证并授予标准物质证书的一定浓度的钙标准溶液。

仪器：分析天平，感量为 1 mg 和 0.1 mg；可调式电热炉；可调式电热板；马弗炉。

3）方法操作步骤

（1）试样制备

方法同 6.3.4 中 1.中试样制备。

（2）试样消解

采用 EDTA 滴定法测定钙含量时，取样量较高，主要选用湿法消解法和干法灰化法两种方法对试样进行消解处理。

（3）EDTA 溶液滴定度（T）的测定

吸取 0.50 mL 钙标准贮备液（100.0 mg/L）于试管中，加 1 滴硫化钠溶液（10 g/L）和 0.1 mL 柠檬酸钠溶液（0.05 mol/L），加 1.5 mL 氢氧化钾溶液（1.25 mol/L），3 滴钙红指示剂，立即以稀释 10 倍的 EDTA 溶液滴定，至指示剂由紫红色变蓝色为止。钙红指示剂在 pH 不大于 10 时呈红色，pH 13～14 为浅蓝色，能和钙形成红色螯合物。所以，EDTA 螯合钙后，钙红指示剂游离出来，在 pH 大于 12 时溶液呈蓝色。记录所消耗的稀释 10 倍的 EDTA 溶液的体积。

根据滴定结果计算出每毫升稀释 10 倍的 EDTA 溶液相当于钙的毫克数，即滴定度（T）。

（4）试样及空白滴定

分别吸取 0.10～1.00 mL（根据钙的含量而定）试样消解液及空白液于试管中，加 1 滴硫化钠溶液（10 g/L）和 0.1 mL 柠檬酸钠溶液（0.05 mol/L），加 1.5 mL 氢氧化钾溶液（1.25 mol/L），加 3 滴钙红指示剂，立即以稀释 10 倍的 EDTA 溶液滴定，至指示剂由紫红色变蓝色为止，记录所消耗的稀释 10 倍的 EDTA 溶液的体积。

4）数据计算与结果表述

试样中钙的含量按式 6-10 计算：

$$X = \frac{T \times (V_1 - V_0) \times V_2 \times 1000}{m \times V_3} \tag{6-10}$$

式中，X 为试样中钙的含量，mg/kg 或 mg/L；T 为 EDTA 滴定度，mg/mL；V_1 为滴定试样时所消耗的稀释 10 倍的 EDTA 溶液的体积，mL；V_0 为滴定空白时所消耗的稀释 10 倍的 EDTA 溶液的体积，mL；V_2 为试样消解液的定容体积，mL；1000 为换算系数；m 为试样质量或移取体积，g 或 mL；V_3 为滴定用试样待测液的体积，mL。计算结果保留三位有效数字。

5）方法评价

在重复性条件下获得的两次独立测定结果的绝对差值不得超过算术平均值的 10%。

以称样量 4 g（或 4 mL），定容至 25 mL，吸取 1.00 mL 试样消解液测定时，方法的定量限为 100 mg/kg（或 100 mg/L）。

可能同学们对食品中钙含量赋存水平还不甚了解。表 6-1 列举了常见食品原料和预包装食品营养成分表中标识的钙含量。由表 6-1 可以看出，食品中钙含量丰富，常见食品原料和预包装食品可采用 EDTA 滴定法测定其钙含量。

表 6-1　常见食品原料和预包装食品中钙含量

食品原料	钙含量（以干基计量）	预包装食品	钙含量（以标准重计量）
小麦籽粒①	40.97～976 mg/kg	学生奶粉（固态）	1200 mg/100 g
大豆籽粒②	190～367 mg/100 g	学生高锌高钙奶粉（固态）	1200 mg/100 g
马铃薯③	129 mg/kg 和 147 mg/kg	灭菌乳（液态）	125 mg/100 g
大白菜④	＞3000 mg/kg	特制钙奶饼干（固态）	300 mg/100 g
木耳⑤	4521 mg/kg	每日坚果（固态）	120 mg/100 g

①数据来源：刘玉秀，黄淑华，王景琳，等. 小麦籽粒钙元素含量的研究进展. 作物学报，2021，47（2）：187-196.

②数据来源：李里特. 食品原料学. 2 版. 北京：中国农业出版社，2011：86.

③数据来源：赵宇慈，刘琳，段文圣，等. 不同品种马铃薯雪花粉在方便土豆泥中的应用比较. 现代食品科技，2023，39（1）：144-151.

④数据来源：金同铭，武兴德，刘玲，等. 北京地区大白菜营养品质评价的研究. 北京农业科学，1995，13（5）：33-37.（根据文中提供的水分含量进行换算）.

⑤数据来源：李曦，邓兰，周娅，等. 金耳、银耳与木耳的营养成分比较. 食品研究与开发，2021，42（16）：77-82.

6.3.5　食品中镁的测定

《食品安全国家标准　食品中镁的测定》（GB 5009.241—2017）和《食品安全国家标准　食品中多元素的测定》（GB 5009.268—2016）均对食品中镁的测定方法进行了相关规定。根据两项国家标准的规定，食品中镁元素含量测定的方法主要有火焰原子吸收光谱法、电感耦合等离子体发射光谱法和电感耦合等离子体质谱法、本部分主要学习火焰原子吸收光谱法的相关技术要点。

1. 原理

试样消解处理后，经火焰原子化，在 285.2 nm 处测定吸光度。在一定浓度范围内镁的吸光度值与镁含量成正比，与标准系列比较定量。

2. 试剂和仪器

除非另有说明，本方法所用试剂均为优级纯，水为 GB/T 6682 规定的二级水。

试剂：硝酸；高氯酸；盐酸。

试剂配制：①硝酸溶液（5 + 95）：量取 50 mL 硝酸，倒入 950 mL 水中，混匀。②硝酸溶液（1 + 1）：量取 250 mL 硝酸，倒入 250 mL 水中，混匀。③盐酸溶液（1 + 1）：

量取 50 mL 盐酸，倒入 50 mL 水中，混匀。

标准品：金属镁（Mg）或氧化镁（MgO），纯度＞99.99%。或经国家认证并授予标准物质证书的一定浓度的镁标准溶液。根据选用仪器性能和试样性质配制合适浓度的标准工作溶液。

仪器：原子吸收光谱仪，配火焰原子化器、镁空心阴极灯；分析天平，感量 0.1 mg 和 1 mg；可调式电热炉；可调式电热板；微波消解系统：配聚四氟乙烯消解内罐；恒温干燥箱；压力消解罐：配聚四氟乙烯消解内罐；马弗炉。所有玻璃器皿及聚四氟乙烯消解内罐均需硝酸溶液（1 + 5）浸泡过夜，用自来水反复冲洗，最后用水冲洗干净。

3. 方法操作步骤

1）试样制备

粮食、豆类等干制食物样品，去除杂物后，粉碎，储于塑料瓶中。蔬菜、水果、鱼类、肉类等新鲜食物样品，用水洗净，晾干，取可食部分，制成匀浆，储于塑料瓶中。饮料、酒、醋、酱油、食用植物油、液态乳等液体样品，摇匀。

2）试样消解

食品中的镁赋存很稳定，可采用湿法消解、微波消解、压力罐消解、干法灰化等各种有机物破坏手段，对试样进行预处理。

3）标准曲线的制作

根据各自仪器性能调至最佳状态。参考条件为：空气-乙炔火焰，波长 285.2 nm，狭缝 0.2 nm，灯电流 5～15 mA。将镁标准系列工作溶液按质量浓度由低到高的顺序分别导入火焰原子化器后测其吸光度值，以质量浓度为横坐标，吸光度值为纵坐标，制作标准曲线。

4）试样溶液的测定

在与测定标准溶液相同的实验条件下，将空白溶液和试样溶液分别导入原子化器测其吸光度值，与标准系列比较定量。

4. 数据计算与结果表述

试样中镁的含量按式 6-11 计算：

$$X = \frac{(\rho - \rho_0) \times V}{m} \tag{6-11}$$

式中，X 为试样中镁的含量，mg/kg 或 mg/L；ρ 为试样溶液中镁的质量浓度，mg/L；ρ_0 为空白溶液中镁的质量浓度，mg/L；V 为试样消解液的定容体积，mL；m 为试样称样量或移取体积，g 或 mL。当镁含量≥10.0 mg/kg（或 mg/L）时，计算结果保留三位有效数字，当镁含量＜10.0 mg/kg（或 mg/L）时，计算结果保留两位有效数字。

5. 方法评价

在重复性条件下获得的两次独立测定结果的绝对差值不得超过算术平均值的 10%。

当称样量为 1 g（或 1 mL），定容体积为 25 mL 时，方法的检出限为 0.6 mg/kg（或 0.6 mg/L），定量限为 2.0 mg/kg（或 2.0 mg/L）。

6.3.6 食品中铁的测定

《食品安全国家标准 食品中铁的测定》（GB 5009.90—2016）规定了食品中铁含量测定的火焰原子吸收光谱法、电感耦合等离子体发射光谱法和电感耦合等离子体质谱法。电感耦合等离子体发射光谱法和电感耦合等离子体质谱法均是《食品安全国家标准 食品中多元素的测定》（GB 5009.268—2016）进行的技术规定。本部分主要学习火焰原子吸收光谱法测定食品中铁的相关技术要点。

1. 原理

试样消解后，经原子吸收火焰原子化，在 248.3 nm 处测定吸光度值。在一定浓度范围内铁的吸光度值与铁含量成正比，与标准系列比较定量。

2. 试剂和仪器

除非另有说明，本方法所用试剂均为优级纯，水为 GB/T 6682 规定的二级水。

试剂：硝酸；高氯酸；硫酸。

试剂配制：①硝酸溶液（5 + 95）：量取 50 mL 硝酸，倒入 950 mL 水中，混匀。②硝酸溶液（1 + 1）：量取 250 mL 硝酸，倒入 250 mL 水中，混匀。③硫酸溶液（1 + 3）：量取 50 mL 硫酸，缓慢倒入 150 mL 水中，混匀。

标准品：硫酸铁铵[$NH_4Fe(SO_4)_2 \cdot 12H_2O$]，纯度＞99.99%。或一定浓度经国家认证并授予标准物质证书的铁标准溶液。根据仪器性能和试样性质配制合适浓度的标准工作溶液。

仪器：原子吸收光谱仪（配火焰原子化器，铁空心阴极灯）；分析天平（感量 0.1 mg 和 1 mg）；微波消解仪（配聚四氟乙烯消解内罐）；可调式电热炉；可调式电热板；压力消解罐：配聚四氟乙烯消解内罐；恒温干燥箱；马弗炉。所有玻璃器皿及聚四氟乙烯消解内罐均需硝酸溶液（1 + 5）浸泡过夜，用自来水反复冲洗，最后用水冲洗干净。

3. 方法步骤

1）试样制备

粮食、豆类等干制食品样品，去除杂物后，粉碎，储于塑料瓶中。蔬菜、水果、鱼类、肉类等新鲜食品样品，用水洗净，晾干，取可食部分，制成匀浆，储于塑料瓶中。饮料、酒、醋、酱油、食用植物油、液态乳等液体样品，摇匀。

2）试样消解

目前，国家标准中规定的测定铁的试样消解方法有湿法消解法、微波消解法、压力罐消解法和干法灰化法。

3）标准曲线的制作

根据各自仪器性能调至最佳状态。仪器测试工作参考条件为：空气-乙炔火焰，波长 248.3 nm，狭缝 0.2 nm，灯电流 5～15 mA，燃烧头高度 3 mm，空气流量 9 L/min，乙炔流量 2 L/min。

将标准系列工作液按质量浓度由低到高的顺序分别导入火焰原子化器，测定其吸光度值。以铁标准系列溶液中铁的质量浓度为横坐标，以相应的吸光度值为纵坐标，制作标准曲线。

4）试样测定

在与测定标准溶液相同的实验条件下，将空白溶液和样品溶液分别导入原子化器，测定吸光度值，与标准系列比较定量。

4. 数据计算与结果表述

试样中铁的含量按式 6-12 计算：

$$X = \frac{(\rho - \rho_0) \times V}{m} \tag{6-12}$$

式中，X 为试样中铁的含量，mg/kg 或 mg/L；ρ 为测定样液中铁的质量浓度，mg/L；ρ_0 为空白液中铁的质量浓度，mg/L；V 为试样消解液的定容体积，mL；m 为试样称样量或移取体积，g 或 mL。当铁含量≥10.0 mg/kg 或 10.0 mg/L 时，计算结果保留三位有效数字；当铁含量＜10.0 mg/kg 或 10.0 mg/L 时，计算结果保留两位有效数字。

5. 方法评价

在重复性条件下获得的两次独立测定结果的绝对差值不得超过算术平均值的 10%。

当称样量为 0.5 g（或 0.5 mL），定容体积为 25 mL 时，方法检出限为 0.75 mg/kg（或 0.75 mg/L），定量限为 2.5 mg/kg（或 2.5 mg/L）。

6.3.7 食品中铜的测定

《食品安全国家标准 食品中铜的测定》（GB 5009.13—2017）规定了食品中铜的测定方法，分别是石墨炉原子吸收光谱法、火焰原子吸收光谱法、电感耦合等离子体质谱法和电感耦合等离子体发射光谱法。电感耦合等离子体质谱法和电感耦合等离子体发射光谱法均是《食品安全国家标准 食品中多元素的测定》（GB 5009.268—2016）进行的技术规定。本部分主要学习石墨炉原子吸收光谱法测定食品中铜的相关技术要点。

1. 原理

试样消解处理后，经石墨炉原子化，在 324.8 nm 处测定吸光度。在一定浓度范围内铜的吸光度值与铜含量成正比，与标准系列比较定量。

2. 试剂和仪器

除非另有说明，本方法所用试剂均为优级纯，水为 GB/T 6682 规定的二级水。

试剂：硝酸；高氯酸；磷酸二氢铵；硝酸钯。

试剂配制：①硝酸溶液（5＋95）：量取 50 mL 硝酸缓慢加入到 950 mL 水中，混匀。②硝酸溶液（1＋1）：量取 250 mL 硝酸，缓慢加入到 250 mL 水中，混匀。③磷酸二氢铵-硝酸钯溶液：称取 0.02 g 硝酸钯，加少量硝酸溶液（1＋1）溶解后，再加入 2 g 磷酸二氢铵，溶解后用硝酸溶液（5＋95）定容至 100 mL，混匀。

标准品：五水硫酸铜（$CuSO_4 \cdot 5H_2O$），纯度＞99.99%，或经国家认证并授予标准物质证书的一定浓度的铜标准溶液。

仪器：原子吸收光谱仪，配石墨炉原子化器，铜空心阴极灯；分析天平，感量 0.1 mg 和 1 mg；可调式电热炉；可调式电热板；微波消解系统：配聚四氟乙烯消解内罐；压力消解罐：配聚四氟乙烯消解内罐；恒温干燥箱；马弗炉。所有玻璃器皿及聚四氟乙烯消解内罐均需硝酸（1＋5）浸泡过夜，用自来水反复冲洗，最后用水冲洗干净。

3. 方法操作步骤

1）试样制备

粮食、豆类等干制食品样品，去除杂物后，粉碎，储于塑料瓶中。蔬菜、水果、鱼类、肉类等新鲜食品样品，用水洗净，晾干，取可食部分，制成匀浆，储于塑料瓶中。饮料、酒、醋、酱油、食用植物油、液态乳等液体样品，摇匀。

2）试样前处理

目前，国家标准中规定的测定铜的试样消解方法有湿法消解法、微波消解法、压力罐消解法和干法灰化法。

3）标准曲线的制作

根据各自仪器性能调至最佳状态。仪器测试工作参考条件为：波长 324.8 nm，狭缝 0.5 nm，灯电流 8～12 mA，干燥：85～120℃/40～50 s；灰化：800℃/20～30 s；原子化：2350℃/4～5 s。

按质量浓度由低到高的顺序分别将 10 μL 铜标准系列溶液和 5 μL 磷酸二氢铵-硝酸钯溶液（可根据所使用的仪器确定最佳进样量）同时注入石墨炉，原子化后测其吸光度值，以质量浓度为横坐标，吸光度值为纵坐标，制作标准曲线。

4）试样溶液的测定

与测定标准溶液相同的实验条件下，将 10 μL 空白溶液或试样溶液与 5 μL 磷酸二氢铵-硝酸钯溶液（可根据所使用的仪器确定最佳进样量）同时注入石墨炉，原子化后测其吸光度值，与标准系列比较定量。

4. 结果计算与表达

试样中铜的含量按式 6-13 计算：

$$X = \frac{(\rho - \rho_0) \times V}{m \times 1000} \tag{6-13}$$

式中，X 为试样中铜的含量，mg/kg 或 mg/L；ρ 为试样溶液中铜的质量浓度，μg/L；ρ_0 为空白溶液中铜的质量浓度，μg/L；V 为试样消解液的定容体积，mL；m 为试样称样量或移取体积，g 或 mL；1000 为换算系数。当铜含量≥1.00 mg/kg（或 mg/L）时，计算结果保留三位有效数字；当铜含量＜1.00 mg/kg（或 mg/L）时，计算结果保留两位有效数字。

5. 方法评价

在重复性条件下获得的两次独立测定结果的绝对差值不得超过算术平均值的 20%。

当称样量为 0.5 g（或 0.5 mL），定容体积为 10 mL 时，方法的检出限为 0.02 mg/kg（或 0.02 mg/L），定量限为 0.05 mg/kg（或 0.05 mg/L）。

6.3.8　食品中锌的测定

《食品安全国家标准 食品中锌的测定》（GB 5009.14—2017）规定了食品中锌含量测定的 4 种方法，分别是火焰原子吸收光谱法、电感耦合等离子体发射光谱法、电感耦合等离子体质谱法和二硫腙比色法。其中，火焰原子吸收光谱法与本节中所述铁、镁、钙火焰原子吸收光谱法工作原理相同，不同的是原子分光光度计要配备锌空心阴极灯，测试波长为 213.9 nm。电感耦合等离子体发射光谱法和电感耦合等离子体质谱法均是《食品安全国家标准 食品中多元素的测定》（GB 5009.268—2016）进行的技术规定。鉴于本节已学习了铁、镁、钙三种元素的火焰原子吸收光谱法，本部分重点学习测定锌元素的二硫腙比色法。

1. 原理

试样经消解后，在 pH 4.0～5.5 时，锌离子与二硫腙形成紫红色络合物，溶于四氯化碳，加入硫代硫酸钠，防止铜、汞、铅、铋、银和镉等离子干扰。于 530 nm 处测定吸光度与标准系列比较定量。

2. 试剂和仪器

除非另有说明，本方法所用试剂均为分析纯，水为 GB/T 6682 规定的二级水。

1）试剂

硝酸、高氯酸、盐酸、氨水、三水合乙酸钠、乙醇、冰乙酸：优级纯；二硫腙（$C_6H_5NHNHCSN=NC_6H_5$）；盐酸羟胺；硫代硫酸钠；酚红。

2）试剂配制

①硝酸溶液（5 + 95）：量取 50 mL 硝酸，缓慢加入到 950 mL 水中，混匀。②硝酸溶液（1 + 9）：量取 50 mL 硝酸，缓慢加入到 450 mL 水中，混匀。③氨水溶液（1 + 1）：量取 100 mL 氨水，加入 100 mL 水中，混匀。④氨水溶液（1 + 99）：量取 10 mL 氨水，加入 990 mL 水中，混匀。⑤盐酸溶液（2 mol/L）：量取 10 mL 盐酸，加水稀释至 60 mL，混匀。⑥盐酸溶液（0.02 mol/L）：吸取 1 mL 盐酸溶液（2 mol/L），加水稀释至 100 mL，混匀。⑦盐酸溶液（1 + 1）：量取 100 mL 盐酸，加入 100 mL 水中，混匀。⑧乙酸钠溶液（2 mol/L）：称取 68 g 三水合乙酸钠，加水溶解后稀释至 250 mL，混匀。⑨乙酸溶液（2 mol/L）：量取 10 mL 冰乙酸，加水稀释至 85 mL，混匀。⑩二硫腙-四氯化碳溶液（0.1 g/L）：称取 0.1 g 二硫腙，用四氯化碳溶解，定容至 1000 mL，混匀，保存于 0～5℃下。必要时用下述方法纯化。称取 0.1 g 研细的二硫腙，溶于 50 mL 四氯化碳中，如不全溶，可用滤纸过滤于 250 mL 分液漏斗中，用氨水溶液（1 + 99）提取三次，每次 100 mL，将提取液用棉花过滤至 500 mL 分液漏斗中，用盐酸溶液（1 + 1）调至酸性，将沉淀出的二硫腙用四氯化碳提取 2～3 次，每次 20 mL，合并四氯化碳层，用等量水洗涤两次，弃去洗涤液，在 50℃水浴上蒸去四氯化碳。精制的二硫腙置硫酸干燥器中，干燥备用。或将沉淀出的二硫腙用 200 mL、200 mL、100 mL 四氯化碳提取三次，合并四氯化碳层为

二硫腙-四氯化碳溶液。⑪乙酸-乙酸盐缓冲液：乙酸钠溶液（2 mol/L）与乙酸溶液（2 mol/L）等体积混合，此溶液 pH 为 4.7 左右。用二硫腙-四氯化碳溶液（0.1 g/L）提取数次，每次 10 mL，除去其中的锌，至四氯化碳层绿色不变为止，弃去四氯化碳层，再用四氯化碳提取乙酸-乙酸盐缓冲液中过剩的二硫腙，至四氯化碳无色，弃去四氯化碳层。⑫盐酸羟胺溶液（200 g/L）：称取 20 g 盐酸羟胺，加 60 mL 水，滴加氨水溶液（1 + 1），调节 pH 至 4.0～5.5，加水至 100 mL。用二硫腙-四氯化碳溶液（0.1 g/L）提取数次，每次 10 mL，除去其中的锌，至四氯化碳层绿色不变为止，弃去四氯化碳层，再用四氯化碳提取乙酸-乙酸盐缓冲液中过剩的二硫腙，至四氯化碳无色，弃去四氯化碳层。⑬硫代硫酸钠溶液（250 g/L）：称取 25 g 硫代硫酸钠，加 60 mL 水，用乙酸溶液（2 mol/L）调节 pH 至 4.0～5.5，加水至 100 mL。用二硫腙-四氯化碳溶液（0.1 g/L）提取数次，每次 10 mL，除去其中的锌，至四氯化碳层绿色不变为止，弃去四氯化碳层，再用四氯化碳提取乙酸-乙酸盐缓冲液中过剩的二硫腙，至四氯化碳无色，弃去四氯化碳层。⑭二硫腙使用液：吸取 1.0 mL 二硫腙-四氯化碳溶液（0.1 g/L），加四氯化碳至 10.0 mL，混匀。用 1 cm 比色杯，以四氯化碳调节零点，于波长 530 nm 处测吸光度（A）。用式 6-14 计算出配制 100 mL 二硫腙使用液（57%透光率）所需的二硫腙-四氯化碳溶液（0.1 g/L）毫升数（V）。量取计算所得体积的二硫腙-四氯化碳溶液（0.1 g/L），用四氯化碳稀释至 100 mL。⑮酚红指示液（1 g/L）：称取 0.1 g 酚红，用乙醇溶解并定容至 100 mL，混匀。

$$V=\frac{10\times(2-\lg 57)}{A}=\frac{2.44}{A} \tag{6-14}$$

3）标准品

氧化锌（ZnO）：纯度＞99.99%，或经国家认证并授予标准物质证书的一定浓度的锌标准溶液。

4）仪器

分光光度计；分析天平：感量 0.1 mg 和 1 mg；可调式电热炉；可调式电热板；马弗炉。所有玻璃器皿均需硝酸（1 + 5）浸泡过夜，用自来水反复冲洗，最后用水冲洗干净。

3. 方法操作步骤

1）试样制备

粮食、豆类等干制食品样品，去除杂物后，粉碎，储于塑料瓶中。蔬菜、水果、鱼类、肉类等新鲜食品样品，用水洗净，晾干，取可食部分，制成匀浆，储于塑料瓶中。饮料、酒、醋、酱油、食用植物油、液态乳等液体样品，摇匀。

2）试样预处理

食品试样中的锌赋存稳定，可采用湿法消解、微波消解、压力罐消解、干法灰化等各种有机物破坏手段，对试样进行预处理。

3）测定

（1）标准曲线的制作

准确吸取 0 mL、1.00 mL、2.00 mL、3.00 mL、4.00 mL 和 5.00 mL 锌标准使用液（相当 0 μg、1.00 μg、2.00 μg、3.00 μg、4.00 μg 和 5.00 μg 锌），分别置于 125 mL 分液漏斗

中，各加盐酸溶液（0.02 mol/L）至 20 mL。于各分液漏斗中，各加 10 mL 乙酸-乙酸盐缓冲液、1 mL 硫代硫酸钠溶液（250 g/L），摇匀，再各加入 10 mL 二硫腙使用液，剧烈振摇 2 min。静置分层后，经脱脂棉将四氯化碳层滤入 1 cm 比色杯中，以四氯化碳调节零点，于波长 530 nm 处测吸光度，以质量为横坐标，吸光度值为纵坐标，制作标准曲线。

（2）试样测定

准确吸取 5.00～10.0 mL 试样消解液和相同体积的空白消解液，分别置于 125 mL 分液漏斗中，加 5 mL 水、0.5 mL 盐酸羟胺溶液（200 g/L），摇匀，再加 2 滴酚红指示液（1 g/L），用氨水溶液（1 + 1）调节至红色，再多加 2 滴。再加 5 mL 二硫腙-四氯化碳溶液（0.1 g/L），剧烈振摇 2 min，静置分层。将四氯化碳层移入另一分液漏斗中，水层再用少量二硫腙-四氯化碳溶液（0.1 g/L）振摇提取，每次 2～3 mL，直至二硫腙-四氯化碳溶液（0.1 g/L）绿色不变为止。合并提取液，用 5 mL 水洗涤，四氯化碳层用盐酸溶液（0.02 mol/L）提取 2 次，每次 10 mL，提取时剧烈振摇 2 min，合并盐酸溶液（0.02 mol/L）提取液，并用少量四氯化碳洗去残留的二硫腙。

将上述试样提取液和空白提取液移入 125 mL 分液漏斗中，各加 10 mL 乙酸-乙酸盐缓冲液、1 mL 硫代硫酸钠溶液（250 g/L），摇匀，再各加入 10 mL 二硫腙使用液，剧烈振摇 2 min。静置分层后，经脱脂棉将四氯化碳层滤入 1 cm 比色杯中，以四氯化碳调节零点，于波长 530 nm 处测定吸光度，与标准曲线比较定量。

4. 结果计算与表达

试样中锌的含量按式 6-15 计算：

$$X = \frac{(m_1 - m_0) \times V_1}{m_2 \times V_2} \tag{6-15}$$

式中，X 为试品中锌的含量，mg/kg 或 mg/L；m_1 为测定用试样溶液中锌的质量，μg；m_0 为空白溶液中锌的质量，μg；m_2 为试样称样量或移取体积，g 或 mL；V_1 为试样消解液的定容体积，mL；V_2 为测定用试样消解液的体积，mL。计算结果保留三位有效数字。

5. 方法评价

在重复性条件下获得的两次独立测定结果的绝对差不得超过算术平均值的 10%。

当称样量为 1 g（或 1 mL），定容体积为 25 mL 时，方法的检出限为 7 mg/kg（或 7 mg/L），定量限为 21 mg/kg（或 21 mg/L）。

6.3.9 食品中硒的测定

在科学研究上一直在争论食品中赋存的硒对人体健康是有益的还是可能有害的。研究认为硒元素作为人体必需的微量元素，具有抗癌、预防心血管疾病、增强生殖能力、抗氧化、提高机体免疫力等健康促进作用。但摄入硒元素过多也会导致硒中毒，出现凝血时间延长、脱发、指甲脱落和眉下皮肤发痒等症状。并且硒过量摄入也会引起 DNA 碱基替换概率增加，诱发染色体畸变，甚至引起细胞癌变。在多个国家和地区经常发生人、畜硒中毒以及鸟类胚胎畸形等情况，均与过量摄入硒有关。事实上硒元素的毒性与营养阈值范围很窄，我国的推荐硒摄入范围为 50～250 μg/d，硒的中毒量界限（指甲变形）为 800 μg/d。

在《食品安全国家标准 食品中污染物限量》（GB 2762）修订过程中，《食品中污染物限量》（GB 2762—2005）将硒作为污染物进行限量规定。实际上，除极个别地区外，我国大部分地区是硒缺乏地区。我国实验室检测、全国营养调查和总膳食研究数据显示，各类地区居民硒摄入量较低，20 世纪 60 年代以来，我国极个别发生硒中毒地区采取相关措施有效降低了硒摄入，地方性硒中毒得到了很好控制，多年来未发现硒中毒现象。以上情况表明，硒限量标准在控制硒中毒方面的作用已经有限。2011 年卫生部取消《食品中污染物限量》（GB 2762—2005）中硒指标（2011 年第 3 号公告），不再将硒作为食品污染物控制。国际食品法典委员会和多数国家、地区将硒从食品污染物中删除。为确保缺硒人群硒元素摄入，《食品安全国家标准 食品营养强化剂使用标准》（GB 14880—2012）规定在特定食品种类中，可按照规定强化量对食品进行强化。

《食品安全国家标准 食品中硒的测定》（GB 5009.93—2017）规定了食品中硒含量测定的三种方法，分别是氢化物原子荧光光谱法、荧光分光光度法和电感耦合等离子体质谱法。其中电感耦合等离子体质谱法主要由《食品安全国家标准 食品中多元素的测定》（GB 5009.268—2016）进行相关技术规定，本部分主要学习氢化物原子荧光光谱法。

1. 原理

试样经酸加热消解后，在 6 mol/L 盐酸介质中，将试样中的六价硒还原成四价硒，用硼氢化钠或硼氢化钾作还原剂，将四价硒在盐酸介质中还原成硒化氢，由载气（氩气）带入原子化器中进行原子化，在硒空心阴极灯照射下，基态硒原子被激发至高能态，在去活化回到基态时，发射出特征波长的荧光，其荧光强度与硒含量成正比，与标准系列比较定量。

2. 试剂和仪器

除非另有说明，本方法所用试剂均为分析纯，水为 GB/T 6682 规定的二级水。

试剂：硝酸、高氯酸、盐酸、氢氧化钠、硼氢化钠：优级纯；过氧化氢；铁氰化钾。

试剂配制：①硝酸-高氯酸混合酸（9 + 1）：将 900 mL 硝酸与 100 mL 高氯酸混匀。②氢氧化钠溶液（5 g/L）：称取 5 g 氢氧化钠，溶于 1000 mL 水中，混匀。③硼氢化钠碱溶液（8 g/L）：称取 8 g 硼氢化钠，溶于氢氧化钠溶液（5 g/L）中，混匀。现配现用。④盐酸溶液（6 mol/L）：量取 50 mL 盐酸，缓慢加入 40 mL 水中，冷却后用水定容至 100 mL，混匀。⑤铁氰化钾溶液（100 g/L）：称取 10 g 铁氰化钾，溶于 100 mL 水中，混匀。⑥盐酸溶液（5 + 95）：量取 25 mL 盐酸，缓慢加入 475 mL 水中，混匀。

标准品：硒标准溶液，1000 mg/L，或直接选用经国家认证并授予标准物质证书的一定浓度的硒标准溶液。配制成质量浓度分别为 0 μg/L、5.00 μg/L、10.0 μg/L、20.0 μg/L 和 30.0 μg/L 的硒标准系列工作溶液。也可根据仪器的灵敏度及样品中硒的实际含量确定标准系列溶液中硒元素的质量浓度。

仪器：原子荧光光谱仪：配硒空心阴极灯；天平：感量为 1 mg；电热板；微波消解系统：配聚四氟乙烯消解内罐。所有玻璃器皿及聚四氟乙烯消解内罐均需硝酸溶液（1 + 5）浸泡过夜，用自来水反复冲洗，最后用水冲洗干净。

3. 方法步骤

1）试样制备

粮食、豆类等干制食品样品，去除杂物后，粉碎，储于塑料瓶中。蔬菜、水果、鱼类、肉类等新鲜食品样品，用水洗净，晾干，取可食部分，制成匀浆，储于塑料瓶中。饮料、酒、醋、酱油、食用植物油、液态乳等液体样品，摇匀。

2）试样消解

在较高温度下硒具有一定的挥发性，所以采用湿法消解和微波消解预处理试样，消解液冷却后转移至 10 mL 容量瓶中，加入 2.5 mL 铁氰化钾溶液（100 g/L），用水定容，混匀待测。同时做试剂空白试验。

3）测定

（1）仪器参考条件

根据各自仪器性能调至最佳状态。参考条件为：负高压 340 V；灯电流 100 mA；原子化温度 800℃；炉高 8 mm；载气流速 500 mL/min；屏蔽气流速 1000 mL/min；测量方式标准曲线法；读数方式峰面积；延迟时间 1 s；读数时间 15 s；加液时间 8 s；进样体积 2 mL。

（2）标准曲线的制作

以盐酸溶液（5 + 95）为载流，硼氢化钠碱溶液（8 g/L）为还原剂，连续用标准系列的零管进样，待读数稳定之后，将标硒标准系列溶液按质量浓度由低到高的顺序分别导入仪器，测定其荧光强度，以质量浓度为横坐标，荧光强度为纵坐标，制作标准曲线。

（3）试样测定

在与测定标准系列溶液相同的实验条件下，将空白溶液和试样溶液分别导入仪器，测其荧光值强度，与标准系列比较定量。

4. 数据计算与结果表述

试样中硒的含量按式 6-16 计算：

$$X = \frac{(\rho - \rho_0) \times V}{m \times 1000} \tag{6-16}$$

式中，X 为试样中硒的含量，mg/kg 或 mg/L；ρ 为试样溶液中硒的质量浓度，μg/L；ρ_0 为空白溶液中硒的质量浓度，μg/L；V 为试样消解液总体积，mL；m 为试样称样量或移取体积，g 或 mL；1000 为换算系数。当硒含量≥1.00 mg/kg（或 mg/L）时，计算结果保留三位有效数字，当硒含量＜1.00 mg/kg（或 mg/L）时，计算结果保留两位有效数字。

5. 方法评价

在重复性条件下获得的两次独立测定结果的绝对差值不得超过算术平均值的 20%。当称样量为 1 g（或 1 mL），定容体积为 10 mL 时，方法的检出限为 0.002 mg/kg（或 0.002 mg/L），定量限为 0.006 mg/kg（或 0.006 mg/L）。

第 7 章　食品中脂类物质的测定

7.1　概　述

7.1.1　食品中的脂类物质

脂类指的是生物体存在的能溶于有机溶剂而不溶或微溶于水的一大类有机化合物。食品中的脂类、糖类和蛋白质是食品供给人体最主要的营养性物质。一般认为食品中的脂类物质是脂肪和类脂的总称。脂肪描述的是酰基甘油化合物，其中三酰基甘油（甘油三酯）是食品中脂类的主要成分，比如，牛乳中甘油三酯占总脂类的 97%～99%。类脂则是指非酰基甘油化合物，如脂肪酸、糖脂、磷脂、固醇和固醇脂等。

为了进一步帮助区分食品中的脂类及其在食品中的赋存对人体健康的意义，脂类还可分类为简单脂类、复合脂类和衍生脂类。简单脂类是指由脂肪酸与醇反应生成的酯类，如脂肪（酰基甘油）、蜡（指长链脂肪醇与长链脂肪酸形成的酯，如食品添加剂十六烷酸十六酯；食品中天然赋存的维生素 A 全反式棕榈酸酯等）；复合脂类是指除了脂肪酸和醇，还有其他基团的脂类化合物，如磷脂（最具有代表性的是构成细胞质膜的各种甘油磷脂）、脑苷脂（最具代表性的是神经节脑苷脂，一种复合糖脂，参与细胞的结构与功能，促进脑部神经元的生长和链接，所以会存在于乳制品的脂肪里，供婴幼儿膳食需求）、鞘磷脂（最具代表性的是存在于哺乳动物髓鞘的神经鞘磷脂）；衍生脂类是指中性脂或复合脂类的衍生物，如脂肪酸、长链醇、甾醇、脂溶性维生素等。

不同资料也有将食用的脂类以其在常温下呈现的状态分为油和脂肪。油一般是指在室温下呈现液态的甘油三酯类物质，例如大豆油、橄榄油、茶籽油、核桃油等，通常来源于植物。脂肪一般是指在室温下呈现固态的甘油三酯类物质，如猪油、牛油等，多数来源于动物，也有常温下呈现固态的植物源油脂，如椰子油、棕榈油，这主要取决于脂类的熔点，具体可参阅《食品化学》。

7.1.2　食品中脂类物质的含量

食品中可能含有上述提及的部分或全部种类的脂类，表 7-1 给出了牛乳中脂类的含量及种类，可见食品体系中脂类的多样性和复杂性，但是其总量统称为食品中的脂肪含量。表 7-2 示例了不同食品的脂肪含量。

表 7-1　牛乳中脂类的含量及种类

脂类的种类	占总脂类的比例/%	脂类的种类	占总脂类的比例/%
甘油三酯	97～99	游离脂肪酸	0.10～0.44
甘油二酯	0.28～0.59	维生素 A	7～8.5 μg/g

续表

脂类的种类	占总脂类的比例/%	脂类的种类	占总脂类的比例/%
甘油单酯	0.016～0.038	类胡萝卜素	8～10 μg/g
蜡	痕量	维生素 D	痕量
磷脂	0.2～1.0	维生素 E	2～5 μg/g
甾醇	0.25～0.40	维生素 K	痕量
角鲨烯	痕量		

表 7-2 不同食品的脂肪含量

食品项目	脂肪含量/%（质量分数）	食品项目	脂肪含量/%（质量分数）
谷物食品、面包、通心粉		水果和蔬菜	
天然小麦粉	9.7	鳄梨（美国产）	15.3
高粱	3.3	苹果（带皮）	0.4
大米	0.7	黑莓（带皮）	0.4
小麦面包	3.9	甜玉米（黄色）	1.2
干通心粉	1.6	芦笋	0.2
乳制品		豆类	
干酪	33.1	成熟的生大豆	19.9
液体全脂牛乳	3.3	成熟的生黑豆	1.4
液体脱脂牛乳	0.2	肉、家禽和鱼	
脂肪和油脂		新鲜的咸猪肉	57.5
猪脂	100	牛肉	10.7
黄油（含盐）	81.1	比目鱼	2.3
人造奶油	80.5	鳕鱼	0.7
沙拉调味料		坚果类	
蛋黄酱（豆油制）	79.4	干核桃	56.6
意大利产品	48.3	干杏仁	52.2

7.1.3 食品中脂类物质测定的意义

脂肪是食品中重要的营养成分之一，可为人体提供必需脂肪酸。脂肪是一种富含热能的营养素，每克脂肪在体内可提供的热能比碳水化合物和蛋白质要高一倍以上。脂肪是脂溶性维生素的含有者和传递者，有助于脂溶性维生素的吸收。脂肪可以与蛋白质结合生成的脂蛋白，对调节人体生理机能和完成体内生化反应方面起着十分重要的作用。但过量摄入脂肪对人体健康也是不利的。如摄入含脂过多的动物性食品（动物内脏等），会导致体内胆固醇增高，从而导致心血管疾病的产生。

食品生产加工过程中，原料、半成品、成品的脂类的含量会直接影响到产品的外观、风味、口感、组织结构、品质等。蔬菜本身的脂肪含量较低，在生产蔬菜罐头时，添加适量的脂肪可改善其产品的风味。而面包、蛋糕等焙烤食品，脂肪含量特别是卵磷脂等组分，会直接影响面包心的柔软度、面包的体积及其结构等。因此，食品中脂肪含量是一项重要的监测和控制指标。测定食品中的脂肪含量，不仅可以用来评价食品的品质，衡量食品的营养价值，而且对实现生产过程的质量管理、实行工艺监督等方面有着重要的意义。

7.2　脂肪含量的测定

目前，测定食品中脂肪含量的方法比较多，我国主要是《食品安全国家标准 食品中脂肪的测定》（GB 5009.6—2016）中规定的索氏抽提法、酸水解法、碱水解法和盖勃法。本节主要依据 GB 5009.6—2016 中规定的 4 个方法进行学习，另外还介绍了氯仿-甲醇提取法（AOAC 法）。

7.2.1　索氏抽提法

1. 原理

脂肪易溶于有机溶剂。试样直接用无水乙醚或石油醚等溶剂抽提后，蒸发除去溶剂，干燥，得到游离态脂肪的含量。

2. 试剂与材料

除非另有说明，本方法所用试剂均为分析纯，水为 GB/T 6682 规定的三级水。

试剂：无水乙醚；石油醚，沸程为 60～90℃。

材料：石英砂；脱脂棉。

3. 仪器和设备

索氏抽提器；恒温水浴锅；分析天平：感量 0.001 g 和 0.0001 g；电热鼓风干燥箱；干燥器：内装有效干燥剂，如硅胶；滤纸筒；蒸发皿。

4. 方法操作步骤

1）试样处理

固体试样：称取充分混匀后的试样 2～5 g，准确至 0.001 g，全部移入滤纸筒内。

液体或半固体试样：称取混匀后的试样 5～10 g，准确至 0.001 g，置于蒸发皿中，加入约 20 g 石英砂，于沸水浴上蒸干后，在电热鼓风干燥箱中于 100℃±5℃干燥 30 min 后，取出，研细，全部移入滤纸筒内。蒸发皿及粘有试样的玻璃棒，均用沾有乙醚的脱脂棉擦净，并将棉花放入滤纸筒内。

2）抽提

将滤纸筒放入索氏抽提器的抽提筒内，连接已干燥至恒重的接收瓶，由抽提器冷凝管上端加入无水乙醚或石油醚至瓶内容积的三分之二处，于水浴上加热，使无水乙醚或石油醚不断回流抽提（6～8 次/h），一般抽提 6～10 h。提取结束时，用磨砂玻璃棒接取 1 滴提取液，磨砂玻璃棒上无油斑表明提取完毕。

3）称量

取下接收瓶，回收无水乙醚或石油醚，待接收瓶内溶剂剩余 1～2 mL 时在水浴上蒸干，再于 100℃±5℃干燥 1 h，放干燥器内冷却 0.5 h 后称量。重复以上操作直至恒重（直至两次称量的差不超过 2 mg）。

4）数据计算和结果表述

试样中脂肪的含量按式 7-1 计算：

$$X=\frac{m_1-m_0}{m_2}\times 100 \quad (7\text{-}1)$$

式中，X 为试样中脂肪的含量，g/100 g；m_1 为恒重后接收瓶和脂肪的含量，g；m_0 为接收瓶的质量，g；m_2 为试样的质量，g；100 为换算系数。计算结果表示到小数点后一位。

5. 方法评价

适合用于脂类含量较高，结合态的脂类含量较少，能烘干磨细，不易吸湿结块的食品样品。在重复性条件下获得的两次独立测定结果的绝对差值不得超过算术平均值的 10%。

7.2.2　酸水解法

1. 原理

食品中的结合态脂肪必须用强酸使其游离出来，游离出的脂肪易溶于有机溶剂。试样经盐酸水解后用无水乙醚或石油醚提取，除去溶剂即得游离态和结合态脂肪的总含量。

2. 试剂与材料

除非另有说明，本方法所用试剂均为分析纯，水为 GB/T 6682 规定的三级水。

试剂：盐酸；乙醇；无水乙醚；石油醚：沸程为 60～90℃；碘；碘化钾。

试剂配制：①盐酸溶液（2 mol/L）：量取 50 mL 盐酸，加入到 250 mL 水中，混匀。②碘液（0.05 mol/L）：称取 6.5 g 碘和 25 g 碘化钾于少量水中溶解，稀释至 1 L。

材料：蓝色石蕊试纸；脱脂棉；滤纸，中速。

3. 仪器和设备

恒温水浴锅；电热板：满足 200℃高温；锥形瓶；分析天平：感量为 0.1 g 和 0.001 g；电热鼓风干燥箱。

4. 方法操作步骤

1）试样酸水解

（1）肉制品

称取混匀后的试样 3～5 g，准确至 0.001 g，置于 250 mL 锥形瓶中，加入 50 mL 2 mol/L 盐酸溶液和数粒玻璃细珠，盖上表面皿，于电热板上加热至微沸，保持 1 h，每 10 min 旋转摇动 1 次。取下锥形瓶，加入 150 mL 热水，混匀，过滤。锥形瓶和表面皿用热水洗净，热水一并过滤。沉淀用热水洗至中性（用蓝色石蕊试纸检验，中性时试纸不变色）。将沉淀和滤纸置于大表面皿上，于 100℃±5℃干燥箱内干燥 1 h，冷却。

（2）淀粉

称取混匀后的试样 25～50 g，准确至 0.1 g，倒入烧杯并加入 100 mL 水。将 100 mL 盐酸缓慢加到 200 mL 水中，并将该溶液在电热板上煮沸后加入样品液中，加热此混合液至沸腾并维持 5 min，停止加热后，取几滴混合液于试管中，待冷却后加入 1 滴碘液，若无蓝色出现，可进行下一步操作。若出现蓝色，应继续煮沸混合液，并用上述方法不断地进行检查，直至确定混合液中不含淀粉为止，再进行下一步操作。

将盛有混合液的烧杯置于水浴锅（70～80℃）中 30 min，不停地搅拌，以确保温度均匀，使脂肪析出。用滤纸过滤冷却后的混合液，并用干滤纸片取出黏附于烧杯内壁的脂肪。为确保定量的准确性，应将冲洗烧杯的水进行过滤。在室温下用水冲洗沉淀和干滤纸片，直至滤液用蓝色石蕊试纸检验不变色。将含有沉淀的滤纸和干滤纸片折叠后，放置于大表面皿上，在 100℃±5℃的电热恒温干燥箱内干燥 1 h。

（3）其他食品

①固体试样：称取约 2～5 g，准确至 0.001 g，置于 50 mL 试管内，加入 8 mL 水，混匀后再加 10 mL 盐酸。将试管放入 70～80℃水浴中，每隔 5～10 min 以玻璃棒搅拌 1 次，至试样消解完全为止，约 40～50 min。

②液体试样：称取约 10 g，准确至 0.001 g，置于 50 mL 试管内，加 10 mL 盐酸。其余操作同上述①。

2）抽提

（1）肉制品、淀粉

将干燥后的试样装入滤纸筒内，将滤纸筒放入索氏抽提器的抽提筒内，连接已干燥至恒重的接收瓶，由抽提器冷凝管上端加入无水乙醚或石油醚至瓶内容积的三分之二处，于水浴上加热，使无水乙醚或石油醚不断回流抽提（6～8 次/h），一般抽提 6～10 h。提取结束时，用磨砂玻璃棒接取 1 滴提取液，磨砂玻璃棒上无油斑表明提取完毕。

（2）其他食品

取出试管，加入 10 mL 乙醇，混合。冷却后将混合物移入 100 mL 具塞量筒中，以 25 mL 无水乙醚分数次洗试管，一并倒入量筒中。待无水乙醚全部倒入量筒后，加塞振摇 1 min，小心开塞，放出气体，再塞好，静置 12 min，小心开塞，并用乙醚冲洗塞及量筒口附着的脂肪。静置 10～20 min，待上部液体清晰，吸出上清液于已恒重的锥形瓶内，再加 5 mL 无水乙醚于具塞量筒内，振摇，静置后，仍将上层乙醚吸出，放入原锥形瓶内。

（3）称量

取下接收瓶，回收无水乙醚或石油醚，待接收瓶内溶剂剩余 1～2 mL 时在水浴上蒸干，再于 100℃±5℃干燥 1 h，放干燥器内冷却 0.5 h 后称量。重复以上操作直至恒重（直至两次称量的差不超过 2 mg）。

5. 数据计算和结果表述

试样中脂肪的含量按式 7-2 计算：

$$X=\frac{m_1-m_0}{m_2}\times 100 \tag{7-2}$$

式中，X 为试样中脂肪的含量，g/100 g；m_1 为恒重后接收瓶和脂肪的含量，g；m_0 为接收瓶的质量，g；m_2 为试样的质量，g；100 为换算系数。计算结果表示到小数点后一位。

6. 方法评价

适用于各类食品中脂肪的测定，对固体、半固体、黏稠液体或液体食品，特别是加工后的混合食品，易吸潮、结块、不易烘干的食品，不能采用索氏提取法时，用此法效果较好。在重复性条件下获得的两次独立测定结果的绝对差值不得超过算术平均值的 10%。

7.2.3　碱水解法

1. 原理

用无水乙醚和石油醚抽提样品的碱（氨水）水解液，通过蒸馏或蒸发去除溶剂，测定溶于溶剂中的抽提物的质量。

2. 试剂与试剂配制

除非另有说明，本方法所用试剂均为分析纯，水为 GB/T 6682 规定的三级水。

试剂：淀粉酶，酶活力≥1.5 U/mg；氨水，质量分数约 25%，可使用比此浓度更高的氨水；乙醇；无水乙醚；石油醚：沸程为 60～90℃；刚果红；盐酸；碘。

试剂配制：①混合溶剂：等体积混合乙醚和石油醚，现用现配。②碘溶液（0.1 mol/L）：称取碘 12.7 g 和碘化钾 25 g，于水中溶解并定容至 1 L。③刚果红溶液：将 1 g 刚果红溶于水中，稀释至 100 mL。注：可选择性地使用。刚果红溶液可使溶剂和水相界面清晰，也可使用其他能使水相染色而不影响测定结果的溶液。④盐酸溶液（6 mol/L）：量取 50 mL 盐酸缓慢倒入 40 mL 水中，定容至 100 mL，混匀。

3. 仪器和设备

分析天平：感量为 0.0001 g；电热鼓风干燥箱；恒温水浴锅；干燥器：内装有效干燥剂，如硅胶；抽脂瓶：应带有软木塞或其他不影响溶剂使用的瓶塞（如硅胶或聚四氟乙烯）。软木塞应先浸泡于乙醚中，后放入 60℃或 60℃以上的水中保持至少 15 min，冷却后使用。不用时需浸泡在水中，浸泡用水每天更换 1 次。

4. 方法操作步骤

1）试样碱水解

（1）巴氏杀菌乳、灭菌乳、生乳、发酵乳、调制乳

称取充分混匀试样 10 g（精确至 0.0001 g）于抽脂瓶中。加入 2.0 mL 氨水，充分混合后立即将抽脂瓶放入 65℃±5℃的水浴中，加热 15～20 min，不时取出振荡。取出后，冷却至室温。静置 30 s。

（2）乳粉和婴幼儿食品

称取混匀后的试样，高脂乳粉、全脂乳粉、全脂加糖乳粉和婴幼儿食品约 1 g（精确至 0.0001 g），脱脂乳粉、乳清粉、酪乳粉约 1.5 g（精确至 0.0001 g），其余操作同（1）。

（3）不含淀粉样品

加入 10 mL 65℃±5℃的水，将试样洗入抽脂瓶的小球，充分混合，直到试样完全分散，放入流动水中冷却。

（4）含淀粉样品

将试样放入抽脂瓶中，加入约 0.1 g 的淀粉酶，混合均匀后，加入 8～10 mL 45℃的水，注意液面不要太高。盖上瓶塞于搅拌状态下，置 65℃±5℃水浴中 2 h，每隔 10 min 摇混 1 次。为检验淀粉是否水解完全可加入 2 滴约 0.1 mol/L 的碘溶液，如无蓝色出现说明水解完全，否则将抽脂瓶重新置于水浴中，直至无蓝色产生。抽脂瓶冷却至室温。其余操作同（1）。

（5）炼乳

脱脂炼乳、全脂炼乳和部分脱脂炼乳称取约 3～5 g、高脂炼乳称取约 1.5 g（精确至 0.0001 g），用 10 mL 水，分次洗入抽脂瓶小球中，充分混合均匀。其余操作同（1）。

（6）奶油、稀奶油

先将奶油试样放入温水浴中溶解并混合均匀后，称取试样约 0.5 g（精确至 0.0001 g），稀奶油称取约 1 g 于抽脂瓶中，加入 8～10 mL 约 45℃的水。再加 2 mL 氨水充分混匀。其余操作同（1）。

（7）干酪

称取约 2 g 研碎的试样（精确至 0.0001 g）于抽脂瓶中，加 10 mL 6 mol/L 盐酸，混匀，盖上瓶塞，于沸水中加热 20～30 min，取出冷却至室温，静置 30 s。

2）抽提脂质

①加入 10 mL 乙醇，缓和但彻底地进行混合，避免液体太接近瓶颈。如果需要，可加入 2 滴刚果红溶液。

②加入 25 mL 乙醚，塞上瓶塞，将抽脂瓶保持在水平位置，小球的延伸部分朝上夹到摇混器上，按约 100 次/min 振荡 1 min，也可采用手动振摇方式。但均应注意避免形成持久乳化液。抽脂瓶冷却后小心地打开塞子，用少量的混合溶剂冲洗塞子和瓶颈，使冲洗液流入抽脂瓶。

③加入 25 mL 石油醚，塞上重新润湿的塞子，轻轻振荡 30 s。

④将加塞的抽脂瓶放入离心机中，在 500～600 r/min 下离心 5 min，否则将抽脂瓶静置至少 30 min，直到上层液澄清，并明显与水相分离。

⑤小心地打开瓶塞，用少量的混合溶剂冲洗塞子和瓶颈内壁，使冲洗液流入抽脂瓶。

如果两相界面低于小球与瓶身相接处，则沿瓶壁边缘慢慢地加入水，使液面高于小球和瓶身相接处，以便于倾倒。

⑥将上层液尽可能地倒入已准备好的加入沸石的脂肪收集瓶中，避免倒出水层。

⑦向抽脂瓶中加入 5 mL 乙醇，用乙醇冲洗瓶颈内壁，混合，用 15 mL 无水乙醚和 15 mL 石油醚，进行第 2 次抽提。

⑧用 15 mL 无水乙醚和 15 mL 石油醚，进行第 3 次抽提。

⑨空白试验与样品检验同时进行，采用 10 mL 水代替试样，使用相同步骤和相同试剂。

3）称量

合并所有提取液，既可采用蒸馏的方法除去脂肪收集瓶中的溶剂，也可于沸水浴上蒸发至干来除掉溶剂。蒸馏前用少量混合溶剂冲洗瓶颈内部。将脂肪收集瓶放入 100℃±5℃的烘箱中干燥 1 h，取出后置于干燥器内冷却 0.5 h 后称量。重复以上操作直至恒重（直至两次称量的差不超过 2 mg）。

4）数据计算和结果表述

试样中脂肪的含量按式 7-3 计算：

$$X = \frac{(m_1 - m_2) - (m_3 - m_4)}{m} \times 100 \tag{7-3}$$

式中，X 为试样中脂肪的含量，g/100 g；m_1 为恒重后脂肪收集瓶和脂肪的质量，g；m_2 为脂肪收集瓶的质量，g；m_3 为空白试验中，恒重后脂肪收集瓶和抽提物的质量，g；m_4 为空白试验中脂肪收集瓶的质量，g；m 为样品的质量，g；100 为换算系数。结果保留三位有效数字。

5. 方法评价

碱水解法适用于乳及乳制品，婴幼儿配方食品中脂肪的测定。当样品中脂肪含量≥15%时，两次独立测定结果之差≤0.3 g/100 g；当样品中脂肪含量在 5%～15%时，两次独立测定结果之差≤0.2 g/100 g；当样品中脂肪含量≤5%时，两次独立测定结果之差≤0.1 g/100 g。

7.2.4　盖勃法

1. 原理

在乳中加入硫酸破坏乳胶质性和覆盖在脂肪球上的蛋白质外膜，离心分离脂肪后测量其体积。

2. 试剂和器皿

除非另有说明，本方法所用试剂均为分析纯，水为 GB/T 6682 规定的三级水。

试剂：硫酸；异戊醇。

器皿：乳脂离心机；盖勃氏乳脂计，最小刻度值为 0.1%；10.75 mL 单标乳吸管。

3. 方法操作步骤与结果表述

于盖勃氏乳脂计中先加入 10 mL 硫酸，再沿着管壁小心准确加入 10.75 mL 试样，使试样与硫酸不要混合，然后加 1 mL 异戊醇，塞上橡皮塞，使瓶口向下，同时用布包裹以防冲出，用力振摇使呈均匀棕色液体，静置数分钟（瓶口向下），置 65～70℃水浴中 5 min，取出后置于乳脂离心机中以 1100 r/min 的转速离心 5 min，再置于 65～70℃水浴水中保温 5 min（注意水浴水面应高于乳脂计脂肪层）。取出，立即读数，即为脂肪的百分数。

4. 方法评价

盖勃法适用于测定液态的乳脂肪。在重复性条件下获得的两次独立测定结果的绝对差值不得超过算术平均值的 5%。

7.2.5　氯仿-甲醇提取法（AOAC 法）

1. 原理

将试样分散于氯仿-甲醇混合液中，在水浴中轻微沸腾，氯仿-甲醇及样品中一定的水分形成提取脂类的溶剂，在使样品中组织中结合态脂类游离出来的同时与磷脂等极性脂类的亲和性增大，从而有效地提取出全部脂类，经过滤除出非脂成分，回收溶剂，对残留脂类用石油醚提取，蒸去石油醚后定量。

2. 试剂

氯仿：体积分数至少为 97%；甲醇：体积分数至少为 96%；氯仿-甲醇混合液：按 2∶1 体积比混合；石油醚；无水硫酸钠：特级，在 120～135℃干燥 1～2 h。

3. 仪器和设备

具塞离心管；离心机：3000 r/min；布氏漏斗：11G-3，过滤板直径 40 mm，容量 60～100 mL；具塞三角瓶。

4. 方法操作步骤

1）提取

准确称取样品 5 g，放入 200 mL 具塞三角瓶中（高水分食品可加适量硅藻土使其分散）加入 60 mL 氯仿-甲醇混合液（对干燥食品可加入 2～3 mL 水）。连接布氏漏斗，于 60℃水浴中，从微沸开始计时提取 1 h。

2）回收溶剂

提取结束后，取下三角瓶，用布氏漏斗过滤，滤液用另一具塞三角瓶收集，用氯仿-甲醇混合液洗涤烧瓶、滤器及滤器中的试样残渣，洗涤液并入滤液中，置于 65～70℃水浴中回收溶剂，至三角瓶内物料显浓稠态，但不能使其干涸，冷却。

3）萃取和定量

向三角瓶中加入 25 mL 乙醚，再加入 15 g 无水硫酸钠，立刻加塞振荡 10 min，将醚层移入具塞离心管中，以 3000 r/min 离心 5 min 进行分离。用移液管迅速吸取离心管中澄清的醚层 10 mL 于以衡重的称量瓶内，蒸发去除石油醚后，于 100～105℃烘箱中烘至恒重（约 30 min）。

5. 数据计算和结果表述

试样中脂肪的含量按式 7-4 计算：

$$W = \frac{(m_2 - m_1) \times 2.5}{m} \times 100\% \tag{7-4}$$

式中，W 为试样中脂类质量百分含量；m 为试样的质量，g；m_2 为称量瓶与脂类的质量，g；m_1 为称量瓶的质量，g；2.5 为从 25 mL 乙醚中取 10 ml 进行干燥，故乘以系数 2.5。计算结果表示到小数点后两位。

6. 适用范围和方法质量控制策略

1）适用范围

索氏提取法对包含在组织内部的脂肪等不能完全提取出来，酸分解法常使磷脂分解而损失。而在一定的水分存在下，极性的甲醇及非极性的氯仿混合溶液却能有效地提取结合态脂类，如脂蛋白和磷脂等，此法对于高水分生物试样如鲜鱼、蛋类等脂类的测定更为有效，对于干燥试样可在试样中加入定量的水，使组织膨润后再提取。

2）方法质量控制策略

①提取结束后，用玻璃过滤器过滤再用溶剂洗涤烧瓶，每次 5 mL 洗 3 次，然后用 30 mL 洗涤残渣及滤器，洗涤残渣时可用玻璃棒一边搅拌试样残渣，一边用溶剂洗涤。溶剂回收至残留物尚具有一定的流动性，不能完全干涸，否则脂类难以溶解于石油醚中，从而使测定结果偏低。所以最好在残留有适量水分时停止蒸发。

②在进行萃取时，无水硫酸钠必须在石油醚之后加入以免影响石油醚对脂类的溶解，其加入量可根据残留物中的水分含量来确定，一般为 5～15 g。

7.3 食用油脂理化指标的测定

7.3.1 酸价的测定

油脂酸价是指中和 1 g 油脂中游离脂肪酸所需氢氧化钠的质量（单位：mg）。酸价是反映油脂酸败的主要指标。我国食用植物油产品质量标准中都有酸价的规定。《食品安全国家标准 食品中酸价的测定》(GB 5009.229—2016) 规定了各类食品中酸价的测定方法：第一法冷溶剂指示剂滴定法、第二法冷溶剂自动电位滴定法和第三法热乙醇指示剂滴定法。本部分主要依据本标准规定的第一法进行学习。

1. 原理

用有机溶剂将油脂试样溶解成样品溶液，再用氢氧化钾或氢氧化钠标准滴定溶液中和滴定样品溶液中的游离脂肪酸，以指示剂相应的颜色变化来判定滴定终点，最后通过滴定终点消耗的标准滴定溶液的体积计算油脂试样的酸价。

2. 试剂与试剂配制

除非另有说明，本方法所用试剂均为分析纯，水为GB/T 6682规定的三级水。

试剂：异丙醇；乙醚；甲基叔丁基醚；95%乙醇；酚酞；百里香酚酞；碱性蓝 6B；无水硫酸钠，在105～110℃条件下充分烘干，然后装入密闭容器冷却并保存；无水乙醚；石油醚，60～90℃沸程。

试剂配制：①氢氧化钾或氢氧化钠标准滴定水溶液，浓度为0.1 mol/L或0.5 mol/L。按照 GB/T 601 标准要求配制和标定，也可购买市售商品化试剂。②乙醚-异丙醇混合液：乙醚＋异丙醇＝1＋1，500 mL的乙醚与500 mL的异丙醇充分互溶混合，用时现配。③酚酞指示剂：称取1 g的酚酞，加入100 mL的95%乙醇并搅拌至完全溶解。④百里香酚酞指示剂：称取 2 g 的百里香酚酞，加入 100 mL 的 95%乙醇并搅拌至完全溶解。⑤碱性蓝 6B 指示剂：称取 2 g 的碱性蓝 6B，加入 100 mL 的 95%乙醇并搅拌至完全溶解。

3. 仪器和设备

10 mL微量滴定管：最小刻度为0.05 mL；天平：感量0.001 g；恒温水浴锅；恒温干燥箱；离心机：最高转速不低于8000 r/min；旋转蒸发仪；索氏脂肪提取装置；植物油料粉碎机或研磨机。

4. 方法操作步骤

1）试样制备

（1）食用油脂试样的制备

若食用油脂样品常温下呈液态，且为澄清液体，则充分混匀后直接取样，否则按照需要进行除杂和脱水干燥处理。

（2）植物油料试样的制备

先用粉碎机或研磨机把植物油料粉碎成均匀的细颗粒，脆性较高的植物油料（如大豆、葵花籽、棉籽、油菜籽等）应粉碎至粒径为0.8～3 mm甚至更小的细颗粒，而脆性较低的植物油料（如椰干、棕榈仁等）应粉碎至粒径不大于6 mm的颗粒。其间若发热明显，应进行粉碎。取粉碎的植物油料细颗粒装入索氏脂肪提取装置中，再加入适量的提取溶剂（无水乙醚或石油醚），加热并回流提取 4 h。最后收集并合并所有的提取液于一个烧瓶中，置于水浴温度不高于45℃的旋转蒸发仪内，0.08～0.1 MPa负压条件下，将其中的溶剂彻底旋转蒸干，取残留的液体油脂作为试样进行酸价测定。

若残留的液态油脂浑浊、乳化、分层或有沉淀，应进行除杂和脱水干燥的处理。

2）试样称量

根据制备试样的颜色和估计的酸价，按照表 7-3 规定称量试样。

表 7-3　试样称量表

估计的酸价/(mg/g)	试样的最小称样量/g	使用滴定液的浓度/(mol/L)	试样称重的精确度/g
0～1	20	0.1	0.05
1～4	10	0.1	0.02
4～15	2.5	0.1	0.01
15～75	0.5～3.0	0.1 或 0.5	0.001
＞75	0.2～1.0	0.5	0.001

注：试样称样量和滴定液浓度应使滴定液用量在 0.2～10 mL（扣除空白后）。若检测后，发现样品的实际称样量与该样品酸价所对应的应有称样量不符，应按照表 7-3 要求，调整称样量后重新检测。

3）试样测定

取一个干净的 250 mL 的锥形瓶，按照 2）的要求用天平称取制备的油脂试样，其质量（m）单位为 g。加入乙醚-异丙醇混合液 50～100 mL 和 3～4 滴的酚酞指示剂，充分振摇溶解试样。再用装有标准滴定溶液（氢氧化钾或氢氧化钠标准滴定水溶液）的刻度滴定管对试样溶液进行手工滴定，当试样溶液初现微红色，且 15 s 内无明显褪色时，为滴定的终点。立刻停止滴定，记录下此滴定所消耗的标准滴定溶液的毫升数，此数值为 V。

对于深色泽的油脂样品，可用百里香酚酞指示剂或碱性蓝 6B 指示剂取代酚酞指示剂，滴定时，当颜色变为蓝色时为百里香酚酞的滴定终点，碱性蓝 6B 指示剂的滴定终点为由蓝色变红色。米糠油（稻米油）的冷溶剂指示剂法测定酸价只能用碱性蓝 6B 指示剂。

4）空白试验

另取一个干净的 250 mL 的锥形瓶，准确加入与 3）中试样测定时相同体积、相同种类的有机溶剂混合液（乙醚-异丙醇混合液）和指示剂（酚酞指示剂、百里香酚酞指示剂或碱性蓝 6B 指示剂），振摇混匀。然后再用装有标准滴定溶液（氢氧化钾或氢氧化钠标准滴定水溶液）的刻度滴定管进行手工滴定，当溶液初现微红色，且 15 s 内无明显褪色时，为滴定的终点。立刻停止滴定，记录下此滴定所消耗的标准滴定溶液的毫升数，此数值为 V_0。对于冷溶剂指示剂滴定法，也可配制好的试样溶解液（乙醚-异丙醇混合液）中滴加数滴指示剂（酚酞指示剂、百里香酚酞指示剂或碱性蓝 6B 指示剂），然后用标准滴定溶液（氢氧化钾或氢氧化钠标准滴定水溶液）滴定试样溶解液至相应的颜色变化且 15 s 内无明显褪色后停止滴定，表明试样溶解液的酸性正好被中和。然后以这种酸性被中和的试样溶解液溶解油脂试样，再用同样的方法继续滴定试样溶液至相应的颜色变化且 15 s 内无明显褪色后停止滴定，记录下此滴定所消耗的标准滴定溶液的毫升数，此数值为 V，如此无须再进行空白试验，即 $V_0 = 0$。

5. 数据计算和结果表述

酸价（又称酸值）按照式 7-5 的要求进行计算：

$$X_{AV}=\frac{(V-V_0)\times c\times 56.1}{m} \tag{7-5}$$

式中，X_{AV} 为酸价，mg/g；V 为试样测定所消耗的标准滴定溶液的体积，mL；V_0 为相应的空白测定所消耗的标准滴定溶液的体积，mL；c 为标准滴定溶液的摩尔浓度，mol/L；56.1 为氢氧化钾的摩尔质量，g/mol；m 为油脂样品的称样量，g。酸价≤1 mg/g，计算结果保留两位小数；1 mg/g＜酸价≤100 mg/g，计算结果保留一位小数；酸价＞100 mg/g，计算结果保留至整数位。

6. 方法评价

方法适用于常温下能够被冷溶剂完全溶解成澄清溶液的食用油脂样品，适用范围包括食用植物油（辣椒油除外）、食用动物油、食用氢化油、起酥油、人造奶油、植脂奶油、植物油料共计 7 类。

当酸价＜1 mg/g 时，在重复条件下获得的两次独立测定结果的绝对差值不得超过算术平均值 15%；当酸价≥1 mg/g 时，在重复条件下获得的两次独立测定结果的绝对差值不得超过算术平均值 12%。

7.3.2　过氧化值的测定

油脂过氧化值是表示油脂和脂肪酸被氧化程度的一种指标，通常是指每千克样品中的活性氧含量，以过氧化物的毫摩尔数表示。《食品安全国家标准 食品中过氧化值的测定》（GB 5009.227—2023）规定了食品中过氧化值测定的两种方法，分别是指示剂滴定法和电位滴定法。本部分主要依据本标准规定的技术要点学习指示剂滴定法。

1. 原理

经制备的油脂试样在三氯甲烷-冰乙酸溶液中溶解，其中的过氧化物与碘化钾反应生成碘，用硫代硫酸钠标准溶液滴定析出的碘。用 1 kg 样品中活性氧的毫摩尔数表示过氧化值的量。

2. 试剂与试剂配制

除非另有说明，本方法所用试剂均为分析纯，水为 GB/T 6682 规定的三级水。

试剂：冰乙酸；三氯甲烷；碘化钾；硫代硫酸钠；石油醚：沸程为 60～90℃；无水硫酸钠；可溶性淀粉；丙酮；淀粉酶：酶活力≥2000 U/g；木瓜蛋白酶，酶活力≥6000 U/mg。

试剂配制：①三氯甲烷-冰乙酸混合液（2＋3）：将三氯甲烷和冰乙酸按 2：3 的体积比混合均匀。②淀粉指示剂（10 g/L）：称取 1 g 可溶性淀粉，加入约 5 mL 水使其成糊状。在搅拌下将 95 mL 沸水加入到糊状物中，再煮沸 1～2 min，冷却。临用现配。③碘化钾饱和溶液：称取约 16 g 碘化钾，加入 10 mL 适量新煮沸冷却的水，摇匀后贮于棕色瓶中，盖塞，于避光处保存备用，应确保溶液中有饱和碘化钾结晶存在，若超过 7.3.1 中 5.中空白体积要求时应重新配制。

标准溶液配制：①硫代硫酸钠标准滴定溶液（0.1 mo1/L）：按照 GB/T 5009.1 要求进行配制和标定，或直接购置经过国家认证并授予标准物质证书的标准滴定溶液。②硫代硫酸钠标准滴定溶液（0.01 mo1/L）：由 0.1 mo1/L 硫代硫酸钠标准滴定溶液以新煮沸冷却的水稀释而成。临用现配。③硫代硫酸钠标准溶液（0.002 mo1/L）：由 0.01 mo1/L 硫代硫酸钠标准滴定溶液以新煮沸冷却的水稀释而成。临用现配。

3. 仪器和设备

天平：感量分别为 0.01 g、0.001 g、0.0001 g；电热恒温干燥箱；旋转蒸发仪：配棕色旋蒸瓶；恒温水浴振荡器；高速冷冻离心机：转速≥5000 r/min；顶置搅拌器；滴定管：容量 10 mL，最小刻度 0.05 mL；滴定管：容量 25 mL 或 50 mL，最小刻度 0.1 mL。注：本方法中使用的所有器皿不得含有还原性或氧化性物质。磨砂玻璃表面不得涂油。

4. 方法操作步骤

1）试样制备

样品制备过程应避免强光，制备后油脂密闭保存，尽快测定。

（1）动植物油脂

对液态样品，振摇装有试样的密闭容器，充分均匀后直接取样；对固态样品，选取有代表性的试样置于密闭容器中混匀后取样。如有必要，将盛有固态试样的容器置于恒温水浴中，加温至开始融化，在该温度下待其全部融化后，振摇混匀，趁试样为液态时立即取样测定。

（2）油脂制品

①食用氢化油、起酥油、代可可脂

同上述（1）动植物油脂。

②人造奶油

将样品置于密闭容器中，于 60～70℃的恒温干燥箱中加热至融化，振摇混匀后，继续加热至破乳分层并将油层通过快速定性滤纸过滤到烧杯中，烧杯中滤液为待测试样。制备的待测试样应澄清。趁待测试样为液态时立即取样测定。

③植脂奶油

取有代表性样品于烧杯中，加入约 5 倍样品体积的石油醚，使用顶置搅拌器搅拌 2 min 使混合均匀。边搅拌边加入约样品 1.6 倍质量的无水硫酸钠，继续搅拌混合 5 min，取下静置 5 min 使石油醚分层（如发生乳化现象，将烧杯顶部覆盖一层保鲜膜，置于不高于 40℃水浴保温 10 min，使石油醚分层）。将上清液倒出，向烧杯中加入约 2 倍样品体积的石油醚，重复以上搅拌、静置操作，将石油醚合并，过滤，将滤液转入棕色旋蒸瓶中，在不高于 40℃的水浴中，用旋转蒸发仪减压蒸干石油醚，残留物即为待测试样，提取量不少于 5 g。

④粉末油脂制品

称取代表性样品于棕色碘量瓶中，每 1 g 样品加入 0.02 g 木瓜蛋白酶和 0.02 g 淀粉酶。加入 2 倍样品体积的水混匀，盖塞。将碘量瓶置于 50℃恒温水浴振荡器，60～100 次/min

振荡 30 min，取出冷却。加入与水等体积的丙酮，混匀。加入 3 倍样品体积的石油醚振摇提取 1 min，将其转入分液漏斗静置 30 min 分层，弃去下层。若出现乳化现象，可高速冷冻离心分层（5000 r/min，3 min），再将有机相转入分液漏斗。加入与石油醚等体积的水洗涤有机相，弃去下层，将上层有机相转入装有无水硫酸钠漏斗进行过滤。将滤液转入棕色旋蒸瓶中，在不高于 40℃的水浴中，用旋转蒸发仪减压蒸干石油醚，残留物即为待测试样，提取量不少于 5 g。

（3）植物性食品及其制品及动物性食品制品

植物性食品及其制品（经油炸、膨化、烘烤、调制、炒制、蒸煮等加工工艺制成）及动物性食品制品（经速冻、干制、腌制、油炸等加工工艺制成）。

从所取全部样品中取出有代表性样品的可食部分，除去其中不含油脂部分，含水分较多的速冻调理肉样品可用纱布将水沥干再进行制备。破碎并充分混匀，置于广口瓶中，加入 2～3 倍样品体积的石油醚，摇匀，充分混合后静置浸提 12 h 以上，必要时超声 5～10 min，经装有无水硫酸钠的漏斗过滤，取滤液，在不高于 40℃的水浴中，用旋转蒸发仪减压蒸干石油醚，残留物即为待测试样，提取量不少于 5 g。

2）试样的测定

应避免在阳光直射下进行试样测定。称取制备的试样 2～3 g（精确至 0.001 g），于 250 mL 碘量瓶中，加入 30 mL 三氯甲烷-冰乙酸混合液，轻轻振摇试样至完全溶解。准确加入 1.00 mL 碘化钾饱和溶液，塞紧瓶盖，并轻轻振摇 0.5 min，在暗处放置 3 min。取出加 100 mL 水，摇匀后立即用硫代硫酸钠标准溶液（过氧化值估计值在 0.15 g/100 g 及以下时，用 0.002 mol/L 标准溶液；过氧化值估计值大于 0.15 g/100 g 时，用 0.01 mol/L 标准滴定溶液）滴定析出的碘，滴定至淡黄色时，加 1 mL 淀粉指示剂，继续滴定并强烈振摇至溶液蓝色消失为终点。同时进行空白试验。空白试验所消耗硫代硫酸钠标准滴定溶液体积 V_0 不得超过 0.1 mL。

5. 数据计算和结果表述

测定结果用 1 kg 样品中活性氧的毫摩尔数表示过氧化值时，按式 7-6 计算：

$$X_1 = \frac{(V - V_0) \times c}{2 \times m} \times 1000 \tag{7-6}$$

式中，X_1 为过氧化值，mmol/kg；V 为试样消耗的硫代硫酸钠标准滴定溶液体积，mL；V_0 为空白试验消耗的硫代硫酸钠标准滴定溶液体积，mL；c 为硫代硫酸钠标准滴定溶液的浓度，mol/L；m 为试样质量，g；1000 为换算系数。计算结果以重复性条件下获得的两次独立测定结果的算术平均值表示，结果保留两位有效数字。

6. 方法评价

方法适用于食用动植物油脂、食用油脂制品，以小麦粉、谷物、坚果等植物性食品为原料经油炸、膨化、烘烤、调制、炒制等加工工艺而制成的食品，以及以动物性食品为原料经速冻、干制、腌制等加工工艺而制成的食品。

在重复性条件下获得的两次独立测定结果的绝对差值不得超过算术平均的 10%。

7.3.3　羰基价的测定

油脂的羰基价是指油脂酸败时产生的含有醛基和酮基的脂肪酸或甘油酯及其聚合物的总量，是油脂热劣变的灵敏指标，反映了油脂氧化产物等有害物质的含量和油脂酸败劣变的程度。《食品安全国家标准 食品中羰基价的测定》（GB 5009.230—2016）规定了适用于油炸小食品、坚果制品、方便面、膨化食品以及食用植物油等食品中羰基价测定的方法。本部分主要依据本标准规定的技术要点进行学习。

1. 原理

羰基化合物和 2, 4-二硝基苯肼的反应产物，在碱性溶液中形成褐红色或酒红色，在 440 nm 下，测定吸光度，计算羰基价。

2. 试剂与试剂配制

试剂：乙醇；2, 4-二硝基苯肼；三氯乙酸；氢氧化钾；石油醚，沸程 30～60℃；铝；苯：光谱纯或色谱纯。

试剂配制：①精制乙醇：取 1000 mL 乙醇，置于 2000 mL 圆底烧瓶中，加入 5 g 铝粉、沸石和 10 g 氢氧化钾，连接标准磨口的回流冷凝管，水浴中加热回流 1 h，然后用全玻璃蒸馏装置，蒸馏并收集馏液。②三氯乙酸溶液：称取 4.3 g 固体三氯乙酸，加 100 mL 苯溶解。③2, 4-二硝基苯肼溶液：称取 50 mg2, 4-二硝基苯肼，溶于 100 mL 苯中。④氢氧化钾-乙醇溶液：称取 4 g 氢氧化钾，加 100 mL 精制乙醇使其溶解；置冷暗处过夜，取上部澄清液使用。溶液变黄褐色则应重新配制。

3. 仪器和设备

分光光度计；天平：感量为 1 g、0.1 mg；涡旋混合器；旋转蒸发仪；鼓风式烘箱。

4. 方法操作步骤

1）取样方法

称取含油脂较多的试样 0.5 kg，含脂肪少的试样取 1.0 kg，在玻璃研钵中研碎，混合均匀后，按四分法对角取样，放置广口瓶内保存于 4℃以下冰箱中。液态油脂类试样根据试样情况取有代表性试样后，放置广口瓶内保存于 4℃以下冰箱中。

2）非油脂类试样处理

①含油脂高的试样，如油炸花生、坚果等：称取混合均匀的试样 50 g，置于 250 mL 带盖广口瓶中，加入 50 mL 石油醚，放置 14～18 h，用快速滤纸过滤后，室温下，用旋转蒸发器旋蒸 15 min，减压回收溶剂，得到油脂以供测定。用前保存于 4℃以下冰箱中。

②含油脂中等的试样，如蛋糕、江米条等：称取混合均匀的试样 100 g，置于 500 mL 带盖广口瓶中，加入 100～200 mL 石油醚，放置 14～18 h，用快速滤纸过滤后，室温下，用旋转蒸发器旋蒸 15 min，减压回收溶剂，在 50℃鼓风干燥箱中挥发石油醚 1 h，得到油脂以供测定。用前保存于 4℃以下冰箱中。

③含油脂少的试样，如面包、饼干等：称取混合均匀的试样 250～300 g 于 500 mL 带盖广口瓶，加入适量石油醚浸泡试样，放置 14～18 h，用快速滤纸过滤后，室温下，用旋转蒸发器旋蒸 15 min，减压回收溶剂，在 50℃鼓风干燥箱中挥发石油醚 1 h，得到油脂以供测定。用前保存于 4℃以下冰箱中。

④含水量较高样品，可加入适量无水硫酸钠，使样品成粒状；易结块样品，可加入 4～6 倍量的海砂，混合均匀后再提取油脂。

3）测定

称取 0.025～0.5 g 油样（精确至 0.1 mg）：羰基价低于 30 meq/kg 的油样称取 0.1 g，羰基价 30～60 meq/kg 的油样称取 0.05 g，羰基价高于 60 meq/kg 的油样，称取 0.025 g；置于 25 mL 具塞试管中，加 5 mL 苯溶解油样，加 3 mL 三氯乙酸溶液及 5 mL 2, 4-二硝基苯肼溶液，仔细振摇，混匀。

在 60℃水浴中加热 30 min，反应后取出用流水冷却至室温，沿试管壁缓慢加入 10 mL 氢氧化钾-乙醇溶液，使成为二液层，涡旋振荡混匀后，放置 10 min。

以 1 cm 比色杯，用试剂空白调节零点，于波长 440 nm 处测吸光度。

5. 数据计算和结果表述

试样的羰基价按式 7-7 进行计算：

$$X = \frac{A}{854 \times m} \times 1000 \tag{7-7}$$

式中，X 为试样的羰基价（以油脂计），单位为毫克当量每千克（meq/kg）；A 为测定时样液吸光度；854 为各种醛的毫克当量吸光系数的平均值；m 为油样质量，g；1000 为换算系数。计算结果保留三位有效数字。

7.3.4　碘价的测定

碘价是指 100 g 油脂所吸收的氯化碘或溴化碘换算成碘的质量（单位：g）。碘价反映了油脂的不饱和程度。《动植物油脂　碘值的测定》（GB/T 5532—2022）规定了动植物油脂中碘值的测定方法。常见资料中碘价的测定采用的是汉诺斯（Hanus）试剂法和韦氏（Wijs）试剂法，两者的工作原理是相同的，不同的是汉诺斯试剂中是溴化碘，韦氏试剂中是氯化碘。本部分参考《动植物油脂　碘值的测定》（GB/T 5532—2022），学习韦氏试剂法测定油脂的碘价。

1. 原理

在溶剂中溶解油脂试样，加入韦氏试剂，氯化碘与油脂中的不饱和脂肪酸发生加成反应，再加过量的碘化钾，与剩余的氯化碘作用析出碘，用硫代硫酸钠溶液滴定析出的游离碘，从而计算出油脂试样加成消耗的氯化碘（以碘计）的量。

2. 试剂

除非另有说明，本方法所用试剂均为分析纯，水为 GB/T 6682 规定的三级水。

①碘化钾溶液（KI）：100 g/L，不含碘酸盐或游离碘。②淀粉溶液：将 5 g 可溶性淀粉与 30 mL 水混合，加入 1000 mL 沸水，并煮沸 3 min，然后冷却。配制的淀粉溶液仅限当天使用。③硫代硫酸钠标准溶液：c（$Na_2S_2O_3 \cdot 5H_2O$） = 0.1 mol/L，标定后 7 d 内使用。④韦氏试剂：含一氯化碘的乙酸-环己烷溶液。称取 9 g 三氯化碘溶解在 700 mL 冰醋酸和 300 mL 环己烷的混合溶液中。取出 5 mL，加入 100 g/L 碘化钾溶液 5 mL 和 30 mL，滴入几滴淀粉溶液，用 0.1 mol/L$Na_2S_2O_3$ 标准溶液（已标定）滴定析出的碘，记录滴定体积 V_1。在三氯化钾溶液中加入 10 g 纯碘，完全溶解后，再取出 5 mL，重复滴定过程，记录 $Na_2S_2O_3$ 标准溶液滴定体积 V_2。V_2/V_1 应大于 1.5，若未达到 1.5，则在三氯化钾溶液中加入少量纯碘，直至 V_2/V_1 略高于 1.5。此时，试剂中碘与氯的比控制在 1.10±0.1 的范围内。韦氏试剂对温度、水分和光敏感，应在 30℃以下的棕色瓶中避光保存。也可以采用市售韦氏试剂，应确保试剂在保质期内。

3. 方法操作步骤

根据样品预期的碘值，称取约 0.25 g 的样品于 500 mL 锥形瓶中，将样品置于 500 mL 锥形瓶中，加入 20 mL 环己烷和冰乙酸等体积混合液溶解试样，用移液管准确加入 25.00 mL 韦氏试剂，盖好塞子，摇匀后将锥形瓶置于暗处。

当预估碘值≤20 时（硬脂），需要将其溶解在 60℃溶剂中。当加热试剂时，应将其密封，避免蒸发和浓度变化。所有烧瓶和溶剂宜在使用前预热。

对碘值低于 150（g/100 g）的样品，锥形瓶应置于暗处 1 h；碘值高于 150（g/100 g）的、已聚合的、含有共轭脂肪酸（如桐油、脱水蓖麻油）的、含有任何一种酮类脂肪酸（如不同程度的氢化蓖麻油）的，以及氧化到一定程度的样品，锥形瓶应置于暗处 2 h。

反应结束后，加 20 mL 碘化钾溶液和 150 mL 水。用标定过的硫代硫酸钠标准溶液滴定至碘的黄色接近消失。加几滴淀粉溶液继续滴定，一边滴定一边剧烈摇动锥形瓶，直至蓝色刚好消失。达到终点所需的硫代硫酸钠溶液体积为 V_2。在相同条件下做空白试验 V_1。

4. 数据计算和结果表述

试样的碘值按式 7-8 计算：

$$W_1 = \frac{12.69 \times c(V_1 - V_2)}{m} \tag{7-8}$$

式中，W_1 为试样的碘值，用每 100 g 样品吸取碘的克数表示，单位为克每百克（g/100 g）；c 为硫代硫酸钠标准溶液的浓度，mol/L；V_1 为空白溶液消耗硫代硫酸钠标准溶液的体积，mL；V_2 为样品溶液消耗硫代硫酸钠标准溶液的体积，mL；m 为试样的质量，g。

5. 方法评价

适用于动植物油脂中碘值的测定方法。不适用于鱼油。此外，冷榨、未精炼的动植物油以及（部分）氢化油通过不同的方法可能得到不同的结果。计算出的碘值会受杂质和热降解产物的影响。

7.3.5　皂化值的测定

脂肪的碱水解称皂化作用。在规定条件下，将 1 g 油脂碱水解所消耗的氢氧化钾毫克数定义为皂化值。《动植物油脂　皂化值的测定》（GB/T 5534—2008）规定了动植物油脂皂化值的测定方法。除动植物油脂外，油料也可通过测定其油脂的皂化值等数据，分析其油脂的品质。所以，本部分结合文献和国标规定的技术要点进行学习。

1. 原理

油脂与氢氧化钾-乙醇溶液共热时，发生皂化反应，剩余的碱可用标准酸液进行滴定，从而可计算出水解油脂所需的氢氧化钾毫克数。

2. 试剂与试剂配制

试剂 0.5 mol/L 的盐酸标准溶液；无水乙醚或石油醚。

试剂配制：①1%酚酞指示剂：称取酚酞 1 g，溶于 100 mL 95%乙醇。②0.5 mol/L 氢氧化钾-乙醇溶液：称取氢氧化钾 30 g，溶于 1 L 95%乙醇中，摇匀，静置 24 h，倾出上层清液，贮于装有苏打石灰球管的玻璃瓶中。

3. 仪器和设备

蒸馏装置；酸碱滴定管；烧杯；玻璃棒；分析天平。

4. 方法操作步骤

油脂试样直接称取 2 g 试样于锥形瓶中。油料等富含油脂的试样，称取 5 g 样品（精确至 0.0002 g），用索氏提取法抽提出粗脂肪，蒸干溶剂。

向油脂中准确加入 25 mL 0.5 mol/L 氢氧化钾-乙醇溶液，水浴加热回流 30 min，不时摇动。取下冷凝管，冷却后加入数滴酚酞指示剂，用 0.5 mol/L 的盐酸标准溶液滴定至红色消失。同时做空白试验。

5. 数据计算和结果表述

皂化值按式 7-9 计算：

$$X=\frac{56.1\times C(V-V_0)}{m} \tag{7-9}$$

式中，X 为皂化值，mg/g；C 为 0.5 mol/L 的盐酸标准溶液的浓度，mol/L；V 为试样耗用盐酸标准溶液的体积，mL；V_0 为空白试验消耗盐酸标准溶液的体积，mL；m 为试样质量，g；56.1 为 1 mol/L 盐酸标准液 1 mL 相当于氢氧化钾的克数。

适用于油脂和富含油脂的油料等试样，不适用于含无机酸的试样，除非无机酸能够另行测定。

7.3.6　脂肪酸组成的测定

脂肪酸是油脂分子的重要基本组成单位。油脂分子是由一个甘油分子支架和连接在其支架上的三个分子的脂肪酸组成的，其中甘油的分子结构比较简单，而脂肪酸的种类与组成却千变万化，因此也赋予油脂各不相同的营养、理化与加工特性。

1. 原理

水解-提取法：试样经水解-乙醚溶液提取其中的脂肪后，在碱性条件下皂化和甲酯化，生成脂肪酸甲酯，经毛细管柱气相色谱分析，外标法定量测定脂肪酸的含量。动植物纯油脂试样不经脂肪提取，直接进行皂化和脂肪酸甲酯化。

乙酰氯-甲醇法（适用于含水量小于 5%的乳粉和无水奶油试样）：乙酰氯与甲醇反应得到的盐酸-甲醇使其中的脂肪和游离脂肪酸甲酯化，用甲苯提取后，经气相色谱仪分离检测，外标法定量。

酯交换法（适用于游离脂肪酸含量不大于 2%的油脂）：将油脂溶解在异辛烷中，加入氢氧化钾甲醇溶液通过酯交换甲酯化，反应完全后，用硫酸氢钠中和剩余氢氧化钾，外标法定量测定脂肪酸的含量。

2. 试剂与试剂配制

除非另有说明，本方法所用试剂均为分析纯，水为 GB/T 6682 规定的一级水。

试剂：盐酸；氨水；焦性没食子酸；乙醚；石油醚，沸程 30～60℃；乙醇（95%）；甲醇：色谱纯；氢氧化钠；正庚烷：色谱纯；三氟化硼甲醇溶液，浓度为 15%；无水硫酸钠；氯化钠；无水碳酸钠；甲苯，色谱纯；乙酰氯；异辛烷：色谱纯；硫酸氢钠；氢氧化钾。

试剂配制：①盐酸溶液（8.3 mol/L）、乙醚-石油醚混合液（1 + 1）、氢氧化钠甲醇溶液（2%）、饱和氯化钠溶液、氢氧化钾甲醇溶液（2 mol/L）。②乙酰氯甲醇溶液（体积分数为 10%）：量取 40 mL 甲醇于 100 mL 干燥的烧杯中，准确吸取 5.0 mL 乙酰氯逐滴缓慢加入，不断搅拌，冷却至室温后转移并定容至 50 mL 干燥的容量瓶中。临用前配制。注：乙酰氯为刺激性试剂，配制乙酰氯甲醇溶液时应不断搅拌防止喷溅，注意防护。③碳酸钠溶液(6%)：称取 6 g 无水碳酸钠于 100 mL 烧杯中，加水溶解，转移并用水定容至 100 mL 容量瓶中。

标准品：混合脂肪酸甲酯标准、单个脂肪酸甲酯标准；脂肪酸甘油三酯标准品，纯度≥99%。

标准溶液配制：单个脂肪酸甲酯标准溶液、脂肪酸甘油三酯标准工作液：根据试样中所需要分析的脂肪酸的种类和浓度，配制单个脂肪酸甲酯标准溶液，选择相应的甘油三酯标准品，并配制适当浓度的标准工作液。

3. 仪器与设备

匀浆机或实验室用组织粉碎机或研磨机；气相色谱仪：具有氢火焰离子检测器（FID）；毛细管色谱柱：聚二氰丙基硅氧烷强极性固定相，柱长 100 m，内径 0.25 mm，膜厚 0.2 μm；恒温水浴：控温范围 40～100℃，控温±1℃；分析天平：感量 0.1 mg；离心机：转速≥5000 r/min；旋转蒸发仪；螺口玻璃管（带有聚四氟乙烯做内垫的螺口盖）：15 mL；离心管：50 mL。

4. 方法操作步骤

1）试样预处理

（1）水解-提取法

①称样：称取均匀试样 0.1～10 g（精确至 0.1 mg，约含脂肪 100～200 mg）移入到 250 mL 平底烧瓶中，加入约 100 mg 焦性没食子酸，加入几粒沸石，再加入 2 mL 95%乙醇，混匀。根据试样的类别选取不同的水解方法。

②试样的水解：

酸水解法：食品（除乳制品和乳酪）：加入盐酸溶液 10 mL，混匀。将烧瓶放入 70～80℃水浴中水解 40 min。每隔 10 min 振荡一下烧瓶，使黏附在烧瓶壁上的颗粒物混入溶液中。水解完成后，取出烧瓶冷却至室温。

碱水解法：乳制品（乳粉及液态乳等试样）：加入氨水 5 mL，混匀。将烧瓶放入 70～80℃水浴中水解 20 min。每 5 min 振荡一下烧瓶，使黏附在烧瓶壁上的颗粒物混入溶液中。水解完成后，取出烧瓶冷却至室温。

酸碱水解法：乳酪：加入氨水 5 mL，混匀。将烧瓶放入 70～80℃水浴中水解 20 min。每隔 10 min 振荡一下烧瓶，使黏附在烧瓶壁上的颗粒物混入溶液中。接着加入盐酸 10 mL，继续水解 20 min，每 10 min 振荡一下烧瓶，使黏附在烧瓶壁上的颗粒物混入溶液中。水解完成后，取出烧瓶冷却至室温。

③脂肪提取：水解后的试样，加入 10 mL 95%乙醇，混匀。将烧瓶中的水解液转移到分液漏斗中，用 50 mL 乙醚-石油醚混合液冲洗烧瓶和塞子，冲洗液并入分液漏斗中，加盖。振摇 5 min，静置 10 min。将醚层提取液收集到 250 mL 烧瓶中。按照以上步骤重复提取水解液 3 次，最后用乙醚-石油醚混合液冲洗分液漏斗，并收集到 250 mL 烧瓶中。旋转蒸发仪浓缩至干，残留物为脂肪提取物。

④脂肪的皂化和脂肪酸的甲酯化：在脂肪提取物中加入 2%氢氧化钠甲醇溶液 8 mL，连接回流冷凝器，80℃±1℃水浴上回流，直至油滴消失。从回流冷凝器上端加入 7 mL15%三氟化硼甲醇溶液，在 80℃±1℃水浴中继续回流 2 min。用少量水冲洗回流冷凝器。停止加热，从水浴上取下烧瓶，迅速冷却至室温。

准确加入 10～30 mL 正庚烷，振摇 2 min，再加入饱和氯化钠水溶液，静置分层。吸取上层正庚烷提取溶液大约 5 mL，至 25 mL 试管中，加入大约 3～5 g 无水硫酸钠，振摇 1 min，静置 5 min，吸取上层溶液到进样瓶中待测定。

动植物油脂试样不经脂肪提取，直接进行皂化和脂肪酸甲酯化。

（2）乙酰氯-甲醇法

①试样称取：准确称取乳粉试样 0.5 g 或无水奶油试样 0.2 g（均精确到 0.1 mg）于 15 mL 干燥螺口玻璃管中，加 5.0 mL 甲苯。

②试样测定液的制备：向试样中加入 10%乙酰氯甲醇溶液 6 mL，充氮气后，旋紧螺旋盖。振荡混合后于 80℃±1℃水浴中放置 2 h，其间每隔 20 min 取出振摇 1 次，水浴后取出冷却至室温。将反应后的样液转移至 50 mL 离心管中，分别用 3 mL 碳酸钠溶液清洗玻璃管 3 次，合并碳酸钠溶液于 50 mL 离心管中，混匀。5000 r/min 离心

5 min。取上清液作为试液，气相色谱仪测定。

（3）酯交换法

①试样称取：称取试样 60.0 mg 至具塞试管中，精确至 0.1 mg。

②甲酯制备：加入 4 mL 异辛烷溶解试样，必要时可以微热使试样溶解后加入 200 μL 氢氧化钾甲醇溶液，盖上玻璃塞猛烈振摇 30 s 后静置至澄清。加入约 1 g 硫酸氢钠，猛烈振摇，中和氢氧化钾。待盐沉淀后，将上层溶液移至上机瓶中，待测。

2）测定

（1）色谱参考条件

毛细管色谱柱：聚二氰丙基硅氧烷强极性固定相，柱长 100 m，内径 0.25 mm，膜厚 0.2 μm。进样器温度：270℃。检测器温度：280℃。程序升温：初始温度 100℃，持续 13 min；100～180℃，升温速率 10℃/min，保持 6 min；180～200℃，升温速率 1℃/min，保持 20 min；200～230℃，升温速率 4℃/min，保持 10.5 min。载气：氮气。分流比：100∶1。进样体积：1.0 μL。检测条件应满足理论塔板数（n）至少 2000/m，分离度（R）至少 1.25。

（2）标准溶液和试样溶液的测定

在上述色谱条件下将脂肪酸标准测定液及试样测定液分别注入气相色谱仪，以色谱峰峰面积定量。

5. 数据计算和结果表述

1）试样中各脂肪酸的含量

以色谱峰峰面积定量。试样中各脂肪酸的含量按式 7-10 计算：

$$X_i = \frac{A_i \times m_{Si} \times F_{\mathrm{TG}_i\text{-}\mathrm{FA}_i}}{A_{Si} \times m} \times 100 \tag{7-10}$$

式中，X_i 为试样中各脂肪酸的含量，g/100 g；A_i 为试样测定液中各脂肪酸甲酯的峰面积；m_{Si} 为在标准测定液的制备中吸取的脂肪酸甘油三酯标准工作液中所含有的标准品的质量，mg；$F_{\mathrm{TG}_i\text{-}\mathrm{FA}_i}$ 为各脂肪酸甘油三酯转化为脂肪酸的换算系数，参考 GB 5009.168—2016 附录 D；A_{Si} 为标准测定液中各脂肪酸的峰面积；m 为试样的称样质量，mg；100 为将含量转换为每 100 g 试样中含量的系数。

2）试样中总脂肪酸的含量

试样中总脂肪酸的含量按式 7-11 计算：

$$X_{\text{Total FA}} = \sum X_i \tag{7-11}$$

式中，$X_{\text{Total FA}}$ 为试样中总脂肪酸的含量，g/100 g；X_i 为试样中各脂肪酸的含量，g/100 g。结果保留三位有效数字。

6. 适用范围

适用于食品中总脂肪、饱和脂肪（酸）、不饱和脂肪（酸）的测定。其中水解-提取法适用于食品中脂肪酸含量的测定；酯交换法适用于游离脂肪酸含量不大于 2%的油脂样品的脂肪酸含量测定；乙酰氯-甲醇法适用于含水量小于 5%的乳粉和无水奶油样品的脂肪酸含量测定。

7.4　脂类风险因子测定

油脂的主要功能是为人体提供热量、必需脂肪酸和脂溶性维生素，人体缺乏这些物质会产生多种疾病，甚至危及生命。随着社会经济的发展和人民生活水平的不断提高，油脂的营养与安全受到人们的广泛重视。因此，对油脂加工、储运与日常食用过程可能产生的有害于健康的风险因子，如反式脂肪酸、油脂氧化聚合物和缩水甘油酯等的发现与评估是近年来研究的热点。本节主要依据食品安全国家标准中规定的上述脂类风险因子检测方法进行学习。

7.4.1　反式脂肪酸的测定

1. 来源、物质种类及其有害性

反式脂肪酸（trans-fatty acid，TFA）是不饱和脂肪酸的一种，含有反式非共轭双键结构不饱和脂肪酸的总称。TFA 主要来源于油脂的精炼脱臭工艺过程、油脂的部分氢化及含油食品的烹饪加工过程等。食品中的 TFA 主要以反式油酸、反式亚油酸、反式亚麻酸为主。研究发现，TFA 的摄入与心血管疾病的发生呈正相关关系，同时还会影响婴幼儿生长发育、对神经行为具有不利影响、影响生育和降低记忆等。因此，准确测定食品中的 TFA 含量对了解居民摄入情况、食品加工烹饪具有重要指导意义。[本书参考《食品安全国家标准　食品中反式脂肪酸的测定》（GB 5009.257—2016）对食品中的反式脂肪酸进行测定]。

2. 气相色谱法测定反式脂肪酸

1）原理

动植物油脂试样或经酸水解法提取的食品试样中的脂肪，在碱性条件下与甲醇进行酯交换反应生，成脂肪酸甲酯，并在强极性固定相毛细管色谱柱上分离，用配有氢火焰离子化检测器的气相色谱仪进行，测定，面积归一化法定量。

2）试剂与试剂配制

除非另有说明，本方法所用试剂均为分析纯，水为 GB/T 6682 规定的二级水。

试剂：盐酸；乙醚；石油醚：沸程 30～60℃；无水乙醇：色谱纯；无水硫酸钠：使用前于 650℃灼烧 4 h，贮于干燥器中备用；异辛烷：色谱纯；甲醇：色谱纯；硫酸氢钠。氢氧化钾：含量 85%。

试剂配制：①氢氧化钾-甲醇溶液（2 mol/L）：称取 13.2 g 氢氧化钾，溶于 80 mL 甲醇中，冷却至室温，用甲醇定容至 100 mL。②石油醚-乙醚溶液（1 + 1）：量取 500 mL 石油醚与 500 mL 乙醚混合均匀后备用。

标准品：脂肪酸甲酯标准品及其配制参考 GB 5009.257—2016 的技术参数。

3）仪器和设备

气相色谱仪：配氢火焰离子化检测器；恒温水浴锅；涡旋振荡器；离心机；具塞试

管：10 mL、50 mL；分液漏斗：125 mL；圆底烧瓶：200 mL，使用前于 100℃烘箱中恒重；旋转蒸发仪；天平：感量为 0.1 g、0.1 mg。

4）方法操作步骤

（1）试样制备

固态样品：取有代表性的供试样品 500 g，于粉碎机中粉碎混匀，均分成两份，分别装入洁净容器中，密封并标识，于 0～4℃下保存。

半固态脂类样品：取有代表性的样品 500 g，置于烧杯中，于 60～70℃水浴中融化，充分混匀，冷却后均分成两份，分别装入洁净容器中，密封并标识，于 0～4℃下保存。

液态样品：取有代表性的样品 500 g，充分混匀后均分成两份，分别装入洁净容器中，密封并标识，于 0～4℃下保存。

（2）方法操作步骤

①动植物油脂

称取 60 mg 油脂，置于 10 mL 具塞试管中，加入 4 mL 异辛烷充分溶解，加入 0.2 mL 氢氧化钾-甲醇溶液，涡旋混匀 1 min，放至试管内混合液澄清。加入 1 g 硫酸氢钠中和过量的氢氧化钾，涡旋混匀 30 s，于 4000 r/min 下离心 5 min，上清液经 0.45 μm 滤膜过滤，滤液作为试样待测液。

②含油脂食品（除动植物油脂外）

a. 食品中脂肪的测定

固体和半固态脂类试样：称取均匀的试样 2.0 g（精确至 0.01 g，对于不同的食品称样量可适当调整，保证食品中脂肪量不小于 0.125 g）置于 50 mL 试管中，加入 8 mL 水充分混合，再加入 10 mL 盐酸混匀；液态试样：称取均匀的试样 10.00 g 置于 50 mL 试管中，加入 10 mL 盐酸混匀。将上述试管放入 60～70℃水浴中，每隔 5～10 min 振荡一次，约 40～50 min 至试样完全水解。取出试管，加入 10 mL 乙醇充分混合，冷却至室温。

将混合物移入 125 mL 分液漏斗中，以 25 mL 乙醚分两次润洗试管，洗液一并倒入分液漏斗中。待乙醚全部倒入后，加塞振摇 1 min，小心开塞，放出气体，并用适量的石油醚-乙醚溶液（1＋1）冲洗瓶塞及瓶口附着的脂肪，静置 10～20 min 至上层醚液清澈。将下层水相放入 100 mL 烧杯中，上层有机相放入另一干净的分液漏斗中，用少量石油醚-乙醚溶液（1＋1）洗萃取用分液漏斗，收集有机相，合并于分液漏斗中。将烧杯中的水相倒回分液漏斗，再用 25 mL 乙醚分两次润洗烧杯，洗液一并倒入分液漏斗中，按前述萃取步骤重复提取两次，合并有机相于分液漏斗中，将全部有机相过适量的无水硫酸钠柱，用少量石油醚-乙醚溶液（1＋1）淋洗柱子，收集全部流出液于 100 mL 具塞量筒中，用乙醚定容并混匀。

精准移取 50 mL 有机相至已恒重的圆底烧瓶内，50℃水浴下旋转蒸去溶剂后，置 95～105℃下恒重，计算食品中脂肪含量；另 50 mL 有机相于 50℃水浴下旋转蒸去溶剂后，用于反式脂肪酸甲酯的测定。

b. 脂肪酸甲酯的制备

准确称取 60 mg 上述提取的脂肪（未经 95～105℃干燥箱加热），置于 10 mL 具塞试管中，按（1）规定的步骤操作，得到试样待测液。

（3）仪器参考条件

毛细管气相色谱柱：SP-2560 聚二氰丙基硅氧烷；柱长 100 m×0.25 mm，膜厚 0.2 μm，或性能相当者。检测器：氢火焰离子化检测器。载气：高纯氦气 99.999%。载气流速：1.3 mL/min。进样口温度：250℃。检测器温度：250℃。程序升温：初始温度 140℃，保持 5 min，以 1.8℃/min 的速率升至 220℃，保持 20 min。进样量：1 μL。分流比：30∶1。

（4）定量测定

将标准工作溶液和试样待测液分别注入气相色谱仪中，根据标准溶液色谱峰响应面积，采用归一化法定量测定。

（5）定性确证

在（3）测定条件下，样液中反式脂肪酸的保留时间应在标准溶液保留时间的±0.5%范围内，本方法下各反式脂肪酸的参考保留时间可参阅 GB 5009.257—2016。

5）数据计算和结果表述

反式脂肪酸含量是以反式脂肪（%，质量分数）报告，反式脂肪含量是以反式脂肪酸甲酯百分比含量的形式进行计算。

（1）食品中脂肪的质量分数的计算

食品中脂肪的质量分数按式 7-12 计算：

$$\omega_z = \frac{m_1 - m_0}{m_2} \times 100\% \tag{7-12}$$

式中，ω_z 为试样中脂肪的质量分数，%；m_1 为圆底烧瓶和脂肪的质量，g；m_0 为圆底烧瓶的质量，g；m_2 为试样的质量，g。

（2）相对质量分数的计算

各组分的相对质量分数按式 7-13 计算：

$$\omega_X = \frac{A_X \times f_X}{A_t} \times 100\% \tag{7-13}$$

式中，ω_X 为归一化法计算的反式脂肪酸组分 X 脂肪酸甲酯相对质量分数，%；A_X 为组分 X 脂肪酸甲酯峰面积；f_X 为组分 X 脂肪酸甲酯的校准因子；A_t 为所有峰校准面积的总和，除去溶剂峰。

（3）计算脂肪中反式脂肪酸的含量

脂肪中反式脂肪酸的质量分数按式 7-14 计算：

$$\omega_t = \sum \omega_X \tag{7-14}$$

式中，ω_t 为脂肪中反式脂肪酸的质量分数，%；ω_X 为归一化法计算的组分 X 脂肪酸甲酯相对质量分数，%。

（4）计算食品中反式脂肪酸的含量

食品中反式脂肪酸的质量分数按式 7-15 计算：

$$\omega = \omega_t \times \omega_Z \tag{7-15}$$

式中，ω 为食品中反式脂肪酸的质量分数，%；ω_t 为脂肪中反式脂肪酸的质量分数，%；ω_Z 为食品中脂肪的质量分数，%。计算结果以重复性条件下获得的两次独立测定结果的算术平均值表示，大于 1.0%的结果保留三位有效数字，小于等于 1.0%的结果保留两位有效数字。

（5）适用范围

适用于动植物油脂、氢化植物油、精炼植物油脂及煎炸油和含动植物油脂、氢化植物油、精炼植物油脂及煎炸油食品中反式脂肪酸的测定。不适用于油脂中游离脂肪酸（FFA）含量大于 2%食品样品的测定。

7.4.2 动植物油脂中聚二甲基硅氧烷的测定

1. 来源、物质种类及其有害性

聚二甲基硅氧烷（polydimethylsiloxane，PDMS）又名二甲基硅油，通常作为消泡剂、脱模剂、被膜剂广泛应用于油脂、豆制品、肉制品等食品的加工过程中。相关研究发现某些聚二甲基硅氧烷，如环五聚二甲基硅氧烷与持久性有机污染物相似，在动物体内难以降解且具有积聚特性，这种化学物质会损害动物的繁殖能力，如发生子宫肿瘤。《食品安全国家标准 食品添加剂使用标准》（GB 2760—2014）中规定，聚二甲基硅氧烷（乳液）可作为消泡剂和脱模剂使用，其油脂加工工艺的最大使用量为 10 mg/kg。《食品安全国家标准 动植物油脂中聚二甲基硅氧烷的测定》（GB 5009.254—2016）为监测食品中的 PDMS 提供了方法依据。目前 PDMS 的检测技术有电感耦合等离子体原子发射光谱法、火焰原子吸收光谱法、原子吸收石墨炉法，本节依据 GB 5009.254—2016 第一法电感耦合等离子体原子发射光谱法对植物油中 PDMS 进行测定。

2. 电感耦合等离子体原子发射光谱法

1）原理

试样中的聚二甲基硅氧烷经航空煤油 1#提取，采用电感耦合等离子体原子发射光谱仪测定试样提取液中的硅含量，外标法定量。

2）试剂与试剂配制

除非另有说明，本方法所用试剂均为分析纯，水为 GB/T 6682 规定的一级水。

试剂：航空煤油 1#（或可作为电感耦合等离子体原子发射光谱仪直接进样的能够溶解聚二甲基硅氧烷的有机溶剂）；盐酸；盐酸溶液（1.37 mol/L）：量取 114 mL 盐酸，用水定容至 1000 mL。

标准品：聚二甲基硅氧烷$[(CH_3)_3SiO(C_2H_6SiO)_nSi(CH_3)_3]$，纯度≥99.0%。

3）仪器与设备

电感耦合等离子体原子发射光谱仪：带有机进样系统；天平：感量为 0.1 mg；漩涡混匀器；超声波振荡器：带加热控温装置；容量瓶：10 mL、25 mL、100 mL；塑料离心管：15 mL、50 mL。

4）方法操作步骤

（1）试样制备

称取 5 g（精确到 0.01 g）试样于 25 mL 容量瓶中，加入 15 mL 航空煤油 1#，充分混匀，置于 70℃水浴中超声提取 2 h，用航空煤油 1#定容至刻度。然后全部转移至 50 mL 塑料离心管中，再加入 15 mL1.37 mol/L 盐酸充分混匀，于水浴中静置分层，取上清液

10 mL 于 15 mL 塑料离心管备用，同时做试剂空白试验。易凝固的油脂应置于 70℃水浴中，取出后立即测定。

（2）标准曲线的制作

将标准系列工作液分别吸入电感耦合等离子体原子发射光谱仪中，测定相应的发射强度，以标准工作液中聚二甲基硅氧烷的浓度为横坐标，以发射强度值为纵坐标，绘制标准曲线。

（3）试样溶液的测定

将空白和试样溶液吸入电感耦合等离子体原子发射光谱仪中，测定发射强度值，根据标准曲线得到待测液中聚二甲基硅氧烷的浓度（单位：μg/mL）。

5）数据计算和结果表述

试样中聚二甲基硅氧烷的含量按式 7-16 计算：

$$X_i = \frac{(\rho_i - \rho_0) \times V \times 1000}{m \times 1000} \times F \tag{7-16}$$

式中，X_i 为试样中聚二甲基硅氧烷含量，mg/kg；ρ_i 为试样提取溶液中聚二甲基硅氧烷的浓度，μg/mL；ρ_0 为空白油脂溶液中聚二甲基硅氧烷的浓度，μg/mL；V 为试样的体积，mL；m 为试样的质量，g；F 为稀释因子；1000 为换算系数。计算结果以重复性条件下获得的两次独立测定结果的算术平均值表示，结果保留三位有效数字。

7.4.3　油氧化聚合物的测定

1. 来源、物质种类及其有害性

油脂高温条件下劣变主要包括水解、氧化、热聚合三种方式。油脂劣变产物中，二酰甘油（DAG）、氧化三酰甘油单体（ox-TGM）及三酰甘油氧化聚合物（TGP）分别代表了油脂的水解、氧化与聚合程度。其中 TGP 包括三酰甘油寡聚物（TGO）、氧化三酰甘油二聚物（TCD）。TGP 是在油脂精炼加工过程和储藏、使用中因热氧化聚合产生，且在油脂二次精炼中难以去除的内源性深度氧化聚合产物。油脂劣变与营养丧失、生物学损害、组织老化紧密相关。其产生的不利影响包括：油脂感官性状变劣，如产生“哈喇味”、色泽加深、质地劣化；营养物质，如油中不饱和脂肪酸、脂溶性维生素、类胡萝卜素和植物甾醇，被氧化破坏而损失；营养价值被破坏，如氨基酸氧化、蛋白自由基形成和脂蛋白交互作用；产生毒性物质，如氢过氧化物、醛类、环氧化物、二聚物和反式脂肪酸；弱化加工适应性，如乳化性、蛋白溶解性。[本书参考《动植物油脂　聚合甘油三酯的测定　高效空间排阻色谱法（HPSEC）》（GB/T 26636—2011）。]

2. 高效空间排阻色谱法（HPSEC）

1）原理

样品溶解于四氢呋喃后，在装填有凝胶的色谱柱上，根据分子量的大小将聚合甘油三酯分离，利用示差折光检测器检测其组分。聚合甘油三酯的含量以提取的所有酰基甘油酯[甘油三酯（TAG）、聚合甘油三酯（PTAGs）、甘油二酯（DAG）和甘油一酯（MAG）]的峰面积的百分率表示。

2）试剂

所用试剂均为分析纯。

四氢呋喃：加入 0.1%的 2, 6-二叔丁基对甲酚（BHT）以保持稳定，脱气。用于溶解样品的四氢呋喃和用作流动相的四氢呋喃水分含量应相同，否则会出现负峰；甲苯；硫酸钠：无水。

3）仪器设备

实验室常规仪器和下列特殊仪器。

储液器：250 mL，具流动相过滤器（材质为聚四氟乙烯，孔径 1 μm）；高效液相色谱用泵：无脉冲，流量为 0.5～1.5 mL/min；进样阀：具 10 μL 定量环和体积 50～100 μL 的注射器，或带有 10 μL 定量环的自动进样器；不锈钢柱：长 300 mm，内径 7.5～7.8 mm，填充有苯乙烯和二苯乙烯聚合成的高效球形凝胶（粒径 5 μm，孔径 10 nm）或其他具有相同分离能力和分辨率的凝胶。推荐使用色谱柱温度控制装置，以使柱温度保持在 30～35℃。如果需要，色谱柱应充以甲苯保存。检测器：示差折光检测器，具温度控制，灵敏度要求满标折射率至少 1×10^{-4}。理想的检测器温度为高于环境温度（30～35℃）。记录仪和（或）积分仪或色谱工作站：可显示色谱峰并能对峰面积准确定量。

4）方法操作步骤

（1）仪器准备

按照仪器说明书要求进行操作。启动高效液相色谱仪，以 0.5～1 mL/min 的流速泵入四氢呋喃清洗整个系统，一直到进样阀。将柱连接到进样阀，用大约 30 mL 四氢呋喃冲洗。连接柱到检测器的样品池，用四氢呋喃充满参比池。将流动相流速调整在 0.5～1.0 mL/min，并使仪器稳定（基线无明显的漂移和噪声）。

（2）试样制备

试样制备按 GB/T 15687—2008 进行。

（3）样液制备和分析

称取油脂样品约 50 mg，加入 1～3 mL 四氢呋喃，混匀。加入 50 mg 无水硫酸钠，放置 2～5 min。用孔径 1 μm 的滤膜过滤。用注射器吸取 50～100 μL 试样溶液，充满进样环，进样和接通积分仪。如果使用自动进样器，将样液装入自动进样器的样品瓶，打开自动进样器，启动积分仪。流动相流速为 1 mL/min 时，分析时间大约为 10 min。

用甘油三酯单体色谱峰计算理论塔板数（n）确定色谱柱的柱效时，n 应不小于 6000。

5）数据计算和结果表述

假设所有洗脱出的样品组分具有相同的相应系数，通过内标归一化法计算。

聚合甘油三酯含量按式 7-17 计算：

$$P_{\mathrm{PTAG}}=\frac{\sum A_{\mathrm{PTAG}}}{\sum A_{\mathrm{tot}}}\times 100\% \tag{7-17}$$

式中，P_{PTAG} 为聚合甘油三酯的质量分数（基于峰面积），%；A_{PTAG} 为聚合甘油三酯峰的峰面积；A_{tot} 为所有甘油酯（甘油三酯、聚合甘油三酯、甘油二酯及甘油一酯）峰的峰面积。测定结果保留一位小数。

第8章　食品中碳水化合物的测定

8.1　概　　述

8.1.1　食品中的糖类与营养功能

在食品学科上，食品中的碳水化合物与食品中的糖类是经常混用的两个概念，都是用来描述食品中存在的一大类由碳、氢、氧组成的营养性物质成分。但是两者有一定的差别，“食品中的糖”一般是通俗说法，也特指食品中存在的还原糖、营养学和食品生产常规分析项目中的“总糖”的概念；“食品中的碳水化合物”更为书面语，描述的物质范畴更广，除糖外还涵盖纤维物质。

从物质结构上，给食品中的糖类进行定义，是一类多羟基醛或多羟基酮及其缩合物和衍生物的总称。食品中的糖类不仅是直接提供人体生命活动所需热能的重要物质，也是构成机体的重要物质。从食品营养的角度，食品中的糖类按照其被摄食后在人体胃肠中的消化性可分为有效糖类和无效糖类。有效糖类（total available carbohydrates）是指人体胃肠道能够直接消化利用的单糖、双糖、麦芽低聚糖、多糖中的淀粉等糖类；无效糖类指的是人体胃肠道不能直接消化利用的糖类，如非消化性低聚糖、多糖中的纤维素、半纤维素、果胶等。随着经济发展，人类对饮食质量的要求越来越高，研究表明，食品中的无效糖类可增加人体饱腹感，促进人体胃肠蠕动，在人体结肠和直肠菌群发酵作用下产生大量对人体健康具有促进作用的小分子物质，从而被现代营养学冠以“功能性碳水化合物”之称。棉子糖、水苏糖、低聚木糖、潘糖、菊糖、香菇多糖、枸杞多糖等非消化性糖类被广泛开发和生产，用于健康食品的生产。

8.1.2　食品中糖类测定的意义

食品中的糖类不仅是人体热能的直接来源，也是构成机体的重要物质，所以食品中糖类的测定对食品营养功能的评价具有重要的意义。功能性碳水化合物在食品中的天然赋存和生产工艺配方中对功能性碳水化合物的设计是开发和生产健康食品的基础。

食品中赋存的糖类在食品加工过程中可发生焦糖化反应、美拉德反应等，赋予食品色、香、味等重要感官性状。作为多糖的淀粉在食品加工过程中赋予了食品以重要的质构特性。所以食品中糖类的测定不仅是食品营养评价的需求，也是食品加工工艺开发的需求。对于食品中糖类的营养性、加工性可具体参阅《食品营养学》《食品化学》《食品工艺学》等书目。

8.2　食品中可溶性糖类的测定

食品中可溶性糖类一般是指葡萄糖、果糖等游离单糖及蔗糖、麦芽糖、乳糖等可溶于水的低聚糖类，可用《食品安全国家标准 食品中还原糖的测定》（GB 5009.7—2016）和《食品安全国家标准 食品中果糖、葡萄糖、蔗糖、麦芽糖、乳糖的测定》（GB 5009.8—2023）规定的方法进行测定。在 GB 5009.7—2016 规定的测定方法中一般不包括蔗糖、低聚糊精等不具有还原性质的水溶解性低聚糖。

8.2.1 食品中可溶性糖类提取和澄清

1. 提取

提取食品中可溶性糖类最常用的提取剂是水。水作为提取剂时，食品基质中的部分色素、有机酸、蛋白质、可溶性淀粉、可溶性果胶等可溶于水的物质会进入提取液，干扰后续的测定过程，影响分析结果。水果及其制品中含有许多有机酸，为防止蔗糖等低聚糖在加热时被部分水解，提取液的 pH 应调为中性。

一定浓度的乙醇溶液也是常用的可溶性糖类提取剂，且当溶液中乙醇浓度足够高时，蛋白质、淀粉、糊精等不再被提取出来，因此是一种比较有效的提取溶剂。通常可选用 80%的乙醇溶液。提取次数上，一般至少提取两次，以保证提取完全。

2. 提取液的澄清

用水或乙醇溶液提取的水溶性糖类的试液中，不同程度地含有一些有机酸、可溶性蛋白、肽、果胶等杂质，对糖类的测定有影响，因此常在测定前加入澄清剂，进一步除去这些干扰因素。

常用的澄清剂有中性乙酸铅、碱性乙酸铅、硫酸铜-氢氧化钠溶液、乙酸锌溶液和亚铁氰化钾溶液、氢氧化铝、活性炭等。

（1）铅盐 中性乙酸铅 $Pb(Ac)_2 \cdot 3H_2O$ 的铅离子能与多种阴离子大分子生成沉淀，同时吸附除去部分杂质。能除去蛋白质、丹宁、有机酸、果胶，还能凝聚其他胶体，不会使还原糖从溶液中沉淀出来，室温下也不会形成可溶性的铅糖，但脱色力差，不能用于深色糖液的澄清。碱性乙酸铅能除去蛋白质、色素、有机酸，又能凝聚胶体，但它可生成体积甚大的沉淀，带走果糖等还原糖。该澄清剂用以处理深色的蔗糖溶液，供旋光仪测定用，但过量的碱性乙酸铅因其碱性及铅糖的形成而改变糖类的旋光度。

（2）其他金属离子 硫酸铜-氢氧化钠：由 5 份硫酸铜溶液（34.639 g 硫酸铜结晶溶解于水，稀释至 500 mL，再用精制石棉过滤）和 2 份 1 mol/L 氢氧化钠溶液组成。碱性条件下，铜离子可使蛋白质沉淀，适合于富含蛋白质样品的澄清。乙酸锌和亚铁氰化钾：澄清效果良好，生成的亚铁氰酸锌沉淀可挟走蛋白质，发生共同沉淀作用，适用于色泽较浅、富含蛋白质的提取液，如乳制品。氢氧化铝：能凝聚胶体，但对非胶态杂质的澄清效果不好，可用于浅色糖溶液的澄清剂，或可作为附加澄清剂。

（3）活性炭 能除去植物性样品中的色素。

应根据提取液的种类、干扰成分、含量及所用糖的分析方法进行适当选择。

8.2.2 糖类的测定方法

《食品安全国家标准 食品中还原糖的测定》（GB 5009.7—2016）规定了各类食品中

具有还原性的可溶性糖类的测定方法。其中第一法直接滴定法、第二法高锰酸钾滴定法使用范围广，第三法铁氰化钾法适用于小麦粉中还原糖含量的测定，第四法奥氏试剂滴定法适用于甜菜块根中还原糖含量的测定。除此以外，文献资料上用得最多的方法是 3, 5-二硝基水杨酸比色法。《食品安全国家标准 食品中果糖、葡萄糖、蔗糖、麦芽糖、乳糖的测定》（GB 5009.8—2023）规定了食品中果糖、葡萄糖、蔗糖、麦芽糖、乳糖的测定方法，第一法高效液相色谱法和第二法离子色谱法可适用于各类食品中果糖、葡萄糖、蔗糖、麦芽糖、乳糖的测定；第三法酸水解-莱因-埃农氏法可适用于各类食品中蔗糖的测定；第四法莱因-埃农氏法适用于婴幼儿食品和乳品中蔗糖的测定。本部分主要参考 GB 5009.7—2016、文献资料和 GB 5009.8—2023，整理学习测定还原糖的直接滴定法和 3, 5-二硝基水杨酸比色法，以及测定蔗糖的高效液相色谱法。

1. 直接滴定法

1）原理

试样经除去蛋白质后，以亚甲蓝作指示剂，在加热条件下滴定标定过的碱性酒石酸铜溶液（已用还原糖标准溶液标定），根据样品液消耗体积计算还原糖含量。

测定过程涉及的化学反应如图 8-1 所示：试样中的还原糖与碱性酒石酸铜溶液反应生成红色氧化亚铜沉淀，过量的还原糖将次甲基蓝由蓝色还原为无色，根据样液消耗量和碱性酒石酸铜标定的还原糖当量，即可计算出试样中还原糖的含量。

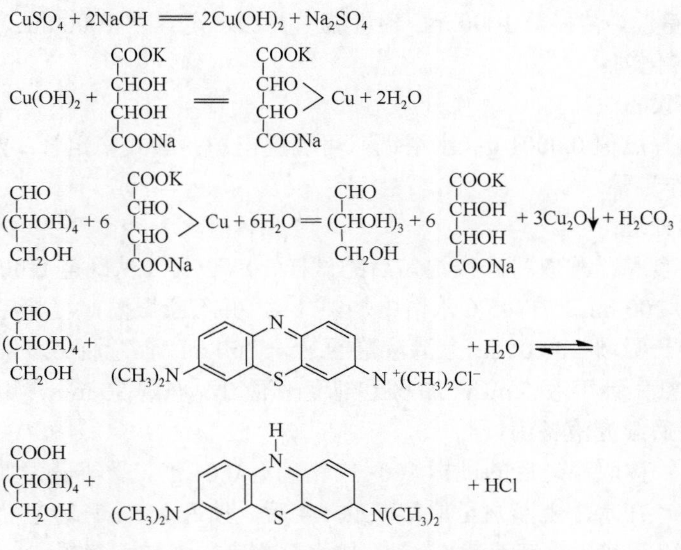

$$CuSO_4 + 2NaOH = 2Cu(OH)_2 + Na_2SO_4$$

$$Cu(OH)_2 + \begin{array}{l}COOK\\CHOH\\CHOH\\COONa\end{array} = \begin{array}{l}COOK\\CHO\\CHO\\COONa\end{array}\!\!> Cu + 2H_2O$$

$$\begin{array}{l}CHO\\(CHOH)_4\\CH_2OH\end{array} + 6\begin{array}{l}COOK\\CHO\\CHO\\COONa\end{array}\!\!> Cu + 6H_2O = \begin{array}{l}CHO\\(CHOH)_3\\CH_2OH\end{array} + 6\begin{array}{l}COOK\\CHOH\\CHOH\\COONa\end{array} + 3Cu_2O\downarrow + H_2CO_3$$

$$\begin{array}{l}CHO\\(CHOH)_4\\CH_2OH\end{array} + \text{[亚甲蓝结构式：}(CH_3)_2N\text{–…–}N^+(CH_3)_2Cl^-\text{]} + H_2O \rightleftharpoons$$

$$\begin{array}{l}COOH\\(CHOH)_4\\CH_2OH\end{array} + \text{[还原型亚甲蓝结构式：}(CH_3)_2N\text{–…(N–H)…–}N(CH_3)_2\text{]} + HCl$$

图 8-1　葡萄糖示例的直接滴定法测定还原糖的化学反应过程

2）试剂和仪器

（1）试剂和试剂配制

除非另有说明，本方法所用试剂均为分析纯，水为 GB/T 6682 规定的三级水。

试剂：盐酸；硫酸铜；亚甲蓝；酒石酸钾钠；氢氧化钠；乙酸锌；冰乙酸（$C_2H_4O_2$）；亚铁氰化钾。

试剂配制：①盐酸溶液（1＋1，体积比）：量取盐酸 50 mL，加水 50 mL 混匀；②碱性酒石酸铜甲液：称取硫酸铜 15 g 和亚甲蓝 0.05 g，溶于水中，并稀释至 1000 mL；③碱性酒石酸铜乙液：称取酒石酸钾钠 50 g 和氢氧化钠 75 g，溶解于水中，再加入亚铁氰化钾 4 g，完全溶解后，用水定容至 1000 mL，贮存于橡胶塞玻璃瓶中；④乙酸锌溶液：称取乙酸锌 21.9 g，加冰乙酸 3 mL，加水溶解并定容于 100 mL；⑤亚铁氰化钾溶液（106 g/L）：称取亚铁氰化钾 10.6 g，加水溶解并定容至 100 mL；⑥氢氧化钠溶液（40 g/L）：称取氢氧化钠 4 g，加水溶解后，放冷，并定容至 100 mL。

（2）标准品和标准溶液配制

标准品：葡萄糖；果糖；乳糖（含水）；蔗糖（$C_{12}H_{22}O_{11}$）。纯度≥99%。

标准溶液配制：①葡萄糖标准溶液（1.0 mg/mL）：准确称取经过 98～100℃烘箱中干燥 2 h 后的葡萄糖 1 g，加水溶解后加入盐酸溶液 5 mL，并用水定容至 1000 mL。此溶液每毫升相当于 1.0 mg 葡萄糖。②果糖标准溶液（1.0 mg/mL）：准确称取经过 98～100℃干燥 2 h 的果糖 1 g，加水溶解后加入盐酸溶液 5 mL，并用水定容至 1000 mL。此溶液每毫升相当于 1.0 mg 果糖。③乳糖标准溶液（1.0 mg/mL）：准确称取经过 94～98℃干燥 2 h 的乳糖（含水）1 g，加水溶解后加入盐酸溶液 5 mL，并用水定容至 1000 mL。此溶液每毫升相当于 1.0 mg 乳糖（含水）。④转化糖标准溶液（1.0 mg/mL）：准确称取 1.0526 g 蔗糖，用 100 mL 水溶解，置具塞锥形瓶中，加盐酸溶液 5 mL，在 68～70℃水浴中加热 15 min，放置至室温，转移至 1000 mL 容量瓶中并加水定容至 1000 mL，每毫升标准溶液相当于 1.0 mg 转化糖。

（3）仪器和设备

分析天平：分度值 0.0001 g；水浴锅；可调温电炉；酸式滴定管：25 mL。

3）方法操作步骤

（1）试样预处理

①含淀粉的食品：称取粉碎或混匀后的试样 10～20 g（精确至 0.001 g），置 250 mL 容量瓶中，加水 200 mL，在 45℃水浴中加热 1 h，并不断振摇，冷却后加水至刻度，混匀，静置，沉淀。吸取 200.0 mL 上清液置于另一 250 mL 容量瓶中，缓慢加入乙酸锌溶液 5 mL 和亚铁氰化钾溶液 5 mL，加水至刻度，混匀，静置 30 min，用干燥滤纸过滤，弃去初滤液，取后续滤液备用。

②酒精饮料：称取混匀后的试样 100 g（精确至 0.01 g），置于蒸发皿中，用氢氧化钠溶液中和至中性，在水浴上蒸发至原体积的 1/4 后，移入 250 mL 容量瓶中，缓慢加入乙酸锌溶液 5 mL 和亚铁氰化钾溶液 5 mL，加水至刻度，混匀，静置 30 min，用干燥滤纸过滤，弃去初滤液，取后续滤液备用。

③碳酸饮料：称取混匀后的试样 100 g（精确至 0.01 g）于蒸发皿中，在水浴上微热搅拌除去二氧化碳后，移入 250 mL 容量瓶中，用水洗涤蒸发皿，洗液并入容量瓶，加水至刻度，混匀后备用。

④其他食品：称取粉碎后的固体试样 2.5～5 g（精确至 0.001 g）或混匀后的液体试

样 5 g～25 g（精确至 0.001 g），置 250 mL 容量瓶中，加 50 mL 水，缓慢加入乙酸锌溶液 5 mL 和亚铁氰化钾溶液 5 mL，加水至刻度，混匀，静置 30 min，用干燥滤纸过滤，弃去初滤液，取后续滤液备用。

（2）碱性酒石酸铜溶液的标定

吸取碱性酒石酸铜甲液 5.0 mL 和碱性酒石酸铜乙液 5.0 mL，于 150 mL 锥形瓶中，加水 10 mL，加入玻璃珠 2～4 粒，从滴定管中加葡萄糖标准溶液（或其他还原糖标准溶液）约 9 mL，控制在 2 min 中内加热至沸，趁热以 1 滴/2 s 的速度继续滴加葡萄糖标准溶液（或其他还原糖标准溶液），直至溶液蓝色刚好褪去为终点，记录消耗葡萄糖（或其他还原糖标准溶液）的总体积，同时平行操作 3 份，取其平均值，计算每 10 mL（碱性酒石酸甲、乙液各 5 mL）碱性酒石酸铜溶液相当于葡萄糖（或其他还原糖）的质量（mg）。

注：也可以按上述方法标定 4～20 mL 碱性酒石酸铜溶液（甲，乙液各半）来适应试样中还原糖的浓度变化。

（3）试样溶液预测

吸取碱性酒石酸铜甲液 5.0 mL 和碱性酒石酸铜乙液 5.0 mL 于 150 mL 锥形瓶中，加水 10 mL，加入玻璃珠 2～4 粒，控制在 2 min 内加热至沸，保持沸腾以先快后慢的速度，从滴定管中滴加试样溶液，并保持沸腾状态，待溶液颜色变浅时，以 1 滴/2 s 的速度滴定，直至溶液蓝色刚好褪去为终点，记录试样溶液消耗体积。

注：当样液中还原糖浓度过高时，应适当稀释后再测定，使滴定消耗样液的体积控制在与标定碱性酒石酸铜溶液时所消耗的还原糖标准溶液的体积相近，约 10 mL，结果按式 8-1 计算；当浓度过低时则采取直接加入 10 mL 试样溶液，免去加水 10 mL，再用还原糖标准溶液滴定至终点，记录消耗的体积，结果按式 8-2 计算。

（4）试样溶液测定

吸取碱性酒石酸铜甲液 5.0 mL 和碱性酒石酸铜乙液 5.0 mL，置于 150 mL 锥形瓶中，加水 10 mL，加入玻璃珠 2 粒～4 粒，从滴定管滴加比预测体积小 1 mL 的试样溶液至锥形瓶中，控制在 2 min 内加热至沸，保持沸腾继续以 1 滴/2 s 的速度滴定，直至蓝色刚好褪去为终点，记录样液消耗总体积，同法平行操作三份，得出平均消耗体积（V）。

4）数据计算和结果表述

试样中还原糖的含量（以某种还原糖计）按式 8-1 计算：

$$X = \frac{m_1}{m \times F \times V / 250 \times 1000} \times 100 \tag{8-1}$$

式中，X 为试样中还原糖的含量（以某种还原糖计），g/100 g；m_1 为碱性酒石酸铜溶液（甲、乙液各半）相当于某种还原糖的质量，mg；m 为试样质量，g；F 为系数，对含淀粉的食品为 0.8，其余为 1；V 为测定时平均消耗试样溶液体积，mL；250 为试样溶液定容体积，mL；1000 为换算系数。若试样中糖含量过高，正式测试时进行稀释的，需要在计算中乘以稀释倍数。

当浓度过低时，试样中还原糖的含量（以某种还原糖计）按式 8-2 计算：

$$X = \frac{m_2}{m \times F \times 10 / 250 \times 1000} \times 100 \tag{8-2}$$

式中，X 为试样中还原糖的含量（以某种还原糖计），单位为克每百克（g/100 g）；m_2 为标定时还原糖标准溶液体积与加入 10 mL 试样溶液后消耗的标准溶液体积之差相当于某种还原糖的质量，mg；m 为试样质量，g；F 为系数，同式 8-1；10 为样液体积，mL；250 为定容体积，mL；1000 为换算系数。

还原糖含量≥10 g/100 g 时，计算结果保留三位有效数字；还原糖含量＜10 g/100 g 时，计算结果保留两位有效数字。

2. 3, 5-二硝基水杨酸比色法（DNS 法）

1）原理

3, 5-二硝基水杨酸溶液与还原糖（各种单糖和麦芽糖）溶液在碱性环境中共热，还原糖被氧化成糖酸，3, 5-二硝基水杨酸被还原成棕红色的 3-氨基-5-硝基水杨酸，如图 8-2 反应式所示。在一定范围内，还原糖的含量和棕红色产物的颜色深浅呈一定比例关系。在 540 nm 波长下测定棕红色物质的吸光度值，查标准曲线，便可求出样品中还原糖的含量。

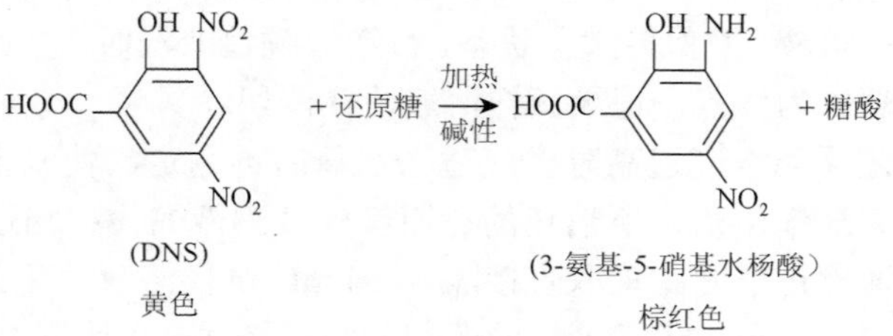

OH NO_2　HOOC　NO_2　(DNS) 黄色　+ 还原糖 $\xrightarrow[\text{碱性}]{\text{加热}}$ OH NH_2　HOOC　NO_2　(3-氨基-5-硝基水杨酸）棕红色　+ 糖酸

图 8-2　DNS 法测定还原糖的化学反应过程

2）试剂和仪器

（1）试剂和试剂配制

除非另有说明，本方法所用试剂均为分析纯，水为 GB/T 6682 规定的三级水。

试剂：3, 5-二硝基水杨酸；氢氧化钠；酒石酸钾钠；结晶酚；亚硫酸钠。

试剂配制：3, 5-二硝基水杨酸试剂，6.3 g 3, 5-二硝基水杨酸和 262 mL 2 mol/L NaOH 溶液，加到 500 mL 含有 185 g 酒石酸钾钠的热水溶液中，再加 5 g 结晶酚和 5 g 亚硫酸钠，搅拌溶解。冷却后加蒸馏水定容至 1000 mL，贮于棕色瓶中备用。

（2）标准品和标准溶液的配制

标准品：无水葡萄糖（$C_6H_{12}O_6$），分析纯或以上等级。

标准溶液配制：葡萄糖标准液（1 mg/mL），准确称取 100 mg 无水葡萄糖（预先在 80℃烘至恒重），置于小烧杯中，用少量蒸馏水溶解后，转移到 100 mL 的容量瓶中，以蒸馏水定容，摇匀，4℃冰箱中保存备用。

（3）仪器和设备

分析天平：感量 0.0001 g；离心机；分光光度计；水浴锅、超声波发生器；涡旋振荡器；玻璃比色管：25 mL；离心管：50 mL；容量瓶：100 mL；移液管或移液器。

3）方法操作步骤

（1）试样预处理

依据试样中还原糖含量水平，准确称取 0.5～2 g 制备均匀的试样，加入 50 mL 蒸馏水，混匀，可选用沸水浴 5 min、超声 5 min 和涡旋振荡 30 s 作为促进糖类溶出的辅助手段，5000 r/min 离心 15 min，收集上清液至 100 mL 容量瓶中，向沉淀中再加入 30 mL 蒸馏水，重复上述提取过程，合并上清液，定容，得到还原糖待测液。

（2）制作葡萄糖标准曲线

取 6 支具有 25 mL 刻度的玻璃比色管，编号，分别加入浓度为 1 mg/mL 的葡萄糖标准液 0 mL、0.2 mL、0.4 mL、0.6 mL、0.8 mL 和 1.0 mL，再加入蒸馏水补至 2.0 mL，最后加入 3, 5-二硝基水杨酸试剂 1.5 mL。将各管摇匀，在沸水浴中加热 5 min，取出后立即放入盛有冷水的烧杯中冷却至室温，用蒸馏水定容至 25 mL 刻度，混匀。

用未加葡萄糖标准液的反应液调零，于 540 nm 处测定吸光值。以吸光值为纵坐标，每管中葡萄糖质量（mg）为横坐标，绘制标准曲线，线性回归求算线性相关方程。

（3）样品中还原糖的测定

取 25 mL 刻度比色管，编号，可加入还原糖待测液 0.2～2 mL（视待测液中糖含量而定），蒸馏水补齐至 2 mL，3, 5-二硝基水杨酸试剂 1.5 mL，其余操作均与制作标准曲线相同，于 540 nm 处测定各管的吸光度值。

4）数据计算和结果表述

根据线性相关方程求算测试管中还原糖的质量，按式 8-3 计算试样中还原糖的含量：

$$X = \frac{c \times V / a}{W \times 1000} \times 100 \tag{8-3}$$

式中，X 为试样中还原糖的含量，g/100 g；c 为根据线性相关方程求算的测试管中还原糖的质量，mg；V 为还原糖待测液的定容体积，mL；a 为测试时吸取待测液体积，mL；W 为样品重，g；1000 为换算系数；100 为换算系数。

还原糖含量≥10 g/100 g 时，计算结果保留三位有效数字；还原糖含量＜10 g/100 g 时，计算结果保留两位有效数字。

3. 果糖、葡萄糖、蔗糖、麦芽糖、乳糖的测定

本部分主要依据 GB 5009.8—2023 第一法的技术要点，再查阅相关文献资料进行整理和学习。

1）原理

试样中的果糖、葡萄糖、蔗糖、麦芽糖和乳糖经提取后，利用高效液相色谱柱分离，用示差折光检测器或蒸发光散射检测器检测，外标法进行定量。

2）试剂和仪器

（1）试剂和试剂配制

除非另有说明，本方法所用试剂均为分析纯，水为 GB/T 6682 规定的三级水。

试剂：乙腈（色谱纯）；乙酸锌；亚铁氰化钾；石油醚，沸程 30～60℃。

试剂配制：①乙酸锌溶液：称取乙酸锌 21.9 g，加冰乙酸 3 mL，加水溶解并稀释至

100 mL；②亚铁氰化钾溶液：称取亚铁氰化钾 10.6 g，加水溶解并稀释至 100 mL。

（2）标准品和标准溶液配制

标准品：果糖；葡萄糖；蔗糖；麦芽糖；乳糖。纯度≥99%。或直接选用市售经国家认证并授予标准物质证书的标准物质或标准物质储备液。

标准溶液配制：①糖混合标准贮备液（20 mg/mL）：分别称取经过 90℃±2℃干燥 2 h 的果糖和 96℃±2℃干燥 2 h 的葡萄糖、蔗糖、麦芽糖和乳糖各 1 g（精确至 0.001 g），用水溶解后转移至 50 mL 容量瓶中，加入 2.5 mL 乙腈，用水定容至刻度，置于 0～4℃密封，可贮藏 3 个月。②糖混合标准使用液：分别吸取糖混合标准贮备液 0.100 mL、1.00 mL、2.00 mL、3.00 mL 和 5.00 mL 于 10.0 mL 容量瓶中，用水定容至刻度，配得果糖、葡萄糖、蔗糖、麦芽糖和乳糖的质量浓度为 0.200 mg/mL、2.0 mg/mL、4.0 mg/mL、6.0 mg/mL 和 10.0 mg/mL 混合标准工作液，也可根据试剂样品溶液的浓度适当调整混合标准工作液浓度。临用现配。

（3）仪器和设备

分析天平：分度值 0.0001 g；超声波清洗器；磁力搅拌器；离心机：转速≥4000 r/min；高效液相色谱仪：配示差折光检测器或蒸发光散射检测器；液相色谱柱：氨基色谱柱，柱长 250 mm，内径 4.6 mm，粒径 5 μm，或具有同等性能的色谱柱；恒温干燥箱；样品粉碎设备：如高速粉碎机，或家用破壁机等；0.45 μm 水性滤膜针头过滤器；注射器等。

3）方法操作步骤

（1）试样的制备

取适量有代表性的样品，饮料等液态均匀样品直接摇匀；非均匀的样品需匀浆或粉碎均匀；冷冻饮品室温融化后充分搅拌均匀，必要时可采用 30～40℃水浴加热搅拌；巧克力采用 50～60℃水浴加热熔融，并趁热充分搅拌均匀。

（2）样品预处理

①胶基糖果和巧克力等难溶解试样：称取试样 2 g（精确至 0.001 g）于 100 mL 离心管中，加入约 50 mL 50～60℃热水，涡旋或搅拌，待样品充分溶解，再缓慢加入 5 mL 乙酸锌溶液和 5 mL 亚铁氰化钾溶液，涡旋混匀，超声 30 min，转移至 100 mL 容量瓶中并用水定容至刻度，混匀，静置。

②含气体和酒精试样：称取混匀后的试样 50 g（精确至 0.01 g）于蒸发皿中，在水浴上微热搅拌去除气体和酒精，待冷却后移至 100 mL 容量瓶中，缓慢加入 5 mL 乙酸锌溶液和 5 mL 亚铁氰化钾溶液，用水定容至刻度，混匀，静置。

③糖浆和蜂蜜类试样：称取混匀后的试样 1～2 g（精确至 0.001 g）于 100 mL 离心管中，加入约 50 mL 水，涡旋混匀至充分溶解，转移至 100 mL 容量瓶中并用水定容至刻度，混匀，静置。

④其他试样：称取粉碎或混匀后的试样 1～10 g（精确至 0.001 g）（目标糖含量≤5%时称取 10 g；含量 5%～10%时称取 5 g；含量 10%～40%时称取 2 g；含量＞40%时称取 1 g）至 100 mL 离心管中，加入约 50 mL 水，再缓慢加入 5 mL 乙酸锌溶液和 5 mL 亚铁氰化钾溶液，涡旋混匀，超声 30 min，转移至 100 mL 容量瓶中并用水定容至刻度，混匀，静置。

（3）净化

上述试样提取液用滤纸过滤（弃去初滤液）或离心获取上清液后，用 0.45 μm 水性滤膜针头过滤器过滤至样品瓶，供高效液相色谱仪分析。

（4）仪器参考条件

色谱条件应当满足果糖、葡萄糖、蔗糖、麦芽糖和乳糖之间的分离度大于 1.5。推荐工作条件：流动相：乙腈 + 水 = 70 + 30（体积比）；流速：1.0 mL/min；柱温：40℃；进样量：20 μL；示差折光检测器条件：温度 40℃；蒸发光散射检测器条件：漂移管温度：80～90℃；氮气压力：350 kPa；氮气流速 2.5 L/min。

（5）标准曲线的制作

在上述推荐色谱条件下，将糖混合标准工作液标准按浓度从低到高依次上机测定，记录色谱图峰面积或峰高，以峰面积或峰高为纵坐标，以标准工作液的浓度为横坐标，示差折光检测器采用线性方程；蒸发光散射检测器采用幂函数方程绘制标准曲线。

（6）试样溶液的测定

将试样溶液注入高效液相色谱仪中，记录峰面积或峰高，从标准曲线中查得试样溶液中糖的浓度。可根据具体试样中糖含量水平以稀释倍数（f）进行稀释。

空白试验：除不加试样外，均按上述步骤进行。

4）数据计算和结果表述

试样中各糖类目标物的含量按式 8-4 计算，计算结果需扣除空白值：

$$X = \frac{(\rho - \rho_0) \times V \times f}{m \times 1000} \times 100 \tag{8-4}$$

式中，X 为试样中糖（果糖、葡萄糖、蔗糖、麦芽糖和乳糖）的含量，g/100 g；ρ 为样液中糖的浓度，mg/mL；ρ_0 为空白中糖的浓度，mg/mL；V 为试样溶液定容体积，mL；f 为稀释倍数；m 为试样的质量，g；1000 为换算系数；100 为换算系数。糖的含量≥10 g/100 g 时，结果保留三位有效数字，糖的含量＜10 g/100 g 时，结果保留两位有效数字。

8.3　食品中总糖的测定

食品中的总糖是指能溶于水的、具有还原性或在测定条件下能水解成具有还原性单糖（如蔗糖）的糖类物质的总量，是食品生产中常规分析项目，反映了食品中赋存的可溶性单糖和低聚糖的总量，是食品提供给人体的直接能量物质，也是直接影响食品在加工中色、香、味、组织状态的那部分糖类。但食品中的总糖一般不包括淀粉。

食品中总糖测定方法目前主要是文献法，最常用的是蒽酮-硫酸法和苯酚-硫酸法。这主要是碳水化合物对强酸和高温特别敏感，在酸存在的条件下连续加热会产生多种呋喃衍生物，如图 8-3 所示。这些产物会与其自身或其他产物结合生成褐色和黑色物质，也可以与其他酚类化合物如苯酚、间苯二酚、α-萘酚等尤其是杂环氮结合，生成有色产物，从而进行碳水化合物的分析测定。

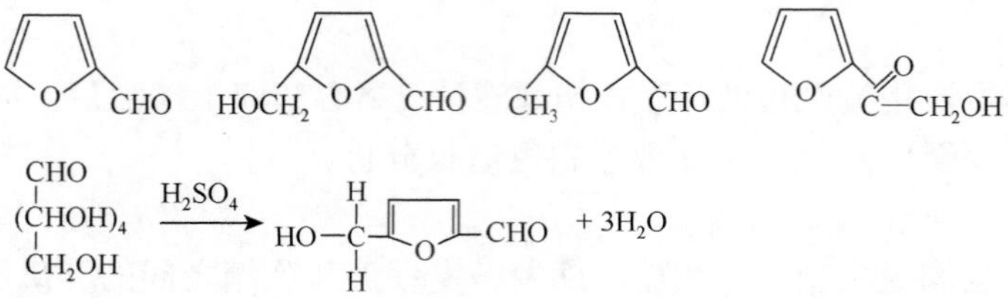

图 8-3　葡萄糖示例的硫酸脱水生成羟甲基糠醛等多种呋喃衍生物

8.3.1　蒽酮-硫酸法

1. 原理

糖类在较高温度下可被浓硫酸作用而脱水生成糠醛或羟甲基糠醛后，与蒽酮（$C_{14}H_{10}O$）脱水缩合，形成的糠醛衍生物呈蓝绿色，如图 8-4 所示。该物质在 620 nm 处有最大吸收，在 150 μg/mL 的糖类浓度范围内，其颜色的深浅与可溶性糖含量成正比。该法有很高的灵敏度，糖含量在 30 μg 左右就能进行测定。

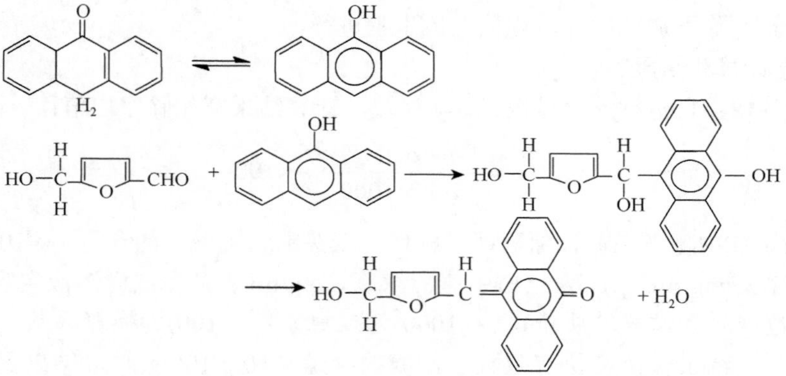

图 8-4　羟甲基糠醛与蒽酮反应过程及其产物

2. 试剂和仪器

1）试剂

除非另有说明，本方法所用试剂均为分析纯，水为 GB/T 6682 规定的三级水。

硫酸溶液（80%，质量浓度）；蒽酮（$C_{14}H_{10}O$）。

2）蒽酮试剂的配制

可选择两种方式配制蒽酮试剂：①蒽酮硫酸溶液（0.1%，质量浓度）：准确称取 0.1 g 蒽酮置于烧杯中，缓缓加入 100 mL 80%硫酸溶解，溶解后呈黄色透明溶液，需现用现配；②0.5%蒽酮-乙酸乙酯溶液：准确称取 0.5 g 蒽酮试剂于棕色试剂瓶中，加入 100 mL 乙酸乙酯，振摇，溶解，密封，可长时间使用。

3）标准品和标准溶液配制

标准品：无水葡萄糖，分析纯或以上等级。

标注溶液配制：葡萄糖标准溶液（0.1 mg/mL），准确称取 100 mg 无水葡萄糖（预先在 80℃烘至恒重），置于小烧杯中，用少量蒸馏水溶解后，转移到 100 mL 的容量瓶中，以蒸馏水定容，摇匀，4℃冰箱中保存备用。用前稀释 10 倍为使用液（0.1 mg/mL）。

4）仪器和设备

分析天平：分度值 0.0001 g；分光光度计；水浴锅；离心机；比色玻璃管（10 mL）；离心管（50 mL）；容量瓶（100 mL）；移液器；移液器吸头；超声波发生器，涡旋振荡器。

3. 方法操作步骤

1）总糖待测液的制备

依据试样中总糖含量水平，准确称取制备均匀的试样 0.1～1 g，加入 50 mL 蒸馏水，混匀，可选用沸水浴 5 min、超声 5 min、涡旋振荡 30 s 作为促进糖溶出的辅助手段，5000 r/min 离心 15 min，收集上清液至 100 mL 容量瓶中；将离心后的沉淀再次加入 30 mL 蒸馏水，混匀，重复上述提取过程，合并上清液，定容，得到总糖待测液。

2）标准曲线的绘制

精密吸取 0 mL、0.20 mL、0.40 mL、0.60 mL、0.80 mL 和 1.00 mL 的葡萄糖标准溶液至 10 mL 比色管中，用蒸馏水补至 1.0 mL。向试管缓慢加入 0.1%蒽酮硫酸溶液 4.0 mL。使用涡旋振荡器使反应液混合，然后将试管放置于沸水浴锅中反应 15 min。冷却至室温后，在 620 nm 处测吸光度。以比色管中葡萄糖质量（μg）为横坐标，吸光度值为纵坐标，绘制标准曲线。若使用 0.5%蒽酮-乙酸乙酯溶液作为显色剂，则是每个试管中加入 0.5 mL 蒽酮-乙酸乙酯溶液，摇匀，再缓慢加入 4 mL 浓硫酸，混匀，沸水浴加热，冷却至室温，在 620 nm 处测吸光度。

3）试样中总糖的测定

视总糖待测液中糖的浓度而定，准确吸取待测液 0.10～1.00 mL，按标准曲线绘制步骤用于测试过程，于 620 nm 波长下测定吸光度值。

4. 数据计算和结果表述

在标准曲线上查出测试管中总糖的质量（单位：μg），按式 8-5 计算试样中总糖百分含量：

$$X = \frac{m_1 \times V_1}{m_2 \times V_2 \times 10^6} \times 100 \tag{8-5}$$

式中，X 为样品中总糖含量，g/100 g；m_1 为测试管中葡萄糖的质量，μg；V_1 为总糖待测液体积，mL；V_2 为测试管中吸取的待测液体积，mL；m_2 为样品质量，g；10^6 为换算系数；100 为换算系数。

8.3.2　苯酚-硫酸法

1. 原理

糖在浓硫酸和持续加热作用下，水解生成单糖，并迅速脱水生成糖醛衍生物，然后与苯酚缩合成橙黄色化合物，且颜色稳定，在波长 490 nm 处和一定的浓度范围内，其吸光度与多糖含量呈线性关系正比，从而可以利用分光光度计测定其吸光度，并利用标准曲线定量测定样品的多糖含量，本方法可用于多糖、单糖含量的测定。

2. 试剂和仪器

1）试剂和试剂配制

除非另有说明，本方法所用试剂均为分析纯，水为GB/T 6682规定的三级水。

试剂：浓硫酸（H_2SO_4）；苯酚（C_6H_5OH）。

试剂配制：苯酚溶液（5%，质量浓度），准确称取结晶苯酚 5.0 g，加水溶解并定容至100 mL，混匀，棕色瓶避光保存，需现配现用。

2）标准品和标准溶液的配制

同8.3.1 中2. 3)。

3）仪器和设备

分析天平：分度值0.0001 g；分光光度计；水浴锅；离心机；比色玻璃管：25 mL；离心管：50 mL；容量瓶：100 mL；移液器；移液器吸头；超声波发生器；涡旋振荡器。

3. 方法操作步骤

1）总糖待测液的制备

方法同8.3.1 中3. 1)。

2）标准曲线的绘制

精密吸取 0 mL、0.20 mL、0.40 mL、0.60 mL、0.80 mL 和 1.00 mL 的葡萄糖标准溶液至 25 mL 比色管中，用蒸馏水补至 1.0 mL。向试管加入 5%苯酚溶液 1.0 mL，摇匀，缓慢加入浓硫酸 5.0 mL，摇匀，然后将试管放置于沸水浴锅中反应 15 min，冷却至室温后，在 490 nm 处测吸光度。以测试管中葡萄糖质量（单位：μg）为横坐标，吸光度值为纵坐标，制定标准曲线。

3）试样中总糖的测定

视总糖待测液中糖的浓度，准确吸取待测液 0.10～1.00 mL，按标准曲线绘制步骤进行测试程序，于 490 nm 波长下测定吸光度值。

4. 数据计算和结果表述

在标准曲线上查出试样测试管中总糖质量（单位：μg），按式 8-4 计算试样总糖百分含量。

8.4 食品中淀粉的测定

食品中的淀粉不仅是食品供给人体最重要的营养性物质，也是在食品加工中构建或支撑食品组织形态的重要物质。《食品安全国家标准 食品中淀粉的测定》（GB 5009.9—2023）规定了各类食品中淀粉的测定方法，其中第一法和第二法适用于肉制品除外的食品中淀粉的测定，第三法适用于肉制品中淀粉的测定。在科学研究和快检上，常用试剂盒法测定试样中的淀粉含量。本节主要依据 GB 5009.9—2023 规定的技术要点，参阅相关技术的研究进展对食品中淀粉的测定方法进行整理和学习。

8.4.1　酶水解法

1. 原理

试样经去除脂肪及可溶性糖后，淀粉依次用淀粉酶酶解和盐酸水解成葡萄糖，测定葡萄糖含量，并折算成试样中淀粉含量。

2. 试剂和仪器

1）试剂

除非另有说明，本方法所用试剂均为分析纯，水为 GB/T 6682 规定的三级水。

试剂：碘；碘化钾；*α*-淀粉酶（酶活力≥1.6 U/mg）；无水乙醇或 95%乙醇；石油醚（沸程为 60～90℃）；乙醚；甲苯；三氯甲烷；盐酸；氢氧化钠；硫酸铜；酒石酸钾钠；亚铁氰化钾；亚甲蓝：指示剂；甲基红：指示剂；*α*-萘酚；浓硫酸。

2）试剂配制

①甲基红指示液（2 g/L）：称取甲基红 0.20 g，用少量乙醇溶解后，加水定容至 100 mL。②盐酸溶液（1＋1）。③氢氧化钠溶液（200 g/L）。④碱性酒石酸铜甲液和碱性酒石酸铜乙液：同直接滴定法测定还原糖含量。⑤淀粉酶溶液（5 g/L）：称取 *α*-淀粉酶 0.5 g，加 100 mL 水溶解，临用时配制；也可加入数滴甲苯或三氯甲烷防止长霉，置于 4℃冰箱中。⑥碘溶液：称取 3.6 g 碘化钾溶于 20 mL 水中，加入 1.3 g 碘，溶解后加水定容至 100 mL。⑦乙醇溶液（85%和 40%，体积分数）。⑧*α*-萘酚乙醇溶液（10 g/L）：称取 *α*-萘酚 1 g，用 95%乙醇溶解并稀释至 100 mL。

3）标准品和标准溶液配制

标准品：D-无水葡萄糖，纯度≥98%。

标准溶液配制：葡萄糖标准溶液（1.00 mg/mL），准确称取 1 g（精确到 0.001 g）经过 98～100℃干燥 2 h 的 D-无水葡萄糖，加水溶解后加入 5 mL 盐酸，并以水定容至 1000 mL。此溶液每毫升相当于 1.00 mg 葡萄糖。临用现配。

4）仪器和设备

40 目筛：孔径 0.425 mm；分析天平：感量为 1 mg 或 0.1 mg；恒温水浴锅：可加热至 100℃；回流装置，并附有 250 mL 锥形瓶；组织捣碎机；电炉；滴定管：25 mL。

3. 方法操作步骤

1）试样预处理

取试样可食部分磨碎，过 40 目筛，称取 2～5 g（精确至 0.001 g）；不易磨碎试样，可准确加入适量水并记录质量，匀浆后称取相当于原样质量 2～5 g。置于放有折叠慢速滤纸的漏斗内，先用 50 mL 石油醚或乙醚分 5 次洗除脂肪（可用玻棒轻轻搅动分散样品），再用乙醇溶液（85%，体积分数）分次洗去可溶性糖类至微糖检验结果为阴性。含有麦芽糊精的试样，先用 100 mL 乙醇溶液（85%，体积分数）洗涤，再用乙醇溶液（40%，体积分数）洗涤至微糖检验结果为阴性。

2）酶水解和酸水解

将上述残留物移入 250 mL 烧杯内，用 50 mL 水洗净滤纸，洗液并入烧杯内，将烧杯置于沸水浴加热至糊化完全，一般需 15 min，放冷至 60℃以下，加 20 mL 淀粉酶溶液，在 55～60℃保温 1 h，不断搅拌。取 1 滴此液加 1 滴碘溶液，若显蓝色，再加热糊化并加 20 mL 淀粉酶溶液，继续保温，直至加碘溶液不显蓝色为止。加热至沸，冷后移入 250 mL 容量瓶中，用适量体积的水洗涤烧杯，并转入容量瓶中，加水至刻度，混匀，过滤或离心，得清液。

取 50.00 mL 清液，置于 250 mL 锥形瓶中，加 5 mL 盐酸（1 + 1），在沸水浴中冷凝回流 1 h，冷后加 2 滴甲基红指示液，用氢氧化钠溶液（200 g/L）中和至中性，溶液转入 100 mL 容量瓶中，洗涤锥形瓶，洗液并入 100 mL 容量瓶中，加水至刻度，混匀备用。

3）微糖检验方法

取洗涤液 2 mL 在小试管中，加入 α-萘酚乙醇溶液（10 g/L）4 滴，沿管壁缓缓加入浓硫酸 1 mL。在水与酸的界面出现紫色环，判定为阳性；在水与酸的界面出现黄绿色环，判定为阴性。注：由于洗涤液中含有乙醇和水，加入浓硫酸时，需沿试管壁缓慢加入并保证试管口不对着人。

4）测定

本部分采用直接滴定法测定水解液中葡萄糖含量，与 8.2.2 直接滴定法测定还原糖部分的操作相同，主要有碱性酒石酸铜溶液的标定、试样溶液预测和试样溶液测定三部分。

4. 数据计算和结果表述

标定一定体积碱性酒石酸铜溶液相当于葡萄糖质量按式 8-6 计算：

$$m_1 = \rho \times v_s \tag{8-6}$$

式中，m_1 为标定一定体积碱性酒石酸铜溶液（甲、乙液各半）相当于葡萄糖的质量，mg；ρ 为葡萄糖标准溶液质量浓度，mg/mL；v_s 为消耗的葡萄糖标准溶液体积，mL。

试样中葡萄糖含量按式 8-7 计算：

$$X_1 = \frac{m_1}{V_1} \times 100 \times \frac{250}{50} \tag{8-7}$$

式中，X_1 为所称试样中葡萄糖的质量，mg；m_1 为 10 mL 碱性酒石酸铜溶液（甲、乙液各半）相当于葡萄糖的质量，mg；50 为酸解用样品溶液体积，mL；250 为样品酶解定容体积，mL；V_1 为测定时平均消耗试样溶液体积，mL；100 为试样溶液定容体积，mL。

当试样中淀粉浓度过低时，葡萄糖含量按式 8-8 进行计算：

$$X_2 = \frac{m_2}{10} \times 100 \times \frac{250}{50} \tag{8-8}$$

式中，X_2 为所称试样中葡萄糖的质量，mg；m_2 为标定 10 mL 碱性酒石酸铜溶液（甲、乙液各半）时消耗的葡萄糖标准溶液的体积与加入 10 mL 样液后消耗的标准溶液体积之差相当于葡萄糖的质量，mg；50、250 和 100，同式 8-7；10 为直接加入的样液体积，mL。

试剂空白值按式 8-9 计算：

$$X_0 = \frac{m_0}{10} \times 100 \times \frac{250}{50} \tag{8-9}$$

式中，X_0为试剂空白值，mg；m_0为标定 10 mL 碱性酒石酸铜溶液（甲、乙液各半）时消耗的葡萄糖标准溶液的体积与加入 10 mL 空白溶液后消耗的葡萄糖标准溶液体积之差相当于葡萄糖的质量，mg；50、250、10 和 100，同式 8-8。

试样中淀粉的含量按式 8-10 计算：

$$X_0 = \frac{(X_1 - X_0) \times 0.9}{m \times 1000} \times 100 \text{或} X_0 = \frac{(X_2 - X_0) \times 0.9}{m \times 1000} \times 100 \tag{8-10}$$

式中，X为试样中淀粉的含量，g/100 g；0.9 为还原糖（以葡萄糖计）换算成淀粉的换算系数；m 为试样质量，g。结果＜1 g/100 g，保留两位有效数字；结果≥1 g/100 g，保留三位有效数字。

8.4.2　酸水解法

1. 原理

试样经除去脂肪及可溶性糖后，淀粉经盐酸水解成葡萄糖，测定葡萄糖含量，并折算成样品中淀粉含量。

2. 试剂和材料

1）试剂和试剂配制

除非另有说明，本方法所用试剂均为分析纯，水为 GB/T 6682 规定的三级水。

试剂：盐酸；氢氧化钠；乙酸铅；硫酸钠；石油醚：沸点范围为 60～90℃；乙醚；无水乙醇或 95%乙醇；甲基红：指示剂；精密 pH 试纸：6.8～7.2；α-萘酚；浓硫酸。

试剂配制：①甲基红指示液（2 g/L）：称取甲基红 0.20 g，用 95%乙醇溶解并定容至 100 mL。②氢氧化钠溶液（400 g/L）。③乙酸铅溶液（200 g/L）：称取 20 g 乙酸铅，加水溶解并稀释至 100 mL。④硫酸钠溶液（100 g/L）：称取 10 g 硫酸钠，加水溶解并稀释至 100 mL。⑤盐酸溶液（1＋1）。⑥乙醇（85%，体积分数）。⑦乙醇（40%，体积分数）。⑧α-萘酚乙醇溶液（10 g/L）：称取 α-萘酚 1 g，用 95%乙醇溶解至 100 mL。

2）标准品和标准溶液配制

同 8.4.1 中 2. 3）。

3）仪器和设备

40 目筛：孔径 0.425 mm；天平：感量为 1 mg 和 0.1 mg；恒温水浴锅：可加热至 100℃；回流装置，并附有 250 mL 锥形瓶；组织捣碎机；电炉；滴定管：25 mL。

3. 方法步骤

1）试样预处理

同 8.4.1 中 3. 1）。

2）酸水解

以 100 mL 水洗涤漏斗中残渣并转移至 250 mL 锥形瓶中，加入 30 mL 盐酸（1＋1），沸水浴中冷凝回流 2 h。回流完毕后，立即冷却。待试样水解液冷却后，加入 2 滴甲基红指示液，先用氢氧化钠溶液（400 g/L）调至黄色，再用盐酸（1＋1）校正至试样水解液变成红色。若试样水解液颜色较深，可用精密 pH 试纸测试，使试样水解液的 pH 约为 7。然后加 20 mL 乙酸铅溶液（200 g/L），摇匀，放置 10 min。再加 20 mL 硫酸钠溶液（100 g/L），以除去过多的铅。摇匀后将全部溶液及残渣转入 500 mL 容量瓶中，用水洗涤锥形瓶，洗液合并入容量瓶中，加水至刻度。过滤，弃去初滤液 20 mL，滤液供测定用。

3）微糖检验方法

方法同 8.4.1 中 3. 3)。

4）测定

方法同 8.4.1 中 3. 4)。

4. 结果计算和表达

试样中淀粉的含量按式 8-11 进行计算：

$$X=\frac{(A_1-A_2)\times 0.9\times 500}{m\times V\times 1000}\times 100 \tag{8-11}$$

式中，X 为试样中淀粉的含量，g/100 g；A_1 为测定用试样中水解液葡萄糖质量，mg；A_2 为试剂空白中葡萄糖质量，mg；0.9 为葡萄糖折算成淀粉的换算系数；m 为称取试样质量，g；V 为测定用试样水解液体积，mL；500 为试样液总体积，mL。结果＜1 g/100 g，保留两位有效数字；结果≥1 g/100 g，保留三位有效数字。

8.4.3　肉制品中淀粉含量测定

1. 原理

试样经氢氧化钾-乙醇皂化除去脂肪后，再去除可溶性糖，淀粉经盐酸水解成葡萄糖，测定葡萄糖含量，并折算成样品中淀粉含量。

2. 试剂和仪器

1）试剂和试剂配制

除非另有说明，本方法所用试剂均为分析纯，水为 GB/T 6682 规定的三级水。

试剂：氢氧化钾；无水乙醇或 95%乙醇；盐酸；氢氧化钠；铁氰化钾；乙酸锌；冰乙酸；硫酸铜；无水碳酸钠；柠檬酸；硫代硫酸钠；碘化钾；溴百里酚蓝：指示剂；可溶性淀粉：指示剂；α-萘酚；浓硫酸。

试剂配制：①氢氧化钾-乙醇溶液：称取氢氧化钾 50 g，用 95%乙醇溶解并稀释至 1000 mL。②乙醇溶液（80%，体积分数）。③乙醇溶液（40%，体积分数）。④1.0 mol/L 盐酸溶液：量取盐酸 83 mL，用水稀释至 1000 mL。⑤300 g/L 氢氧化钠溶液 L。⑥蛋白沉淀剂：蛋白沉淀液 A：称取铁氰化钾 106 g，用水溶解并稀释至 1000 mL；蛋白沉淀液 B：称取乙酸锌 220 g，加冰乙酸 30 mL，用水稀释至 1000 mL。⑦碱性铜试剂：溶液 a：称取硫酸铜 25 g，溶于 100 mL 水中；溶液 b：称取无水碳酸钠 144 g，溶于 300～400 mL 50℃水中；溶液 c：称取柠檬酸 50 g，溶于 50 mL 水中。将溶液 c 缓慢加入溶液 b 中，边加边搅拌直至气泡停止产生。将溶液 a 加到此混合液中并连续搅拌，冷却至室温后，转移到 1000 mL 容量瓶中，定容至刻度，混匀。放置 24 h 后使用，若出现沉淀需过滤。取 1 份次溶液加入到 49 份煮沸并冷却的蒸馏水，pH 应为 10.0±0.1。⑧碘化钾溶液：称取碘化钾 10 g，用水溶解并稀释至 100 mL。⑨7.5 mol/L 盐酸溶液：取盐酸 100 mL，用水稀释至 160 mL。⑩0.1 mol/L 硫代硫酸钠标准溶液：按 GB/T 5009.1 制备。⑪溴百里酚蓝指示剂：称取溴百里酚蓝 1 g，用 95%乙醇溶液并稀释到 100 mL。⑫淀粉指示剂：称取可溶性淀粉 0.5 g，加少许水，调成糊状，倒入盛有 50 mL 沸水中调匀，煮沸，临用现配。⑬*α*-萘酚乙醇溶液（10 g/L）：称取 *α*-萘酚 1 g，用 95%乙醇溶解并稀释至 100 mL。

2）仪器和设备

天平：感量为 10 mg；恒温水浴锅：可加热至 100℃；冷凝管；绞肉机：孔径不超过 4 mm；电炉；滴定管：25 mL。

3. *方法步骤*

1）试样制备

取有代表性的试样不少于 200 g，用绞肉机绞两次并混匀。绞好的试样应尽快分析，若不立即分析，应密封冷藏贮存，贮存的试样启用时应重新混匀。

2）淀粉分离

称取试样 25 g（精确到 0.01 g，淀粉含量约 1 g）放入 500 mL 烧杯中，加入热氢氧化钾-乙醇溶液 300 mL，用玻璃棒搅匀，盖上表面皿，在沸水浴上加热 1 h，不时搅拌。然后，将沉淀完全转移到漏斗上过滤，用热乙醇溶液（80%，体积分数）洗涤沉淀数次，至微糖检验结果为阴性。含有麦芽糊精的样品，先用 100 mL 热乙醇溶液（80%，体积分数）洗涤，再用乙醇溶液（40%，体积分数）洗涤至微糖检验结果为阴性。

3）微糖检验方法

方法同 8.4.1 中 3. 3）。

4）水解

将滤纸钻孔，用 1.0 mol/L 盐酸溶液 100 mL，将沉淀完全洗入 250 mL 烧杯中，盖上表面皿，在沸水浴中水解 2.5 h，不时搅拌。

溶液冷却到室温，用氢氧化钠溶液中和至 pH 约为 6（不超过 6.5）。将溶液移入 200 mL 容量瓶中，加入蛋白质沉淀液 A 3 mL，混合后再加入蛋白沉淀液 B 3 mL，用水定容到刻度。摇匀，经滤纸过滤。滤液中加入氢氧化钠溶液 1～2 滴，使之对溴百里酚蓝指示剂呈碱性。

5）测定

准确取一定量滤液（V_4）稀释到一定体积（V_5），然后取 25.00 mL（最好含葡萄糖 40～50 mg）移入碘量瓶中，加入 25.00 mL 碱性铜试剂，装上冷凝管，在电炉上 2 min 内煮沸。随后改用温火继续煮沸 10 min，迅速冷却至室温，取下冷凝管，加入碘化钾溶液 30 mL，小心加入 7.5 mol/L 盐酸溶液 25.00 mL，盖好盖待滴定。

用硫代硫酸钠标准溶液滴定上述溶液中释放出来的碘。当溶液变成浅黄色时，加入淀粉指示剂 1 mL，继续滴定直到蓝色消失，记下消耗的硫代硫酸钠标准溶液体积（V_3）。

同一试样进行两次测定并做空白试验。

4. 数据计算和结果表述

1）葡萄糖量的计算

消耗硫代硫酸钠毫摩尔数 X_3 按式 8-12 计算：

$$X_3 = 10 \times (V_{空} - V_3) \times c \tag{8-12}$$

式中，X_3 为消耗硫代硫酸钠毫摩尔数；$V_{空}$ 为空白试验消耗硫代硫酸钠标准溶液的体积，mL；V_3 为试样液消耗硫代硫酸钠标准溶液的体积，mL；c 为硫代硫酸钠标准溶液的浓度，mol/L。

根据 X_3 从表 8-1 中查出相应的葡萄糖量（m_3）。

表 8-1　硫代硫酸钠的毫摩尔数同葡萄糖量（m_3）的换算关系

X_3	相应的葡萄糖量		X_3	相应的葡萄糖量	
	m_3/mg	Δm_3/mg		m_3/mg	Δm_3/mg
1	2.4	2.4	14	35.7	2.7
2	4.8	2.4	15	38.5	2.8
3	7.2	2.4	16	41.3	2.8
4	9.7	2.5	17	44.2	2.9
5	12.2	2.5	18	47.1	2.9
6	14.7	2.5	19	50.0	2.9
7	17.2	2.5	20	53.0	3.0
8	19.8	2.6	21	56.0	3.0
9	22.4	2.6	22	59.1	3.1
10	25.0	2.6	23	62.2	3.1
11	27.6	2.6	24	65.3	3.1
12	30.3	2.7	25	68.4	3.1
13	33.0	2.7			

2）淀粉含量的计算

淀粉含量按式 8-13 计算：

$$X = \frac{m_3 \times 0.9}{1000} \times \frac{V_5}{25} \times \frac{200}{V_4} \times \frac{100}{m} = 0.72 \times \frac{V_5}{V_4} \times \frac{m_3}{m} \tag{8-13}$$

式中，X 为淀粉含量，g/100 g；m_3 为葡萄糖含量，mg；0.9 为葡萄糖折算成淀粉的换算系数；V_5 为稀释后的体积，mL；V_4 为取原液的体积，mL；m 为试样的质量，g。结果＜1 g/100 g，保留两位有效数字；结果≥1 g/100 g，保留三位有效数字。

8.5　纤维素的测定

纤维广泛存在于各种植物体内，是植物性食品的主要成分之一，其含量随食品种类的不同而异，尤其在谷类、豆类、水果、蔬菜中含量较高。19 世纪 60 年代，德国科学家首次提出了“粗纤维”的概念，用来表示食品中不能被稀酸、稀碱所溶解，不能为人体所消化利用的物质，包括食品中的部分纤维素、半纤维素、木质素和少量含氮物质。一方面，食品中的纤维会影响食品的口感，影响其他营养成分的含量和价值；另一方面，随着社会经济发展，居民膳食营养越来越注重食品中的纤维对人体健康的效益。所以，食品中粗纤维的测定一直是各类食品分析的关注点，如《粮食、油料检验 粗纤维测定法》（GB/T 5515—1985，已废止），《水果、蔬菜粗纤维的测定方法》（GB/T 10469—1989，已废止），《植物类食品中粗纤维的测定》（GB/T 5009.10—2003）。不仅食品关注粗纤维，饲料也对粗纤维含量有要求，如《饲料中粗纤维的含量测定》（GB/T 6434—2022）。

随着食品营养学研究的深入，食品中粗纤维的概念及其涵盖的物质范畴逐渐被膳食纤维所替代。美国分析化学家协会（AOAC）2001 年提出膳食纤维的概念，是指能抗小肠消化吸收，而在大肠中能被发酵的可食用的碳水化合物、植物性成分等物质，包括纤维素、半纤维素、木质素、果胶质、抗性淀粉、菊粉、不可消化性低聚糖等。并依据 Prosky 等的研究成果①，出台了膳食纤维测定标准方法（AOAC9853.29），酶重量法。我国沿用此标准方法并出台了《食品安全国家标准 食品中膳食纤维的测定》（GB 5009.88）。

本节中首先依据《植物类食品中粗纤维的测定》（GB/T 5009.10—2003）、《茶 粗纤维测定》（GB/T 8310—2013）、《饲料中粗纤维的含量测定》（GB/T 6434—2022）等文件规定的技术要点，学习粗纤维的测定方法。依据文献研究和《食品安全国家标准 食品中膳食纤维的测定》（GB 5009.88—2023）学习食品中膳食纤维的测定方法。

8.5.1　酸碱洗涤重量法测定粗纤维含量

1. 原理

在硫酸作用下，试样中的糖、淀粉、果胶质和半纤维素经水解除去后，再用碱处理，除去蛋白质及脂肪酸，剩余的残渣为粗纤维。如其中含有不溶于酸碱的杂质，可灰化后除去。

2. 试剂和仪器

1）试剂和试剂配制

试剂配制：硫酸；氢氧化钾；氢氧化钠；盐酸。

试剂配制：①1.25%硫酸：准确量取浓硫酸 7.0 mL，并量取蒸馏水 987.2 mL，将量取好的浓硫酸缓慢倒入水中，并用玻璃棒不断搅拌，以使热量及时地扩散。②1.25%氢氧化钾溶液：准确称取氢氧化钾 1.25 g，加入蒸馏水搅拌均匀，并定容至 100 mL。③石棉：加 5%氢氧化钠溶液浸泡石棉，在水浴上回流 8 h 以上，再用热水充分洗涤。然后用 20%盐酸在沸水浴上回流 8 h 以上，再用热水充分洗涤，干燥。在 600～700℃中灼烧后，加水使成混悬物，贮存于玻塞瓶中。

---

① Prosky L，Asp N G，Schweizer T F，et al. Determination of insoluble，soluble，and total dietary fiber in foods and food products：interlaboratory study[J]. Association of Official Analytical Chemists，1988，71（5）：1017-1023.

2）仪器和设备

分析天平：分度值 0.0001 g；恒温水浴锅；冷凝管；马弗炉；锥形瓶：500 mL；G2 垂熔坩埚，或 G2 垂熔漏斗；烘箱；石棉坩埚；亚麻布。

3. 方法操作步骤

1）酸洗

称取 20～30 g 捣碎的试样（或 5.0 g 于试样），移入 500 mL 锥形瓶中，加入 200 mL 煮沸的 1.25%硫酸，加热使微沸，保持体积恒定，维持 30 min，每隔 5 min 摇动锥形瓶一次，以充分混合瓶内的物质。

2）碱洗

取下锥形瓶，立即用亚麻布过滤后，用沸水洗涤至洗液不呈酸性。

再用 200 mL 煮沸的 1.25%氢氧化钾溶液，将亚麻布上的存留物洗入原锥形瓶内加热微沸 30 min 后，取下锥形瓶，立即以亚麻布过滤，以沸水洗涤 2～3 次后，移入已干燥称量的 G2 垂熔坩埚或同型号的垂熔漏斗中，抽滤，用热水充分洗涤后，抽干。再依次用乙醇和乙醚洗涤一次。将坩埚和内容物在 105℃烘箱中烘干后称量，重复操作，直至恒重。

如试样中含有较多的不溶性杂质，则可将试样移入石棉坩埚，烘干称量后，再移入 550℃高温马弗炉中灰化，使含碳的物质全部灰化，置于干燥器内，冷却至室温称量，所损失的量即为粗纤维量。

4. 数据计算和结果表述

粗纤维含量按式 8-14 计算：

$$X=\frac{G}{m}\times 100 \tag{8-14}$$

式中，X 为试样中粗纤维的含量，g/100 g；G 为残余物的质量（或经高温炉损失的质量），g；m 为试样的质量，g。计算结果表示到小数点后一位。

8.5.2　膳食纤维及其测定

1. 术语和定义

①膳食纤维（DF）：不能被人体小肠消化吸收、聚合度≥3 的碳水化合物聚合物。

膳食纤维根据来源分为：天然存在于植物可食用部分中的碳水化合物聚合物，如植物细胞壁的纤维素、半纤维素、果胶、木质素等；采用物理、酶解或化学手段，由食物原料中分离提取或合成获得，并经科学证据证明具有有益生理作用的碳水化合物聚合物。

②可溶性膳食纤维（SDF）：能溶于水的膳食纤维部分，包括不可消化的低聚糖和部分多聚糖等。检测过程中根据可否被 78%乙醇沉淀，分为可沉淀的可溶性膳食纤维（SDFP）和不可沉淀的可溶性膳食纤维（SDFS）。

③不溶性膳食纤维（IDF）：不能溶于水的膳食纤维部分。

④总膳食纤维（TDF）：可溶性膳食纤维与不溶性膳食纤维之和。

2. 原理

试样经匀质化处理，采用酶解去除淀粉和蛋白质后，得到不可消化的酶解液。

将酶解液用 78%乙醇沉淀，收集沉淀部分经洗涤、干燥、称重后，测定残渣中部分 DF（包括 IDF 和 SDFP）质量；收集滤液部分，经脱盐、浓缩后，采用液相色谱法（内标法）测定 SDFS，二者之和为 TDF。

将酶解液直接抽滤并用热水洗涤，收集滤渣部分经洗涤、干燥、称重后测定 IDF 残渣质量。收集滤液部分再用 78%乙醇沉淀，沉淀经干燥、称重后测定 SDFP 残渣质量，滤液部分测定 SDFS，SDFS 和 SDFP 之和为 SDF。

TDF、IDF 和 SDFP 残渣质量需扣除残留的蛋白质、灰分和试剂空白质量，即可得到相应部分的膳食纤维含量。

3. 试剂和仪器

1）试剂

除非另有说明，本标准所用试剂均为分析纯，水为 GB/T 6682 规定的二级水。

95%乙醇；丙酮；石油醚（沸程 30～60℃）；氢氧化钠；重铬酸钾；三羟甲基氨基甲烷；顺丁烯二酸；冰乙酸；浓盐酸；浓硫酸；二水合氯化钙；胰 α-淀粉酶（40～60 U/mg，于−20℃冰箱储存）；热稳定 α-淀粉酶液（≥250 U/mg，于 0～5℃冰箱储存）；蛋白酶（7～15 U/mg，于 2～8℃冰箱储存）；淀粉葡萄糖苷酶液（30～60 U/mg，于 2～8℃储存）；硅藻土；弱碱性丙烯酸系阴离子交换树脂（OH^-）：功能基团为叔胺基的交联丙烯酸凝胶，平均粒径 0.50～0.75 mm，离子交换容量（以 OH^-计）≥1.6 mmol/mL；强酸性氢离子交换树脂（H^+）：功能基团为磺酸（SO_3^-）的苯乙烯-二乙烯基苯共聚物，平均粒径 0.82～1.00 mm，离子交换容量（以 H^+计）≥1.6 mmol/mL。

注：可采用 Na^+型离子交换树脂，使用前须转化为 H^+型：量取 500 mL Na^+型离子交换树脂于 5 L 烧杯中，加入 2 L 1 mol/L 盐酸溶液，浸泡 1 h，间隔 5 min 搅拌 1 次；待树脂沉淀后，弃去上清液，再加入 4 L 水，搅拌 5 min 后静置，待树脂沉淀后，弃去上清液；将树脂转移到预先铺好滤纸的过滤器上，用水冲洗树脂，直到树脂 pH 在 4～7，备用。

2）试剂配制

①乙醇溶液（78%，体积分数）。②乙醇溶液（85%，体积分数）。③氢氧化钠溶液（4 mol/L）。④氢氧化钠溶液（1 mol/L）。⑤氢氧化钠溶液（0.1 mol/L）。⑥盐酸溶液（1 mol/L 和 2 mol/L）：量取 83/167 mL 浓盐酸，缓慢加入 500 mL 水中，混合均匀后加水稀释至 1 L。⑦顺丁烯二酸缓冲液（50 mmol/L）：称取 11.6 g 顺丁烯二酸溶于 1600 mL 水中，用 4 mol/L 氢氧化钠溶液调整至 pH = 6.0，再加入 0.6 g 二水合氯化钙，加水稀释至 2 L。在 4℃避光保存，保存期不超过 1 个月。⑧三羟甲基氨基甲烷（Tris）溶液（0.75 mol/L）：称取 90.8 g Tris 固体溶于约 800 mL 水中，加水稀释至 1 L。⑨乙酸溶液（2 mol/L）：量取 115 mL 冰乙酸，加水稀释至 1 L。⑩混合酶溶液：取 0.5 g 胰 α-淀粉酶与 0.05 g 淀粉葡萄糖苷酶，用 50 mL 50 mmol/L 顺丁烯二酸缓冲液配成每毫升含 400 U 胰 α-淀粉酶和 30 U 淀粉葡萄糖苷酶的溶液，涡旋振荡 5 min。临用现配。注：如需降低淀粉酶解时间，可配制高浓度

混合酶溶液，即胰 α-淀粉酶和淀粉葡萄糖苷酶浓度分别为 800 U/mL 和 340 U/mL。⑪蛋白酶溶液：取 2.5 g 蛋白酶，用 50 mL 50 mmol/L 顺丁烯二酸缓冲液配成每毫升含 50 mg 的蛋白酶溶液，涡旋振荡 5 min。临用现配。⑫酸洗硅藻土：取 200 g 硅藻土于 600 mL 的 2 mol/L 盐酸中，浸泡过夜，过滤，用水洗至滤液为中性，置于 550℃±5℃马弗炉中灼烧后备用。⑬重铬酸钾洗液：称取 100 g 重铬酸钾，用 200 mL 水溶解，把烧杯放于冷水中冷却后，缓慢加入 1800 mL 浓硫酸混合，边加边用玻璃棒搅动，防止溅出。

3）标准品

二甘醇：纯度≥99%；D-葡萄糖：纯度≥99%；蔗果三糖：纯度≥98%；D-麦芽糖一水合物：纯度≥98%。

4）标准溶液配制

①二甘醇内标溶液（100 mg/mL）：准确称取 10 g（精确至 0.1 mg）二甘醇，用水稀释，转移至 100 mL 容量瓶中，加水定容至刻度。临用现配。②D-葡萄糖标准溶液（10 mg/mL）：准确称取 1.0 g（精确至 0.1 mg）D-葡萄糖，用水溶解后转移至 100 mL 容量瓶中，加水定容至刻度。临用现配。③D-葡萄糖/二甘醇溶液标准系列工作液：分别吸取 0.50 mL、1.0 mL、2.0 mL、4.0 mL 和 8.0 mL 10 mg/mL D-葡萄糖标准溶液至 10 mL 容量瓶中，再加入 0.2 mL 100 mg/mL 二甘醇内标溶液，加水稀释并定容至刻度。标准系列工作液中 D-葡萄糖含量分别相当于 0.5 mg/mL、1.0 mg/mL、2.0 mg/mL、4.0 mg/mL 和 8.0 mg/mL，二甘醇含量相当于 2.0 mg/mL。临用现配。④定性用标准溶液：称取约 0.10 g 蔗果三糖和 0.10 g D-麦芽糖一水合物，用水溶解，转移至 50 mL 容量瓶中，加入 1 mL 100 mg/mL 二甘醇内标溶液，加水定容至刻度。临用现配。

5）仪器和设备

分析天平；真空过滤装置：真空泵或有调节装置的抽吸器；1 L 抽滤瓶，侧壁有抽滤口，带与抽滤瓶配套的橡胶塞，用于酶解液抽滤；恒温振荡水浴箱；高型无导流口烧杯；垂熔坩埚：砂芯孔径 40～60 μm，按照粗灰分中坩埚的处理方式处理。用前，加入约 1.0 g 硅藻土，130℃±3℃烘至恒重，取出坩埚，在干燥器中冷却约 1 h，称量记录坩埚质量（含硅藻土，m_G），精确到 0.1 mg。高效液相色谱仪（HPLC）：配置示差折光检测器和 80℃柱温箱；烘箱；马弗炉；旋转蒸发仪；干燥器；pH 计；水相微孔滤膜；匀浆机或粉碎机。

4. *方法步骤*

1）试样制备

固体试样经碾磨、粉碎、混匀后备用，半固体、液体试样经匀浆混匀后备用。

脱水：水分含量≥70%且不易混匀的固体、半固体及含有沉浮物的液体试样，置于 105℃±2℃烘箱干燥 4 h。根据干燥前后试样质量，计算试样质量变化因子（f）。干燥后试样匀质化处理后，置于干燥器中待用。也可参照 GB 5009.3 采用减压干燥的方法。

脱脂：脂肪含量≥10%的试样，可采用所示提取法或乙醚洗涤法脱脂。脱脂后试样混匀再干燥，称量，计算处理后试样质量变化因子（f）。试样匀质化处理后，置于干燥器中待用。

脱糖：称适量试样（m_C，不少于 50 g），置于 1000 mL 锥形瓶中，加入 500 mL 85%

乙醇溶液，混匀，振摇2 min，去除乙醇溶液部分，连续3次。脱糖后试样置于40℃烘箱内干燥过夜，称量（m_D），计算处理后试样质量变化因子（f）。试样匀质化处理后，置于干燥器中待用。注：一般情况下试样无需脱糖处理，如试样因糖含量较高导致黏度过大，影响后续酶解、抽滤效果，宜采用脱糖处理；需要测定SDFS的试样不宜进行脱糖处理。

2）试样预处理

准确称取2份待测试样（m），一般固体试样称取0.25～3 g，液体试样称取1.0～5.0 g，置于400～600 mL高脚烧杯中加入50 mmol/L顺丁烯二酸缓冲液35 mL，用磁力搅拌器搅拌直至试样完全分散在缓冲液中。同时制备2个空白样品同步操作。

注：搅拌均匀，避免试样结成团块，以防止酶解过程中试样不能与酶充分接触。

（1）淀粉酶酶解

①酶解条件1（适用于不含抗性淀粉的试样）

热稳定α-淀粉酶酶解：向高脚烧杯中加入50 μL热稳定α-淀粉酶液，缓慢搅拌，加盖铝箔，置于95～100℃的恒温振荡水浴箱中，当温度升至95℃开始计时，振摇反应35 min。将烧杯取出，冷却至60℃，打开铝箔盖，用刮勺将烧杯内壁的糊状物以及烧杯底部的胶状物刮下，用5 mL 50 mmol/L顺丁烯二酸缓冲液冲洗烧杯壁和刮勺。

注：为帮助淀粉分散，可适当加入10～15 mL二甲基亚砜。

淀粉葡萄糖苷酶酶解：向高脚烧杯中边搅拌边加入100 μL淀粉葡萄糖苷酶液，盖上铝箔，继续置于60℃±1℃水浴中，当水温至60℃时计时，振摇反应30 min。

②酶解条件2（适用于所有试样）

向高脚烧杯中加入5 mL胰α-淀粉酶和淀粉葡萄糖苷酶混合酶溶液，缓慢搅拌，加盖铝箔，置于37℃的恒温振荡水浴箱中持续振摇，当温度升至37℃开始计时，酶解16 h。

注：如采用高浓度混合酶溶液，酶解时间可适当缩减，不少于4 h。

打开铝箔盖，向试样溶液中加入3.0 mL 0.75 mol/L Tris溶液，使试样溶液pH至8.2±0.2。盖上铝箔，置于95～100℃水浴箱中水浴加热约20 min，不时轻摇烧杯。取出烧杯冷却至60℃±1℃。

（2）蛋白酶酶解

向每个烧杯中加入100 μL蛋白酶溶液（如为动物性食品加入500 μL蛋白酶溶液），盖上铝箔，置于60℃±1℃水浴中持续振摇30 min。打开铝箔盖，边搅拌边加入4 mL 2 mol/L乙酸溶液，用1 mol/L氢氧化钠溶液或1 mol/L盐酸溶液调pH至4.3±0.2。得到酶解液。

（3）加入内标溶液

如测定SDFS，向酶解液中加入2 mL 100 mg/mL二甘醇内标溶液，混匀。

3）总膳食纤维（TDF）的测定

（1）沉淀

向试样酶解液中，加入4倍体积已预热至60℃±1℃的95%乙醇。取出烧杯，盖上铝箔，室温条件下沉淀1～2 h。

（2）抽滤

取已处理的坩埚，用15 mL 78%乙醇润湿硅藻土并展平，接上真空抽滤装置，抽去乙醇使坩埚中硅藻土平铺于滤板上。将试样乙醇沉淀液转移入坩埚中抽滤，用刮勺和 78%乙醇将高脚烧杯中所有残渣转至坩埚中，用 15 mL 78%乙醇洗涤残渣 2 次。收集滤液转移至 500 mL 容量瓶中，使用 78%乙醇定容至刻度，用于 SDFS 的测定，残渣用于 IDF 和 SDFP 的测定。

（3）残渣测定

残渣质量：残渣分别用 15 mL 95%乙醇洗涤 2 次，15 mL 丙酮洗涤 2 次，抽滤去除洗涤液。将坩埚连同残渣置于烘箱内于 105℃±2℃烘干过夜。将坩埚转移至干燥器内冷却 1 h，称量包括坩埚质量及残渣质量（m_{GR}），精确至 0.1 mg，减去坩埚质量，计算试样残渣质量（m_R）。

蛋白质和灰分的测定：取 1 份试样残渣参照 GB 5009.5 测定蛋白质含量（m_P），折算系数为 6.25。取另一份试样参照 GB 5009.4 测定灰分含量，即在 550℃±25℃灰化 4 h 后转至干燥器中，冷却后精确称量坩埚及残渣总质量（m_{GA}），精确至 0.1 mg，减去坩埚质量，计算灰分质量（m_A）。

（4）SDFS 的测定

注：无添加膳食纤维组分的试样，由于大部分植物性食品及其制品 SDFS 含量很低，因此测定 TDF 时也可不包含 SDFS 部分。

①浓缩：取 200 mL 滤液至旋转蒸发瓶中，于 50℃水浴减压蒸发至近干。

②复溶：量取 20 mL 水加入旋转蒸发瓶中，溶解残留物形成复溶液。

③脱盐：取 15 mL 带盖聚丙烯管，预先装填阴离子交换树脂（OH^-）和氢离子交换树脂（H^+）各 2 g；取 5 mL 复溶液加至聚丙烯管中，旋紧盖子反复颠倒混合 5 min 以上进行脱盐，静置沉淀 10 min，将上清液转移至 15 mL 带盖聚丙烯管中；向沉淀物中加入 5 mL 水，旋紧盖子反复颠倒混匀，静置 5 min 以上，合并上清液，混合后经 0.45 μm 滤膜过滤，上机待测。

④色谱参考条件

色谱参考条件：色谱柱：高效水相体积排阻（SEC）凝胶色谱柱，以亲水性球形多孔聚甲基丙烯酸酯型高聚物作为填料，孔径小于 20 nm，柱长 300 mm，内径 7.8 mm，粒径 7 μm，或等效柱，两根凝胶色谱柱串联；保护柱：高效水相体积排阻（SEC）凝胶保护柱，填料与色谱柱相同，柱长 40 mm，内径 6.0 mm，粒径 12 μm；流动相：水（一级水）；柱温：80℃；检测器温度：50℃；进样量：20 μL；流速：0.5 mL/min；洗脱时间：60 min。

⑤SDFS 保留时间的确定：取定性标准溶液上机测定，至少平行测定 2 次。根据蔗果三糖和 D-麦芽糖保留时间和基线分离效果，确定碳水化合物聚合度≥3 与聚合度＜3 的分界值、待测组分保留时间区间。

⑥D-葡萄糖响应因子（*Rf*）的确定：取 D-葡萄糖/二甘醇标准系列工作液上机测定。以标准系列工作液中 D-葡萄糖质量与二甘醇质量比值为横坐标，以 D-葡萄糖峰面积与内标二甘醇峰面积比值为纵坐标，绘制过（0，0）点标准曲线，曲线斜率即为响应因子（*Rf*）。

⑦SDFS 测定：取脱盐后试样液上机测定，根据聚合度≥3 聚合物峰面积（PASDFS）和二甘醇峰面积（PA_{IS}）计算 SDFS 含量。

4）不溶性膳食纤维（IDF）的测定

（1）称样和酶解

同8.5.2中4.2）。

（2）抽滤

取已处理的坩埚，用3 mL水润湿硅藻土并展平，抽去水分使坩埚中的硅藻土平铺于滤板上。将试样酶解液全部转移至坩埚中抽滤，残渣用10 mL 70℃热水洗涤2次，用于IDF的测定。

（3）残渣测定

同8.5.2中4.3）（3）。

5）可溶性膳食纤维（SDF）的测定

（1）称样、酶解

同8.5.2中4.2）。

（2）抽滤

按8.5.2中4.3）（2）抽滤。

（3）收集滤液

收集滤液至另一已预先称量的600 mL高脚烧杯中，称量“烧杯+滤液”的总质量，扣除烧杯质量，估算滤液体积。

（4）沉淀

按乙醇与滤液体积4∶1的比例加入预热至60℃±1℃的95%乙醇，盖上铝箔，室温下沉淀1 h以上。

（5）再抽滤

按8.5.2中4.3）（2）操作。滤液用于SDFS的测定，残渣用于SDFP的测定。

（6）测定

残渣按8.5.2中4.3）（3）测定SDFP；滤液按8.5.2中4.3）（4）测定SDFS。SDFP与SDFS之和为可溶性膳食纤维。

注：未添加膳食纤维组分的试样，可溶性膳食纤维中可不包含SDFS部分。

5. 数据计算和结果表述

1）数据计算

试样制备中质量变化因子按式8-15计算：

$$f=\frac{m_{C}}{m_{D}} \tag{8-15}$$

式中，f为试样制备过程中质量变化因子；m_C为试样制备前质量，g；m_D为试样制备后质量，g。注：如果试样没有经过干燥、脱脂、脱糖等处理，$f=1$。

坩埚中残渣质量按式8-16计算：

$$m_{R}=m_{GR}-m_{G} \tag{8-16}$$

式中，m_R为坩埚中残渣质量，g；m_{GR}为坩埚及残渣质量，g；m_G为坩埚质量，g。

试剂空白质量按式8-17计算：

$$m_{B}=\frac{m_{BR1}+m_{BR2}}{2}-m_{BP}-m_{BA} \tag{8-17}$$

式中，m_B 为试剂空白质量，g；m_{BR1}、m_{BR2} 为 2 份试剂空白残渣质量，g；m_{BP} 为试剂空白残渣中蛋白质质量，g；m_{BA} 为试剂空白残渣中灰分质量，g。

根据残渣测定获得的 IDF、SDFP 和不含 SDFS 的 TDF 含量按式 8-18 计算：

$$X_{DF}=\frac{\frac{m_{R1}+m_{R2}}{2}-m_{P}-m_{A}-m_{B}}{\frac{m_{1}+m_{2}}{2}\times f}\times 100 \tag{8-18}$$

式中，X_{DF} 为试样中膳食纤维的含量，g/100 g；m_{R1}、m_{R2} 为 2 份试样残渣质量，g；m_P 为试样残渣中蛋白质质量，g；m_A 为试样残渣中灰分质量，g；m_B 为试剂空白质量，g；m_1、m_2 为 2 份试样称量质量，g；f 为试样制备过程中质量变化因子；100 为换算为克每百克的系数。

SDFS 的含量按式 8-19 计算：

$$X_{SDFS}=\frac{PA_{SDFS}\times m_{IS}}{PA_{IS}\times\frac{m_{1}+m_{2}}{2}\times Rf\times f}\times\frac{100}{1000} \tag{8-19}$$

式中，X_{SDFS} 为试样中 SDFS 含量，g/100 g；PA_{SDFS} 为试样上机液中待测物质峰面积；PA_{IS} 为试样上机液中内标物峰面积；m_{IS} 试样酶解液中加入内标物质量，mg；m_1、m_2 为 2 份试样称量质量，g；Rf 为标准物质与内标物质响应因子；f 为试样制备过程中质量变化因子；100 为换算系数；1000 为换算系数。

以重复性条件下获得的两次独立测定结果的算术平均值表示，结果保留至小数点后两位。

2）结果的表达及换算关系

未添加膳食纤维组分的食品，如植物性食品及其制品，TDF 和 SDF 的检测结果中可不包括 SDFS 部分，TDF 表示为 TDF（酶重量法），结果相当于 TDF = IDF + SDFP；SDF 表示为 SDF（酶重量法），结果相当于 SDFP。

TDF（酶重量法）、IDF 和 SDF（酶重量法）可分别独立检测，也可根据换算公式进行相加或相减。

TDF（酶重量法）= IDF + SDF（酶重量法）

添加了可溶性膳食纤维组分的食品应测定 SDFS，TDF 和 SDF 测定结果分别表示为 TDF（酶重量-液相色谱法）和 SDF（酶重量-液相色谱法）。

TDF（酶重量-液相色谱法）= TDF（酶重量法）+ SDFS

第 9 章　食品中蛋白质和氨基酸的测定

9.1　概　述

9.1.1　蛋白质与氨基酸

蛋白质（protein）是生命的物质基础。首先，蛋白质是构成所有生物体形体的重要物质成分；其次，蛋白质更是生物体生命活动的重要功能执行者。对于人体来讲，蛋白质构成了细胞、组织，是机体发育、组织修补的重要原料，人体内的酸碱平衡、渗透压平衡、遗传信息传递、物质代谢及转运等生命活动都离不开功能多样的蛋白质。

氨基酸是蛋白质的构件分子。在各种生物体中已发现的天然氨基酸已有 300 多种，但是从蛋白质水解产物中分离出来的常见氨基酸只有 20 种，这 20 种氨基酸也被称为基本氨基酸，或蛋白氨基酸。

9.1.2　食品中蛋白质和氨基酸赋存的作用

从食物供给人体营养的角度，人体在正常的生命过程中体内的蛋白质会发生新陈代谢，人体的细胞、组织等也会受损和修复，这就使人体需要不断的通过食物获取蛋白质及其分解产物。一般来讲，人体自身可以合成 10～12 种蛋白质氨基酸（非必需氨基酸），但是依然有 8～10 种蛋白质氨基酸是人体不能合成的（必需氨基酸），需要直接从食物中获取。所以，蛋白质是食物中天然赋存或加工强化的、供给人体的重要营养物质。

从食物自身加工性能的角度，食品中天然赋存或加工强化的蛋白质，是影响甚至决定食物自身加工性能的重要物质基础。比如利用蛋白质的凝胶作用，生产和加工好吃且营养的各类肉糜制品。小麦面筋蛋白质的黏弹性和面团形成性质决定了淀粉质食品的感官品质。蛋清蛋白具有凝胶作用、乳化、起泡、水结合、热凝胶等多种性质，使得其成为众多食品的非常理想的蛋白质配料。据悉，全球每年在食品加工中消耗的蛋清蛋白质量为 160 万吨，主要用于烘焙食品、肉制品、冰激凌、膳食补充剂等。

如此以来，测定食品中蛋白质的含量，甚至是分析某食品原料中蛋白质的赋存种类，不仅可了解食品/原料的质量，为合理调配膳食、保证不同人群的营养需求提供科学依据，还可为食品原料加工开发提供理论基础。本章重点学习食品中蛋白质和氨基酸含量的测定方法。不同来源或类型蛋白质的物理化学性质（等电点、溶解性等）、营养性能（蛋白质质量、消化率等）、加工性能（水结合能力、凝胶性能、弹性、黏结-黏合、乳化、起泡、脂肪和风味物质的结合能力等）等也是蛋白质的重要测试指标，如果读者需要进一步学习，可以参考《食品生物化学》《食品营养学》《食品化学》《食品风味化学》等书目。

9.2 食品中蛋白质的测定

目前，食品行业中常用的蛋白质的测定方法是凯氏定氮法，也是《食品安全国家标准 食品中蛋白质的测定》（GB 5009.5—2016）规定的食品中蛋白质的测定方法第一法。该标准中第一法凯氏定氮法和第二法分光光度法适用于各种食品中蛋白质的测定，第三法燃烧法适用于蛋白质含量在 10 g/100 g 以上的粮食、豆类奶粉、米粉、蛋白质粉等固体试样的测定。

除上述方法外，现代食品质量与安全控制还要求食品中蛋白质含量的快速检测和精准检测，实现这一检测目的则主要依靠一些仪器来完成，如蛋白质快速测定仪、近红外光谱仪、快速检测试剂盒等。

本节主要依据《食品安全国家标准 食品中蛋白质的测定》（GB 5009.5—2016）和文献报道，学习食品中蛋白质测定的凯氏定氮法、分光光度法、燃烧法和考马斯亮蓝染色法，简要介绍食品中蛋白质快速测定方法研究现状。

9.2.1 凯氏定氮法

1. 原理

食品中的蛋白质在催化加热条件下被分解，蛋白质中的氮元素转化成氨，产生的氨与硫酸结合生成硫酸铵。碱化蒸馏消解液，使氨游离，用硼酸吸收后以硫酸或盐酸标准滴定溶液滴定，根据酸的消耗量计算氮含量，再乘以换算系数，即为蛋白质的含量。

凯氏定氮法的适用性、精准性和可重复性已经得到广泛的认可，已经被确定为食品中蛋白质含量测定的国际标准方法和国家标准方法。该方法主要包括以下 3 个反应过程：

1）湿法消解

基于浓硫酸的脱水性和氧化性，试样与浓硫酸一起加热，硫酸使有机物脱水，氧化破坏有机物，使有机物中的 C、H 氧化成 CO_2 和 H_2O，以气体的形式散失，来源于蛋白质、游离氨基酸和其他含氮物质的 N 元素则是转化为氨，并与硫酸生成硫酸铵，滞留在酸性消解液中。可用以下反应式表达反应过程：

$$2\,NH_2(CH_2)_2COOH + 13H_2SO_4 = (NH_4)_2SO_4 + 6CO_2\uparrow + 12SO_2\uparrow + 16H_2O$$

在此消解反应中的关键步骤：$C + 2H_2SO_4 = 2SO_2 + CO_2 + 2H_2O$

SO_2 使 N 还原为 NH_3，本身氧化为 SO_3。

浓硫酸的沸点一般为 340℃，在消解反应中，为了加速蛋白质分解，消解体系中加入硫酸钾，提高溶液的沸点到 400℃以上，加速有机物分解。但是加入硫酸钾的量不能太大，否则消解体系温度过高，可达 600℃以上，会引起硫酸铵分解，放出氨而造成氮元素的损失。除硫酸钾外，也可以加入硫酸钠、氯化钾等盐类提高沸点，但是升温效果不如硫酸钾。

消解体系中还要加入硫酸铜。加入的硫酸铜利用铜离子的变价作用，加速电子传递，催化硫酸对有机元素的氧化作用。可用以下反应式表达铜离子的催化作用：

$$2CuSO_4 \longrightarrow Cu_2SO_4 + SO_2\uparrow + O_2\uparrow$$
$$C + 2CuSO_4 \longrightarrow Cu_2SO_4 + SO_2\uparrow + CO_2\uparrow$$
$$Cu_2SO_4 + 2H_2SO_4 \longrightarrow 2CuSO_4 + 2H_2O + SO_2\uparrow$$

除硫酸铜外，还有氧化汞、汞、二氧化钛、硒粉等，可以催化反应过程。但是综合考虑价格、环境污染等因素，用的最广泛的是硫酸铜，还有一点，待有机物全部被消解后，不再产生 Cu_2SO_4，溶液逐渐呈现清澈的蓝绿色，所以硫酸铜除了具有催化的作用外，还可以指示消解反应的终点。但是实际的操作中，因为加热水蒸气蒸出，硫酸铜失去结晶水，无色，所以消解体系经常呈现浅绿色或白色。

2）蒸馏和接收

在消解完全的样品溶液中加入浓氢氧化钠，使溶液呈碱性，通入水蒸气，加热，氨气被蒸馏出来，然后用硼酸吸收，生成硼酸铵，是一种弱酸弱碱盐。可用以下反应式表达反应过程：

$$2NaOH + (NH_4)_2SO_4 = 2NH_3\uparrow + Na_2SO_4 + 2H_2O$$
$$2NH_3 + 4H_3BO_3 = (NH_4)_2B_4O_7 + 5H_2O$$

3）滴定

硼酸吸收氨生成的硼酸铵是一种弱酸弱碱盐，可用强酸进行滴定，生成硼酸和强酸弱碱盐。硼酸呈弱酸性，滴定到终点可使指示剂变色。

$$(NH_4)_2B_4O_7 + 5H_2O + 2HCl = 2NH_4Cl + 4H_3BO_3$$

2. 试剂与仪器

1）试剂和试剂配制

除非另有说明，本方法所用试剂均为分析纯，水为 GB/T 6682 规定的三级水。

试剂：浓硫酸；硫酸铜；硫酸钾；硼酸；甲基红指示剂；溴甲酚绿指示剂；亚甲基蓝指示剂；氢氧化钠；95%乙醇。

试剂配制：①硼酸溶液（20 g/L）：称取 20 g 硼酸，加水溶解后并稀释至 1000 mL；②氢氧化钠溶液（400 g/L）；③硫酸标准滴定溶液[c(H$^+$)]0.0500 mol/L 或盐酸标准滴定溶液[c(HCl)]0.0500 mol/L；④甲基红乙醇溶液（1 g/L）：称取 0.1 g 甲基红，溶于 95%乙醇，用 95%乙醇稀释至 100 mL；⑤亚甲基蓝乙醇溶液（1 g/L）：称取 0.1 g 亚甲基蓝，溶于 95%乙醇，用 95%乙醇稀释至 100 mL；⑥溴甲酚绿乙醇溶液（1 g/L）：称取 0.1 g 溴甲酚绿，溶于 95%乙醇，用 95%乙醇稀释至 100 mL；⑦混合指示液 A：2 份甲基红乙醇溶液与 1 份亚甲基蓝乙醇溶液临用时混合；⑧混合指示液 B：1 份甲基红乙醇溶液与 5 份溴甲酚绿乙醇溶液临用时混合。

2）仪器和设备

凯氏定氮烧瓶；天平：感量为 1 mg；定氮蒸馏装置：如图 9-1 所示。

3. 方法操作步骤

1）试样消解

称取充分混匀的固体试样 0.2～2 g、半固体试样 2～5 g 或液体试样 10～25 g（相当于 30～40 mg 氮），精确至 0.001 g，移入干燥的 100 mL、250 mL 或 500 mL 凯氏烧瓶中，加入 2 g 硫酸铜、3 g 硫酸钾及 20 mL 硫酸，轻摇后于瓶口放一小漏斗，将瓶以 45℃角斜支于有小孔的石棉网上。小心加热，待内容物全部碳化，泡沫完全停止后，加强火力，并保持瓶内液体微沸，至液体呈蓝绿色并澄清透明后，再继续加热 0.5～1 h。取下放冷，小心加入 20 mL 水，放冷后，移入 100 mL 容量瓶中，并用少量水洗凯氏烧瓶，洗液并入容量瓶中，再加水至刻度，混匀，静置或置于冷水中冷却，冷却后液面会低于刻度线，用水补齐，混匀，得到消解液。同时做试剂空白试验。若条件不足的情况下，也可选用 250 mL 或 500 mL 长颈平底烧瓶作为试样消解的容器。

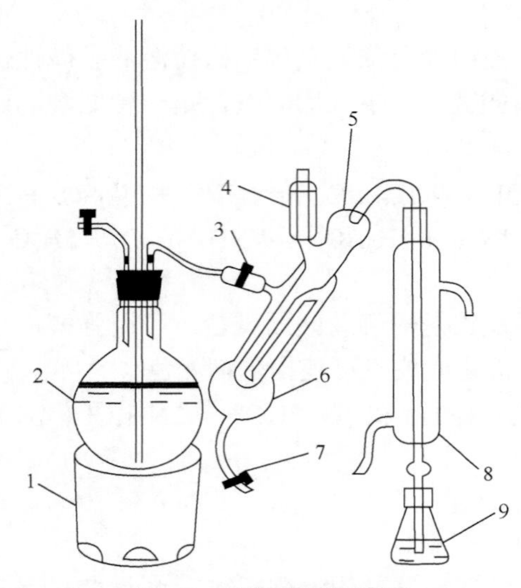

图 9-1　定氮蒸馏装置图

1. 电炉或电热套；2. 水蒸气发生器；3. 橡皮管和止水夹；4. 小玻杯和棒状玻塞；5. 反应室；6. 反应室外层；7. 橡皮管和止水夹；8. 冷凝管；9. 蒸馏液接收瓶

2）蒸馏和接收

按图 9-1 装好定氮蒸馏装置，向水蒸气发生器内装水至 2/3 处，加入数粒玻璃珠，加甲基红乙醇溶液数滴及 1～2 mL 硫酸，以保持水呈酸性，加热煮沸水蒸气发生器内的水并保持沸腾。有条件的情况下，可向水蒸气发生器中加入几颗锌粒，锌粒与硫酸反应生成的氢气可均匀分散水蒸气，使水蒸气发生器通往反应室的气流更加稳定。

向接收瓶内加入 10.0 mL 硼酸溶液及 1～2 滴混合指示剂 A 或混合指示剂 B，并使冷凝管的下端插入硼酸液面下。根据试样中氮含量，准确吸取 2.0～10.0 mL 试样消解液由小玻杯注入反应室，以 10 mL 水洗涤小玻杯并使之流入反应室内，随后塞紧棒状玻塞。将 10.0 mL 氢氧化钠溶液倒入小玻杯，提起玻塞使其缓缓流入反应室，立即将玻塞盖紧，并水封。夹紧螺旋夹，开始蒸馏。蒸馏 10 min 后移动蒸馏液接收瓶，液面离开冷凝管下端，再蒸馏 1 min。然后用少量水冲洗冷凝管下端外部，取下蒸馏液接收瓶。

3）滴定

蒸馏结束后，尽快以硫酸或盐酸标准滴定溶液滴定接收液至终点，如用混合指示液

A，终点颜色为灰蓝色；如用混合指示液 B，终点颜色为浅灰红色。同时做试剂空白。

甲基红指示剂常用浓度为 0.1%乙醇溶液，变色范围是 pH4.4（红）～6.2（黄），在此 pH 范围内，甲基红呈现橙色，当 pH 值等于或低于 4.4 时，呈红色，等于或高于 6.2 时，呈黄色。甲基红指示剂可与溴甲酚绿或亚甲基蓝组成混合指示剂以缩短变色域和提高变色的敏锐性。本方法中甲基红-溴甲酚绿混合指示剂（混合指示剂 B）：pH5.2 以上时，蓝绿色；pH5.0 时，淡紫灰到淡蓝色；pH4.8 时，带淡蓝色的淡粉红色，即灰粉色；pH4.6 时，淡粉红（微红）。

4. 数据计算与结果表述

试样中蛋白质的含量按式 9-1 计算：

$$X=\frac{(V_1-V_2)\times c\times 0.0140}{m\times V_3/100}\times F\times 100 \quad (9\text{-}1)$$

式中，X：试样中蛋白质的含量，g/100 g；V_1：试样消耗硫酸或盐酸标准滴定液的体积，mL；V_2：试剂空白消耗硫酸或盐酸标准滴定液的体积，mL；c：硫酸或盐酸标准滴定溶液浓度，mol/L 或 mmol/mL；0.0140：1 mmol 氮的质量，g/mmol；m：试样的质量，g；V_3：吸取消解液的体积，mL；F：氮换算为蛋白质的系数，各种食品中氮转换系数见表 9-1；若是一个未知食品试样，则 F 可选用 6.25；100：结果表述换算系数。

蛋白质含量≥1 g/100 g 时，结果保留三位有效数字；蛋白质含量＜1 g/100 g 时，结果保留两位有效数字。注：当只检测氮含量时，不需要乘蛋白质换算系数 F。

表 9-1　常见食物中的氮折算成蛋白质的折算系数

食品类别		折算系数	食品类别		折算系数
小麦	全小麦粉	5.83	大米及米粉		5.95
	麦糠麸皮	6.31	鸡蛋	鸡蛋（全）	6.25
	麦胚芽	5.80		蛋黄	6.12
	麦胚粉、黑麦、普通小麦、面粉	5.70		蛋白	6.32
燕麦、大麦、黑麦粉		5.83	肉与肉制品		6.25
小米、裸麦		5.83	动物明胶		5.55
玉米、黑小麦、饲料小麦、高粱		6.25	纯乳与纯乳制品		6.38
油料	芝麻、棉籽、葵花籽、蓖麻、红花籽	5.30	复合配方食品		6.25
	其他油料	6.25	酪蛋白		6.40
	菜籽	5.53			
坚果、种子类	巴西果	5.46	胶原蛋白		5.79
	花生	5.46	豆类	大豆及其粗加工制品	5.71
	杏仁	5.18		大豆蛋白制品	6.25
	核桃、榛子、椰果等	5.30	其他食品		6.25

5. 方法评价

适用于各种食品中蛋白质的测定。在重复条件下获得的两次独立测定结果的绝对差值不得超过算术平均值的10%。当称样量为5.0 g时，定量检出限为8 mg/100 g。

6. 氮折算成蛋白质的折算系数

氮折算成蛋白质的折算系数是《食品安全国家标准 食品中蛋白质的测定》（GB 5009.5—2016）规定的三个方法的最根本的原理，就是因为食品中蛋白质的质量与含氮量之间存在一定的比例关系，才可以通过测定氮素含量计算蛋白质含量。尽管表9-1给出了常见食品中氮折算成蛋白质的折算系数，但是使用最多的还是6.25，即不清晰食品试样的折算系数或测试的是表9-1未涉及的食品试样时，要选用6.25，也就是很多教材上所述氮元素占蛋白质质量的平均水平为16%。那么，16%是如何得来的呢？同学们不妨按照表9-2计算一下目前公认的20种蛋白质氨基酸中氮元素的质量比例，然后求算平均值。

表9-2 20种蛋白质氨基酸中氮元素的质量比例

蛋白质氨基酸	分子量/氮原子数	氮元素的质量比例	两分子氨基酸脱去一分子水，每个氨基酸的分子量减去9后，氮元素的质量占比
甘氨酸	75.05/1	0.19	0.21
丙氨酸	89.06/1	0.16	0.17
脯氨酸	115.08/1	0.12	0.13
缬氨酸	117.09/1	0.12	0.13
亮氨酸	131.31/1	0.11	0.11
异亮氨酸	131.31/1	0.11	0.11
蛋氨酸	149.15/1	0.09	0.10
苯丙氨酸	165.09/1	0.08	0.09
酪氨酸	181.09/1	0.08	0.08
色氨酸	204.11/2	0.14	0.14
丝氨酸	105.06/1	0.13	0.15
苏氨酸	119.18/1	0.12	0.13
半胱氨酸	121.12/1	0.12	0.12
天冬酰胺	132.6/2	0.21	0.23
谷氨酰胺	146.08/2	0.19	0.20
赖氨酸	146.13/2	0.19	0.20
组氨酸	155.09/3	0.27	0.29
精氨酸	174.4/4	0.32	0.34
天冬氨酸	133.6/1	0.10	0.11
谷氨酸	147.08/1	0.10	0.10
平均值		0.15	0.16

9.2.2　分光光度法

1. 原理

食品中的蛋白质在催化加热条件下被分解，分解产生的氨与硫酸结合生成硫酸铵，在 pH4.8 的乙酸钠-乙酸缓冲溶液中与乙酰丙酮和甲醛反应生成黄色的 3, 5-二乙酰-2, 6-二甲基-1, 4-二氢化吡啶化合物。在波长 400 nm 下测定吸光度值，与标准系列比较定量，结果乘以换算系数，即为蛋白质含量。

2. 试剂与仪器

1）试剂和试剂配制

除非另有说明，本方法所用试剂均为分析纯，水为 GB/T 6682 规定的三级水。

试剂：浓硫酸：优级纯；硫酸铜；硫酸钾；氢氧化钠；对硝基苯酚；乙酸钠；无水乙酸钠；乙酸：优级纯；37%甲醛；乙酰丙酮。

试剂配制：①氢氧化钠溶液（300 g/L）。②对硝基苯酚指示剂溶液（1 g/L）：称取 0.1 g 对硝基苯酚指示剂溶于 20 mL95%乙醇中，加水稀释至 100 mL。③乙酸溶液（1 mol/L）：量取 5.8 mL 乙酸，加水稀释至 100 mL。④乙酸钠溶液（1 mol/L）：称取 41 g 无水乙酸钠或 68 g 乙酸钠，加水溶解稀释至 500 mL。⑤乙酸钠-乙酸缓冲溶液（pH4.8）：量取 60 mL 乙酸钠溶液与 40 mL 乙酸溶液混合，该溶液 pH4.8。⑥显色剂：15 mL 甲醛与 7.8 mL 乙酰丙酮混合，加水稀释至 100 mL，剧烈振摇混匀（室温下放置稳定 3 d）。⑦氨氮标准储备溶液（以氮计）（1.0 g/L）：称取 105℃干燥 2 h 的硫酸铵 0.472 0 g 加水溶解后移于 100 mL 容量瓶中，并稀释至刻度，混匀，此溶液每毫升相当于 1.0 mg 氮。⑧氨氮标准使用溶液（0.1 g/L）：用移液管吸取 10.00 mL 氨氮标准储备液于 100 mL 容量瓶内，加水定容至刻度，混匀，此溶液每毫升相当于 0.1 mg 氮。

2）仪器和设备

10 mL 具塞玻璃比色管；分光光度计；电热恒温水浴锅：100℃±0.5℃；天平：感量为 1 mg。

3. 方法操作步骤

1）试样消解

同 9.2.1 中 3.1），消解液定容体积视含氮量选择 50 mL 或 100 mL。

2）试样溶液的制备

吸取 2.00～5.00 mL 试样或试剂空白消解液于 50 mL 或 100 mL 容量瓶内，加 1～2 滴对硝基苯酚指示剂溶液，摇匀后滴加氢氧化钠溶液中和至黄色，再滴加乙酸溶液至溶液无色，用水稀释至刻度，混匀。

3）标准曲线的绘制

吸取 0.00 mL、0.05 mL、0.10 mL、0.20 mL、0.40 mL、0.60 mL、0.80 mL 和 1.00 mL 氨氮标准使用溶液（相当于 0.00 μg、5.00 μg、10.0 μg、20.0 μg、40.0 μg、60.0 μg、80.0 μg

和 100.0 μg 氮），分别置于 10 mL 比色管中。加 4.0 mL 乙酸钠-乙酸缓冲溶液及 4.0 mL 显色剂，加水稀释至刻度，混匀。置于 100℃水浴中加热 15 min。取出用水冷却至室温后，移入 1 cm 比色杯内，以零管为参比，于波长 400 nm 处测量吸光度值，根据标准各点吸光度值绘制标准曲线或计算线性回归方程。

4）试样测定

吸取 0.50～2.00 mL（约相当于氮＜100 μg）试样溶液和同量的试剂空白溶液，分别于 10 mL 比色管中。加 4.0 mL 乙酸钠-乙酸缓冲溶液及 4.0 mL 显色剂，加水稀释至刻度，混匀。置于 100℃水浴中加热 15 min。取出用水冷却至室温后，移入 1 cm 比色杯内，以零管为参比，于波长 400 nm 处测量吸光度值，试样吸光度值与标准曲线比较定量或代入线性回归方程求出含量。

4. *数据计算与结果表述*

试样中蛋白质的含量按式 9-2 计算：

$$X=\frac{(C-C_0)\times V_1\times V_3}{m\times V_2\times V_4\times 1000\times 1000}\times 100\times F \tag{9-2}$$

式中，X：试样中蛋白质的含量，g/100 g；C：试样溶液中氮的含量，μg；C_0：试剂空白溶液中氮的含量，μg；V_1：试样消解液定容体积，mL；V_3：试样溶液总体积，mL；m：试样质量，g；V_2：制备试样溶液的消解液体积，mL；V_4：测定用试样溶液体积，mL；1000：换算系数；100：结果表述的换算系数；F：氮换算为蛋白质的系数。蛋白质含量≥1 g/100 g 时，结果保留三位有效数字；蛋白质含量＜1 g/100 g 时，结果保留两位有效数字。

5. *方法评价*

适用于各种食品中蛋白质的测定。在重复性条件下获得的两次独立测定结果的绝对差值不得超过算术平均值的 10%。当称样量为 5.0 g 时，定量检出限为 0.1 mg/100 g。

相比较于凯氏定氮法，分光光度法精密度和准确度也较高，缩短了测试时间，试剂消耗少，且能批量测试食品中蛋白质含量。王永根等研究对比了乙酰丙酮甲醛分光光度法与凯氏定氮法，发现乙酰丙酮甲醛分光光度法线性范围在 5～100 μg/10 mL，相关系数 $r = 0.9997$，检出限为 0.546 μg/10 mL，加标回收率为 93.3%～103%，方法具有较好的准确度和精密度，适合于批量蛋白质样品的测定[①]。

9.2.3 燃烧法

1. *原理*

本方法也被称作杜马斯燃烧法。试样在 900～1200℃高温下燃烧，燃烧过程中产生混合气体，其中的碳、硫等干扰气体和盐类被吸收管吸收，氮氧化物被全部还原成氮气，形成的氮气气流通过热导检测仪（TCD）进行检测。

① 王永根，王剑波，陈淑莎，等. 微波消解-乙酰丙酮甲醛分光光度法测定食品中蛋白质[J]. 中国卫生检验杂志，2007，17（2）：236-237.

2. 仪器和设备

氮/蛋白质分析仪；天平：感量为 0.1 mg。

3. 方法操作步骤

按照仪器说明书要求称取 0.1～1.0 g 充分混匀的试样（精确至 0.0001 g），用锡箔包裹后置于样品盘上。试样进入燃烧反应炉（900～1200℃）后，在高纯氧（≥99.99%）中充分燃烧。燃烧炉中的产物（NO_x）被载气二氧化碳或氦气运送至还原炉（800℃）中，经还原生成氮气后检测其含量。

4. 数据计算和结果表述

试样中蛋白质的含量按式 9-3 进行计算：

$$X = C \times F \tag{9-3}$$

式中，X：试样中蛋白质的含量，g/100 g；C：试样中氮的含量，g/100 g；F：氮换算为蛋白质的系数。以重复性条件下获得的两次独立测定结果的算术平均值表示，结果保留三位有效数字。

9.2.4　考马斯亮蓝染色法

1. 原理

考马斯亮蓝 G-250 是一种蛋白质染料，在游离状态下呈红色，最大光吸收在 465 nm，与蛋白质通过范德瓦耳斯力结合，结合后变为青色，蛋白质-染料结合物在 595 nm 波长下有最大光吸收。基于 595 nm 处的吸光度值与蛋白质含量成正比，可用于蛋白质的定量测定。此法简单而快速，适合大量样品的测定。

2. 试剂与仪器

牛血清白蛋白标准液：精确称取牛血清白蛋白 100 mg，用蒸馏水溶解配成 1000 μg/mL 的标准溶液。

染料试剂：将 100 mg 考马斯亮蓝 G-250（Coomassie brilliant blue G-250）溶解于 50 mL95%乙醇中，加入 100 mL85%磷酸酸化，然后用水定容至 1000 mL。或直接选用商品化考马斯亮蓝染料试剂。

仪器：紫外分光光度仪。

3. 方法操作步骤

1）标准曲线制作

取 6 支比色管，分别加入上述 1000 μg/mL 牛血清白蛋白标准溶液 0.00 mL、0.20 mL、0.40 mL、0.60 mL、0.80 mL 和 1.00 mL，各管中加水补齐至 1 mL，加入考马斯亮蓝染料试剂 5 mL，摇匀，放置 2 min，充分显色后，测定 A_{595nm} 的吸光值，以吸光值为纵坐标，每管中蛋白质的含量（mg）为横坐标，绘制标准曲线，并求算标准曲线回归方程。

2）样品测定

准确称量已研碎并混合均匀的试样 0.1～1 g，加入一定体积的水、或低浓度氯化钠溶液、或低浓度磷酸缓冲溶液，在一定温度和振荡、超声等辅助手段下，提取试样中的蛋白质，得到蛋白质提取液。根据提取液中蛋白质的含量水平，吸取提取液或稀释液 1 mL，加染料试剂 5 mL，摇匀，放置 2 min，充分显色后测定 A_{595nm} 的吸光值，与蛋白质标准溶液对照，求出样品蛋白质含量。

4. 数据计算和结果表述

将样品测定得到的吸光值代入标准曲线中，计算得到测试液中蛋白质浓度，按照式 9-4 计算得到样品的蛋白质含量。

$$X=\frac{C\times V_1\times V_2}{m\times 1000}\times 100 \tag{9-4}$$

式中，X：试样中蛋白质的含量，g/100 g；C：根据标准曲线求算的测试液中蛋白质的浓度，mg/mL；V_1：稀释后测试液体积，mL，若无稀释，则 V_1 为 1；V_2：试样提取液定容体积，mL；1000：单位换算系数；100：结果表述换算系数。

5. 适用范围与分析质量控制策略

样品成分相对简单且蛋白质含量不宜太高，否则会超出检出限。

分析质量控制策略：①由于染料本身的两种颜色形式的光谱有重叠，试剂背景值会因与蛋白质结合的染料增加而不断降低，因而当蛋白质浓度较大时，标准曲线稍有弯曲，但直线弯曲程度很轻，不致影响测定；②测定工作应在蛋白质染料混合后 2 min 开始，力争 1 h 内完成，否则会因蛋白质-染料复合物发生凝集沉淀而影响测定结果。

9.2.5 食品中蛋白质的近红外光谱检测法

以测定氮元素含量再乘以换算系数测定蛋白质含量的方法，均不能区分食品试样中的蛋白质氮和非蛋白质氮，会因试样中存在的游离氨基酸、铵盐、生物碱，特别是蓄意含氮添加物而导致测定结果不能反映试样中蛋白质的客观赋存量。这就是 2008 年中国奶制品污染事件发生的技术弱点。

近年来，近红外光谱技术在食品掺伪快速检测中的效能越来越高，成为很多物质检测的国标推荐方法，如《小麦、玉米粗蛋白质含量近红外快速检测方法》（DB12/T 347—2007）、《粮油检验 小麦粉粗蛋白质含量测定 近红外法》（GB/T 24871—2010）。国际上，美国谷物化学家协会标准《小麦粉蛋白测定 近红外反射方法》（AACC39-11：1999）也是采用了近红外光谱法检测蛋白质含量。总体上，近红外光谱技术法测定食品中蛋白质具有分析速度快、操作简便、稳定性好和非破坏性的优点。读者们若是需要详细方法内容，可检索上述技术文件进行参阅。

9.3　食品中氨基酸的测定

食品中的氨基酸一般是两种赋存形态，一种是游离氨基酸，一种是脱水缩合形成肽和蛋白质。近年来，食品加工越来越注重游离氨基酸和小分子肽类对食品滋味的调控作用，食品营养则是研究食品中小分子肽类对人体健康的促进效益。所以，食品中氨基酸的测定不仅关注赋存总量分析，也关注赋存形态以及各种氨基酸赋存量的测定。

《食品安全国家标准 食品中氨基酸态氮的测定》（GB 5009.235—2016）规定了酱油、酱、黄豆酱等食品中赋存的氨基酸态氮总量的测定方法；《食品安全国家标准 食品中氨基酸的测定》（GB 5009.124—2016）则是规定了食品中天冬氨酸、苏氨酸、丝氨酸、谷氨酸、脯氨酸、甘氨酸、丙氨酸、缬氨酸、蛋氨酸、异亮氨酸、亮氨酸、酪氨酸、苯丙氨酸、组氨酸、赖氨酸和精氨酸等 16 种酸水解氨基酸的测定。《食品安全国家标准 食品中色氨酸的测定》（GB 5009.294—2023）规定了食品中色氨酸的测定方法。

进一步的，与蛋白质和氨基酸测定相关的《食品安全国家标准 食品中铵盐的测定》（GB 5009.234—2016）则是规定了酱油中铵盐的测定方法。酱油中的铵盐主要来源有三种：一是生产过程中加入酱色（即焦糖色）时带入。酱油用焦糖色生产时常用氨化合物作为催化剂，即氨法焦糖色，所以色素中会残留氨，形成铵盐，《食品安全国家标准 食品添加剂 焦糖色》（GB 1886.64—2015）规定了焦糖色中氨氮含量（以 N 计）不高于 0.6 g/100 g。二是蛋白质分解的产物。如酱油滋生的细菌较多，就可将酱油中的蛋白质分解转化而产生游离的氨，而形成铵盐。三是一些不法生产者为了提高酱油中氨基酸态氮和全氮的含量，人为地添加低成本的铵盐类产品等。所以酱油中铵盐的测定对酱油产品质量控制和安全保障具有重要意义。

本节中以《食品安全国家标准 食品中氨基酸态氮的测定》（GB 5009.235—2016）、《食品安全国家标准 食品中氨基酸的测定》（GB 5009.124—2016）、《食品安全国家标准 食品中色氨酸的测定》（GB 5009.294—2023）三项国标为主要参考资料，学习食品中氨基酸态氮、氨基酸、色氨酸等食品成分的检测方法。

9.3.1　酸度计甲醛滴定法测定食品中氨基酸态氮的含量

1. 原理

本方法利用了氨基酸羧基的酸性和氨基的碱性的两性作用，两者互相作用使氨基酸形成中性的内盐。加入甲醛，甲醛能迅速与氨基结合，生成羟甲基化合物，固定氨基的碱性，使羧基显示出酸性，用氢氧化钠标准溶液滴定，根据羧基消耗的氢氧化钠标准溶液的量定量氨基的量，方法以酸度计测定滴定终点。

2. 试剂与仪器

1）试剂

甲醛（36%～38%）：应不含有聚合物（没有沉淀且溶液不分层）；氢氧化钠（NaOH）；

酚酞（$C_{20}H_{14}O_4$）；乙醇（CH_3CH_2OH）；邻苯二甲酸氢钾（$HOOCC_6H_4COOH$）：基准物质。

2）试剂配制

氢氧化钠标准滴定溶液[c(NaOH) = 0.050 mol/L]：直接选用经国家认证并授予标准物质证书的标准滴定溶液，或自己配制并用邻苯二甲酸氢钾作为基准试剂标定。

3）仪器

酸度计（附磁力搅拌器）；10 mL 微量碱式滴定管；分析天平：感量 0.1 mg。

3. 方法操作步骤

1）酱油试样

称量 5.0 g（或吸取 5.0 mL）试样于 50 mL 的烧杯中，用水分数次洗入 100 mL 容量瓶中，加水至刻度，混匀，得到测试液。吸取 20.0 mL 测试液置于 200 mL 烧杯中，加 60 mL 水，开动磁力搅拌器，用氢氧化钠标准溶液[c(NaOH) = 0.050 mol/L]滴定至酸度计指示 pH 为 8.2，记下消耗氢氧化钠标准滴定溶液的毫升数，可计算总酸含量。加入 10.0 mL 甲醛溶液，混匀。再用氢氧化钠标准滴定溶液继续滴定至 pH 为 9.2，记下消耗氢氧化钠标准滴定溶液的毫升数。同时做试剂空白试验：取 80 mL 水，先用氢氧化钠标准溶液[c(NaOH) = 0.050 mol/L]调节至 pH 为 8.2，再加入 10.0 mL 甲醛溶液，用氢氧化钠标准滴定溶液滴定至 pH 为 9.2。

2）酱及黄豆酱样品

将酱或黄豆酱样品搅拌均匀后，放入研钵中，在 10 min 内迅速研磨至无肉眼可见颗粒，装入磨口瓶中备用。用已知重量的称量瓶称取搅拌均匀的样品 5.0 g，用 50 mL80℃左右的蒸馏水分数次洗入 100 mL 烧杯中。或直接用 100 mL 干净且恒重的烧杯称取试样，然后加入 50 mL80℃左右的蒸馏水，搅拌，冷却后，转入 100 mL 容量瓶中，用少量水分次洗涤烧杯，洗液并入容量瓶中，并加水至刻度，混匀后过滤，得到测试液。吸取滤液 10.0～20 mL，置于 200 mL 烧杯中，加 60 mL 水，开动磁力搅拌器，用氢氧化钠标准溶液[c(NaOH) = 0.050 mol/L]滴定至酸度计指示 pH 为 8.2，记下消耗氢氧化钠标准滴定溶液的毫升数，可计算总酸含量。加入 10.0 mL 甲醛溶液，混匀。再用氢氧化钠标准滴定溶液继续滴定至 pH 为 9.2，记下消耗氢氧化钠标准滴定溶液的毫升数。同时做试剂空白试验：取 70～80 mL 水，先用氢氧化钠标准溶液[c(NaOH) = 0.050 mol/L]调节至 pH 为 8.2，再加入 10.0 mL 甲醛溶液，用氢氧化钠标准滴定溶液滴定至 pH 为 9.2。

4. 数据计算与结果表述

试样中氨基酸态氮的含量按式 9-5 进行计算：

$$X_1 = \frac{(V_1 - V_2) \times c \times 0.014}{mV \times V_3 / V_4} \times 100 \tag{9-5}$$

式中，X_1：试样中氨基酸态氮的含量，g/100 g 或 g/100 mL；V_1：试样测试液加入甲醛后消耗氢氧化钠标准滴定溶液的体积，mL；V_2：试剂空白试验加入甲醛后消耗氢氧化钠标准滴定溶液的体积，mL；c：氢氧化钠标准滴定溶液的浓度，mol/L；0.014：氮元素物质的量，g/mmol；m：称取试样的质量，g；V：吸取试样的体积，mL；V_3：试样测试液的取用量，mL；V_4：试样测试液的定容体积，mL；100：结果表述换算系数。

计算结果保留两位有效数字。在重复性条件下获得的两次独立测定结果的绝对差值不得超过算术平均值的 10%。

5. 方法适用范围

适用于以粮食和其副产品豆饼、麸皮等为原料酿造或配制的酱油，以粮食为原料酿造的酱类，以黄豆、小麦粉为原料酿造的豆酱类食品中氨基酸态氮的测定。

9.3.2 比色法测定食品中氨基酸态氮含量

1. 原理

在 pH 为 4.8 的乙酸钠-乙酸缓冲液中，氨基酸态氮与乙酰丙酮和甲醛反应生成黄色的 3, 5-二乙酸-2, 6-二甲基-1, 4 二氢化吡啶氨基酸衍生物。在波长 400 nm 处测定吸光度，与标准系列比较定量。

2. 试剂与仪器

1）试剂和试剂配制

除非另有说明，本方法所用试剂均为分析纯，水为 GB/T 6682 规定的二级水。

试剂：乙酸；无水乙酸钠或乙酸钠；甲醇；乙酰丙酮。

试剂配制：①乙酸溶液（1 mol/L）：量取 5.8 mL 冰乙酸，加水稀释至 100 mL。②乙酸钠溶液（1 mol/L）：称取 41 g 无水乙酸钠或 68 g 乙酸钠（$CH_3COONa·3H_2O$），加水溶解并稀释至 500 mL。③乙酸钠-乙酸缓冲液：量取 60 mL 乙酸钠溶液（1 mol/L）与 40 mL 乙酸溶液（1 mol/L）混合，该溶液 pH 为 4.8。④显色剂：15 mL37%甲醇与 7.8 mL 乙酰丙酮混合，加水稀释至 100 mL，剧烈振摇混匀（室温下放置稳定 3 d）。

2）标准溶液配制

①氨氮标准储备溶液（1.0 mg/mL）：精密称取 105℃干燥 2 h 的硫酸铵 0.4720 g 于小烧杯中，加水溶解后移至 100 mL 容量瓶中，并稀释至刻度，混匀，此溶液每毫升相当于 1.0 mg 氨氮（10℃下冰箱内贮存稳定 1 年以上）。②氨氮标准使用溶液（0.1 g/L）：用移液管精确量取 10 mL 氨氮标准储备液（1.0 mg/mL）于 100 mL 容量瓶内，加水稀释至刻度，混匀，此溶液每毫升相当于 100 μg 氨氮。

3）仪器

分光光度计；电热恒温水浴锅（100℃±0.5℃）；10 mL 具塞玻璃比色管。

3. 方法操作步骤

1）试样预处理

称量 1.00 g（或吸取 1.0 mL）试样于 50 mL 容量瓶中，加水稀释至刻度，混匀，得测试液。

2）标准曲线的制作

精密吸取氨氮标准使用溶液 0 mL、0.05 mL、0.1 mL、0.2 mL、0.4 mL、0.6 mL、0.8 mL、1.0 mL（相当于 NH_3-N 0 μg、5.0 μg、10.0 μg、20.0 μg、40.0 μg、60.0 μg、80.0 μg、100.0 μg）分别于 10 mL 比色管中。向各比色管分别加入 4 mL 乙酸钠-乙酸缓冲溶液（pH4.8）及 4 mL 显色剂，用水稀释至刻度，混匀。置于 100℃水浴中加热 15 min，取出，水浴冷却至室温后，移入 1 cm 比色皿内，以零管为参比，于波长 400 nm 处测量吸光度，以吸光度为纵坐标、测试管中氨基态氮质量为横坐标，绘制标准曲线或计算线性回归方程。

3）试样的测定

精密吸取 2 mL 试样测试液于 10 mL 比色管中。加入 4 mL 乙酸钠-乙酸缓冲溶液（pH4.8）及 4 mL 显色剂，用水稀释至刻度，混匀。置于 100℃水浴中加热 15 min，取出，水浴冷却至室温后，移入 1 cm 比色皿内，以零管为参比，于波长 400 nm 处测量吸光度。试样吸光度与标准曲线比较定量或代入线性回归方程，计算试样测试液中氨基态氮的质量。

4. 结果计算与表达

试样中氨基酸态氮的含量按式 9-6 进行计算：

$$X_1 = \frac{m}{m_1 \times 1000 \times 1000 \times V_1 / V_2} \times 100 \quad (9\text{-}6)$$

式中，X_1：试样中氨基酸态氮的含量，g/100 g 或 g/100 mL；m：试样测定液中氮的质量，μg；m_1：称取试样的质量，g；V：吸取试样的体积，mL；V_1：测定用试样测试液体积，mL；V_2：试样前处理中测试液的定容体积，mL；1000：单位换算系数；100：结果表述换算系数。在重复性条件下获得的两次独立测定结果的绝对差值不得超过算术平均值的 10%。

9.3.3　氨基酸分析仪法测定食品中的氨基酸类别及其含量

1. 原理

食品中的蛋白质经盐酸水解成为游离氨基酸，经离子交换柱分离后，与茚三酮溶液产生颜色反应，再通过可见光分光光度检测器测定各个氨基酸的吸光度信号，以保留时间定性、外标法定量，测得每种氨基酸的含量。

2. 试剂与仪器

除非另有说明，本方法所用试剂均为分析纯，水为 GB/T 6682 中规定的一级水。

1）试剂和试剂配制

试剂：盐酸，浓度≥36%，优级纯；苯酚；氮气，纯度 99.9%；柠檬酸钠，优级纯；氢氧化钠，优级纯。

试剂配制：①盐酸溶液（6 mol/L）：取 500 mL 盐酸加水稀释至 1000 mL，混匀。②氢氧化钠溶液（500 g/L）。③柠檬酸钠缓冲溶液[$c(Na^+) = 0.2$ mol/L]：称取 19.6 g 柠檬酸钠加入 500 mL 水溶解，加入 16.5 mL 盐酸，用水稀释至 1000 mL，混匀，用 6 mol/L

盐酸溶液或 500 g/L 氢氧化钠溶液调节 pH 至 2.2。④不同 pH 和离子强度的洗脱用缓冲溶液：参照仪器说明书配制或直接选用市售洗脱缓冲溶液。⑤茚三酮溶液：参照仪器说明书配制或直接选用市售洗脱缓冲溶液。

2）标准品

混合氨基酸标准溶液：参照仪器说明书配制 16 种氨基酸混合标准溶液或直接选购经国家认证并授予标准物质证书的标准溶液。

3）仪器

实验室用组织粉碎机或研磨机；匀浆机；分析天平：感量分别为 0.0001 g 和 0.000 01 g；水解管：耐压螺盖玻璃试管或安瓿瓶，体积为 20～30 mL；真空泵：排气量≥40 L/min；酒精喷灯；电热鼓风恒温箱或水解炉；试管浓缩仪或平行蒸发仪（附带配套 15～25 mL 试管）；氨基酸分析仪：茚三酮柱后衍生离子交换色谱仪。

3. 方法操作步骤

1）试样制备

固体或半固体试样使用组织粉碎机或研磨机粉碎，液体试样用匀浆机打成匀浆密封冷冻保存，分析用时将其解冻后使用。

2）试样预处理

均匀性好的样品，如奶粉等，准确称取一定量试样（精确至 0.0001 g），使试样中蛋白质含量在 10～20 mg。对于蛋白质含量未知的样品，可先测定样品中蛋白质含量。将称量好的样品置于水解管中。对于很难获得高均匀性的试样，如鲜肉等，为减少误差可适当增大称样量，测定前再做稀释。对于蛋白质含量低的样品，如蔬菜、水果、饮料和淀粉类食品等，固体或半固体试样称样量不大于 2 g，液体试样称样量不大于 5 g。

根据试样的蛋白质含量，在水解管内加 10～15 mL6 mol/L 盐酸溶液。对于含水量高、蛋白质含量低的试样，如饮料、水果、蔬菜等，可先加入约相同体积的浓盐酸混匀后，再用 6 mol/L 盐酸溶液补充至大约 10 mL。继续向水解管内加入苯酚 3～4 滴。将水解管放入冷冻剂中，冷冻 3～5 min，接到真空泵的抽气管上，抽真空（接近 0 Pa），然后充入氮气，重复抽真空-充入氮气 3 次后，在充氮气状态下用酒精喷灯封口或拧紧螺丝盖。将已封口的水解管放在 110℃±1℃的电热鼓风恒温箱或水解炉内，水解 22 h 后，取出，冷却至室温。打开水解管，将水解液过滤至 50 mL 容量瓶内，用少量水多次冲洗水解管，水洗液移入同一 50 mL 容量瓶内，最后用水定容至刻度，振荡混匀。准确吸取 1.0 mL 滤液移入到 15 mL 或 25 mL 试管内，用试管浓缩仪或平行蒸发仪在 40～50℃加热环境下减压干燥，干燥后残留物用 1～2 mL 水溶解，再减压干燥，最后蒸干。用 1.0～2.0 mLpH2.2 柠檬酸钠缓冲溶液加入到干燥后试管内溶解，振荡混匀后，吸取溶液通过 0.22 μm 滤膜后，转移至仪器进样瓶，为样品测定液，供仪器测定用。

3）测定

（1）仪器条件

使用混合氨基酸标准工作液注入氨基酸自动分析仪，参照氨基酸分析仪检定规程及仪器说明书，适当调整仪器操作程序及参数和洗脱用缓冲溶液试剂配比，确认仪器操作条件。

（2）色谱参考条件

色谱柱：磺酸型阳离子树脂；检测波长：570 nm 和 440 nm。

（3）试样的测定

混合氨基酸标准工作液和样品测定液分别以相同体积注入氨基酸分析仪，以外标法通过峰面积计算样品测定液中氨基酸的浓度。

4. 数据计算与结果表述

样品测定液氨基酸的含量按式 9-7 计算：

$$c_i = \frac{c_s}{A_s} \times A_i \tag{9-7}$$

式中，c_i：试样测定液氨基酸 i 的含量，nmol/mL；A_i：试样测定液氨基酸 i 的峰面积；A_s：氨基酸标准工作液氨基酸 i 的峰面积；c_s：氨基酸标准工作液氨基酸 i 的含量，nmol/mL。

试样中各氨基酸的含量按式 9-8 计算：

$$X_i = \frac{c_i \times F \times V \times M}{m \times 10^9} \times 100 \tag{9-8}$$

式中，X_i：试样中氨基酸 i 的含量，g/100 g；c_i：试样测定液中氨基酸 i 的含量，nmol/mL；F：稀释倍数；V：试样水解液转移定容的体积，mL；M：氨基酸 i 的摩尔质量，g/mol；m：称样量，g；10^9：将试样含量由纳克（ng）折算成克（g）的系数；100，结果表述换算系数。试样氨基酸含量在 1.00 g/100 g 以下，保留两位有效数字；含量在 1.00 g/100 g 以上，保留三位有效数字。在重复性条件下获得的两次独立测定结果的绝对差值不得超过算术平均值的 12%。

5. 方法适用范围

适用于食品中酸水解氨基酸的测定，包括天冬氨酸、苏氨酸、丝氨酸、谷氨酸、脯氨酸、甘氨酸、丙氨酸、缬氨酸、蛋氨酸、异亮氨酸、亮氨酸、酪氨酸、苯丙氨酸、组氨酸、赖氨酸和精氨酸共 16 种氨基酸。

9.3.4　食品中色氨酸含量的测定

《食品安全国家标准 食品中色氨酸的测定》（GB 5009.294—2023）规定了酶水解-液相色谱法和碱水解-液相色谱法两个食品中氨基酸的测定方法。该标准规定的方法适用于婴幼儿配方食品、特殊医学用途配方食品和婴幼儿谷类辅助食品中色氨酸的测定。若是常规的、色氨酸含量较丰富的食品原料或食品产品，也可参考《饲料中色氨酸的测定》（GB/T 15400—2018）中规定的碱水解分光光度法，该方法相对简单，对设备要求低，易于实现。本部分主要学习酶水解-液相色谱法测定食品中的色氨酸。

1. 原理

试样以蛋白酶酶解，经甲醇-水稀释后，用反相液相色谱柱分离，荧光检测器或紫外检测器检测，外标法定量。

2. 试剂和材料

除另有规定外，所有试剂均为分析纯，水为 GB/T 6682 中规定的一级水。

1）试剂和试剂配制

试剂：甲醇，色谱纯；乙酸，色谱纯；乙酸铵，色谱纯；盐酸，12 mol/L；2-氨基-2-羟甲基-1, 3-丙二醇（$C_4H_{11}NO_3$，Tris 碱）灰色链霉菌蛋白酶（XIV 型；来源于灰色链霉菌）：活力≥3.5 U/mg。

试剂配制：①盐酸溶液（1.0 mol/L）：量取 83 mL 盐酸，注入 300 mL 水中，混匀后加水稀释至 1 L。②Tris 缓冲液（0.1 mol/L，pH = 8.5）：称取 6.06 gTris 碱于 1000 mL 烧杯中，加水 500 mL 溶解，用 1.0 mol/L 盐酸溶液调节溶液 pH 至 8.5±0.05。室温下保存，保存期 6 个月。③蛋白酶溶液（17.5 U/mL）：称取 0.05 g 灰色链霉菌蛋白醇，用 Tris 缓冲液溶解并定容至 10 mL，使蛋白酶质量浓度为 17.5 U/mL，临用现配。④乙酸铵溶液（10 mmol/L，pH = 4.0）：称取 0.77 g 乙酸铵，加入 900 mL 水溶解，用乙酸调节溶液 pH 到 4.0±0.1 后加水至 1000 mL，经 0.22 μm 水相微孔滤膜过滤后备用。

2）标准品和标准溶液配制

标准品：L-色氨酸标准品（$C_{11}H_{12}N_2O_2$），纯度＞99%，或经国家认证并授予标准物质证书的标准物质。

标准溶液配制：①L-色氨酸标准储备液（1.00 mg/mL）：准确称取 25 mg（精确至 0.0001 g）L-色氨酸标准品于烧杯中，加入 10 mL 水溶解并转移至 25 mL 容量瓶中，用水定容至刻度，混匀。转移至棕色玻璃容器中，于 4℃冰箱中保存，保存期 6 个月。②L-色氨酸标准中间液（100 μg/mL）：吸取 L-色氨酸标准储备液 1.00 mL 于 10 mL 容量瓶中，加水定容至刻度，混匀。转移至棕色玻璃容器中，于 4℃冰箱中保存，保存期 6 个月。③L-色氨酸标准系列工作液：分别移取 L-色氨酸标准中间液 20.0 μL、100 μL、500 μL、1.00 mL、2.00 mL、5.00 mL 于 10 mL 容量瓶中，各加入 2.40 mL 甲醇，加水定容至刻度，混匀。④L-色氨酸标准系列工作液的质量浓度分别为 0.200 μg/mL、1.00 μg/mL、5.00 μg/mL、10.0 μg/mL、20.0 μg/mL、50.0 μg/mL。临用现配。

3）仪器和设备

螺纹带盖的离心管；微孔滤膜：0.22 μm，有机相；水相微孔滤膜：0.22 μm。高效液相色谱仪：带有荧光检测器或紫外检测器；分析天平；恒温培养箱：50℃±0.5℃；超声波发生器；pH 计：精度为±0.01；涡旋混合器。

3. 方法操作步骤

1）试样制备

婴幼儿配方食品、特殊医学用途配方食品应混匀。婴幼儿谷类辅助食品应预先粉碎并混匀。

2）试样提取

准确称取试样 0.2 g（精确到 0.001 g）于 50 mL 螺纹带盖的离心管中，依次加入 0.5 mL

蛋白酶溶液、3.0 mL Tris 缓冲液、200 μL 甲醇，涡旋混匀后超声溶解，于 50℃恒温培养箱中酶解 16 h。

取出离心管，冷却至室温，加入 12 mL 甲醇，用水将样品转移并定容至 50 mL 容量瓶中，混匀，经 0.22 μm 有机相微孔滤膜过滤，滤液供液相色谱测定。

3）液相色谱参考条件

液相色谱参考条件为：色谱柱：C_{18}柱，柱长 150 mm，内径 4.6 mm，填料粒径 3.5 μm，或相当者；柱温：35℃；流动相：甲醇 + 乙酸铵溶液 = 10 + 90；流速：0.8 mL/min；荧光检测器：激发波长为 280 nm，发射波长为 346 nm；或者紫外检测器：检测波长 280 nm；进样量：5 μL。

4）标准曲线的制作

将 L-色氨酸标准系列工作液分别注入液相色谱仪中，测得相应的色谱峰面积，以标准系列工作液中 L-色氨酸的质量浓度为横坐标，以峰面积为纵坐标，绘制标准曲线。

5）试样溶液的测定

将空白溶液和试样溶液分别注入液相色谱仪中，得到峰面积，根据标准曲线得到待测溶液中色氨酸的含量。

4. 数据计算和结果表述

试样中色氨酸的含量按式 9-9 计算：

$$X = \frac{(c - c_0) \times V}{m \times 1000} \times 100 \tag{9-9}$$

式中，X：试样中色氨酸的含量，mg/100 g；c：由标准曲线得到的试样溶液中色氨酸的含量，μg/mL；c_0：由标准曲线得到的空白溶液中色氨酸的含量，μg/mL；V：试样定容体积，mL；100：结果表述换算系数；m：试样的质量，g；1000：单位换算系数。计算结果保留三位有效数字。

5. 方法评价

在重复性条件下获得的两次独立测定结果的绝对差值不得超过算术平均值的 10%。当称样量为 0.2 g 时，方法的检出限为 1.5 mg/100 g，定量限为 5.0 mg/100 g。

第10章　食品酸度和酸性物质的测定

10.1　概　　述

10.1.1　食品中的酸性物质

食品中的酸性物质分为有机酸、无机酸和酸性化合物。常见的大多数是有机酸，如与食品风味密切相关的乙酸、乳酸、乙二酸、柠檬酸、苹果酸、琥珀酸、酒石酸等。食品中的有机酸一般是食物内源性产生的，或者是作为添加剂加入的，也有部分有机酸属于污染性或滋生腐败菌代谢产生的有害性物质，如甲酸。甲酸是对人体有毒性作用的物质，在食品工业中可作为生产消毒剂，可能会污染食品而残留，一些蔬果制品中发生细菌性腐败可能导致甲酸积累。无机酸则主要是指食品中存在的无机酸根，常以盐的化合态存在，如硫酸盐、磷酸盐等，以及极少量的、作为食品添加剂加入的盐酸、磷酸等物质，对于硫酸、盐酸、磷酸等作为食品添加剂或生产助剂具体可参阅《食品安全国家标准 食品添加剂使用标准》(GB 2760—2014)、《食品安全国家标准 食品添加剂 盐酸》(GB 1886.9—2016)、《食品安全国家标准 食品添加剂 磷酸》（GB 1886.15—2015)、《食品安全国家标准 食品添加剂 硫酸》（GB 29205—2012）等。酸性有机化合物则是指除上述两类物质以外分子结构中有羧基的有机化合物，如酚类化合物（酚酸）、果胶质（聚半乳糖醛酸）分解产物等物质。

10.1.2　食品的酸度及其测定的意义

因为食品中普遍存在上述各类酸和酸性物质，使食品具有一定的酸度。基于支撑食品酸度物质的不同，又可将食品酸度分为总酸度、有效酸度、挥发酸度，以及能表征乳品新鲜程度的牛乳酸度。

总酸度：是指食品中所有酸性成分的总量，包括未解离酸的浓度和已解离酸的浓度。可以用标准碱溶液滴定法进行测定，因此又被称为可滴定酸度。食品产业中通过测定果蔬中糖和总酸的含量，通过糖酸比可以判断果蔬的成熟度，确定原料作为果蔬汁、罐头等产品的适用性，并进一步指导加工产品的配方，指导糖酸比的调整获得风味最佳的果蔬产品等。

有效酸度：是指食品溶液或经提取得到的提取液中 H^+的浓度，准确地说应是被测定溶液中 H^+的活度。所反映的是食品中存在的已解离的那部分酸的浓度，常用 pH 值表示，可用 pH 计来测定。一般来讲，食品的 pH 对其色泽和贮藏稳定性有很大影响。比如花青素等天然食品色素在不同的酸性环境中呈现红、紫、蓝、绿、黄、橙等不同的颜色，使用这类添加剂时务必调控食品体系的 pH 值。再比如果蔬加工中控制较低的 pH 可有效防止褐变，果蔬罐头、果蔬汁加工中要依据产品的 pH 调整后续杀菌工艺；降低食品体系

pH 可抑制微生物的生长；对鲜肉 pH 的测定有助于评定肉的品质，一般来讲，当肉的 pH＞6.7，表明肉可能滋生了腐败菌，蛋白质被分解为胺类物质，肉的新鲜度下降，进入腐败阶段。

挥发酸度：是指食品所含易挥发的有机酸，如甲酸、乙酸、丁酸等低碳链的直链脂肪酸。可用直接或间接法蒸馏后，用标准碱溶液滴定来测定。食品中挥发酸是一些食品的重要控制指标，如上述的甲酸含量。

牛乳酸度：牛乳酸度又可分为两种，分别是外表酸度和真实酸度。外表酸度又叫固有酸度，是指刚挤出来的新鲜牛乳本身所具有的酸度，主要来源于鲜牛乳中酪蛋白、白蛋白、柠檬酸盐及磷酸盐等酸性成分。外表酸度在新鲜牛乳中占 0.15%～0.18%（以乳酸计）。真实酸度：又叫发酵酸度，是指牛乳放置过程中，在乳酸菌作用下乳糖发酵产生了乳酸而升高的那部分酸度。一般将含酸量在 0.20%以上的牛乳列为不新鲜牛乳。牛乳的总酸度：外表酸度与真实酸度之和，其大小可通过标准碱滴定来测定。工业生产中一般是用牛乳总酸度，指滴定 100 mL 牛乳消耗 0.1000 mol/L 氢氧化钠溶液的毫升数，用°T 表示。《食品安全国家标准 生乳》（GB 19301—2010）规定了生牛乳的酸度为 12～18°T；以生乳为原料加工的乳粉、灭菌乳、巴氏杀菌奶等乳制品的酸度也不得高于 18°T。

综上所述，食品中的酸性物质不一定是食品供给人体的重要营养素，但是显著影响了食品的色、香、味及其稳定性和储藏性，部分有机酸的种类是判断食品质量好坏的一个重要指标，果蔬酸含量和糖含量比值，可判断其成熟程度等，所以食品酸度和酸性物质的测定对食品加工、贮藏具有重要指导价值。本章主要依据《食品安全国家标准 食品酸度的测定》（GB 5009.239—2016）、《食品安全国家标准 食品 pH 值的测定》（GB 5009.237—2016）、《食品安全国家标准 水果、蔬菜及其制品中甲酸的测定》（GB 5009.232—2016）、《葡萄酒、果酒通用分析方法》（GB/T 15038—2006）等检测方法标准，查阅相关文献资料，整理食品酸度和酸性物质测定方法的技术要点。

10.2　食品酸度的测定

《食品安全国家标准 食品酸度的测定》（GB 5009.239—2016）规定了生乳及乳制品、淀粉及其衍生物酸度和粮食及制品酸度的测定方法。第一法酚酞指示剂法适用于生乳及乳制品、淀粉及其衍生物、粮食及制品酸度的测定；第二法适用乳粉酸度的测定；第三法适用于乳及其他乳制品中酸度的测定［替代了《食品安全国家标准 乳和乳制品酸度的测定》（GB 5413.34—2010）］。本节主要依据本国标规定的相关技术要点对食品总酸度测定方法进行整理和学习。

10.2.1　酚酞指示剂法

1. 原理

试样经过处理后，以酚酞作为指示剂，用 0.1000 mol/L 氢氧化钠标准溶液滴定至中性，消耗氢氧化钠溶液的体积数，经计算确定试样的酸度。

2. 试剂和仪器

1）试剂和试剂配制

试剂：氢氧化钠；七水硫酸钴；酚酞；95%乙醇；乙醚；氮气，纯度为 98%；三氯甲烷。

试剂配制：①氢氧化钠标准溶液（0.1000 mol/L）：称取 0.75 g 于 105～110℃电烘箱中干燥至恒重的工作基准试剂邻苯二甲酸钾，加 50 mL 无二氧化碳的水溶解，加 2 滴酚酞指示液（10 g/L），用配制好的氢氧化钠液滴定至溶液呈粉红色，并保持 30 s。同时做空白试验。②参比溶液：将 3 g 七水硫酸钴溶解于水中，并定容至 100 mL，呈粉红色。③酚酞指示液：称取 0.5 g 酚酞溶于 75 mL 体积分数为95%的乙醇中，并加入 20 mL 水，然后滴加氢氧化钠溶液至微粉色，再加入水定容至 100 mL。④中性乙醇-乙醚混合液：取等体积的乙醇、乙醚混合后加 3 滴酚酞指示液，以氢氧化钠溶液（0.1 mol/L）滴至微红色。⑤不含二氧化碳的蒸馏水：将水煮沸 15 min，逐出二氧化碳，冷却，密闭。

2）仪器和设备

分析天平：感量为 0.001 g；碱式滴定管：容量 10 mL，最小刻度 0.05 mL；碱式滴定管：容量 25 mL，最小刻度 0.1 mL；水浴锅；锥形瓶；具塞磨口锥形瓶；粉碎机；振荡器：往返式，振荡频率为 100 次/min；中速定性滤纸；移液管：10 mL、20 mL；量筒：50 mL、250 mL；玻璃漏斗和漏斗架。

3. 方法操作步骤

1）乳粉

（1）试样制备

将试样全部移入到约两倍于样品体积的洁净干燥容器中（带密封盖），立即盖紧容器，反复旋转振荡，使样品彻底混合。在此操作过程中，应尽量避免样品暴露在空气中。

（2）测定

称取 4 g 试样（精确到 0.01 g）于 250 mL 锥形瓶中。用量筒量取 96 mL 约 20℃的水，使试样分散，搅拌，然后静置 20 min，得到试样溶液。向一只装有 96 mL 约 20℃的水的锥形瓶中加入 2.0 mL 参比溶液，轻轻转动，使之混合，得到标准参比颜色。如果要测定多个相似的产品，则此参比溶液可用于整个测定过程，但时间不得超过 2 h。向装有试样溶液的锥形瓶中加入 2.0 mL 酚酞指示液，轻轻转动，使之混合。用 25 mL 碱式滴定管向该锥形瓶中滴加氢氧化钠溶液，边滴加边转动烧瓶，直到颜色与参比溶液的颜色相似，且 5 s 内不消退，整个滴定过程应在 45 s 内完成。滴定过程中，向锥形瓶中吹氮气，防止溶液吸收空气中的二氧化碳。读取所用氢氧化钠溶液的毫升数（V_1），精确至 0.05 mL，代入式 10-1 计算。

（3）空白滴定

用 96 mL 水做空白试验，读取所消耗氢氧化钠标准溶液的毫升数（V_0）。空白所消耗的氢氧化钠的体积应不小于零（不能呈碱性），否则应重新制备和使用符合要求的蒸馏水。

2）乳及其他乳制品

（1）制备参比溶液

向装有等体积相应溶液的锥形瓶中加入 2.0 mL 参比溶液，其余要求同 1）（2）。

（2）巴氏杀菌乳、灭菌乳、生乳、发酵乳

称取 10 g（精确到 0.001 g）已混匀的试样，置于 150 mL 锥形瓶中，加 20 mL 新煮沸冷却至室温的水，混匀，加入 2.0 mL 酚酞指示液，混匀后用氢氧化钠标准溶液滴定，边滴加边转动锥形瓶，直到颜色与参比溶液的颜色相似，且 5 s 内不消退，整个滴定过程应在 45 s 内完成。滴定过程中，向锥形瓶中吹氮气，防止溶液吸收空气中的二氧化碳。记录消耗的氢氧化钠标准滴定溶液毫升数（V_2），代入式 10-2 中进行计算。

（3）奶油

称取 10 g（精确到 0.001 g）已混匀的试样，置于 250 mL 锥形瓶中，加 30 mL 中性乙醇-乙醚混合液，混匀，加入 2.0 mL 酚酞指示液，混匀后用氢氧化钠标准溶液滴定，边滴加边转动锥形瓶，直到颜色与参比溶液的颜色相似，且 5 s 内不消退，整个滴定过程应在 45 s 内完成。滴定过程中，向锥形瓶中吹氮气，防止溶液吸收空气中的二氧化碳。记录消耗的氢氧化钠标准滴定溶液毫升数（V_2），代入式 10-2 中进行计算。

（4）炼乳

称取 10 g（精确到 0.001 g）已混匀的试样，置于 250 mL 锥形瓶中，加 60 mL 新煮沸冷却至室温的水溶解，混匀，加入 2.0 mL 酚酞指示液，混匀后用氢氧化钠标准溶液滴定，边滴加边转动锥形瓶，直到颜色与参比溶液的颜色相似，且 5 s 内不消退，整个滴定过程应在 45 s 内完成。滴定过程中，向锥形瓶中吹氮气，防止溶液吸收空气中的二氧化碳。记录消耗的氢氧化钠标准滴定溶液毫升数（V_2），代入式 10-2 中进行计算。

（5）干酪素

称取 5 g（精确到 0.001 g）经研磨混匀的试样于锥形瓶中，加入 50 mL 水，于室温下（18～20℃）放置 4～5 h，或在水浴锅中加热到 45℃并在此温度下保持 30 min，再加 50 mL 水，混匀后，通过干燥的滤纸过滤。吸取滤液 50 mL 于锥形瓶中，加入 2.0 mL 酚酞指示液，混匀后用氢氧化钠标准溶液滴定，边滴加边转动锥形瓶，直到颜色与参比溶液的颜色相似，且 5 s 内不消退，整个滴定过程应在 45 s 内完成。滴定过程中，向锥形瓶中吹氮气，防止溶液吸收空气中的二氧化碳。记录消耗的氢氧化钠标准滴定溶液毫升数（V_3），代入式 10-3 进行计算。

（6）空白滴定

用等体积的水做空白试验，读取耗用氢氧化钠标准溶液的毫升数（V_0）[适用于（2）（4）（5）]。用 30 mL 中性乙醇-乙醚混合液做空白试验，读取耗用氢氧化钠标准溶液的毫升数（V_0）[适用于（3）]。空白所消耗的氢氧化钠的体积应不小于零（不能呈碱性），否则应重新制备和使用符合要求的蒸馏水或中性乙醇-乙醚混合液。

3）淀粉及其衍生物

（1）样品制备

充分混匀试样。

（2）称样

称取试样 10 g（精确至 0.1 g），移入 250 mL 锥形瓶内，加入 100 mL 水，振荡并混合均匀，得到待测试样体系。

（3）滴定

向一只装有 100 mL 约 20℃的水的锥形瓶中加入 2.0 mL 参比溶液，轻轻转动，使之混合，得到标准参比颜色。向装有试样待测体系的锥形瓶中加入 2～3 滴酚酞指示剂，混匀后用氢氧化钠标准溶液滴定，边滴加边转动锥形瓶，直到颜色与参比溶液的颜色相似，且 5 s 内不消退，整个滴定过程应在 45 s 内完成。滴定过程中，向锥形瓶中吹氮气，防止溶液吸收空气中的二氧化碳。读取耗用氢氧化钠标准溶液的毫升数（V_4），代入式 10-4 中进行计算。同时用 100 mL 水做空白试验，读取耗用氢氧化钠标准溶液的毫升数（V_0）。

4）粮食及制品

（1）试样制备

取混合均匀的试样 80～100 g，用粉碎机粉碎，粉碎细度要求 95%以上通过 40 目筛子，取筛下物混匀，装入磨口瓶中，制备好的样品应立即测定。

（2）测定

称取制备好的试样 15 g，置入 250 mL 具塞磨口锥形瓶，加水 150 mL（V_{51}）（先加少量水与试样混成稀糊状，再全部加入），滴入三氯甲烷 5 滴，加塞后摇匀，在室温下放置提取 2 h，每隔 15 min 摇动 1 次（或置于振荡器上振荡 70 min），浸提完毕后静置数分钟用中速定性滤纸过滤，用移液管吸取滤液 10 mL（V_{52}），注入 100 mL 锥形瓶中，再加水 20 mL 和酚酞指示剂 3 滴，混匀后用氢氧化钠标准溶液滴定，边滴加边转动烧瓶，直到颜色与参比溶液的颜色相似，且 5 s 内不消退，整个滴定过程应在 45 s 内完成。滴定过程中，向锥形瓶中吹氮气，防止溶液吸收空气中的二氧化碳。记下所消耗的氢氧化钠标准溶液毫升数（V_5），代入式 10-5 中进行计算。同时用 30 mL 水做空白试验，读取耗用的氢氧化钠标准溶液毫升数（V_0）。

4. 数据计算和结果表述

（1）乳粉试样中的酸度数值以°T 表示，按式 10-1 计算：

$$X_1 = \frac{c_1 \times (V_1 - V_0) \times 12}{m_1 \times (1 - w) \times 0.1} \tag{10-1}$$

式中，X_1：试样的酸度，单位为度（°T）（以干物质为 12%的 100 g 复原乳所消耗的 0.1 mol/L 氢氧化钠毫升数计，mL/100 g）；c_1：氢氧化钠标准溶液的浓度，mol/L；V_1：滴定时所消耗氢氧化钠标准溶液的体积，mL；V_0：空白试验所消耗氢氧化钠标准溶液的体积，mL；12：12 g 乳粉相当于 100 mL 复原乳（脱脂乳粉应为 9，脱脂乳清粉应为 7）；m_1：称取样品的质量，g；w：试样中水分的质量分数，g/100 g；$1-w$：试样中乳粉的质量分数，g/100 g；0.1：酸度理论定义氢氧化钠的摩尔浓度，mol/L。以重复性条件下获得的两次独立测定结果的算术平均值表示，结果保留三位有效数字。

注：也可以还完为乳酸含量，若以乳酸含量表示样品的酸度，那么样品的乳酸含

量（g/100 g 复原乳）$= T\times 0.009$。T 为样品的滴定酸度（0.009 为乳酸的换算系数，即 1 mL0.1 mol/L 的氢氧化钠标准溶液相当于 0.009 g 乳酸）。

（2）巴氏杀菌乳、灭菌乳、生乳、发酵乳、奶油和炼乳试样中的酸度数值以°T 表示，按式 10-2 计算：

$$X_2 = \frac{c_2 \times (V_2 - V_0) \times 100}{m_2 \times 0.1} \tag{10-2}$$

式中，X_2：试样的酸度，°T［以 100 g 液态试样所消耗的 0.1 mol/L 氢氧化钠毫升数计，mL/100 g］；c_2：氢氧化钠标准溶液的摩尔浓度，mol/L；V_2：滴定时所消耗氢氧化钠标准溶液的体积，mL；V_0：空白试验所消耗氢氧化钠标准溶液的体积，mL；100：100 g 试样；m_2：试样的质量，g；0.1：酸度理论定义氢氧化钠的摩尔浓度，mol/L；以重复性条件下获得的两次独立测定结果的算术平均值表示，结果保留三位有效数字。

（3）干酪素试样中的酸度数值以°T 表示，按式 10-3 计算：

$$X_3 = \frac{c_3 \times (V_3 - V_0) \times 100 \times 2}{m_3 \times 0.1} \tag{10-3}$$

式中，X_3：试样的酸度，°T（以 100 g 试样所消耗的 0.1 mol/L 氢氧化钠毫升数计，mL/100 g）；c_3：氢氧化钠标准溶液的摩尔浓度，mol/L；V_3：滴定时所消耗氢氧化钠标准溶液的体积，mL；V_0：空白试验所消耗氢氧化钠标准溶液的体积，mL；100：100 g 试样；2：试样的稀释倍数；m_3：试样的质量，g；0.1：酸度理论定义氢氧化钠的摩尔浓度，mol/L。以重复性条件下获得的两次独立测定结果的算术平均值表示，结果保留三位有效数字。

（4）淀粉及其衍生物试样中的酸度数值以°T 表示，按式 10-4 计算：

$$X_4 = \frac{c_4 \times (V_4 - V_0) \times 10}{m_4 \times 0.1000} \tag{10-4}$$

式中，X_4：试样的酸度，°T（以 10 g 试样所消耗的 0.1 mol/L 氢氧化钠毫升数计，mL/10 g）；c_4：氢氧化钠标准溶液的摩尔浓度，mol/L；V_4：滴定时所消耗氢氧化钠标准溶液的体积，mL；V_0：空白试验所消耗氢氧化钠标准溶液的体积，mL；10：10 g 试样；m_4：试样的质量，g；0.1000：酸度理论定义氢氧化钠的摩尔浓度，mol/L。以重复性条件下获得的两次独立测定结果的算术平均值表示，结果保留三位有效数字。

（5）粮食及制品试样中的酸度数值以°T 表示，按式 10-5 计算：

$$X_5 = (V_5 - V_0) \times \frac{V_{51}}{V_{52}} \times \frac{c_5}{0.1000} \times \frac{10}{m_5} \tag{10-5}$$

式中，X_5：试样的酸度，°T（以 10 g 样品所消耗的 0.1 mol/L 氢氧化钠毫升数计，mL/10 g）；V_5：试样滤液消耗的氢氧化钠标准溶液体积，mL；V_0：空白试验消耗的氢氧化钠标准溶液体积，mL；V_{51}：浸提试样的水体积，mL；V_{52}：用于滴定的试样滤液体积，mL；c_5：氢氧化钠标准溶液的浓度，mol/L；0.1000：酸度理论定义氢氧化钠的摩尔浓度，mol/L；10：10 g 试样；m_5：试样的质量，g。以重复性条件下获得的两次独立测定结果的算术平均值表示，结果保留三位有效数字。

10.2.2　pH 计法

1. 原理

中和试样溶液至 pH 为 8.30 所消耗的 0.1000 mol/L 氢氧化钠体积，经计算确定其酸度。

2. 试剂和仪器

1）试剂

除非另有说明，本方法所用试剂均为分析纯，水为 GB/T 6682 规定的三级水。

氢氧化钠标准溶液：同 10.2.1 中 2. 1)。氮气：纯度为 98%。不含二氧化碳的蒸馏水：将水煮沸 15 min，逐出二氧化碳，冷却，密闭。

2）仪器和设备

分析天平；磁力搅拌器；高速搅拌器，如均质器；恒温水浴锅；碱式滴定管：分刻度 0.1 mL，可准确至 0.05 mL，或者自动滴定管满足同样的使用要求（可以进行手工滴定，也可以使用自动电位滴定仪）；pH 计：带玻璃电极和适当的参比电极。

3. 方法操作步骤

1）试样制备

将试样全部移入到约两倍于样品体积的洁净干燥容器中（带密封盖），立即盖紧容器，反复旋转振荡，使样品彻底混合。在此操作过程中，应尽量避免样品暴露在空气中。

2）测定

称取 4 g 试样（精确到 0.01 g）于 250 mL 锥形瓶中。用量筒量取 96 mL 约 20℃的水，使试样分散，搅拌，然后静置 20 min。用滴定管向锥形瓶中滴加氢氧化钠标准溶液，直到 pH 稳定在 8.30±0.01 处 4～5 s。滴定过程中，始终用磁力搅拌器进行搅拌，同时向锥形瓶中吹氮气，防止溶液吸收空气中的二氧化碳。整个滴定过程应在 1 min 内完成。记录所用氢氧化钠溶液的毫升数（V_6），精确至 0.05 mL，代入式 10-6 计算。

3）空白滴定

用 100 mL 蒸馏水做空白试验，读取所消耗氢氧化钠标准溶液的毫升数（V_0）。注：空白所消耗的氢氧化钠的体积应不小于零，否则应重新制备和使用符合要求的蒸馏水。

4. 数据计算和结果表述

乳粉试样中的酸度数值以°T 表示，按式 10-6 计算：

$$X_6 = \frac{c_6 \times (V_6 - V_0) \times 12}{m_6 \times (1 - w) \times 0.1} \tag{10-6}$$

式中，X_6：试样的酸度，°T；c_6：氢氧化钠标准溶液的浓度，mol/L；V_6：滴定试样时所消耗氢氧化钠标准溶液的体积，mL；V_0：滴定空白试验所消耗氢氧化钠标准溶液的体积，

mL；12：12 g 乳粉相当的 100 mL 复原乳（脱脂乳粉应为 9，脱脂乳清粉应为 7）；m_6：称取样品的质量，g；w：试样中水分的质量分数，g/100 g；$1-w$：试样中乳粉质量分数，g/100 g；0.1：酸度理论定义氢氧化钠的摩尔浓度，mol/L。以重复性条件下获得的两次独立测定结果的算术平均值表示，结果保留三位有效数字。注：也可以以乳酸的含量表示试样的酸度，若以乳酸含量表示样品的酸度，那么样品的乳酸含量（g/100 g）$= T\times 0.009$。T 为样品的滴定酸度（0.009 为乳酸的换算系数，即 1 mL0.1 mol/L 的氢氧化钠标准溶液相当于 0.009 g 乳酸）。

本方法也可用作乳粉以外的食品试样总酸度的测定，数据计算和结果表达需要依据具体测试过程和测试目的进行选择。

10.2.3 电位滴定仪法

本方法测定原理和过程与第二法 pH 计法一致，测定过程主要电位滴定装置，在此不再详细描述。

10.3 食品有效酸度的测定

根据食品酸度的概念，食品有效酸度即食品 pH 值。《食品安全国家标准 食品 pH 值的测定》（GB 5009.237—2016）规定了肉及肉制品、水产品中牡蛎（蚝、海蛎子）以及罐头食品 pH 的测定方法，适用了肉及肉制品中均质化产品的 pH 测试以及屠宰后畜体、酮体和瘦肉的 pH 非破坏性测试、水产品中牡蛎（蚝、海蛎子）pH 的测定和罐头食品 pH 的测定。根据该标准方法，主要使用的 pH 计。在日常控制工作中还可用试纸比色法。

10.3.1 pH 计法

1. 原理

利用玻璃电极作为指示电极，甘汞电极或银-氯化银电极作为参比电极，当试样或试样溶液中氢离子浓度发生变化时，指示电极和参比电极之间的电动势也随着发生变化而产生直流电势（即电位差），通过前置放大器输入到 A/D 转换器，以达到 pH 测量的目的。

2. 试剂和仪器

1）试剂和试剂配制

除非另有说明，本方法所用试剂均为分析纯，水为 GB/T 6682 规定的三级水。用于配制缓冲溶液的水应新煮沸，或用不含二氧化碳的氮气排除了二氧化碳。

试剂：邻苯二甲酸氢钾；磷酸二氢钾；磷酸氢二钠；酒石酸氢钾；柠檬酸氢二钠；一水柠檬酸；氢氧化钠；氯化钾；碘乙酸；乙醚；乙醇。

试剂配制：①pH = 3.57 的缓冲溶液（20℃）：酒石酸氢钾在 25℃配制的饱和水溶液，此溶液的 pH 在 25℃时为 3.56，而在 30℃时为 3.55。或使用经国家认证并授予标准物质证书的标准溶液。②pH = 4.00 的缓冲溶液（20℃）：于 110～130℃将邻苯二甲酸氢钾干燥至恒重，并于干燥器内冷却至室温。称取邻苯二甲酸氢钾 10.211 g（精确到 0.001 g），加入 800 mL 水溶解，用水定容至 1000 mL。此溶液的 pH 在 0～10℃时为 4.00，在 30℃时为 4.01。或使用经国家认证并授予标准物质证书的标准溶液。③pH = 5.00 的缓冲溶液（20℃）：将柠檬酸氢二钠配制成 0.1 mol/L 的溶液即可。或使用经国家认证并授予标准物质证书的标准溶液。④pH = 5.45 的缓冲溶液（20℃）：称取 7.010 g（精确到 0.001 g）一水柠檬酸，加入 500 mL 水溶解，加入 375 mL1.0 mol/L 氢氧化钠溶液，用水定容至 1000 mL。此溶液的 pH 在 10℃时为 5.42，在 30℃时为 5.48。或使用经国家认证并授予标准物质证书的标准溶液。⑤pH = 6.88 的缓冲溶液（20℃）：于 110～130℃将无水磷酸二氢钾和无水磷酸氢二钠干燥至恒重，于干燥器内冷却至室温。称取上述磷酸二氢钾 3.402 g（精确到 0.001 g）和磷酸氢二钠 3.549 g（精确到 0.001 g），溶于水中，用水定容至 1000 mL。此溶液的 pH 在 0℃时为 6.98，在 10℃时为 6.92，在 30℃时为 6.85。或使用经国家认证并授予标准物质证书的标准溶液。⑥氢氧化钠溶液（1.0 mol/L）：称取 40 g 氢氧化钠，溶于水中，用水稀释至 1000 mL。⑦氯化钾溶液（0.1 mol/L）：称取 7.5 g 氯化钾于 1000 mL 容量瓶中，加水溶解，用水稀释至刻度（若待测试样处在僵硬前的状态，需加入已用氢氧化钠溶液调节 pH 至 7.0 的 925 mg/L 碘乙酸溶液，以阻止糖酵解）。

2）仪器和设备

机械设备：用于试样的均质化，包括高速旋转的切割机，或多孔板的孔径不超过 4 mm 的绞肉机；均质器：转速可达 20 000 r/min；磁力搅拌器；pH 计；复合电极：由玻璃指示电极和 Ag/AgCl 或 Hg/Hg_2Cl_2 参比电极组装而成。

3. 方法操作步骤

1）试样制备和预处理

（1）肉及肉制品

取样方法可参见 GB/T 9695.19，保证实验室所收到的试样具有代表性且在运输和储藏过程中没受损或发生变化。

非均质化的试样：在试样中选取有代表性的 pH 测试点。

均质化的试样：使用机械设备将试样均质。注意避免试样的温度超过 25℃。若使用绞肉机，试样至少通过该仪器两次，将试样装入密封的容器里，防止变质和成分变化。试样应尽快进行分析，均质化后最迟不超过 24 h。

（2）水产品中牡蛎（蚝、海蛎子）

称取 10 g（精确到 0.01 g）绞碎试样，加新煮沸后冷却的水至 100 mL，摇匀，浸渍 30 min 后过滤或离心，取约 50 mL 滤液于 100 mL 烧杯中。

（3）罐头食品

液态制品混匀备用，固相和液相分开的制品则取混匀的液相部分备用。

稠厚或半稠厚制品以及难以从中分出汁液的制品［比如：糖浆、果酱、果（菜）浆类、果冻等］：取一部分样品在混合机或研钵中研磨，如果得到的样品仍太稠厚，加入等量的刚煮沸过的水，混匀备用。

2）测定

（1）pH 计的校正

用两个已知精确 pH 的缓冲溶液（尽可能接近待测溶液的 pH），在测定温度下用磁力搅拌器搅拌的同时校正 pH 计。若 pH 计不带温度补偿系统，应保证缓冲溶液的温度在 20℃±2℃范围内。

（2）肉及肉制品试样

①均质化试样的测定：在肉及肉制品均质化试样中，加入 10 倍于待测试样质量的氯化钾溶液，用均质器进行均质。取一定量能够浸没或埋置电极的试样，将电极插入试样中，将 pH 计的温度补偿系统调至试样温。若 pH 计不带温度补偿系统，应保证待测试样的温度在 20℃±2℃范围内。采用适合于所用 pH 计的步骤进行测定，读数显示稳定以后，直接读数，准确至 0.01。同一个制备试样至少要进行两次测定。

②非均质化试样的测定：用小刀或大头针在试样上打一个孔，以免复合电极破损。将 pH 计的温度补偿系统调至试样的温度。若 pH 计不带温度补偿系统，应保证待测试样的温度在 20℃±2℃范围内。采用适合于所用 pH 计的步骤进行测定，读数显示稳定以后，直接读数，准确至 0.01。鲜肉通常保存于 0～5℃，测定时需要用带温度补偿系统的 pH 计。在同一点重复测定。必要时可在试样的不同点重复测定，测定点的数目随试样的性质和大小而定。同一个制备试样至少要进行两次测定。

（3）电极的清洗

用脱脂棉先后蘸乙醚和乙醇擦拭电极，最后用水冲洗并按生产商的要求保存电极。

4. 数据计算和结果表述

1）非均质化试样的测定

在同一试样上同一点的测定，取两次测定的算数平均值作为结果。pH 读数准确至 0.05。在同一试样不同点的测定，描述所有的测定点及各自的 pH。

2）均质化试样的测定

结果精确至 0.05。

在重复性条件下获得的两次独立测定结果的绝对差值不得超过 0.1pH。

10.3.2 比色法

1. 原理

比色法是利用不同的酸碱指示剂来显示 pH，由于各种酸碱指示剂在不同的 pH 范围内显示不同的颜色，故可用不同指示剂的混合物显示各种不同的颜色来指示样液的 pH。根据操作方法的不同，此法又分为试纸法和标准管比色法。

2. 方法步骤及结果

1）试纸法

将滤纸裁成小片，放在适当的指示剂溶液中，浸渍后取出干燥即可，用一干净的玻璃棒蘸上少量样液，滴在经过处理的试纸上（有广泛与精密试纸之分），使其显色，在 2～3 s 后，与标准色相比较，以测出样液的 pH。

2）标准管比色法

用标准缓冲液配制不同 pH 的标准系列，再各加适当的酸碱指示剂使其于不同 pH 条件下呈不同颜色，即形成标准色，在样液中加入与标准缓冲液相同的酸碱指示剂，显色后与标准管的颜色进行比较，与样液颜色相近的标准管中缓冲溶液的 pH 即为待测样液的 pH。

3. 适用范围和方法质量控制策略

适用范围：试纸法适用于固体和半固体样品的 pH 测定，此法简便、快速、经济，但结果不够准确，仅能粗略估计样液的 pH。标准管比色法适用于色度和浑浊度甚低的样液 pH 的测定，因其受样液颜色、浊度、胶体物和各种氧化剂和还原剂的干扰，故测定结果不甚准确，其测定仅能准确到 0.1 个 pH 单位。

10.4　食品中挥发酸和有机酸的测定

食品中的挥发酸主要是发酵制品中存在的一些低分子量直链脂肪酸，如乙酸、丙酸等。《水果和蔬菜产品中挥发性酸度的测定方法》（GB/T 10467—1989）定义的挥发性酸是所有低分子量的脂肪酸，例如游离态或结合态的乙酸和丙酸，但是甲酸除外，一般是以每 100 mL 或 100 g 制品中乙酸克数表示。挥发酸含量对水果发酵酿制酒类的品质影响很大，如挥发酸含量是评价葡萄酒质量的重要指标之一，正常葡萄酒挥发酸的含量在 0.3～0.8 g/L，挥发酸含量过高会使葡萄酒出现腐败味，所以《葡萄酒、果酒通用分析方法》（GB/T 15038—2006）中规定了果酒中挥发酸的测定方法。文献也多对挥发酸测定研究报道。

食品中的有机酸，特别是低分子量有机酸（low molecular weight organic acid，LMWOA）的种类和含量是食品风味重要的物质基础，《食品安全国家标准 食品中有机酸的测定》（GB 5009.157—2016）规定了食品中酒石酸、乳酸、苹果酸、柠檬酸、丁二酸、富马酸和己二酸的测定方法。本节将对食品中这两类酸性物质的测定方法进行整理和学习。

10.4.1　食品中挥发酸的测定

食品中挥发酸的测定有直接法和间接法。直接法是先用蒸馏或其他方法将挥发酸分离出来，然后用标准碱滴定；间接法是将挥发酸蒸发除去，滴定不挥发酸，再由总酸度减去不挥发酸即得挥发酸含量。《水果和蔬菜产品中挥发性酸度的测定方法》（GB/T 10467—1989）和《葡萄酒、果酒通用分析方法》（GB/T 15038—2006）规定的均为直接法。

1. 原理

试样经处理后，在酸性条件下用水蒸气蒸馏带出挥发性酸类。以酚酞为指示剂，用氢氧化钠标准溶液滴定馏出液。

2. 试剂与仪器

1）试剂

酒石酸；鞣酸；氢氧化钙：澄清的饱和溶液；氢氧化钙稀溶液：1 体积饱和氢氧化钙溶液加 4 体积水；氢氧化钠：0.1 mol/L 标准溶液；酚酞：称取 1 g 酚酞，溶解在 100 mL95%（*V*/*V*）乙醇溶液中。

2）仪器

水蒸气蒸馏装置，需符合下述要求：在正常蒸馏条件下，从 250 mL 馏出液中测出加入试样中已知量的乙酸不得少于 99.5%，为此，用 20 mL 浓度（c）为 0.1 mol/L 的标准乙酸溶液进行检验。在上述蒸馏条件下从 250 mL 馏出液中测出加入样品中已知量的乳酸不超过 0.5%。为此，可用 20 mL 浓度（c）为 1.0 mo1/L 的标准乳酸溶液进行检验。检验蒸汽发生器产生的蒸汽不应含有二氧化碳。即在正常蒸馏条件下，在 250 mL 馏出液中加 2 滴酚酞指示剂和 0.1 mL 氢氧化钠标准溶液。应呈现粉红色，并稳定 10 s 不褪色。

高速组织捣碎机；滴定管：25 mL，分刻度 0.1 mL；移液管：20 mL；锥形瓶：500 mL；分析天平。

3. 方法操作步骤

1）试样制备和预处理

（1）新鲜果蔬样品

取待测试样适量，洗净、沥干，可食部分按四分法取样于捣碎机中，加定量水捣成匀浆。多汁果蔬类可直接捣浆。

（2）液体制品和容易分离出液体的制品

将样品充分混匀，若样品有固体颗粒，可过滤分离。若样品在发酵过程中或含有二氧化碳，用量筒量取约 100 mL 样品于 500 mL 长颈瓶中，在减压下振摇 2～3 min，除去二氧化碳。为避免形成泡沫，可在样品中加入少量消泡剂，例如 50 mL 样品加入 0.2 g 鞣酸。

（3）黏稠或固态制品

必要时除去果核、果籽，加定量水软化后于捣碎机中，捣成匀浆。

（4）冷冻制品

将冷冻制品于密闭容器中解冻后，定量转移至捣碎机中捣碎均匀。

2）取样

（1）液体样品

用移液管吸取 20 mL 试样于起泡器中，如样品挥发性酸度强，可少取，但需加水至总容量至 20 mL。

（2）黏稠的或固态的或冷冻制品

称取试样约 10 g±0.01 g 于起泡器中，加水至总容量 20 mL。

3）蒸馏

将氢氧化钙稀溶液注入蒸汽发生器至其容积的 2/3，加 0.5 g 酒石酸和约 0.2 g 鞣酸于起泡器里的试样中。连接蒸馏装置，加热蒸汽发生器和起泡器。若起泡器内容物最初的容量超过 20 mL，调节加热量使容量浓缩到 20 mL，在整个蒸馏过程，使起泡器内容物保持恒定（20 mL）。蒸馏时间约 15～20 min。收集馏出液于锥形瓶中，直至馏出液体积为 250 mL 时停止蒸馏。

4）滴定

在 250 mL 馏出液中滴加 2 滴酚酞指示剂，用氢氧化钠标准溶液滴定至呈现淡粉红色，保持 15 s 不褪色。

4. *数据计算与结果表述*

试样中挥发酸的含量按乙酸计，按照式 10-7 计算

$$x_1 = \frac{c \times V \times 0.06 \times 100}{V_0\text{或}m} \tag{10-7}$$

式中，x_1：每 100 mL 或 100 g 试样中乙酸克数，g/100 mL 或 g/100 g；c：氢氧化钠标准溶液浓度，mol/L；V：滴定试样时消耗氢氧化钠标准溶液的体积，mL；V_0 或 m：取用试样的体积，mL，或称取试样的质量，g；0.06：与 $c = 1.000$ mol/L 的 1.00 mL 的氢氧化钠标准溶液相当的乙酸克数。

5. *方法评价*

适用于所有新鲜果蔬产品，也适用于加或未加二氧化硫、山梨酸、苯甲酸、甲酸等化学防腐剂之一的果蔬制品的测定。对同一操作者，连续两次测定结果之差，每 100 mL 或 100 g 样品中乙酸相差不得超过 12 mg。

10.4.2　食品中有机酸的测定

1. *原理*

试样直接用水稀释或用水提取后，经强阴离子交换固相萃取柱净化，经反相色谱柱分离，以保留时间定性，外标法定量。

2. *试剂和仪器*

除非另有说明，本方法所用试剂均为分析纯，水为 GB/T 6682 规定的一级水。

1）试剂和试剂配制

试剂：甲醇：色谱纯；无水乙醇：色谱纯；磷酸。

试剂配制：①磷酸溶液（0.1%）：量取磷酸 0.1 mL，加水至 100 mL，混匀。②磷酸-甲醇溶液（2%）：量取磷酸 2 mL，加甲醇至 100 mL，混匀。

2）标准品和标准溶液配制

标准品：乳酸、酒石酸、苹果酸、柠檬酸、丁二酸、富马酸、己二酸标准品。

标准溶液配制：①酒石酸、苹果酸、乳酸、柠檬酸、丁二酸和富马酸混合标准储备溶液：分别称取酒石酸 1.25 g、苹果酸 2.5 g、乳酸 2.5 g、柠檬酸 2.5 g、丁二酸 6.25 g（精

确至 0.01 g）和富马酸 2.5 mg（精确至 0.01 mg）于 50 mL 小烧杯中，加水溶解，用水转移到 50 mL 容量瓶中，定容，混匀，于 4℃保存，其中酒石酸质量浓度为 25 000 μg/mL，苹果酸 50 000 μg/mL，乳酸 50 000 μg/mL，柠檬酸 50 000 μg/mL、丁二酸 125 000 μg/mL 和富马酸 50 ug/mL。②酒石酸、苹果酸、乳酸、柠檬酸、丁二酸、富马酸混合标准曲线工作液：分别吸取混合标准储备溶液 0.50 mL、1.00 mL、2.00 mL、5.00 mL、10.00 mL 于 25 mL 容量瓶中，用磷酸溶液定容至刻度，混匀，于 4℃保存。③己二酸标准储备溶液（500 ug/mL）：准确称取按其纯度折算为 100%质量的己二酸 12.5 mg，置 25 mL 容量瓶中，加水到刻度，混匀，于 4℃保存。④己二酸标准曲线工作液：分别吸取标准储备溶液 0.50 mL、1.00 mL、2.00 mL、5.00 mL、10.00 mL 于 25 mL 容量瓶中，用磷酸溶液定容至刻度，混匀，于 4℃保存。

3）仪器和设备

强阴离子（SAX）固相萃取柱：1000 mg，6 mL，使用前依次用 5 mL 甲醇、5 mL 水活化；高效液相色谱仪：带二极管阵列检测器或紫外检测器；天平；高速均质器；高速粉碎机；固相萃取装置；水相型微孔滤膜：孔径 0.45 um。

3. 方法操作步骤

1）试样制备及保存

液体样品：将果汁及果汁饮料、果味碳酸饮料等样品摇匀分装，密闭常温或冷藏保存。

半固态样品：对果冻、水果罐头等样品取可食部分匀浆后，搅拌均匀，分装，密闭冷藏或冷冻保存。

固体样品：饼干、糕点和生湿面制品等低含水量样品，经高速粉碎机粉碎、分装，于室温下避光密闭保存；对于固体饮料等呈均匀状的粉状样品，可直接分装，于室温下避光密闭保存。

特殊样品：对于胶基糖果类黏度较大的特殊样品，现将样品用剪刀绞成约 2 mm×2 mm 大小的碎块放入陶瓷研钵中，再缓慢倒入液氮，样品迅速冷冻后采用研磨的方式获取均匀的样品，分装后密闭冷冻保存。

2）试样预处理

（1）果汁饮料及果汁、果味碳酸饮料

称取 5 g（精确至 0.01 g）均匀试样（若试样中含二氧化碳应先加热除去），放入 25 mL 容量瓶中，加水至刻度，混匀，经 0.45 μm 水相滤膜过滤，待测。

（2）果冻、水果罐头

称取 10 g（精确至 0.01 g）均匀试样，放入 50 mL 塑料离心管中，向其中加入 20 mL 水后在 15 000 r/min 的转速下均质提取 2 min，4000 r/min 离心 5 min，取上层提取液至 50 mL 容量瓶中，残留物再用 20 mL 水重复提取一次，合并提取液于同一容量瓶中，并用水定容至刻度，经 0.45 μm 水相滤膜过滤，待测。

（3）胶基糖果

称取 1 g（精确至 0.01 g）均匀试样，放入 50 mL 具塞塑料离心管中，加入 20 mL 水后在旋混仪上振荡提取 5 min，在 4000 r/min 下离心 3 min 后，将上清液转移至 100 mL 容量瓶中，向残渣加入 20 mL 水重复提取 1 次，合并提取液于同一容量瓶中，用无水乙醇定容，摇匀。

准确移取上清液 10 mL 于 100 mL 鸡心瓶中，向鸡心瓶中加入 10 mL 无水乙醇，在 80℃±2℃下旋转浓缩至近干时，再加入 5 mL 无水乙醇继续浓缩至彻底干燥后，用 1 mL×1 mL 水洗涤鸡心瓶次。将待净化液全部转移至经过预活化的 SAX 固相萃取柱中，控制流速在 1～2 mL/min，弃去流出液。用 5 mL 水淋洗净化柱，再用 5 mL 磷酸-甲醇溶液洗脱，控制流速在 1～2 mL/min，收集洗脱液于 50 mL 鸡心瓶中，洗脱液在 45℃下旋转蒸发近干后，再加入 5 mL 无水乙醇继续浓缩至彻底干燥后，用 1.0 mL 磷酸溶液振荡溶解残渣后过 0.45 μm 滤膜，待测。

（4）固体饮料

称取 5 g（精确至 0.01 g）均匀试样，放入 50 mL 烧杯中，加入 40 mL 水溶解并转移至 100 mL 容量瓶中，用无水乙醇定容至刻度，摇匀，静置 10 min。

准确移取上清液 20 mL 于 100 mL 鸡心瓶中，向鸡心瓶中加入 10 mL 无水乙醇，在 80℃±2℃下旋转浓缩至近干时，再加入 5 mL 无水乙醇继续浓缩至彻底干燥后，用 1 mL×1 mL 水洗涤鸡心瓶 2 次。将待净化液全部转移至经过预活化的 SAX 固相萃取柱中，控制流速在 1～2 mL/min，弃去流出液。用 5 mL 水淋洗净化柱，再用 5 mL 磷酸-甲醇溶液洗脱，控制流速在 1～2 mL/min，收集洗脱液于 50 mL 鸡心瓶中，洗脱液在 45℃下旋转蒸发近干后，再加入 5 mL 无水乙醇继续浓缩至彻底干燥后，用 1.0 mL 磷酸溶液振荡溶解残渣后过 0.45 μm 滤膜后，注入高效液相色谱仪分析。

（5）面包、饼干、糕点、烘焙食品馅料和生湿面制品

称取 5 g（精确至 0.01 g）均匀试样，放入 50 mL 塑料离心管中，向其中加入 20 mL 水后在 15 000 r/min 均质提取 2 min，在 4000 r/min 下离心 3 min 后，将上清液转移至 100 mL 容量瓶中，向残渣加入 20 mL 水重复提取 1 次，合并提取液于同一容量瓶中，用无水乙醇定容，摇匀。准确移取上清液 10 mL 于 100 mL 鸡心瓶中，向鸡心瓶中加入 10 mL 无水乙醇，在 80℃±2℃下旋转浓缩至近干时，再加入 5 mL 无水乙醇继续浓缩至彻底干燥后，用 1 mL×1 mL 水洗涤鸡心瓶 2 次。将待净化液全部转移至经过预活化的 SAX 固相萃取柱中，控制流速在 1～2 mL/min，弃去流出液。用 5 mL 水淋洗净化柱，再用 5 mL 磷酸-甲醇溶液洗脱，控制流速在 1～2 mL/min，收集洗脱液于 50 mL 鸡心瓶中，洗脱液在 45℃下旋转蒸发近干后，用 5.0 mL 磷酸溶液振荡溶解残渣后过 0.45 μm 滤膜，待测。

3）测定

（1）仪器参考条件

①酒石酸、苹果酸、乳酸、柠檬酸、丁二酸和富马酸的测定：色谱柱：C_{18} 柱，4.6 mm×250 mm，5 μm，或同等性能的色谱柱；流动相：用 0.1%磷酸-甲醇溶液 = 97.5 + 2.5（体积比）比例的流动相等度洗脱 10 min，然后用较短的时间梯度让甲醇相达到 100%并平衡 5 min，再将流动相调整为 0.1%磷酸-甲醇溶液 = 97.5 + 2.5（体积比）的比例，平衡 5 min；柱温：40℃；进样量：20 μL；检测波长：210 nm。

②己二酸的测定：色谱柱：C_{18} 柱，4.6 mm×250 mm，5 μm，或同等性能的色谱柱；

流动相：0.1%磷酸-甲醇溶液 = 75 + 25（体积比）等度洗脱 10 min；柱温：40℃；进样量：20 μL；检测波长：210 nm。

（2）制作标准曲线

将各酸标准系列工作液分别注入到设定好工作程序的高效液相色谱仪中，测定相应的峰高或峰面积。以标准工作液的浓度为横坐标，以色谱峰的峰高或峰面积为纵坐标，绘制标准曲线。

（3）试样溶液的测定

将试样待测液以绘制标准曲线的工作条件注入到高效液相色谱仪中，以各酸对应的保留时间定性，得到峰高或峰面积，根据标准曲线得到待测液中有机酸的浓度。

4. 数据计算和结果表述

试样中各有机酸的含量按式 10-8 计算：

$$X = \frac{C \times V \times 1000}{m \times 1000 \times 1000} \tag{10-8}$$

式中，X：试样中有机酸的含量，g/kg；C：由标准曲线求得试样溶液中某有机酸的浓度，μg/mL；V：样品溶液定容体积，mL；m：最终样液代表的试样质量，g；1000：换算系数。

计算结果以重复性条件下获得的两次独立测定结果的算术平均值表示，结果保留两位有效数字。

5. 方法评价

适用于果汁及果汁饮料、碳酸饮料，固体饮料，胶基糖果、饼干、糕点、果冻、水果罐头、生湿面制品和烘焙食品馅料中 7 种有机酸（酒石酸、乳酸、苹果酸、柠檬酸、丁二酸、富马酸和己二酸）的测定。在重复性条件下获得的两次独立测定结果的绝对差值不得超过算术平均值的 10%。

10.4.3 食品中甲酸的测定

甲酸又名蚁酸，在以蚂蚁为原料的保健品中常作为功能成分被要求检测。甲酸可以用作消毒剂和防腐剂，在饮料、糖果等食品中作为香精使用。但是甲酸属于有机强酸，对人体具有一定的毒性，且其有极强的刺激臭，在食品中的残留会增加进口刺激和涩感。美国食品香料和萃取物制造者协会（Flavour Extract Manufacturers Association，FEMA）规定了软饮料、糖果、冷饮、焙烤食品中甲酸的最高残留限量。同时甲酸含量也是发酵制品重要的质量控制指标，《食品安全国家标准 水果、蔬菜及其制品中甲酸的测定》（GB 5009.232—2016）规定了食品中甲酸的测定方法。

1. 原理

试样中的甲酸被蒸馏出来用碳酸钡（或碳酸钙）吸收，生成甲酸钡（或甲酸钙）。甲酸钡（或甲酸钙）定量地将氯化汞还原为氯化亚汞，然后根据氯化亚汞的质量计算出甲酸含量。

2. 试剂和仪器

除非另有说明，本方法所用试剂均为分析纯，水为 GB/T 6682 规定的三级水。

试剂：碳酸钡或碳酸钙；氯化汞；氯化钠；乙酸钠；盐酸：浓度为 37%（质量分数），密度为 1.19 g/mL；酒石酸；乙醇；乙醚。

试剂配制：①氯化汞-氯化钠混合溶液：称取 100 g 氯化汞和 30 g 氯化钠，加水溶解后稀释至 1 L，混匀。②500 g/L 乙酸钠溶液：称取 500 g 乙酸钠，加水溶解后稀释至 1 L，混匀。③10%盐酸溶液：量取 240 mL 盐酸，以水稀释至 1 L，混匀。

蒸馏装置：如图 10-1 所示例，或等效蒸馏装置；分析天平：感量 0.01 g 和 0.0001 g；烘箱：100℃±2℃；水浴锅；干燥器：内附有效干燥剂；坩埚式过滤器，G4；可调式电炉：500～1000 W；电炉：2000 W；锥形瓶：容积为 2000 mL 和 500 mL；回流冷凝管；搅拌机。

3. 方法操作步骤

1）试样预处理

准确称取 25～50 g（精确至 0.01 g）均匀试样移入图 10-1 的烧瓶 A 中（甲酸含量小于 0.15 g）并加水至总体积为 100 mL，必要时将试样在水中浸泡 1～2 h。

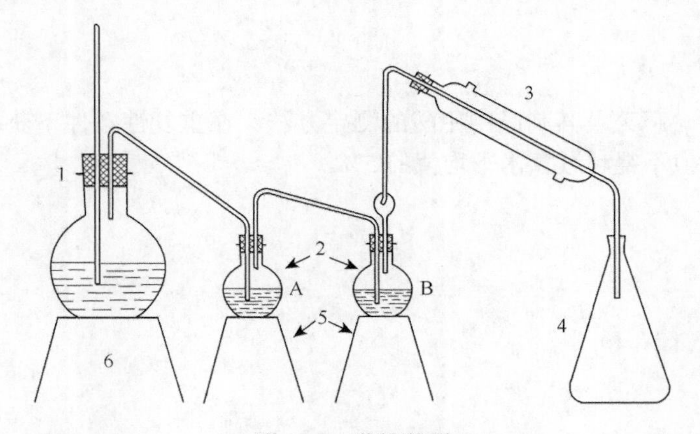

图 10-1　蒸馏装置

1. 水蒸气发生器（容积 5 L）；2. 长颈烧瓶 A、B；3. 冷凝管（长 50 cm）；4. 锥形瓶（容积 2 L）；5. 可调电炉；6.电炉或加热套

2）试样蒸馏蒸馏

①在图 10-1 的烧瓶 A 中加入 0.5～1 g 酒石酸，称取 2 g 碳酸钡（或碳酸钙）至烧瓶 B 中并加水至 100 mL。

②将烧瓶 A、B 连接于水蒸气发生器和冷凝器之间，同时加热水蒸气发生器和烧瓶 A、B。控制蒸馏装置中的电炉温度和蒸气量，使烧瓶 A、B 中溶液体积变化不超过 5 mL。待锥形瓶中馏出液为 1000～1500 mL 时，停止加热，弃去馏出液。

③用快速定量滤纸将烧瓶中的热溶液过滤于 500 mL 锥形瓶中，并用热水洗涤烧瓶

B3～4 次，每次洗涤液均经滤纸过滤后收集，使得溶液最终约为 250 mL，将滤液转移至蒸发皿中蒸发至约 100 mL 后再转移于另一 500 mL 锥形瓶中。

④在锥形瓶中加入 10 mL500 g/L 乙酸钠溶液、2 mL10%盐酸溶液以及 25 mL 氯化汞氯化钠混合液，安装回流冷凝管于水浴锅中沸水浴回流 2 h，取出冷却（甲酸钡定量将氯化汞还原生成氯化亚汞沉淀）。

⑤将坩埚式过滤器洗净、烘干，于干燥器中平衡 0.5 h 后，称重，精确至 0.0002 g。将沉淀全部用冷水洗入该过滤器中，抽滤，并用乙醇和乙醚分别洗涤沉淀。

⑥将装有氯化亚汞沉淀的坩埚式过滤器置于 100℃±2℃的烘箱内烘 1 h，取出放入干燥器中冷却后，称重，精确至 0.0002 g。

4. 数据计算与结果表述

试样中甲酸含量按式 10-9 计算：

$$X = \frac{(m_2 - m_1) \times 0.0975}{m} \times 100 \tag{10-9}$$

式中，X：试样中甲酸的含量，g/100 g；m_2：坩埚式过滤器加氯化亚汞沉淀的质量，g；m_1：坩埚式过滤器的质量，g；0.0975：氯化亚汞折算成甲酸的换算系数；m：称样量，g；100：换算系数。以重复性条件下获得的两次独立测定结果的算术平均值表示结果保留小数点后三位。

5. 方法评价

适用于水果、蔬菜及其制品中甲酸的测定方法。在重复性条件下获得的两次独立测定结果的绝对差值不得超过算术平均值的 5%。

第 11 章　食品中维生素的测定

11.1　概　　述

食品中的维生素（vitamins）是指食品中存在的一大类含量很低、不能给人体供给热量、也不参与机体组织构成的物质，但是这类物质却是维持机体正常生理功能及细胞内特异代谢反应所必需的天然有机化合物。一般人体内不可自己合成，需要从食物中摄取以满足机体代谢需求。

11.1.1　食品中维生素的种类

食品中赋存的维生素种类很多，化学结构差异很大，通常是按照其溶解性质将其分类为脂溶性维生素和水溶性维生素。脂溶性维生素包括维生素 A、D、E、K，它们不溶于水而溶于脂肪及有机溶剂（如苯、乙醚及氯仿等）中；在食物中它们常与脂类共存，在酸败的脂肪中容易被破坏。水溶性维生素包括 B 族维生素（维生素 B_1、B_2、PP、B_6、B_{12}，叶酸、泛酸、生物素等）和维生素 C。与脂溶性维生素不同，水溶性维生素及其代谢产物较易排出，体内没有非功能性的单纯的储存形式。还有一类被称之为类维生素，即有些化合物，其活性类似维生素，曾被列入维生素类，通常称为“类维生素”，如生物类黄酮、辅酶 Q、肌醇、硫辛酸、对氨基苯甲酸、乳清酸和牛磺酸等。

11.1.2　维生素的特点

虽然各类维生素的化学结构不同，生理功能各异，但它们都具有以下共同特点：①它们都是以其本体的形式或可被机体利用的前体形式存在于天然食物中；②大多数维生素不能在体内合成，也不能大量储存于组织，所以必须经常由食物供给；③它们不是构成人体各种组织的原料，也不提供能量；④虽然每日生理需求量（仅以 mg 或 μg 计）很少，然而在调节物质代谢过程中却起着十分重要的作用；⑤维生素常以辅酶或辅基的形式参与酶的功能；⑥不少维生素具有几种结构相近、生物活性相同的化合物。

11.1.3　食品中维生素测定的意义

食品科学研究者需要以准确的食品成分分析信息，计算营养素的膳食摄入，以改善人类的营养，所以食品营养价值评价、食品生产工艺设计及强化食品的评价、食品资源开发、食品标签的准确性等均需要明确食品中各类维生素的赋存状态和含量水平。

11.2　脂溶性维生素的测定

脂溶性维生素包括维生素 A、D、E、K，它们不溶于水而溶于脂肪及有机溶剂（如苯、乙醚及氯仿等）中，所以一般储存于动物的肝脏中。要测定食品中的脂溶性维生素，首先要对试样进行一定的处理，使脂溶性维生素从脂肪干扰物中游离出来。一般来讲脂溶性维生素的溶解性是不溶于水，易溶于脂肪、乙醇、丙酮、氯仿、苯、乙醚等有机溶剂。V_A、V_D对酸不稳定，对碱稳定；V_E对酸稳定，对碱不稳定。V_A、V_D、V_E耐热性好，能经受煮沸。V_A易被氧化，光、热促进氧化，V_E易被氧化，光、热、碱促进氧化，V_D性质稳定，不易氧化。所以，基于其性质，一般可采用皂化法使脂溶性维生素与脂质分离，水洗除去类脂物，然后用有机溶剂提取试样中的脂溶性维生素（不皂化物），经过净化和浓缩后进行测试。

《食品安全国家标准 食品中维生素 A、D、E 的测定》（GB 5009.82—2016）、《食品安全国家标准 食品中胡萝卜素的测定》（GB 5009.83—2016）、《食品安全国家标准 食品中维生素 D 的测定》（GB 5009.296—2023）、《食品安全国家标准 食品中维生素 K_1 的测定》（GB 5009.158—2016）、《食品安全国家标准 食品中维生素 K_2 的测定》（GB 5009.290—2023）等多项标准规定了食品中脂溶性维生素的测定方法。本节主要依据 GB 5009.82—2016、GB 5009.296—2023、GB 5009.158—2016、GB 5009.290—2023 规定的技术要点，学习食品中维生素 A、D、E、K 的测定方法。

11.2.1 维生素 A 和维生素 E 的测定

1. 原理

试样中的维生素 A 及维生素 E 经皂化（含淀粉先用淀粉酶酶解）、提取、净化、浓缩后，C_{30}或 PFP 反相液相色谱柱分离，紫外检测器或荧光检测器检测，外标法定量。

2. 试剂、标准品与材料

试剂：无水乙醇；抗坏血酸；氢氧化钾；乙醚；石油醚；无水硫酸钠；pH 试纸；甲醇；淀粉酶：活力单位≥100 U/mg；2, 6-二叔丁基对甲酚（BHT）。

试剂配制：①氢氧化钾溶液（50 g/100 g）：称取 50 g 氢氧化钾，加入 50 mL 水溶解，冷却后，储存于聚乙烯瓶中。②石油醚-乙醚溶液（1 + 1）：量取 200 mL 石油醚，加入 200 mL 乙醚，混匀。

材料：有机系过滤头（孔径为 0.22 μm）。

标准品：①维生素 A 标准品：视黄醇，纯度≥95%。②维生素 E 标准品：α-生育酚，纯度≥95%；β-生育酚，纯度≥95%；γ-生育酚，纯度≥95%；δ-生育酚，纯度≥95%。

标准溶液配制：根据方法和各自仪器性能配制维生素 A 和维生素 E 的单个标准溶液和混合标准溶液。也可直接购置经过国家认证并授予标准物质证书的标准试剂。

3. 仪器和设备

分析天平：感量为 0.01 mg；恒温水浴振荡器；旋转蒸发仪；氮吹仪；紫外分光光度计；分液漏斗；萃取净化振荡器；高效液相色谱仪：带紫外检测器或二极管阵列检测器或荧光检测器。

4. 方法操作步骤

1）试样制备

将一定数量的样品按要求经过缩分、粉碎均质后，储存于样品瓶中，避光冷藏，尽快测定。

2）试样处理

注意：使用的所有器皿不得含有氧化性物质；分液漏斗活塞玻璃表面不得涂油；处理过程应避免紫外光照，尽可能避光操作；提取过程应在通风柜中操作。

（1）试样皂化（称量均需精确到 0.01 g）

称取 2～5 g 经均质处理的固体试样或 50 g 液体试样于 150 mL 平底烧瓶中，固体试样需加入约 20 mL 温水混匀，（若样品中含有淀粉：加入 0.5～1 g 淀粉酶，放入 60℃水浴避光恒温振荡 30 min 后，取出），再加入 1.0 g 抗坏血酸和 0.1 g BHT，混匀，加入 30 mL 无水乙醇，加入 10～20 mL 氢氧化钾溶液，边加边振摇，混匀后于 80℃恒温水浴振荡皂化 30 min，皂化后立即用冷水冷却至室温。

（2）提取

将皂化液用 30 mL 水转入 250 mL 的分液漏斗中，加入 50 mL 石油醚-乙醚混合液，振荡萃取 5 min，将下层溶液转移至另一 250 mL 的分液漏斗中，加入 50 mL 的混合醚液再次萃取，合并醚层。

（3）洗涤

用约 100 mL 水洗涤醚层，约需重复 3 次，直至将醚层洗至中性（可用 pH 试纸检测下层溶液 pH 值），去除下层水相。

（4）浓缩

将洗涤后的醚层经无水硫酸钠（约 3 g）滤入 250 mL 旋转蒸发瓶或氮气浓缩管中，用约 15 mL 石油醚冲洗分液漏斗及无水硫酸钠 2 次，并入蒸发瓶内，并将其接在旋转蒸发仪或气体浓缩仪上，于 40℃水浴中减压蒸馏或气流浓缩，待瓶中醚液剩下约 2 mL 时，取下蒸发瓶，立即用氮气吹至近干。用甲醇分次将蒸发瓶中残留物溶解并转移至 10 mL 容量瓶中，定容至刻度。溶液过 0.22 μm 有机系滤膜后供高效液相色谱测定。

3）色谱参考条件

色谱参考条件列出如下：色谱柱：C_{30} 柱（柱长 250 nm，内径 4.6 mm，粒径 3 μm），或相当者；柱温：20℃；流动相和洗脱梯度见表 11-1；流速：0.8 mL/min；紫外检测波长：维生素 A 为 325 nm；维生素 E 为 294 nm；进样量：10 μL。

注 1：如难以将柱温控制在 20℃±2℃，可改用 PFP 柱分离异构体，流动相为水和甲醇梯度洗脱。注 2：如样品中只含 α-生育酚，不需分离 β-生育酚和 γ-生育酚，可选用 C_{18} 柱，流动相为甲醇。注 3：如有荧光检测器，可选用荧光检测器检测，对生育酚的检测有更高的灵敏度和选择性，可按以下检测波长检测：维生素 A 激发波长 328 nm，发射波长 440 nm；维生素 E 激发波长 294 nm，发射波长 328 nm。

表 11-1　C_{30} 色谱柱-反相高效液相色谱法洗脱梯度参考条件

时间/min	流动相 A：水/%	流动相 B：甲醇/%	流速/(mL/min)
0.0	4	96	0.8
13.0	4	96	0.8
20.0	0	100	0.8
24.0	0	100	0.8
24.5	4	96	0.8
30.0	0	96	0.8

4）标准曲线的绘制

本法采用外标法定量。将维生素 A 和维生素 E 标准系列工作溶液分别注入高效液相色谱仪中，测定相应的峰面积，以峰面积为纵坐标，以标准测定液浓度为横坐标绘制标准曲线，计算直线回归方程。

5）样品测定

试样液经高效液相色谱仪分析，测得峰面积，采用外标法通过上述标准曲线计算其浓度。在测定过程中，建议每测定 10 个样品用同一份标准溶液或标准物质检查仪器的稳定性。

5. 数据计算和结果表述

试样中维生素 A 或维生素 E 含量按式 11-1 计算：

$$X = \frac{\rho \times V \times f \times 100}{m} \tag{11-1}$$

式中，X 为试样中维生素 A 或维生素 E 的含量，维生素 A 含量单位为 μg/100 g，维生素 E 含量单位为 mg/100 g；ρ 为根据标准曲线计算得到的试样中维生素 A 或维生素 E 的浓度，μg/mL；V 为定容体积，mL；f 为换算因子（维生素 A：$f = 1$；维生素 E：$f = 0.001$）；100 为试样中量以每 100 克计算的换算系数；m 为试样的称样量，g。计算结果保留三位有效数字。

6. 适用范围

适用于食品中维生素 A 的测定，同样适用于食品中维生素 E 的测定。

11.2.2　维生素 D 的测定

1. 原理

试样经氢氧化钾-乙醇溶液皂化，液液萃取或固相萃取净化、浓缩后，一维液相色谱通过 C_8 柱将维生素 D 与其他杂质分离后，由柱切换阀转入二维液相色谱中，通过 C_{18} 分离维生素 D_2 和维生素 D_3，紫外检测器检测，内标法（或外标法）定量。当试样中不含维生素 D_2，可用维生素 D_3 作内标；当试样不含维生素 D_3，可用维生素 D_2 作内标。

2. 试剂、标准品与材料

试剂：无水乙醇；抗坏血酸；2, 6-二叔丁基对甲酚（BHT）；氢氧化钾；正己烷；甲醇；乙腈；乙酸乙酯；α-淀粉酶：酶活力≥1.5 U/mg。

试剂配制：①氢氧化钾溶液（50%，质量分数）。②BHT-乙醇溶液（0.2 g/100 mL）：称取 1.0 g BHT，溶于 500 mL 无水乙醇中，临用现配。③乙醇-水溶液（2 + 3）：将乙醇和水按 2∶3 的体积比混合均匀。④乙酸乙酯-正己烷溶液（3 + 2）：将乙酸乙酯和正己烷按 3∶2 的体积比混合均匀。⑤乙腈-甲醇溶液（3 + 1:）将乙腈和甲醇按 3∶1 的体积比混合均匀，超声脱气。甲醇-水溶液（1 + 19）：将甲醇和水按 19∶1 的体积比混合均匀，超声脱气。⑥乙腈-水溶液（19 + 1）：将乙腈和水按 19∶1 的体积比混合均匀，超声脱气。

标准品：①维生素 D_2 标准品：钙化醇（$C_{28}H_{44}O$）；②维生素 D_3 标准品：胆钙化醇（$C_{27}H_{44}O$）。

标准溶液配制：根据方法和各自仪器性能配制单个标准溶液和混合标准溶液。也可直接购置经过国家认证并授予标准物质证书的标准试剂。

材料：①固相萃取柱：以聚苯乙烯共聚物（PS-DVB）为基材的填料，6 mL，200 mg；②微孔滤膜：有机系，孔径 0.45 μm。

3. 仪器和设备

在线柱切换-液相色谱系统，带紫外检测器；分析天平：感量为 0.1 mg、0.001 g、0.01 g；磁力搅拌器；旋转蒸发仪；氮吹浓缩仪；紫外分光光度计；恒温振荡器；离心机；超声波清洗机。

4. 方法操作步骤

方法操作过程应避免紫外光照。

1）试样制备

将一定数量的样品按要求经过缩分、粉碎、均质后，储存于样品瓶中，避光冷藏，尽快测定。

（1）婴幼儿配方食品、特殊医学用途配方食品、乳及乳制品、冷冻饮品和饮料

按 GB 5009.296—2023 中 5.1.1.1 制备试样溶液，称取制备后的溶液 5 g（m_3，精确至 0.01 g）至 50 mL 带螺旋盖的离心管中。按式 11-2 计算粉末样品的质量（m）：

$$m = \frac{m_1 \times m_3}{m_2} \tag{11-2}$$

（2）谷物及其制品、烘焙食品、婴幼儿谷物辅助食品及其他含淀粉试样

称取均质后的试样 5～10 g（m，精确至 0.01 g）于 150 mL 平底烧瓶中，加入约 20 mL 温水（40～45℃），置于磁力搅拌器中搅拌 10 min，混匀。婴幼儿谷类辅助食品参考 GB 5009.296—2023 中 5.1.1.1 先制成浆液，再称取制备后的浆液 20～50 g（m_3，精确至 0.01 g）至 150 mL 平底烧瓶中。

（3）油脂及其制品、肉及肉制品、水产及其制品、蛋及蛋制品

称取均质后的试样 0.5～2 g（m，精确至 0.001 g）至 50 mL 带螺旋盖的离心管中，加入约 3～4.5 mL 温水（40～45℃），置于涡旋振荡器中搅拌 10 min，混匀。对于难均质的试样，参考 GB 5009.296—2023 中 5.1.1.1 先制成浆液，再称取制备后的浆液 5 g（m_3，精确至 0.01 g）至 50 mL 带螺旋盖的离心管中。

（4）水果、蔬菜、豆类、食用菌、坚果和籽类

称取均质后的试样 5 g（m，精确至 0.01 g）至 50 mL 带螺旋盖的离心管中，干制品称取均质后的试样 0.5～2 g（m，精确至 0.001 g）至 50 mL 带螺旋盖的离心管中，加入约 3～4.5 mL 温水（40～45℃），置于涡旋振荡器中搅拌 10 min，混匀。

（5）含蜂蜡等黏稠胶质试样和其他食品

称取均质后的试样 2～20 g（m，精确至 0.01 g）于 150 mL 平底烧瓶中。

2）试样皂化

（1）婴幼儿配方食品、特殊医学用途配方食品、乳及乳制品、冷冻饮品和饮料等试样

称取适量制备后的试样于 50 mL 离心管中，加入 100 μL 内标使用液、0.4 g 抗坏血酸、6 mL BHT-乙醇溶液，涡旋混匀 30 s，再加入 3 mL 氢氧化钾溶液，涡旋混匀后于恒温振荡器中皂化，温度 80℃±2℃，时间 30 min（或温度 25℃±5℃，时间 16 h±2 h），皂化后立即用冷水冷却至室温，加入 5 mL 乙醇-水溶液（2＋3），摇匀，待提取净化。

（2）谷物及其制品、烘焙食品、婴幼儿谷类辅助食品及其他含淀粉试样

在制备试样的 150 mL 平底烧瓶中，加入 500 μL 内标使用液、1.0 g α-淀粉酶，加上瓶塞，放入 60℃磁力搅拌器中酶解 30 min，立即冷却至室温，向酶解液中加入 1.0 g 抗坏血酸、30 mL BHT-乙醇溶液，混匀。再加入 10～20 mL 氢氧化钾溶液，边加边振摇，混匀后于磁力搅拌器或恒温振荡器中皂化，温度 80℃±2℃，时间 30 min（或温度 25℃±5℃，时间 16 h±2 h），皂化后立即用冷水冷却至室温。用乙醇-水溶液（2＋3）将皂化液转移至 100 mL 容量瓶中，定容至刻度，摇匀，准确移取 20 mL 皂化液于 50 mL 的离心管中，待提取净化。

（3）含蜂蜡等黏稠胶质试样和其他食品

在 4. 1）（5）描述的 150 mL 平底烧瓶中，加入 500 μL 内标使用液、1.0 g α-淀粉酶、30 mL BHT-乙醇溶液，将平底烧瓶置于磁力搅拌器中搅拌，混匀后加入约 20 mL 温水（40～45℃）。再加入 10～20 mL 氢氧化钾溶液，边加边振摇，混匀后于磁力搅拌器或恒温振荡器中皂化，温度 80℃±2℃，时间 30 min（或温度 25℃±5℃，时间 16 h±2 h），皂化后立即用冷水冷却至室温。用乙醇-水溶液（2＋3）将皂化液转移至 100 mL 容量瓶中，定容至刻度，摇匀，准确移取 20 mL 皂化液于 50 mL 的离心管中，待提取净化。

3）试样提取净化

（1）液液萃取法

向皂化液离心管中加入 5 mL 水，混匀，加入 20 mL 乙酸乙酯-正己烷混合溶液，振荡提取 10 min，8000 r/min 离心 3 min，将上层溶液转移至另一 50 mL 的离心管中，于原离心管中再加入 10 mL 乙酸乙酯-正己烷混合溶液，再次振荡提取 10 min，8000 r/min 离心 3 min，合并上层有机相于同一离心管中，加水至 45 mL，振荡 30 s，8000 r/min 离心

3 min，将上层有机相转移至旋蒸瓶中，于 40℃旋蒸至约 1 mL，用乙酸乙酯-正己烷混合溶液转移至 10 mL 试管中，氮吹至近干，用约 4 mL 乙腈-甲醇溶液分 3 次溶解并转移至 5 mL 容量瓶中，加水定容至刻度，混匀。过 0.45 μm 微孔滤膜，供液相色谱测定。

（2）固相萃取法

固相萃取法适用于婴幼儿配方食品、特殊医学用途配方食品、调制乳（粉）、豆浆（粉）。

于婴幼儿配方食品、特殊医学用途配方食品、调制乳（粉）等试样的皂化液中加入 0～15 mL 去离子水（使用不同品牌的固相萃取柱，去离子水的加量不同，需验证后确定），涡旋混匀，8000 r/min 离心 5 min。全部上清液转移至固相萃取柱中（临用前依次用 6 mL 甲醇、6 mL 水活化平衡）上样，过柱速度控制在不超过 60 滴/min。用 10 mL 甲醇-水溶液洗涤离心管，涡旋 30 s，8000 r/min 离心 5 min，将上清液一并转移至固相萃取柱上样，重复操作 2 次。上样完毕，负压抽干固相萃取柱，用 8 mL 乙腈-甲醇溶液分 3 次洗脱，洗脱液加水定容至 10 mL，过 0.45 μm 微孔滤膜，取滤液进样。

（3）仪器参考条件

①一维色谱柱：C_8 柱，柱长 150 mm，内径 4.6 mm，粒径 5 μm，或具同等性能的色谱柱。②二维色谱柱：C_{18} 柱，柱长 150 mm，内径 4.6 mm，粒径 5 μm，或具同等性能的色谱柱。③柱温：35℃±1℃。④一维流动相：A 相，水；B 相，乙腈-甲醇（3＋1）；梯度洗脱：0～16 min，80%～100%B，16～19 min，100%B，19.0～19.5 min，100%～80%B；总运行时间 30 min。⑤二维流动相：A 相，乙腈水溶液（19＋1）；B 相，甲醇；95%A 等度洗脱，总运行时间 30 min。⑥流速：一维流速，1 mL/min；二维流速，0.4 mL/min。⑦波长：264 nm。⑧进样体积：100 μL。⑨根据维生素 D 在一维色谱柱上的保留时间确定六通阀切换时间：10.00～10.95 min，阀状态 1；10.95～11.45 min，阀状态 2；11.45～30 min，回到阀状态 1，在线柱切换流路图见 GB 5009.296—2023 附录 C。⑩富集柱：C18 柱，柱长 5 mm，内径 5 mm，粒径 4 μm，或相当者。

4）标准曲线的制作

将标准系列工作液分别注入高效液相色谱仪中，以标准系列工作液中维生素 D_2（或维生素 D_3）浓度为纵坐标，峰面积为纵坐标绘制标准曲线。

5）样品测定

吸取维生素 D 测定液 100 μL 注入反相液相色谱仪中，得到待测物与内标物的峰面积比值，根据标准曲线得到待测液中维生素 D_2（或维生素 D_3）的浓度。

5. 空白试验

不称取样品，按样品分析步骤操作，应不含有干扰待测组分的物质。内标法需要做不加内标的样品试验，确认加入内标的可行性。

6. 数据计算和结果表述

试样中维生素 D_2 或维生素 D_3 含量按式 11-3 计算：

$$X=\frac{c\times V\times 100}{m\times 1000}\times f \tag{11-3}$$

式中，X 为试样中维生素 D_2 或维生素 D_3 含量，μg/100 g；c 为根据标准曲线计算得到的试样中维生素 D_2 或维生素 D_3 的浓度，μg/L；V 为进样溶液定容体积，mL；f 为稀释因子；100 为试样中量以每 100 克计算的换算系数；1000 为由 μg/L 换算为 μg/mL 的换算系数；m 为试样的称样量，g。计算结果保留三位有效数字。

7. 适用范围

适用于配方食品中维生素 D_2 或维生素 D_3 的测定。

11.2.3　维生素 K_1 的测定

1. 原理

婴幼儿食品和乳品、植物油等样品经脂肪酶和淀粉酶酶解，正己烷提取样品中的维生素 K_1 后，用 C_{18} 液相色谱柱将维生素 K_1 与其他杂质分离，锌柱柱后还原，荧光检测器检测，外标法定量。水果、蔬菜等低脂性植物样品，用异丙醇和正己烷提取其中的维生素 K_1，经中性氧化铝柱净化，去除叶绿素等干扰物质。用 C_{18} 液相色谱柱将维生素 K_1 与其他杂质分离，锌柱柱后还原，荧光检测器检测，外标法定量。

2. 试剂与标准品

试剂：无水乙醇；碳酸钾；无水硫酸钠；异丙醇；正己烷；甲醇；四氢呋喃；乙酸乙酯；冰乙酸；氯化锌；无水乙酸钠；氢氧化钾；脂肪酶：酶活力≥700 U/mg；淀粉酶：酶活力≥1.5 U/mg；锌粉：粒径 50～70 μm。

试剂配制：①40%氢氧化钾溶液：称取 20 g 氢氧化钾于 100 mL 烧杯中，用 20 mL 水溶解，冷却后，加水至 50 mL，储存于聚乙烯瓶中。②磷酸盐缓冲液（pH8.0）：溶解 54.0 g 磷酸二氢钾于 300 mL 水中，用 40%氢氧化钾溶液调节 pH 至 8.0，加水至 500 mL。③正己烷-乙酸乙酯混合液（90 + 10）：量取 90 mL 正己烷，加入 10 mL 乙酸乙酯，混匀。④流动相：量取甲醇 900 mL，四氢呋喃 100 mL，冰乙酸 0.3 mL，混匀后，加入氯化锌 1.5 g，无水乙酸钠 0.5 g，超声溶解后，用 0.22 μm 有机系滤膜过滤。

标准品：维生素 K_1（$C_{31}H_{46}O_2$），纯度≥99%。

标准溶液配制：根据方法和各自仪器性能配制标准溶液。也可直接购置经过国家认证并授予标准物质证书的标准试剂。

3. 仪器和设备

中性氧化铝柱；锌柱；微孔滤头；高效液相色谱仪：带荧光检测器；匀浆机；高速粉碎机；组织捣碎机；涡旋振荡器；恒温水浴振荡器；pH 计；天平；离心机；旋转蒸发仪；氮吹仪；超声波振荡器。

4. 方法操作步骤

1）试样制备

米粉、奶粉等粉状样品经混匀后，直接取样；片状、颗粒状样品，经样本粉碎机磨成粉，储存于样品袋中备用；液态乳、植物油等液态样品摇匀后，直接取样；水果、蔬菜等取可食部分，水洗干净，用纱布擦去表面水分，经匀浆器匀浆，储存于样品瓶中备用。制样后，需尽快测定。

2）婴幼儿食品和乳品、植物油试样预处理

（1）酶解

准确称取经均质的试样 1～5 g 于 50 mL 离心管中，加入 5 mL 温水溶解（液体样品直接吸取 5 mL，植物油不须加水稀释）。

加入磷酸盐缓冲液（pH8.0）5 mL，混匀，加入 0.2 g 脂肪酶和 0.2 g 淀粉酶（不含淀粉的样品可以不加淀粉酶），加盖涡旋 2～3 min，混匀后，置于 37℃±2℃恒温水浴振荡器中振荡 2 h 以上使其充分酶解。

（2）提取

取出酶解好的试样，分别加入 10 mL 乙醇及 1 g 碳酸钾，混匀后加入 10 mL 正己烷和 10 mL 水，涡旋或振荡提取 10 min，6000 r/min 离心 5 min，或将酶解液转移至 150 mL 的分液漏斗中萃取提取，静置分层（如发生乳化现象，可适当增加正己烷或水的加入量，以排除乳化现象），转移上清液至 100 mL 旋蒸瓶中，向下层液再加入 10 mL 正己烷，重复操作 1 次，合并上清液至上述旋蒸瓶中。

（3）浓缩

将上述正己烷提取液旋蒸至干，用甲醇转移并定容至 5 mL 容量瓶中，摇匀，0.22 μm 滤膜过滤，滤液待进样。不加试样，按同一操作方法做空白试验。

3）水果蔬菜试样制备

（1）提取

准确称取 1～5 g 经均质匀浆的样品于 50 mL 离心管中，加入 5 mL 异丙醇，涡旋 1 min，超声 5 min，再加入 10 mL 正己烷，涡旋振荡提取 3 min，6000 r/min 离心 5 min，移取上清液于 25 mL 棕色容量瓶中，向下层溶液中加入 10 mL 正己烷，重复提取 1 次，合并上清液于上述容量瓶中，正己烷定容至刻度，用移液管准确分取上清液 1～5 mL（视样品中维生素 K_1 含量而定）至 10 mL 试管中，氮气轻吹至干，加入 1 mL 正己烷溶解，待净化。

（2）净化、浓缩

将上述 1 mL 提取液用少量正己烷转移至预先用 5 mL 正己烷活化的中性氧化铝柱中，待提取液流至近干时，5 mL 正己烷淋洗，6 mL 正己烷-乙酸乙酯混合液洗脱至 10 mL 试管中，氮气吹干后，用甲醇定容至 5 mL，过 0.22 μm 滤膜，滤液供分析测定。不加试样，按同一操作方法做空白试验。

4）色谱参考条件

色谱柱：C_{18} 柱，柱长 250 mm，内径 4.6 mm，粒径 5 μm，或具同等性能的色谱柱；锌还原柱：柱长 50 mm，内径 4.6 mm；流动相：按 2. 中的流动相配制，流速：1 mL/min；检测波长：激发波长为 243 nm，发射波长为 430 nm；进样量：10 μL。

5）标准曲线的制作

采用外标标准曲线法进行定量。将维生素 K_1 标准系列工作液分别注入高效液相色谱仪中，测定相应的峰面积，以峰面积为纵坐标，以标准系列工作液浓度为横坐标绘制标准曲线，计算线性回归方程。

6）试样溶液的测定

在相同色谱条件下，将制备的空白溶液和试样溶液分别进样，进行高效液相色谱分析。以保留时间定性，峰面积外标法定量，根据线性回归方程计算出试样溶液中维生素 K_1 的浓度。

5. *数据计算和结果表述*

试样中维生素 K_1 含量按式 11-4 计算：

$$X = \frac{\rho \times V_1 \times V_3 \times 100}{m \times V_2 \times 1000} \tag{11-4}$$

式中，X 为试样中维生素 K_1 的含量，μg/100 g；ρ 为根据标准曲线计算得到的试样中维生素 K_1 的浓度，ng/mL；V_1 为提取液总体积，mL；V_3 为定容液的体积，mL；100 为将结果单位由 μg/g 换算为 μg/100 g 样品中含量的换算系数；m 为试样的称样量，g；V_2 为分取的提取液体积（婴幼儿食品和乳品、植物油 $V_1 = V_2$），mL；1000 为将浓度单位由 ng/mL 换算为 μg/mL 的换算系数。计算结果保留三位有效数字。

11.3 水溶性维生素的测定

水溶性维生素因其在人体内的代谢快、不存储等因素，人体极易缺乏水溶性维生素，并因此而出现各种健康状况。所以人体需每日从食品中摄食和补充水溶性维生素，如此以来日常膳食对食品中水溶性维生素含量要求较高。测定食品中水溶性维生素的含量水平是日常食品营养评价和产品开发所必需的。

《食品安全国家标准 食品中维生素 B_1 的测定》(GB 5009.84—2016)、《食品安全国家标准 食品中维生素 B_2 的测定》(GB 5009.85—2016)、《食品安全国家标准 食品中抗坏血酸的测定》(GB 5009.86—2016)、《食品安全国家标准 食品中烟酸和烟酰胺的测定》(GB 5009.89—2023)、《食品安全国家标准 食品中维生素 B_6 的测定》(GB 5009.154—2023)、《食品安全国家标准 食品中泛酸的测定》(GB 5009.210—2023)、《食品安全国家标准 食品中叶酸的测定》(GB 5009.211—2022)、《食品安全国家标准 食品中叶黄素的测定》(GB 5009.248—2016)、《食品安全国家标准 食品中生物素的测定》(GB 5009.259—2023)、《食品安全国家标准 食品中维生素 B_{12} 的测定》(GB 5009.285—2022) 等多项标准规定了食品中各种水溶性维生素的测定方法。

本节主要学习水溶性维生素中抗坏血酸的测定方法，学习用于测定维生素 B_1 和 B_2 的荧光分光光度法，本节中还将学习和对比用于 B 族维生素如维生素 B_{12}、B_6，泛酸，叶酸和生物素测定的微生物法。

11.3.1 抗坏血酸的测定方法

按照《食品安全国家标准 食品中抗坏血酸的测定》(GB 5009.86—2016)，抗坏血酸是一种具有抗氧化性质的有机化合物，又称为“维生素 C”，是人体必需的营养素之一。食品中赋存的抗坏血酸有 L(+)-抗坏血酸，即左式右旋光抗坏血酸，又称还原型抗坏血酸，具有强还原性，对人体具有生物活性；D(–)-抗坏血酸，即异抗坏血酸，具有强还原性，异抗坏血酸钠是食品行业中重要的抗氧保鲜剂，可保持食品的色泽、自然风味，延长保质期，经常用于肉制品、水果、蔬菜、罐头、果酱、啤酒、汽水、果茶、果汁、葡萄酒等产品中，但是该种类的抗坏血酸对人体基本无生物活性。食品中的 L(+)-抗坏血酸极易被氧化为 L(+)-脱氢抗坏血酸，又被称为脱氢抗坏血酸或氧化型抗坏血酸。食品中天然抗坏血酸含量测定一般是指 L(+)-抗坏血酸总量，不包含作为添加剂使用的异抗坏血酸，但是不特指天然抗坏血酸，则涵盖了作为添加剂的异抗坏血酸，如 GB 5009.86—2016 规定的高效液相色谱法。国标中还有荧光法、2, 6-二氯靛酚滴定法。本部分学习高效液相色谱法和 2, 6-二氯靛酚滴定法。

1. 高效液相色谱法

1）原理

试样中的抗坏血酸用偏磷酸溶解超声提取后，以离子对试剂为流动相，经反相色谱柱分离，其中 L(+)-抗坏血酸和 D(–)-抗坏血酸直接用配有紫外检测器的液相色谱仪（波长 245 nm）测定；试样中的 L(+)-脱氢抗坏血酸经 L-半胱氨酸溶液进行还原后，用紫外检测器（波长 245 nm）测定 L(+)-抗坏血酸总量，或减去原样品中测得的 L(+)-抗坏血酸含量而获得 L(+)-脱氢抗坏血酸的含量。以色谱峰的保留时间定性，外标法定量。

2）试剂

偏磷酸溶液（200 g/L）；偏磷酸溶液（20 g/L）；磷酸三钠溶液（100 g/L）；L-半胱氨酸溶液（40 g/L）；磷酸二氢钾；85%磷酸；十六烷基三甲基溴化铵；甲醇。

3）仪器和设备

液相色谱仪；pH 计；天平：感量为 0.1 g、1 mg、0.01 mg；超声波清洗器；离心机；均质机；滤膜；振荡器。

4）方法操作步骤

整个检测过程尽可能在避光条件下进行。

（1）试样预处理

液体或固体粉末样品：混合均匀后，应立即用于检测。水果、蔬菜及其制品或其他固体样品：取 100 g 左右样品加入等质量 20 g/L 的偏磷酸溶液，经均质机均质并混合均匀后，应立即测定。

（2）试样溶液的制备

称取相对于样品约 0.5～2 g（精确至 0.001 g）混合均匀的固体试样或匀浆试样，或吸取 2～10 mL 液体试样于 50 mL 烧杯中，用 20 g/L 的偏磷酸溶液将试样转移至 50 mL 容量瓶中，振摇溶解并定容，摇匀，全部转移至 50 mL 离心管中，超声提取 5 min 后，于 4000 r/min 离心 5 min，取上清液过 0.45 μm 水相滤膜，滤液待测。[可同时分别测定试样中 L(+)-抗坏血酸和 D(–)-抗坏血酸的含量]。

（3）试样还原

准确吸取 20 mL 上述离心后的上清液于 50 mL 离心管中，加入 10 mL 40 g/L 的 L-半胱氨酸溶液，用 100 g/L 磷酸三钠溶液调节 pH 至 7.0～7.2，以 200 次/min 振荡 5 min。再用磷酸调节 pH 至 2.5～2.8，用水将试液全部转移至 50 mL 容量瓶中，并定容至刻度。混匀后取此试液过 0.45 μm 水相滤膜后待测［由此试液可测定试样中包括脱氢型的 L(+)-抗坏血酸总量］。若试样含有增稠剂，可准确吸取 4 mL 经 L-半胱氨酸溶液还原的试液，再准确加入 1 mL 甲醇，混匀后过 0.45 μm 滤膜后待测。

（4）标准曲线制作

分别对抗坏血酸混合标准系列工作溶液进行测定，以 L(+)-抗坏血酸［或 D(–)-抗坏血酸］标准溶液的质量浓度（μg/mL）为横坐标，L(+)-抗坏血酸［或 D(–)-抗坏血酸］的峰高或峰面积为纵坐标，绘制标准曲线或计算回归方程。

（5）试样溶液的测定

对空白和试样溶液进行测定，根据标准曲线得到测定液中 L(+)-抗坏血酸［或 D(–)-抗坏血酸］的浓度（μg/mL）。

5）数据计算与结果表述

试样中 L(+)-抗坏血酸［或 D(–)-抗坏血酸］的含量和 L(+)-抗坏血酸总量以毫克每百克表示，按式 11-5 计算：

$$X = \frac{(c_1 - c_0) \times V}{m \times 1000} \times F \times K \times 100 \tag{11-5}$$

式中，X 为试样中 L(+)-抗坏血酸［或 D(–)-抗坏血酸、L(+)-抗坏血酸总量］的含量，mg/100 g；c_1 为样液中 L(+)-抗坏血酸［或 D(–)-抗坏血酸］的质量浓度，μg/mL；c_0 为样品空白液中 L(+)-抗坏血酸［或 D(–)-抗坏血酸］的质量浓度，μg/mL；V 为试样的最后定容体积，mL；m 为实际检测试样质量，g；1000 为换算系数（由 μg/mL 换算成 mg/mL 的换算因子）；F 为稀释倍数（若使用还原步骤时，即为 2.5）；K 为若使用甲醇沉淀步骤时，即为 1.25；100 为换算系数（由 mg/g 换算成 mg/100 g 的换算因子）。计算结果以重复性条件下获得的两次独立测定结果的算术平均值表示，结果保留三位有效数字。

6）适用范围

适用于乳粉、谷物、蔬菜、水果及其制品、肉制品、维生素类补充剂、果冻、胶基糖果、八宝粥、葡萄酒中的 L(+)-抗坏血酸、D(–)-抗坏血酸和 L(+)-抗坏血酸总量的测定。

2. 2, 6-二氯靛酚滴定法

1）原理

用蓝色的碱性染料 2, 6-二氯靛酚标准溶液对含 L(+)-抗坏血酸的试样酸性浸出液进行氧化还原滴定，2, 6-二氯靛酚被还原为无色，当到达滴定终点时，多余的 2, 6-二氯靛酚在酸性介质中显浅红色，由 2, 6-二氯靛酚的消耗量计算样品中 L(+)-抗坏血酸的含量。

2）试剂与试剂配制

试剂：偏磷酸溶液（20 g/L）；草酸溶液（20 g/L）；白陶土（或高岭土）：对抗坏血酸无吸附性。

试剂配制：2, 6-二氯靛酚（2, 6-二氯靛酚钠盐）溶液，称取碳酸氢钠 52 mg 溶解在 200 mL 热蒸馏水中，然后称取 2, 6-二氯靛酚 50 mg 溶解在上述碳酸氢钠溶液中。冷却并用水定容至 250 mL，过滤至棕色瓶内，于 4～8℃环境中保存。每次使用前，用标准抗坏血酸溶液标定其滴定度。

标定方法：准确吸取 1 mL 抗坏血酸标准溶液于 50 mL 锥形瓶中，加入 10 mL 偏磷酸溶液或草酸溶液，摇匀，用 2, 6-二氯靛酚溶液滴定至粉红色，保持 15 s 不褪色为止。同时另取 10 mL 偏磷酸溶液或草酸溶液做空白试验。2, 6-二氯靛酚溶液的滴定度按式 11-6 计算：

$$T=\frac{c\times V}{V_1-V_0} \tag{11-6}$$

式中，T 为 2, 6-二氯靛酚溶液的滴定度，即每毫升 2, 6-二氯靛酚溶液相当于抗坏血酸的毫克数，mg/mL；c 为抗坏血酸标准溶液的质量浓度，mg/mL；V 为吸取抗坏血酸标准溶液的体积，mL；V_1 为滴定抗坏血酸标准溶液所消耗 2, 6-二氯靛酚溶液的体积，mL；V_0 为滴定空白所消耗 2, 6-二氯靛酚溶液的体积，mL。

3）仪器

粉碎机等，微量碱式滴定管。

4）方法操作步骤

整个检测过程应在避光条件下进行。

（1）试样制备

称取具有代表性样品的可食部分 100 g，放入粉碎机中，加入 100 g 偏磷酸溶液或草酸溶液，迅速捣成匀浆。准确称取 10～40 g 匀浆样品（精确至 0.01 g）于烧杯中，用偏磷酸溶液或草酸溶液将样品转移至 100 mL 容量瓶，并稀释至刻度，摇匀后过滤。

若滤液有颜色，可按每克样品加 0.4 g 白陶土脱色后再过滤。

（2）滴定

准确吸取 10 mL 滤液于 50 mL 锥形瓶中，用标定过的 2, 6-二氯靛酚溶液滴定，直至溶液呈粉红色 15 s 不褪色为止。同时做空白试验。

5）数据计算与结果表述

试样中 L(+)-抗坏血酸含量按式 11-7 计算：

$$X=\frac{(V-V_0)\times T\times A}{m}\times 100 \tag{11-7}$$

式中，X 为试样中 L(+)-抗坏血酸含量，mg/100 g；V 为滴定试样所消耗 2, 6-二氯靛酚溶液的体积，mL；V_0 为滴定空白所消耗 2, 6-二氯靛酚溶液的体积，mL；T 为 2, 6-二氯靛酚溶液的滴定度，即每毫升 2, 6-二氯靛酚溶液相当于抗坏血酸的毫克数（mg/mL）；A 为稀释倍数；m 为试样质量，g；100 为换算系数。计算结果以重复性条件下获得的两次独立测定结果的算术平均值表示，结果保留三位有效数字。

6）适用范围

适用于水果、蔬菜及其制品中 L(+)-抗坏血酸的测定。

11.3.2　用于 B 族维生素测定的荧光分光光度法

GB 5009.84—2016、GB 5009.85—2016 规定的测定 B 族（B_1 和 B_2）第二法均是荧光分光光度法，以 B_1 测定（GB 5009.84—2016 第二法）为例，对此进行整理和学习。

1. 原理

硫胺素在碱性铁氰化钾溶液中被氧化成噻嘧色素，在紫外线照射下，噻嘧色素发出荧光。在给定的条件下，以及没有其他荧光物质干扰时，此荧光之强度与噻嘧色素量成正比，即与溶液中硫胺素量成正比。如试样中含杂质过多，应经过离子交换剂处理，使硫胺素与杂质分离，然后以所得溶液用于测定。

2. 试剂与试剂配制

试剂：正丁醇；无水硫酸钠：560℃烘烤 6 h 后使用；铁氰化钾溶液；氢氧化钠溶液（150 g/L）；0.1 mol/L 氢氧化钠溶液；0.1 mol/L 和 0.01 mol/L 的盐酸溶液；2 mol/L 乙酸钠溶液；乙酸溶液；人造沸石；0.01 mol/L 硝酸银溶液；溴甲酚绿溶液（0.4 g/L）；五氧化二磷或氯化钙；氯化钾溶液；活性人造沸石；淀粉酶：不含维生素 B_1；酶活力≥3700 U/g；木瓜蛋白酶：不含维生素 B_1；酶活力≥800 U/mg。

试剂配制：①混合酶溶液：称取 1.76 g 木瓜蛋白酶、1.27 g 淀粉酶，加水定容至 50 mL，涡旋，使呈混悬状液体，冷藏保存。临用前再次摇匀后使用。②酸性氯化钾（250 g/L）：移取 8.5 mL 盐酸，用 250 g/L 氯化钾溶液稀释并定容至 1000 mL，摇匀。③碱性铁氰化钾溶液：移取 4 mL 10 g/L 铁氰化钾溶液，用 150 g/L 氢氧化钠溶液稀释至 60 mL，摇匀。用时现配，避光使用。

3. 仪器

荧光分光光度计；离心机；pH 计；电热恒温箱；盐基交换管或层析柱：60 mL，300 mm×10 mm 内径；天平。

4. 方法操作步骤

1）试样预处理

用匀浆机将样品均质成匀浆，于冰箱中冷冻保存，用时将其解冻混匀使用。干燥试样取不少于 150 g，将其全部充分粉碎后备用。

2）提取

准确称取适量试样（估计其硫胺素含量约为 10～30 μg，一般称取 2～10 g 试样），置于 100 mL 锥形瓶中，加入 50 mL 0.1 mol/L 盐酸溶液，使得样品分散开，将样品放入恒温箱中于 121℃水解 30 min，结束后，凉至室温后取出。用 2 mol/L 乙酸钠溶液调 pH 为 4.0～5.0 或者用 0.4 g/L 溴甲酚绿溶液为指示剂，滴定至溶液由黄色转变为蓝绿色。

酶解：于水解液中加入 2 mL 混合酶液，于 45～50℃温箱中保温过夜（16 h）。待溶液凉至室温后，转移至 100 mL 容量瓶中，用水定容至刻度，混匀、过滤，即得提取液。

3）净化

装柱：根据待测样品的数量，取适量处理好的活性人造沸石，经滤纸过滤后，放在烧杯中。用少许脱脂棉铺于盐基交换管柱（或层析柱）的底部，加水将棉纤维中的气泡排出，关闭柱塞，加入约 20 mL 水，再加入约 8.0 g（以湿重计，相当于干重 1.0～1.2 g）经预先处理的活性人造沸石，要求保持盐基交换管中液面始终高过活性人造沸石。活性人造沸石柱床的高度对维生素 B_1 测定结果有影响，高度不低于 45 mm。

样品提取液的净化：准确加入 20 mL 上述提取液于上述盐基交换管柱（或层析柱）中，使通过活性人造沸石的硫胺素总量约为 2～5 μg，流速约为 1 滴/s。加入 10 mL 近沸腾的热水冲洗盐基交换柱，流速约为 1 滴/s，弃去淋洗液，如此重复三次。于交换管下放置 25 mL 刻度试管用于收集洗脱液分两次加入 20 mL 温度约为 90℃的酸性氯化钾溶液，每次 10 mL，流速为 1 滴/s。待洗脱液凉至室温后，用 250 g/L 酸性氯化钾定容，摇匀，即为试样净化液。

标准溶液的处理：重复上述操作，取 20 mL 维生素 B_1 标准使用液（0.1 μg/mL）代替试样提取液，同上用盐基交换管（或层析柱）净化，即得到标准净化液。

4）氧化

将 5 mL 试样/标准净化液分别加入 A、B 两支已标记的 50 mL 离心管中。在避光条件下将 3 mL 150 g/L 氢氧化钠溶液加入离心管 A，将 3 mL 碱性铁氰化钾溶液加入离心管 B，涡旋 15 s；然后各加入 10 mL 正丁醇，将 A、B 管同时涡旋 90 s。静置分层后吸取上层有机相于另一套离心管中，加入 2～3 g 无水硫酸钠，涡旋 20 s，使溶液充分脱水，待测定。

5）测定

荧光测定条件为激发波长：365 nm；发射波长：435 nm；狭缝宽度：5 nm。

依次测定下列荧光强度：试样空白荧光强度（试样反应管 A）；标准空白荧光强度（标准反应管 A）；试样荧光强度（试样反应管 B）：标准荧光强度（标准反应管 B）。

5. 数据计算与结果表述

试样中维生素 B_1（以硫胺素计）的含量按式 11-8 计算：

$$X=\frac{(U-U_b)\times c\times V}{(S-S_b)}\times\frac{V_1\times f}{V_2\times m}\times\frac{100}{1000} \tag{11-8}$$

式中，X 为试样中维生素 B_1（以硫胺素计）的含量，mg/100 g；U 为试样荧光强度；U_b 为试样空白荧光强度；S 为标准管荧光强度；S_b 为标准管空白荧光强度；c 为硫胺素标准使用液的浓度，μg/mL；V 为用于净化的硫胺素标准使用液体积，mL；V_1 为试样水解后定容得到的提取液之体积，mL；V_2 为试样用于净化的提取液体积，mL；f 为试样提取液的稀释倍数；m 为试样质量，g。

注：试样中测定的硫胺素含量乘以换算系数 1.121，即得盐酸硫胺素的含量。结果保留三位有效数字。

6. 适用范围

适用于食品中维生素 B_1 含量的测定。

11.3.3 食品中 B 族维生素和生物素测定的微生物法

正如 1.1 所述，食品分析的方法包含了以微生物作为方法工具对食品中营养性或危害性成分进行测定的内容，这项内容有别于《食品微生物检验学》中微生物检验法，同学们要注意区分学习。本部分以植物乳杆菌法测定烟酸和烟酰胺、酿酒酵母法测定维生素 B_6 为例，对食品分析中的微生物法进行学习。

1. 微生物法测定烟酸和烟酰胺（GB 5009.89—2023 第二法）

1）原理

烟酸和烟酰胺是植物乳植杆菌（*Lactiplantibacillus plantarum*）生长所必需的营养素，在烟酸测定培养基中，植物乳植杆菌对烟酸（或烟酰胺）的含量呈相关性，根据烟酸（或烟酰胺）含量与透光率（或吸光度）的标准曲线计算出试样中烟酸（或烟酰胺）含量。

2）试剂与标准品

除非另有说明，本方法所用试剂均为分析纯，水为 GB/T 6682 规定的一级水或二级水。

培养基：乳酸杆菌琼脂培养基；乳酸杆菌肉汤培养基；烟酸测定用培养基。

试剂：无水乙醇；硫酸；氢氧化钠；氯化钠。

试剂配制：①乙醇溶液（体积分数 25%）：量取 250 mL 无水乙醇，加水定容至 1000 mL。②硫酸溶液 A（10 mol/L）：量取 560 mL 硫酸，加入水中，稀释至 1000 mL。③硫酸溶液 B（0.5 mol/L）：量取 50 mL 硫酸溶液 A，加入水中，稀释至 1000 mL。④氢氧化钠溶液 A（10 mol/L）：吸取 400 g 氢氧化钠，加水溶解并稀释至 1000 mL。⑤氢氧化钠溶液 B（0.1 mol/L）：称取 10 mL 氢氧化钠溶液 A，加水溶解并稀释至 1000 mL。⑥无菌生理盐水（8.5 g/L）：称取 8.5 g 氯化钠溶于 1000 mL 蒸馏水中，分装于具塞试管，每管 10 mL，121℃高压灭菌 15 min。

标准品：烟酸（$C_6H_5NO_2$），纯度≥98%；烟酰胺（$C_6H_6N_2O$，CAS 号：98-92-0），纯度≥98%。

标准品配制：①烟酸（或烟酰胺）标准储备液（50 μg/mL）：将烟酸（或烟酰胺）标准品置于含五氧化二磷的干燥器中，干燥过夜。按纯度称取，使烟酸（或烟酰胺）含量为 50.0 mg（精确至 0.001 g），用乙醇溶液（25%）溶解移入 1000 mL 容量瓶，定容至刻度。②烟酸（或烟酰胺）标准中间液（500 ng/mL）：吸取 1.0 mL 烟酸（或烟酰胺）标准储备液（50 μg/mL）至 100 mL 容量瓶，用乙醇溶液（25%）定容至刻度。③烟酸（或烟酰胺）标准工作液：分两个质量浓度，高质量浓度溶液的质量分数为 10 ng/mL；低质量浓度溶液的质量分数为 5 ng/mL；从中间液（500 ng/mL）吸取 2 次，各 2 mL，分别移入 100 mL 和 200 mL 容量瓶，用水定容至刻度。

3）仪器和设备

除微生物实验室常规灭菌及培养设备外，其他设备如下：

天平：感量为 0.1 mg；恒温培养箱；涡旋振荡器；离心机；pH 计；分光光度计；酶

标仪；无菌微孔板；定量滤纸；试管；容量瓶；单刻度移液管；刻度吸管；烧杯；锥形瓶；玻璃漏斗；分液器；微量移液器；无菌离心管；针头过滤器。

4）方法操作步骤

（1）测试菌悬液制备

①将植物乳植杆菌菌株活化后，用接种针穿刺接种到乳酸杆菌琼脂培养基上，在 36℃±1℃培养 16～24 h，再转种 2～3 代以增强活力。以斜面培养物方式置冰箱冷藏，可保存 1 个月。

②将 24 h 内活化的菌株转种至已灭菌的乳酸杆菌肉汤中，36℃±1℃培养 16～24 h。以 3000～5000 r/min 离心 5 min，弃去上清液，加入 10 mL 生理盐水，用涡旋振荡器振荡该悬液，再离心约 5 min，弃去上清液。如前操作清洗 2～3 次，再加 10 mL 生理盐水，振荡混匀。吸取适量该菌悬液于 10 mL 生理盐水中，混匀制成测试菌悬液。

③以生理盐水做空白，用分光光度计于 550 nm 波长下测定测试菌悬液透光率（用%T 表示），调整上述菌液加入量，使测试菌悬液透光率在 60%T～80%T。

（2）试样提取

块状、颗粒状式样需粉碎；乳粉、米粉等粉状试样需混匀；果蔬、肉、蛋、鱼、动物内脏等需制成食糜；半固体食品等试样需匀浆混匀；液体试样用前振摇混合。

①固态试样：准确称取（精确至 0.001 g）试于锥形瓶中，其中新鲜果蔬试样 2～5 g；谷类、豆类、坚果类、内脏、生肉、干制试样 0.2～1 g；乳粉、米粉等试样 2～3 g；一般营养补充剂、复合营养强化剂 0.1～0.5 g；其他食品 0.2～1 g。

②液体饮料或流质、半流质试样：称取 5～10 g（精确至 0.001 g）（或用单刻度移液管吸取适量体积）于锥形瓶中。特殊用途饮料称取后直接定容至 100 mL（V），按④进行稀释。

如果试样烟酸（或烟酰胺）含量过低，可适当提高称样量。

③处理：加入试样质量（以克计）10 倍的硫酸溶液 B（以毫升计），将上述混合物放入压力蒸汽灭菌锅，在 121℃下水解 30 min，取出迅速水浴冷却至室温。用氢氧化钠溶液 A 和氢氧化钠溶液 B 调节 pH 至 4.5±0.2，移入 250 mL（V_1）容量瓶中，用水定容至刻度。

用定量滤纸过滤，最初约 10 mL 滤液应弃去，吸取 5 mL（V_2）滤液于 100 mL 烧杯中，加水约 20 mL，用氢氧化钠溶液 B 调节 pH 至 6.8±0.2，移入 100 mL（V）容量瓶中，用水定容至刻度。

④稀释：根据试样中烟酸（或烟酰胺）含量用水对试样提取液进行适当稀释，使稀释后试样提取液中烟酸（或烟酰胺）质量浓度为 5～12 ng/mL。

（3）试样测定——试管培养法

①标准曲线系列管：按表 11-2 顺序加入水、标准曲线工作液和烟酸测定用培养基至培养试管中，表 11-2 中每一编号需制作 3 管，未接种空白试管（UN）、标准系列管 S1～S8 中烟酸（或烟酰胺）质量浓度分别为 0 ng/mL、0 ng/mL、5 ng/mL、10 ng/mL、15 ng/mL、20 ng/mL、25 ng/mL、30 ng/mL、40 ng/mL、50 ng/mL。

表 11-2　标准曲线系列管（一）

试管号	UN	IN	S1	S2	S3	S4	S5	S6	S7	S8
水体积/mL	5	5	4	3	2	1	0	2	1	0
5 ng/mL 标准曲线工作液体积/mL	0	0	1	2	3	4	5	0	0	0
10 ng/mL 标准曲线工作液体积/mL	0	0	0	0	0	0	0	3	4	5
培养基体积/mL	5	5	5	5	5	5	5	5	5	5

②试样系列管：按表 11-3 顺序加入水、试样提取液和烟酸测定用培养基至培养试管中，表中每一编号需制作 3 管。

表 11-3　试样系列管（一）

试管号	1	2	3	4
水体积/mL	4	3	2	1
试样提取液体积/mL	1	2	3	4
培养基体积/mL	5	5	5	5

③灭菌：将标准曲线系列管和试样系列管放入压力蒸汽灭菌锅，121℃下灭菌 5 min（商品培养基按标签说明进行灭菌），取出后迅速用水浴冷却到室温。为了保证加热和冷却过程中温度均匀，灭菌试管不应距灭菌器内壁过近，试管摆放不应过密，以免影响空气流通。

④接种：在无菌条件下，向上述每管（标准曲线未接种空白管 UN 除外）各加入 1 滴（50～100 μL）测试菌液，加盖，充分振荡混匀所有培养管。

⑤培养：将试管放入恒温培养箱内，36℃±1℃下培养 18～24 h。

⑥测定：培养结束后，对每支试管进行目测检查，未接种空白试管（UN）内培养液应是澄清的，标准曲线系列管和试样系列管中培养液的吸光度应有梯度区别。未接种空白试管（UN）若浑浊，则测定无效。

a. 用未接种空白试管（UN）作空白，将分光光度计透光率调至为 100%*T*，读出接种空白试管（IN）的读数。再以接种空白试管（IN）为空白，调节透光率调为 100%*T*，依次读出其他试管的透光率（单位：%*T*）（或吸光度 A）。

b. 用涡旋混合器充分混合每一支试管（也可以加一滴消泡剂）后，立即将培养液移入比色皿内，在 550 nm 波长下进行比色。待读数稳定后，读出透光率，每支试管稳定时间要相同。依次读出其他试管的透光率。透光率超出标准曲线管 S1～S8 覆盖的浓度范围的培养管要舍去。以烟酸或烟酰胺标准品的质量浓度为横坐标，透光率为纵坐标绘制标准曲线。

c. 对每个编号的待测液的试管，用每支试管的透光率或者吸光度计算每升试样提取液中烟酸（或烟酰胺）的浓度，并计算该编号提取液的烟酸（或烟酰胺）浓度平均值，每支试管测得的该浓度不得超过该平均值的±15%，超过者要舍去。如果符合该要求的管数少于所有 4 个编号提取液总管数的 2/3，用于计算试样含量的数据是不充分的，需要重新检验。如果符合要求的管数不少于原来管数的 2/3，重新计算每一编号的有效试样管中每毫升提取液中烟酸（或烟酰胺）含量的平均值，以此平均值计算全部编号试样管的总平均值为 ρ，按式 11-9 根据稀释倍数和称样量计算出试样中烟酸（或烟酰胺）的含量。

5）数据计算与结果表述

试样中烟酸（或烟酰胺）含量按式 11-9 计算：

$$X = \frac{\rho \times V}{m} \times \frac{V_1}{V_2} \times \frac{100}{1000} \quad (11\text{-}9)$$

式中，X 为试样中烟酸（或烟酰胺）含量，mg/100 g；ρ 为试样系列管折合为试样提取液中烟酸（或烟酰胺）浓度平均值，ng/mL；V_1 为试样提取液定容体积，mL；f 为试样提取液稀释倍数；m 为试样质量，g；$\frac{100}{1000}$ 为折算成每百克试样中烟酸毫克数的换算系数。结果保留两位有效数字。

6）适用范围

适用于各类食品包括以天然食品为基质的强化食品中烟酸和烟酰胺总量的测定。

2. 微生物法测定维生素 B_6（GB 5009.154—2023 第四法）

1）原理

维生素 B_6 是酿酒酵母（*Saccharomyces cerevisiae*）生长所必需的营养素，在一定条件下维生素 B_6 的量与酿酒酵母生长呈正比关系。用比浊法测定该菌在试样液中生长的浑浊度，与标准曲线相比较得出试样中维生素 B_6 的含量。

2）试剂与标准品

试剂：盐酸；硫酸；氢氧化钠；氯化钠。

试剂配制：①盐酸溶液（0.01 mol/L）：吸取 0.9 mL 盐酸，用水稀释至 1000 mL。②硫酸溶液（0.22 mol/L）：于 2000 mL 烧杯中加入 700 mL 水、12.32 mL 硫酸，用水稀释至 1000 mL。硫酸溶液（0.5 mol/L）：于 2000 mL 烧杯中加入 700 mL 水、28 mL 硫酸，用水稀释至 1000 mL。③氢氧化钠溶液（0.1 mol/L）：称取 40 g 氢氧化钠，加水 40 mL 溶解，冷却后，用水稀释至 100 mL。④生理盐水（9 g/L）：称取 9 g 氯化钠，用水溶解并稀释至 1000 mL，于 121℃高压灭菌 15 min，冷却后备用。

培养基：吡哆醇 Y 培养基、吡哆醇 Y 琼脂培养基、YM 肉汤培养基、YM 琼脂培养基，培养基组分与配置方法参见 GB 5009.154—2023 附录 E。

菌株：酿酒酵母，ATCC 9080 菌种。

标准品：盐酸吡哆醇（$C_8H_{12}ClNO_3$），纯度≥98%，或经国家认证并授予标准物质证书的标准品。

标准溶液配制：①吡哆醇标准储备液（100 μg/mL）：精确称取 122 mg（精确至 1 mg）盐酸吡哆醇标准品，用 0.01 mol/L 的盐酸溶液溶解并稀释至 1000 mL。于冰箱中−20℃避光贮存，有效期 3 个月。②吡哆醇标准中间液（1.00 μg/mL）：精确吸取 1 mL 吡哆醇标准储备液，用水稀释至 100 mL，临用现配。③吡哆醇标准工作液（5.00 ng/mL）：准确吸取 0.5 mL 吡哆醇标准中间液，用水稀释至 100 mL，临用现配。

3）仪器

分光光度计；天平：感量 0.01 g 和 0.1 mg；恒温培养箱；高压灭菌锅；涡旋混合器；离心机；超净工作台；pH 计。

4）方法操作步骤

（1）菌种的制备及保存

菌种复苏：在酿酒酵母，ATCC 9080 菌株冻干粉中加入约 0.3 mL YM 肉汤培养基或无菌生理盐水复溶，然后取复溶液分别接种于 2 支装有 10 mL YM 肉汤培养基试管中，30℃±1℃振荡培养 20～24 h。

储备菌种制备：将菌株复苏培养液接种于 YM 琼脂培养基平板上，传种 2～3 代来增强活力。取单菌落接种于 YM 琼脂培养基斜面上，30℃培养 20～24 h 后，放入 2～8℃冰箱内保存备用。每半月至少传种 1 次，作为储备菌株保存，传代次数不能超过 15 次。

接种液制备：在试验前一天，将储备菌种转接于 10 mL YM 肉汤培养基（种子培养液）中，可同时制备 2 管，于 30℃±1℃振荡（200～250 r/min）培养 20～24 h，得到测定用的种子培养液。将种子培养液于 3000 r/min 下离心 10 min，倾去上清液。用 10 mL 生理盐水洗涤，3000 r/min 离心，倾去上清液，用生理盐水重复洗涤 2 次。再加 10 mL 无菌生理盐水，振荡混合均匀，使菌种成为混悬液，立即使用。

（2）试样处理（整个实验过程需要避光操作）

称取均质后试样 0.5～10 g（精确至 0.01 g，样品中维生素 B_6 总量不超过 4 μg）放入 100 mL 锥形瓶中，加 72 mL 0.22 mol/L 硫酸溶液。放置于高压灭菌锅中 121℃下水解 2～5 h，取出冷却，用 10.0 mol/L 氢氧化钠溶液和 0.5 mol/L 硫酸溶液调 pH 为 4.5±0.2，将锥形瓶内的溶液转移到 100 mL 容量瓶中，用蒸馏水稀释至 100 mL，中速玻璃纤维滤纸过滤。准确吸取 10 mL 滤液于 100 mL 容量瓶中，以超纯水稀释。保存稀释液于 4℃冰箱内备用（有效期不超过 36 h）。

（3）试管培养法测定

①试管标准曲线系列管的制备

按表 11-4 顺序准确加入水、标准工作液和维生素 B_6 测定用培养基于试管中。未接种空白试管（UN）、接种空白试管（IN）、S1～S5 中，维生素 B_6 的含量分别为 0 ng、0 ng、2 ng、4 ng、8 ng、12 ng 和 16 ng。混匀，加棉塞，每个梯度 3 个平行，线性拟合绘制标准曲线时，以每点均值计算。

表 11-4　标准曲线系列试管（二）

试管号	UN	IN	S1	S2	S3	S4	S5
水体积/mL	5	5	4.6	4.2	3.4	2.6	1.8
5 ng/mL 标准工作液体积/mL	0	0	0.4	0.8	1.6	2.4	3.2
培养基体积/mL	5	5	5	5	5	5	5

②试样系列试管的制备

按表 11-5 顺序准确加入水、试样处理液和维生素 B_6 测定用培养基于试管中，用棉塞塞住试管，每个样液 3 个平行。

表 11-5　试样系列管（二）

试管号	1	2	3
水体积/mL	4	3	1
试样处理液体积/mL	1	2	4
培养基体积/mL	5	5	5

③灭菌

将制备好的用于标准曲线制定和试样测定的试管放入高压灭菌锅中 121℃下高压灭菌 10 min，冷却至室温备用。

④接种和培养

除未接种空白试管（UN）外，每管加入 50 μL 接种液，混匀，于 30℃±1℃恒温箱中培养 18～24 h。

（4）测定

将培养后的空白接种管和试样系列管从恒温箱中取出后混匀，用厚度为 1 cm 的比色杯，在 550 nm 波长处，以接种空白管调节吸光度为零，测定各管的吸光度值。以标准系列试管维生素 B_6 所含的浓度为横坐标，吸光度值为纵坐标，以每点均值绘制维生素 B_6 标准工作曲线，用试样系列管得到的吸光度值，在标准曲线上查到试样管维生素 B_6 的含量。

5）数据计算与结果表述

试样提取液中维生素 B_6 的浓度按式 11-10 计算：

$$X = \frac{\rho \times V}{m \times 10^6 \times 1000} \quad (11\text{-}10)$$

式中，X 为试样中维生素 B_6（以吡哆醇计）的含量，mg/100 g；ρ 为试样提取液中维生素 B_6 的平均质量浓度，ng/mL；V 为试样提取液的稀释体积，mL；m 为试样质量，g；1000 为单位换算系数。计算结果保留到小数点后两位。

6）适用范围

适用于各类食品中维生素 B_6 的测定。

第 12 章　食品中典型有害矿质污染物的测定

12.1　概　　述

12.1.1　食品中的污染物

根据《食品安全国家标准 食品中污染物限量》（GB 2762—2022），食品中的污染物（contaminant）是指食品在从生产（包括农作物种植、动物饲养和兽医用药）、加工、包装、贮存、运输、销售，直至食用等过程中产生的或由环境污染带入的、非有意加入的化学性危害物质。

根据这个概念，食品中的农药残留、兽药残留、生物毒素、放射性物质、多氯联苯等有机有害物质、食品接触材料及制品向食品迁移的有害物质、丙烯酰胺等加工中产生的有害物质等均是食品中的污染物。需要加以学习、认识和控制。从本章开始，学习食品中典型有害有毒污染物的测定方法。依据《食品安全国家标准 食品中污染物限量》（GB 2762—2022），本章重点学习食品中典型有害矿质污染物的测定。如何界定食品中污染的对人体典型有害的矿质污染物呢？首先就要了解人体中的化学元素。

12.1.2　人体中的化学元素

生物界物种都处于地球表面的岩石圈、水圈和大气圈所构成的环境中，生物体是开放系统，需要不间断地与周围环境进行物质交换，通过新陈代谢维持机体各种功能需求和内环境的相对稳定。在漫长的进化历程中，生物体配备并逐步改善自身的控制系统，从环境中选择了一部分元素来构成自身的机体，并维持生存。目前在地壳中已经发现的 90 多种天然元素中，约有 60 多种在生物体中被检出，其中至少有 26 种被认为是生物体所必需的，被统称为生命必需元素，氢（hydrogen，H）、碳（carbon，C）、氮（nitrogen，N）、氧（oxygen，O）、磷（phosphorus，P）、硫（sulfur，S）、氟（fluorine，F）、氯（chlorine，Cl）、碘（iodine，I）、钠（sodium，Na）、钾（potassium，K）、镁（magnesium，Mg）、钙（calcium，Ca）、铁（ferrum，Fe）、锌（zinc，Zn）、铜（cuprum，Cu）、锰（manganese，Mn）、钼（molybdenum，Mo）、钴（cobalt，Co）、铬（chromium，Cr）、钒（vanadium，V）、镍（niccolum，Ni）、锡（stannum，Sn）、硒（selenium，Se）、硼（boron，B）和硅（silicon，Si）。

就人体而言，艾姆斯里（Emsley）于 1998 年对人体中发现的 59 种化学元素的含量情况进行了统计归纳。依据各元素在人体的含量不同，可分为宏（常）量元素和微量元素两大类。本书在第 6 章食品中灰分及营养性矿质中也提到过这个知识点。其分类依据是凡占人体总重量的 1/10000 以上的元素被称为宏量元素，主要包括 O、C、H、N、P、S、Cl、Ca、Mg、Na 和 K 等 11 种化学元素，共占人体总重量的 99.95%。凡占人体总重量的 1/10000 以下的元素被称为微量元素，如铁、铜、锌、钴、锰、铬、硒、碘、镍、氟、钼、钒、锡、硅等 40 多种无机元素，共占人体总重的 0.05%左右。微量元素中有的是人体必需的，有的是非必需甚至具有潜在毒性，1996 年 3 月联合国粮农组织、国际原子能机构和世界卫生组织联合专家委员会（Joint FAO/IAEA/WHO Expert Committee）讨论并发布了人体必需微量元素的定义，专家委员会将目前在人体中已研究的微量元素分为三类。

第一类为必需微量元素，它们是碘、锌、硒、铜、钼、铬、钴、铁。

第二类为人体可能必需的微量元素，包括锰、硅、镍、硼、钒。

第三类为有潜在毒性的元素，但剂量低时可能具有人体所需的生物功能，它们是氟、铅、镉、汞、砷、铝、锡等。

12.1.3　人体化学元素与食品供给的关系

本书在第 6 章就已表达过关于食品供给人体营养性矿质元素的观点，即不管是宏量矿质还是微量矿质，因为其在人体代谢中处于动态平衡，所以人体就必须不断从食品中摄取，以满足机体生理需求。但是就上述被分类为有潜在毒性的元素来讲，其对食品污染量的高低直接影响食品食用安全性。特别是随着环境污染的加剧（工业化的发展和发达，导致急剧增加的废气、废水、固体废物等；人口的增加和城市化的快速发展导致越来越多的生活垃圾，其焚烧导致有害废气，其掩埋则产生可迁移的渗滤液；等等），这类元素污染所导致的食品安全问题越来越引起社会的关注。美国环境保护局曾颁布了 13 种优先考虑的金属污染物，包括锑、砷、铍、镉、铬、铜、铅、汞、镍、硒、银、铊、锌。我国环境保护部现生态环境部也曾颁布 68 种重点污染物，其中列出了 9 种优先考虑的金属及其化合物，分别是砷、铍、镉、铬、铜、铅、汞、镍、铊及其化合物。《食品安全国家标准 食品中污染物限量》（GB 2762—2022）制定了各类食品中的铅、镉、汞、砷、锡、镍、铬的限量标准。本章主要就铅、镉、汞、砷、锡、镍、铬的测定方法进行学习。

12.2　食品中铅和镉的测定

12.2.1　食品中铅的测定

《食品安全国家标准 食品中铅的测定》（GB 5009.12—2023）规定了食品中铅的石墨炉原子吸收光谱、电感耦合等离子体质谱和火焰原子吸收光谱测定方法。本部分主要学习石墨炉原子吸收光谱法。电感耦合等离子体质谱法可直接参阅《食品安全国家标准 食品中多元素的测定》（GB 5009.268—2016）。

1. 原理

试样消解处理后，消解液中的铅离子经石墨炉原子化，在 283.3 nm 处测定原子化铅的吸光度。在一定浓度范围内铅的吸光度值与铅含量成正比，与标准系列比较定量。

2. 试剂和仪器

1）试剂和试剂配制

除非另有说明，本方法所用试剂均为优级纯，水为GB/T 6682规定的二级水。

试剂：硝酸；高氯酸；磷酸二氢铵；硝酸钯；乙酸铵；乙酸钠。

试剂配制：①硝酸溶液（5＋95）：量取50 mL硝酸，缓慢加入到950 mL水中，混匀；②硝酸溶液（1＋9）：量取50 mL硝酸，缓慢加入到450 mL水中，混匀；③硝酸溶液（1＋99）：量取10 mL硝酸，缓慢加入到990 mL水中，混匀；④乙酸钠溶液（2 mol/L）：称取乙酸钠164.0 g，加水溶解，定容至1000 mL；⑤乙酸铵溶液（1 mol/L）：称取乙酸铵77.1 g，加水溶解，定容至1000 mL；⑥磷酸二氢铵-硝酸钯溶液：称取0.02 g硝酸钯，加少量硝酸溶液（1＋9）溶解后，再加入2 g磷酸二氢铵，溶解后用硝酸溶液（1＋99）定容至100 mL，混匀。

2）标准品及标准溶液配制

标准品：硝酸铅[$Pb(NO_3)_2$，CAS号：10099-74-8]，纯度＞99.99%，或经国家认证并授予标准物质证书的铅标准溶液。

标准溶液配制：①铅标准储备液（1000 mg/L）：准确称取1.5985 g（精确至0.0001 g）硝酸铅，用少量硝酸溶液（1＋9）溶解，移入1000 mL容量瓶，加水至刻度，混匀；②铅标准中间液（10.0 mg/L）：准确吸取1.00 mL铅标准储备液于100 mL容量瓶中，用硝酸溶液（5＋95）定容至刻度，混匀；③铅标准使用液（1.00 mg/L）：准确吸取10.00 mL铅标准中间液于100 mL容量瓶中，用硝酸溶液（5＋95）定容至刻度，混匀；④铅标准系列溶液：分别吸取铅标准使用液0 mL、0.2 mL、0.5 mL、1.0 mL、2.0 mL和4.0 mL于100 mL容量瓶中，加硝酸溶液（1＋99）至刻度，混匀。此铅标准系列溶液的质量浓度分别为0 μg/L、2.0 μg/L、5.0 μg/L、10.0 μg/L、20.0 μg/L和40.0 μg/L。

注：可根据仪器的灵敏度、样品中铅的实际含量及不同仪器型号确定标准系列溶液中铅的质量浓度及硝酸溶液浓度。

3）仪器和设备

原子吸收光谱仪：配石墨炉原子化器，附铅空心阴极灯；分析天平：感量分别为0.1 mg和1 mg；可调式电热炉和可调式电热板；微波消解系统：配聚四氟乙烯消解内罐；恒温干燥箱；压力消解罐：配聚四氟乙烯消解内罐。

3. 方法操作步骤

1）试样的制备

豆类、谷物、菌类、茶叶、干制水果、坚果、焙烤食品等低含水量干样：取可食部分，必要时经高速粉碎机粉碎均匀；对于固体乳制品、蛋白粉、面粉等呈均匀状的粉状试样，混匀。蔬菜、水果、水产品等高含水量的新鲜食品试样，必要时洗净，晾干，取可食部分匀浆均匀；肉类、蛋类等新鲜试样，取可食部分匀浆均匀。经解冻的速冻食品及罐头样品，取可食部分匀浆均匀。软饮料、调味品等样品摇匀；半固态试样，搅拌均匀。

2）试样预处理

食品中的铅是相对较稳定的矿质元素，在较高温度下有一定挥发性，所以，测定铅的试样预处理一般采用湿法消解法、微波消解法和压力罐消解法，不采用干法灰化法。消解处理的详细技术参数参考 6.3 节。

3）测定

（1）仪器参考条件

根据各自仪器设置工作程序，将设备调至最佳状态。测定铅的工作条件：波长 283.3 nm，狭缝 0.5 nm，灯电流 8～12 mA，干燥 85～120℃/40～50 s，灰化 750℃/20～30 s，原子化 2300℃/4～5 s。

（2）标准曲线的制作

按质量浓度由低到高的顺序分别将 10 μL 铅标准系列溶液和 5 μL 磷酸二氢铵-硝酸钯溶液（可根据所使用的仪器确定最佳进样量）同时注入石墨炉，原子化后测其吸光度值，以质量浓度为横坐标，吸光度值为纵坐标，制作标准曲线。

（3）试样溶液的测定

在与测定标准溶液相同的实验条件下，将 10 μL 空白溶液或试样溶液与 5 μL 磷酸二氢铵-硝酸钯溶液（可根据所使用的仪器确定最佳进样量）同时注入石墨炉，原子化后测其吸光度值，与标准系列比较定量。

4）数据计算和结果表述

试样中铅的含量按式 12-1 计算：

$$X = \frac{(\rho - \rho_0) \times V}{m \times 1000} \tag{12-1}$$

式中，X 为试样中铅的含量，mg/kg 或 mg/L；ρ 为试样溶液中铅的质量浓度，μg/L；ρ_0 为空白溶液中铅的质量浓度，μg/L；V 为试样消解液的定容体积，mL；m 为试样称样量或移取体积，g 或 mL；1000 为换算系数。当铅含量≥1.00 mg/kg（或 mg/L）时，计算结果保留三位有效数字；当铅含量＜1.00 mg/kg（或 mg/L）时，计算结果保留两位有效数字。

5）方法评价

样品中铅含量大于 1 mg/kg 时，在重复条件下获得的两次独立测定结果的绝对差值不得超过算术平均值的 10%；小于或等于 1 mg/kg 且大于 0.1 mg/kg 时，在重复性条件下获得的两次独立测定结果的绝对差值不得超过算术平均值的 15%；小于或等于 0.1 mg/kg 时，在重复性条件下获得的两次独立测定结果的绝对差值不得超过算术平均值的 20%。

当称样量为 0.5 g（或 0.5 mL），定容体积为 10 mL 时，方法的检出限为 0.02 mg/kg（或 0.02 mg/L），定量限为 0.04 mg/kg（或 0.04 mg/L）。对于生乳、巴氏杀菌乳、灭菌乳、果蔬汁类及其饮料［含浆果及小粒水果的果蔬汁及其饮料、浓缩果蔬汁（浆）除外］、液态婴幼儿配方食品等样品，当取样量为 2 g（或 2 mL），定容体积为 10 mL 时，方法的检出限为 0.005 mg/kg（或 0.005 mg/L），定量限为 0.01 mg/kg（或 0.01 mg/L）。

12.2.2　食品中镉的测定

《食品安全国家标准　食品中镉的测定》（GB 5009.15—2023）规定了食品中镉的石墨

炉原子吸收光谱和电感耦合等离子体质谱测定方法。本部分主要学习石墨炉原子吸收光谱法。电感耦合等离子体质谱法主要参考《食品安全国家标准 食品中多元素的测定》（GB 5009.268—2016）中相关技术规定，详细方法可直接参阅 GB 5009.268—2016。

1. 原理

试样消解处理后，将一定量样品消解液注入原子吸收分光光度计石墨炉中，电热原子化后吸收 228.8 nm 共振线，在一定浓度范围内，镉的吸光度值与镉含量成正比，采用标准曲线法定量。

2. 试剂和仪器

1）试剂和试剂配制

除非另有说明，本方法所用试剂均为优级纯，水为 GB/T 6682 规定的二级水。

试剂：硝酸；高氯酸；磷酸二氢铵；硝酸钯。

试剂配制：①硝酸溶液（5 + 95）：量取 50 mL 硝酸，缓慢加入 950 mL 水中，混匀。②硝酸溶液（1 + 9）：量取 50 mL 硝酸，缓慢加入 450 mL 水中，混匀。③磷酸二氢铵-硝酸钯混合溶液：称取 0.02 g 硝酸钯，加少量硝酸溶液（1 + 9）溶解后，再加入 2 g 磷酸二氢铵，溶解后用硝酸溶液（5 + 95）定容至 100 mL，混匀。

2）标准品和标准溶液配制

氯化镉（$CdCl_2 \cdot 2.5H_2O$），纯度＞99.99%。或者直接选用经国家认证并授予标准物质证书的镉标准溶液。根据仪器性能和试样性质配制合适的镉标准使用液，临用现配。

3）仪器和设备

原子吸收光谱仪或分光光度计：配石墨炉原子化器，附镉空心阴极灯；电子天平：感量为 0.1 mg 和 1 mg；可调式电热板或可调式电炉、恒温干燥箱；压力消解罐：配聚四氟乙烯消解内罐；微波消解系统：配聚四氟乙烯消解内罐。

3. 方法操作步骤

1）试样制备

豆类、谷物、菌类、茶叶、干制水果、坚果、焙烤食品等低含水量干样：取可食部分，必要时经高速粉碎机粉碎均匀；对于固体乳制品、蛋白粉、面粉等呈均匀状的粉状试样，混匀。蔬菜、水果、水产品等高含水量的新鲜食品试样，必要时洗净，晾干，取可食部分匀浆均匀；肉类、蛋类等新鲜试样，取可食部分匀浆均匀。经解冻的速冻食品及罐头样品，取可食部分匀浆均匀。软饮料、调味品等样品摇匀；半固态试样，搅拌均匀。

2）试样预处理

食品试样中镉元素的赋存相对比较稳定，所以之前版本的 GB 5009.15 和现有《食品分析》教材均涵盖了干法灰化法作为镉测定试样预处理的方法之一。GB 5009.15—2023 删除了干式消解。消解处理的详细技术参数参考 6.3。

3）测定

（1）仪器参考条件

根据所用仪器型号将仪器调至最佳状态。原子吸收分光光度计（附石墨炉及镉空心阴极灯）测定参考条件如下：波长228.8 nm，狭缝0.2～1.0 nm，灯电流2～10 mA，干燥温度85～120℃，干燥时间30～50 s；灰化温度450～650℃，灰化时间15～30 s；原子化温度1500～2000℃，原子化时间4～5 s；背景校正为氘灯或塞曼效应。

（2）标准曲线的制作

将标准曲线工作液按浓度由低到高的顺序各取10 μL注入石墨炉，同时注入5 μL的磷酸二氢铵-硝酸钯混合溶液，原子化后测其吸光度值，以标准曲线工作液的质量浓度为横坐标，相应的吸光度值为纵坐标，绘制标准曲线并求出吸光度值与浓度关系的一元线性回归方程。如果有自动进样装置，也可用程序稀释来配制标准系列。

（3）试样溶液的测定

与测定标准曲线工作液相同的实验条件下，吸取样品消解液或试剂空白溶液10 μL（可根据使用仪器选择最佳进样量），注入石墨炉，同时注入5 μL的磷酸二氢铵-硝酸钯混合溶液，原子化后测其吸光度值，根据标准曲线得到待测液中镉的质量浓度。若测定结果超出标准曲线范围，用硝酸溶液（5＋95）稀释后再行测定。

4）数据计算和结果表述

试样中镉含量按式12-2进行计算：

$$X=\frac{(c_1-c_0)\times f\times V}{m\times 1000} \tag{12-2}$$

式中，X为试样中镉的含量，mg/kg或mg/L；c_1为试样消解液中镉的质量浓度，μg/L；c_0为空白消解液中镉的质量浓度，μg/L；f为稀释倍数；V为试样消解液的定容体积，mL；m为试样称样量或移取体积，g或mL；1000为换算系数。当镉含量≥0.1 mg/kg（mg/L）时，计算结果保留三位有效数字，当镉含量＜0.1 mg/kg（mg/L）时，计算结果保留两位有效数字。

5）方法评价

试样中镉含量＞1 mg/kg（mg/L）时，在重复条件下获得的2次独立测定结果的绝对差值不得超过算术平均值的10%；0.1 mg/kg（0.1 mg/L）＜试样中镉含量≤1 mg/kg（0.1 mg/L），在重复性条件下获得的2次独立测定结果的绝对差值不得超过算术平均值的15%；试样中镉含量≤0.1 mg/kg（0.1 mg/L）时，在重复性条件下获得的2次独立测定结果的绝对差值不得超过算术平均值的20%。

当称样量为0.5 g或2 mL，定容体积为10 mL时，方法的检出限为0.002 mg/kg或0.0005 mg/L，定量限为0.04 mg/kg或0.001 mg/L。

12.3　食品中汞和砷的测定

自然界中汞和砷的分布广泛，但是背景值很低。自工业革命以来，环境汞和砷的污染加剧，通过食物链富集，食品中汞和砷的污染日益严重。研究发现，食品中污染的汞和砷在各种生物性转化作用下，其赋存形态具有多样化，且其对人体健康的损伤作用与其在食品中的赋存形态密切相关。

单质汞本身毒性不大，人体误食后主要是由于其密度大容易引起肠胃穿孔而发病，但是单质汞引起的食物中毒未见报道。食品中赋存的无机汞离子进入人体后可蓄积在肾脏，通过尿液排泄，一般不会通过血脑屏障进入脑组织，造成神经损伤。有机汞特别是不易被降解的甲基汞被人体摄取后，因其分子量小、脂溶性强等特点，极易通过血脑屏障，表现出很强的神经毒性，被认为是食品中污染的剧毒物质。

食品中污染的砷一般是以化合物的形式存在，化合态的砷有两大类，一类是与氧、氯、硫等结合的亚砷酸盐（AsIII）或砷酸盐（AsⅤ）类，被称为无机砷；另一类是与碳和氧结合的一甲基砷酸、二甲基砷酸、三甲砷丙内酯、砷甜菜碱和砷胆碱、阿散酸、洛克沙砷等，被称为有机砷。这两类化合态砷都有毒性，且毒性强弱与具体形态有关，总体上无机砷的毒性高于有机砷，无机砷中AsIII的毒性约是AsⅤ的60倍。三氧化二砷，俗称砒霜，是毒性最强的物质之一，也是最古老的毒性物质之一。

所以《食品安全国家标准 食品中污染物限量》（GB 2762—2022）不仅规定了食品中汞和砷的总量水平，也规定了一些种类的食品中甲基汞的限量和无机砷的限量。《食品安全国家标准 食品中总汞及有机汞的测定》（GB 5009.17—2021）和《食品安全国家标准 食品中总砷及无机砷的测定》（GB 5009.11—2014）则是分别规定了相应汞和砷的测定方法。

12.3.1 食品中总汞的测定

《食品安全国家标准 食品中总汞及有机汞的测定》（GB 5009.17—2021）第一篇规定了食品中总汞含量的测定方法，分别是原子荧光光谱法、直接进样测汞法、电感耦合等离子体质谱法和冷原子吸收光谱法。本部分主要学习食品中总汞含量测定的原子荧光光谱法。电感耦合等离子体质谱法可直接参阅《食品安全国家标准 食品中多元素的测定》（GB 5009.268—2016）中相关技术规定。

1. 原理

试样经酸加热消解后，在酸性介质中，试样中汞被硼氢化钾或硼氢化钠还原成原子态汞，由载气（氩气）带入原子化器中，在汞空心阴极灯照射下，基态汞原子被激发至高能态，在由高能态回到基态时，发射出特征波长的荧光，其荧光强度与汞含量成正比，外标法定量。

2. 试剂和仪器

1）试剂和试剂配制

除非另有说明，本方法所用试剂均为优级纯，水为GB/T 6682规定的一级水。

试剂：硝酸；过氧化氢；硫酸；氢氧化钾；硼氢化钾：分析纯；重铬酸钾。

试剂配制：①硝酸溶液（1＋9）：量取50 mL硝酸，缓缓加入450 mL水中，混匀。②硝酸溶液（5＋95）：量取50 mL硝酸，缓缓加入950 mL水中，混匀。③氢氧化钾溶液（5 g/L）：称取5.0 g氢氧化钾，用水溶解并稀释至1000 mL，混匀。④硼氢化钾溶液

(5 g/L)：称取 5.0 g 硼氢化钾，用氢氧化钠溶液（5 g/L）溶解并定容至 1000 mL，混匀，临用现配。注：也可用硼氢化钠（3.5 g/L）作为还原剂，临用现配。

2）标准品和标准溶液配制

氯化汞（$HgCl_2$），纯度≥99%。或直接选用经国家认证并授予标准物质证书的汞标准溶液。根据仪器性能和试样性质配制合适的汞标准使用液，临用现配。

3）仪器设备

原子荧光光谱仪：配汞空心阴极灯；电子天平：感量为 0.01 mg、0.1 mg 和 1 mg；微波消解系统；压力消解器；恒温干燥箱：50～300℃；控温电热板；超声水浴箱；匀浆机；高速粉碎机；可调微量移液器（0.1～1 mL，1～5 mL）。

3. 方法操作步骤

1）试样制备

粮食、豆类等固态干制食品试样取可食部分粉碎均匀，过 40 目筛网，取筛下物，装入洁净聚乙烯瓶中，密封保存备用。蔬菜、水果、鱼类、肉类及蛋类等新鲜食品试样，洗净晾干，取可食部分匀浆，装入洁净聚乙烯瓶中，密封，于 2～8℃冰箱冷藏备用。乳及乳制品匀浆或均质后装入洁净的聚乙烯瓶中，密封于 2～8℃冰箱冷藏备用。

2）试样消解

食品中的汞在较高温度下具有一定的挥发性，所以试样消解一般选用微波消解法、压力罐消解法和回流消化法。微波消解法和压力罐消解法技术参数可参阅 6.3 节。此处只详述回流消化法。

（1）粮食 称取 1.0～4.0 g（精确到 0.001 g）试样，置于消化装置锥形瓶中，加玻璃珠数粒，加 45 mL 硝酸、10 mL 硫酸，转动锥形瓶防止局部炭化。装上冷凝管后，低温加热，待开始发泡即停止加热，发泡停止后，加热回流 2 h。如加热过程中溶液变棕色，再加 5 mL 硝酸，继续回流 2 h，消解到样品完全溶解，一般呈淡黄色或无色，待冷却后从冷凝管上端小心加入 20 mL 水，继续加热回流 10 min，放置冷却后，用适量水冲洗冷凝管，冲洗液并入消化液中，将消化液经玻璃棉过滤于 100 mL 容量瓶内，用少量水洗涤锥形瓶、滤器，洗涤液并入容量瓶内，加水至刻度，混匀备用；同时做空白试验。

（2）植物油及动物油脂 称取 1.0～3.0 g（精确到 0.001 g）试样，置于消化装置锥形瓶中，加玻璃珠数粒，加入 7 mL 硫酸，小心混匀至溶液颜色变为棕色，然后加 40 mL 硝酸。后续步骤同（1）中“装上冷凝管后，低温加热……同时做空白试验”。

（3）薯类、豆制品 称取 1.0～4.0 g（精确到 0.001 g）试样，置于消化装置锥形瓶中，加玻璃珠数粒及 30 mL 硝酸、5 mL 硫酸，转动锥形瓶防止局部炭化。后续步骤同①中“装上冷凝管后，低温加热……同时做空白试验”。

（4）肉、蛋类 称取 0.5 g～2.0 g（精确到 0.001 g）试样，置于消化装置锥形瓶中，加玻璃珠数粒及 30 mL 硝酸、5 mL 硫酸，转动锥形瓶防止局部炭化。后续步骤同①中“装上冷凝管后，低温加热……同时做空白试验”。

（5）乳及乳制品 称取 1.0 g～4.0 g（精确到 0.001 g）试样，置于消化装置锥形瓶中，加玻璃珠数粒及 30 mL 硝酸，乳加 10 mL 硫酸，乳制品加 5 mL 硫酸，转动锥形瓶防止局部炭化。后续步骤同（1）中“装上冷凝管后，低温加热……同时做空白试验”。

3）测定

（1）仪器参考条件

根据各自仪器性能调至最佳状态。光电倍增管负高压：240 V；汞空心阴极灯电流：30 mA；原子化器温度：200℃；载气流速：500 mL/min；屏蔽气流速：1000 mL/min。

（2）标准曲线的制作

设定好仪器最佳条件，连续用硝酸溶液（1＋9）进样，待读数稳定之后，转入标准系列溶液测量，由低到高浓度顺序测定标准溶液的荧光强度，以汞的质量浓度为横坐标，荧光强度为纵坐标，绘制标准曲线。

（3）试样溶液的测定

转入试样测量，先用硝酸溶液（1＋9）进样，使读数基本回零，再分别测定处理好的试样空白和试样溶液。

4. 数据计算和结果表述

试样中汞含量按式 12-3 计算：

$$X = \frac{(\rho - \rho_0) \times V \times 1000}{m \times 1000 \times 1000} \tag{12-3}$$

式中，X 为试样中汞的含量，mg/kg；ρ 为试样溶液中汞含量，μg/L；ρ_0 为空白液中汞含量，μg/L；V 为试样消化液定容总体积，mL；m 为试样称样量，g；1000 为换算系数。当汞含量≥1.00 mg/kg 时，计算结果保留三位有效数字；当汞含量＜1.00 mg/kg 时，计算结果保留两位有效数字。

5. 方法评价

当样品中汞含量＞1 mg/kg 时，在重复性条件下获得的两次独立测定结果的绝对差值不得超过算术平均值的 10%；0.1 mg/kg＜试样汞含量≤1 mg/kg 时，在重复性条件下获得的两次独立测定结果的绝对差值不得超过算术平均值的 15%；试样汞含量≤0.1 mg/kg 时，在重复性条件下获得的两次毒力测定结果的绝对差值不得超过算术平均值的 20%。

当试样称样量为 0.5 g，定容体积为 25 mL 时，方法检出限为 0.003 mg/kg，方法定量限为 0.01 mg/kg。

12.3.2　食品中甲基汞的测定

《食品安全国家标准 食品中总汞及有机汞的测定》（GB 5009.17—2021）第二篇规定了食品中甲基汞含量的测定方法，分别是液相色谱-原子荧光光谱联用法、液相色谱-电感耦合等离子体质谱联用法。规定的方法适用于水产动物及其制品、大米、食用菌中甲基汞的测定。本部分主要学习液相色谱-原子荧光光谱联用法测定食品中甲基汞的技术要点。

1. 原理

食品试样中的甲基汞采用超声波辅助 5 mol/L 盐酸溶液提取，使用 C_{18} 反相色谱柱分离，色谱流出液进入在线紫外消解系统，在紫外光照射下与强氧化剂过硫酸钾反应，甲基汞转变为无机汞。酸性环境下，无机汞与硼氢化钾在线反应生成汞蒸气，由原子荧光光谱仪测定。保留时间定性，外标法定量。

2. 试剂和仪器

1）试剂和试剂配制

除非另有说明，本方法所用试剂均为分析纯，水为GB/T 6682规定的一级水。

试剂：甲醇：色谱纯；氢氧化钠；氢氧化钾；硼氢化钾；过硫酸钾；乙酸铵；盐酸：优级纯；硝酸：优级纯；重铬酸钾；L-半胱氨酸：生化试剂，纯度≥98.5%。

试剂配制：①盐酸溶液（5 mol/L）：量取208 mL盐酸，加水稀释至500 mL。②盐酸溶液（1＋9）：量取100 mL盐酸，加水稀释至1000 mL。③氢氧化钾溶液（2 g/L）：称取2.0 g氢氧化钾，加水溶解并稀释至1000 mL。④氢氧化钠溶液（6 mol/L）：称取24 g氢氧化钠，加水溶解，冷却后稀释至100 mL。⑤硼氢化钾溶液（2 g/L）：称取2.0 g硼氢化钾，用氢氧化钾溶液（2 g/L）溶解并稀释至1000 mL，临用现配。⑥过硫酸钾溶液（2 g/L）：称取1.0 g过硫酸钾，用氢氧化钾溶液（2 g/L）溶解并稀释至500 mL。⑦硝酸溶液（5＋95）：量取5 mL硝酸，缓慢加入95 mL水中，混匀。⑧重铬酸钾的硝酸溶液（0.5 g/L）：称取0.5 g重铬酸钾，用硝酸溶液（5＋95）溶解并稀释至1000 mL，混匀。⑨L-半胱氨酸溶液（10 g/L）：称取0.1 g L-半胱氨酸，加10 mL水溶解，混匀。临用现配。⑩甲醇水溶液（1＋1）：量取甲醇100 mL，加100 mL水溶解，混匀。临用现配。⑪流动相（3%甲醇＋0.04 mol/L乙酸铵＋1 g/L L-半胱氨酸）：称取0.5 g L-半胱氨酸、1.6 g乙酸铵，用100 mL水溶解，加入15 mL甲醇，用水稀释至500 mL。经0.45 μm有机系滤膜过滤后，于超声水浴中超声脱气30 min，临用现配。

2）标准品和标准溶液配制

氯化甲基汞和氯化乙基汞，纯度≥99%。或直接选用经国家认证并授予标准物质证书的标准储备溶液，根据仪器性能和试样性质配制合适的标准使用液，临用现配。

3）仪器和设备

液相色谱-原子荧光光谱联用仪（LC-AFS）：由液相色谱仪、在线紫外消解系统及原子荧光光谱仪组成；电子天平；匀浆机、高速粉碎机；冷冻离心机：转速≥8000 r/min；超声波清洗器；微量移液器；有机系滤膜：0.45 μm；筛网：筛孔≥40目。

3. 方法操作步骤

1）试样制备

大米、食用菌、水产动物及其制品的干制食品试样，取可食部分粉碎均匀，过40目筛孔，取筛下物，装入洁净聚乙烯瓶中，密封保存备用。食用菌、水产动物等新鲜食品试样，洗净晾干，取可食部分匀浆至均质，装入洁净聚乙烯瓶中，密封，2～8℃冰箱冷藏备用。

2）试样提取

称取固体样品0.20～1.0 g或新鲜样品0.50～2.0 g（精确到0.001 g），置于15 mL塑

料离心管中，加入 10 mL 盐酸溶液（5 mol/L）。室温下超声水浴提取 60 min，其间振摇数次。4℃下以 8000 r/min 离心 15 min。准确吸取 2.0 mL 上清液至 5 mL 容量瓶或刻度试管中，逐滴加入氢氧化钠溶液（6 mol/L），至样液 pH3～7。加入 0.1 mL 的 L-半胱氨酸溶液（10 g/L），用水稀释定容至刻度。经 0.45μm 有机系滤膜过滤，待测。同时做空白试验。

注：滴加 6 mol/L 氢氧化钠溶液时应缓慢逐滴加入，避免酸碱中和产生的热量来不及扩散，使温度很快升高，导致汞化合物挥发，造成测定值偏低。可选择加入 1～2 滴 0.1% 的甲基橙溶液作为指示剂，当滴定至溶液由红色变为橙色时即可。

3）测定

（1）液相色谱参考条件

色谱柱：C_{18} 分析柱（150 mm×4.6 mm，5 μm）或等效色谱柱，C_{18} 预柱（10 mm×4.6 mm，5 μm）或等效色谱预柱；流动相：3%甲醇 + 0.04 mol/L 乙酸铵 + 1 g/L L-半胱氨酸；流速：1 mL/min；进样体积：100μL。

（2）原子荧光检测参考条件

负高压：300 V；汞灯电流：30 mA；原子化方式：冷原子；载液：盐酸溶液（1 + 9）；载液流速：4.0 mL/min；还原剂：2 g/L 硼氢化钾溶液；还原剂流速：4.0 mL/min；氧化剂：2 g/L 过硫酸钾溶液；氧化剂流速：1.6 mL/min；载气（氩气）流速：500 mL/min；辅助气（氩气）流速：600 mL/min。

（3）标准曲线的制作

设定仪器最佳条件，待基线稳定后，测定汞形态混合标准溶液（10 μg/L），确定各汞形态的分离度，待分离度（R＞1.5）达到要求后，将甲基汞标准系列溶液按质量浓度由低到高分别注入液相色谱-原子荧光光谱联用仪中进行测定，以标准系列溶液中目标化合物的浓度为横坐标，以色谱峰面积为纵坐标，制作标准曲线。

（4）试样溶液的测定

依次将空白溶液和试样溶液注入液相色谱-原子荧光光谱联用仪中，得到色谱图，以保留时间定性。根据标准曲线得到试样溶液中甲基汞的浓度。

4. 数据计算和结果表述

试样中甲基汞含量按式 12-4 计算：

$$X = \frac{f \times (\rho - \rho_0) \times V \times 1000}{m \times 1000 \times 1000} \tag{12-4}$$

式中，X 为试样中甲基汞的含量（以 Hg 计），mg/kg；f 为稀释因子，2.5 或据实选择；ρ 为经标准曲线得到的测定液中甲基汞的浓度，μg/L；ρ_0 为经标准曲线得到的空白溶液中甲基汞的浓度，μg/L；V 为加入提取试剂的体积，mL；m 为试样称样量，g；1000 为换算系数。当甲基汞含量≥1.00 mg/kg 时，计算结果保留三位有效数字；当甲基汞含量＜1.00 mg/kg 时，计算结果保留两位有效数字。

5. 方法评价

当样品中汞含量＞1 mg/kg 时，在重复性条件下获得的两次独立测定结果的绝对差值不得超过算术平均值的 10%；0.1 mg/kg＜试样汞含量≤1 mg/kg 时，在重复性条件下获得的两次独立测定结果的绝对差值不得超过算术平均值的 15%；试样汞含量≤0.1 mg/kg 时，在重复性条件下获得的两次独立测定结果的绝对差值不得超过算术平均值的 20%。

当试样称样量为 1.0 g，加入 10 mL 提取试剂，稀释因子为 2.5 时，方法检出限为 0.008 mg/kg，方法定量限为 0.03 mg/kg。

12.3.3　食品中总砷的测定

测定食品中总砷和无机砷的标准方法有《食品安全国家标准 食品中总砷及无机砷的测定》（GB 5009.11—2014），新国标 GB 5009.11—2024 即将在 2024 年 8 月 8 号生效。本部分主要是根据 GB 5009.11—2014 的第一篇规定的技术要点，对适用于各类食品中总砷的测定方法进行简要学习。GB 5009.11—2014 第一篇规定了适用于各类食品中总砷的测定方法，分别是电感耦合等离子体质谱法、氢化物发生原子荧光光谱法和银盐法。电感耦合等离子体质谱法的技术要点可具体参阅《食品安全国家标准 食品中多元素的测定》（GB 5009.268—2016）。本部分主要学习食品中总砷测定的氢化物发生原子荧光光谱法和银盐法。

1. 氢化物发生原子荧光光谱法

1）原理

食品试样经湿法消解法或干法灰化法处理后，加入硫脲使五价砷预还原为三价砷，再加入硼氢化钠或硼氢化钾使还原生成砷化氢，由氩气载入石英原子化器中分解为原子态砷，在高强度砷空心阴极灯的发射光激发下产生原子荧光，其荧光强度在固定条件下与被测液中的砷浓度成正比，与标准系列比较定量。

2）试剂和仪器

（1）试剂和试剂配制

除非另有说明，本方法所用试剂均为优级纯，水为 GB/T 6682 规定的一级水。

试剂：氢氧化钠；氢氧化钾；硼氢化钾：分析纯；硫脲：分析纯；盐酸；硝酸；硫酸；高氯酸；硝酸镁：分析纯；氧化镁：分析纯；抗坏血酸。

试剂配制：①氢氧化钾溶液（5 g/L）：称取 5.0 g 氢氧化钾，溶于水并定容至 1000 mL。②硼氢化钾溶液（20 g/L）：称取 20.0 g 硼氢化钾，溶于 1000 mL 5 g/L 氢氧化钾溶液中，混匀。③硫脲＋抗坏血酸溶液：称取 10.0 g 硫脲，加 80 mL 水，加热溶解，待冷却后加入 10.0 g 抗坏血酸，稀释至 100 mL，临用现配。④氢氧化钠溶液（100 g/L）：称取 10.0 g 氢氧化钠，溶于水，冷却稀释至 100 mL。⑤硝酸镁溶液（150 g/L）：称取 15.0 g 硝酸镁，溶于水并定容至 100 mL。⑥盐酸溶液（1＋1）：量取 100 mL 盐酸，缓慢加入 100 mL 水中，混匀。⑦硫酸溶液（1＋9）：量取 100 mL 硫酸，缓慢加入 900 mL 水中，混匀。硝酸溶液（2＋98）：量取 20 mL 硝酸，缓慢加入 980 mL 水中，混匀。

（2）标准品和标准溶液配制

三氧化二砷（As_2O_3）标准品，纯度≥99.5%。或直接选用经国家认证并授予标准物质证书的标准储备溶液，根据仪器性能和试样性质配制合适的标准使用液，临用现配。

（3）仪器设备

原子荧光光谱仪；天平；组织匀浆器；高速粉碎机；控温电热板；马弗炉。

3）方法操作步骤

（1）试样制备

粮食、豆类等干制食品试样，去除杂物，粉碎均匀，过40目网筛，取筛下物，装入洁净的聚乙烯瓶中，密封保存备用。蔬菜、水果、鱼类、肉类、蛋类等新鲜食品试样，洗净晾干，取可食部分匀浆，装入洁净的聚乙烯瓶中，密封，于4℃冰箱备用。

（2）试样消解

根据GB 5009.11—2014第二法，试样消解可以采用湿法消解法和干法灰化法。砷元素在较高温度下有一定的挥发性，所以不建议采用干法灰化破坏试样的有机物。可采用湿法消解法和微波消解法，具体技术参数可见6.3。

（3）仪器参考条件

负高压：260 V；砷空心阴极灯电流：50～80 mA；载气：氩气；载气流速：500 mL/min；屏蔽气流速：800 mL/min；测量方式：荧光强度；读数方式：峰面积。

（4）标准曲线制作

取25 mL容量瓶或比色管6支，依次准确加入1.00μg/mL砷标准使用液0.00 mL、0.10 mL、0.25 mL、0.50 mL、1.5 mL和3.0 mL（分别相当于砷浓度0.0 ng/mL、4.0 ng/mL、10 ng/mL、20 ng/mL、60 ng/mL、120 ng/mL），各加硫酸溶液（1＋9）12.5 mL，硫脲＋抗坏血酸溶液2 mL，补加水至刻度，混匀后放置30 min后测定。

仪器预热稳定后，将试剂空白、标准系列溶液依次引入仪器进行原子荧光强度的测定。以原子荧光强度为纵坐标，砷浓度为横坐标绘制标准曲线，得到回归方程。

（5）试样溶液的测定

相同条件下，将试样消解液和试剂空白消解液分别引入仪器进行测定。根据回归方程计算出样品中砷元素的浓度。

4）数据计算和结果表述

试样中总砷含量按式12-5计算：

$$X=\frac{(c-c_0)\times V\times 1000}{m\times 1000\times 1000} \tag{12-5}$$

式中，X为试样中砷的含量，mg/kg或mg/L；c为试样消解液中砷的测定浓度，ng/mL；c_0为试样空白消解液中砷的测定浓度，ng/mL；V为试样消解液总体积，mL；m为试样质量，g或mL；1000为换算系数。计算结果保留两位有效数字。

5）方法评价

在重复性条件下获得的两次独立测定结果的绝对差值不得超过算术平均值的20%。试样称样量为1 g、定容体积为25 mL时，方法检出限为0.010 mg/kg，定量限为0.040 mg/kg。

2. 银盐法

银盐法不仅是食品中总砷测定的国家标准方法，也是饲料中总砷测定的仲裁法。本方法步骤稍显繁琐，但是无需昂贵的仪器设备，比较适合相关企业等日常测定监控用。所以，本部分结合《食品安全国家标准 食品中食品中总砷及无机砷的测定》（GB 5009.11—2014）和《饲料中总砷的测定》（GB/T 13079—2022）两份资料，查阅相关文献，对方法要点进行总结和学习。

1）原理

试样经酸消解、酸直接溶解或干法灰化处理后，以碘化钾、氯化亚锡将高价砷还原为三价砷，然后与锌粒和酸产生的新生态氢生成砷化氢，经银盐溶液（二乙氨基二硫代甲酸银-三乙胺-三氯甲烷溶液）吸收后，形成红色胶态物，与标准系列比较定量。

2）试剂和材料

除非另有说明，本方法所用试剂均为优级纯，水为 GB/T 6682 规定的一级水。

试剂：硝酸；硫酸；盐酸；高氯酸；三氯甲烷；二乙基二硫代氨基甲酸银；氯化亚锡；硝酸镁；碘化钾；氧化镁；乙酸铅；三乙醇胺；无砷锌粒；氢氧化钠；乙酸。

试剂配制：①硝酸-高氯酸混合溶液（4 + 1）：量取 80 mL 硝酸，加入 20 mL 高氯酸，混匀。②硝酸镁溶液（150 g/L）：称取 15 g 硝酸镁，加水溶解并稀释定容至 100 mL。③碘化钾溶液（150 g/L）：称取 15 g 碘化钾，加水溶解并稀释定容至 100 mL，贮存于棕色瓶中。④酸性氯化亚锡溶液：称取 40 g 氯化亚锡，加盐酸溶解并稀释至 100 mL，加入数颗金属锡粒。⑤盐酸溶液（1 + 1）：量取 100 mL 盐酸，缓缓倒入 100 mL 水中，混匀。⑥乙酸铅溶液（100 g/L）：称取 11.8 g 乙酸铅，用水溶解，加入 1～2 滴乙酸，用水稀释定容至 100 mL。⑦乙酸铅棉花：用乙酸铅溶液（100 g/L）浸透脱脂棉后，压除多余溶液，并使之疏松，在 100℃以下干燥后，贮存于玻璃瓶中。⑧氢氧化钠溶液（200 g/L）：称取 20 g 氢氧化钠，溶于水并稀释至 100 mL。⑨硫酸溶液（6 + 94）：量取 6.0 mL 硫酸，慢慢加入 80 mL 水中，冷却后再加水稀释至 100 mL。⑩二乙基二硫代氨基甲酸银-三乙醇胺-三氯甲烷溶液：称取 0.25 g 二乙基二硫代氨基甲酸银置于乳钵中，加少量三氯甲烷研磨，移入 100 mL 量筒中，加入 1.8 mL 三乙醇胺，再用三氯甲烷分次洗涤乳钵，洗涤液一并移入量筒中，用三氯甲烷稀释至 100 mL，放置过夜。滤入棕色瓶中贮存。

标准品：三氧化二砷（As_2O_3）标准品，纯度≥99.5%。

标准溶液配制：①砷标准储备液（100 mg/L，按 As 计）：准确称取于 100℃干燥 2 h 的三氧化二砷 0.1320 g，加 5 mL 氢氧化钠溶液（200 g/L），溶解后加 25 mL 硫酸溶液（6 + 94），移入 1000 mL 容量瓶中，加新煮沸冷却的水稀释至刻度，贮存于棕色玻塞瓶中。4℃避光保存，保存期一年。或直接选购经国家认证并授予标准物质证书的标准物质。②砷标准使用液（1.00 mg/L，按 As 计）：吸取 1.00 mL 砷标准储备液（100 mg/L）于 100 mL 容量瓶中，加 1 mL 硫酸溶液（6 + 94），加水稀释至刻度。现用现配。

3）仪器和设备

分光光度计；测砷装置。

4）方法操作步骤

（1）试样制备

粮食、豆类等干制食品试样，去除杂物，粉碎均匀，过 40 目网晒，取筛下物，装入洁净的聚乙烯瓶中，密封保存备用。蔬菜、水果、鱼类、肉类、蛋类等新鲜食品试样，洗净晾干，取可食部分匀浆，装入洁净的聚乙烯瓶中，密封，于 4℃冰箱备用。

（2）试样的消解

①硝酸-高氯酸-硫酸混合酸消解法

粮食、粉丝、粉条、豆干制品、糕点、茶叶等及其他含水分少的固体食品试样：称取 5.0～10.0 g 试样（精确至 0.001 g），置于 250～500 mL 定氮瓶或三角瓶中，先加少许水湿润，加数粒玻璃珠、10～15 mL 硝酸-高氯酸混合液，放置片刻，小火缓缓加热，待作用缓和，放冷。沿瓶壁加入 5 mL 或 10 mL 硫酸，再加热，至瓶中液体开始变成棕色时，不断沿瓶壁滴加硝酸-高氯酸混合液至有机质分解完全。加大火力，至产生白烟，待瓶口白烟冒净后，瓶内液体再产生白烟为消解完全，该溶液应澄清透明无色或微带黄色，放冷（在操作过程中应注意防止爆沸或爆炸）。加 20 mL 水煮沸，除去残余的硝酸至产生白烟为止，如此处理两次，放冷。将冷后的溶液移入 50 mL 或 100 mL 容量瓶中，用水洗涤消解瓶，洗涤液并入容量瓶中，放冷，加水至刻度，混匀。取与消解试样相同量的硝酸-高氯酸混合液和硫酸，按同一方法作空白试验。

蔬菜、水果新鲜食品试样：称取 25.0～50.0 g（精确至 0.001 g）试样，置于 250～500 mL 定氮瓶或三角瓶中，加数粒玻璃珠、10～15 mL 硝酸-高氯酸混合液，以下同上述消解操作。

酱、酱油、醋、冷饮、豆腐、腐乳、酱腌菜等高水分含量食品试样：称取 10.0～20.0 g 试样（精确至 0.001 g），或吸取 10.0～20.0 mL 液体试样，置于 250～500 mL 定氮瓶或三角瓶中，加数粒玻璃珠、5～15 mL 硝酸-高氯酸混合液。以下同上述消解操作。

含酒精性饮料或含二氧化碳饮料：吸取 10.00～20.00 mL 试样，置于 250～500 mL 定氮瓶或三角瓶中，加数粒玻璃珠，先用小火加热除去乙醇或二氧化碳，再加 5 mL～10 mL 硝酸-高氯酸混合液，混匀后，以下同上述消解操作。

含糖量高的食品：称取 5.0～10.0 g 试样（精确至 0.001 g），置于 250～500 mL 定氮瓶或三角瓶中，先加少许水使湿润，加数粒玻璃珠、5～10 mL 硝酸-高氯酸混合后，摇匀。缓缓加入 5 mL 或 10 mL 硫酸，待作用缓和停止起泡沫后，先用小火缓缓加热（糖分易炭化），不断沿瓶壁补加硝酸-高氯酸混合液，待泡沫全部消失后，再加大火力，至有机质分解完全，发生白烟，溶液应澄明无色或微带黄色，放冷。加 20 mL 水煮沸，除去残余的硝酸至产生白烟为止，如此处理两次，放冷。将冷后的溶液移入 50 mL 或 100 mL 容量瓶中，用水洗涤定氮瓶，洗涤液并入容量瓶中，放冷，加水至刻度，混匀。按同一方法作空白试验。

水产品：称取试样 5.0～10.0 g（精确至 0.001 g）（海产藻类、贝类可适当减少取样量），置于 250～500 mL 定氮瓶中，加数粒玻璃珠，5～10 mL 硝酸-高氯酸混合液，混匀后，以下同上述消解操作。

②硝酸-硫酸法

以硝酸代替硝酸-高氯酸混合液进行操作。

③灰化法

粮食、茶叶及其他含水分少的食品试样：称取试样 5.0 g（精确至 0.001 g），置于坩埚中，加 1 g 氧化镁及 10 mL 硝酸镁溶液，混匀，浸泡 4 h。于 100℃电热板上低温蒸干（或置 105℃电热干燥箱中干燥）后，用小火炭化至无烟后移入马弗炉中加热至 550℃，灼烧 3～4 h，冷却后取出。加 5 mL 水湿润灰分，再慢慢加入 10 mL 盐酸溶液（1 + 1），加热溶解至溶液澄清，将溶液移入 50 mL 容量瓶中，用盐酸溶液（1 + 1）洗涤坩埚 3 次，每次 5 mL，再用水洗涤 3 次，每次 5 mL，洗涤液均并入容量瓶中，再加水至刻度，混匀。按同一操作方法作空白试验。

植物油：称取 5.0 g 试样（精确至 0.001 g），置于 50 mL 瓷坩埚中，加 10 g 硝酸镁、2 g 氧化镁，将坩埚置小火上加热，至刚冒烟，立即将坩埚取下，以防内容物溢出，待烟小后，再加热至炭化完全。将坩埚移至马弗炉中，550℃灼烧至灰化完全，冷后取出。加 5 mL 水湿润灰分，再缓缓加入 15 mL 盐酸溶液（1 + 1），加热溶解至溶液澄清，将溶液移入 50 mL 容量瓶中，然后将溶液移入 50 mL 容量瓶中，用盐酸溶液（1 + 1）洗涤坩埚 5 次，每次 5 mL，洗涤液均并入容量瓶中，加盐酸溶液（1 + 1）至刻度，混匀。按同一操作方法作空白试验。

水产品：称取试样 5.0 g 置于坩埚中（精确至 0.001 g），加 1 g 氧化镁及 10 mL 硝酸镁溶液，混匀，浸泡 4 h。以下同粮食等食品试样的灰化操作。

5）测试步骤

（1）标准系列溶液制备

准确移取 0.00 mL、2.00 mL、4.00 mL、6.00 mL、8.00 mL、10.00 mL 的砷标准使用液（1.00 mg/L，相当于 0.0 μg、2.0 μg、4.0 μg、6.0 μg、8.0 μg、10 μg），分别置于 150 mL 锥形瓶中，用水稀释至 30 mL，加入 10 mL 盐酸，使溶液中盐酸浓度为 3 mol/L。

（2）还原反应

根据试样中总砷含量，准确移取 2～20 mL 试样溶液和空白溶液于 150 mL 锥形瓶中，根据溶液中盐酸的量，补加盐酸至总量为 10 mL，用水稀释到 40 mL，使溶液盐酸浓度为 3 mol/L。

分别向上述试样溶液、空白溶液、标准系列溶液中各加入 2 mL 碘化钾溶液，混匀，加入 1 mL 酸性氯化亚锡溶液、0.2 g L-抗坏血酸，混匀，静置还原反应 15 min，待测。

准确移取 5 mL 二乙基二硫代氨甲酸银–三乙醇胺–三氯甲烷溶液于砷吸收管中，将反应装置导气管尖嘴部插入砷吸收管中，在砷反应瓶中迅速加入 4 g 无砷锌粒，立即将导气管的磨砂口塞紧砷反应瓶，防止漏气，待反应 45 min 后，取下砷吸收管，用三氯甲烷定容至 5 mL，混匀。若砷吸收颜色变黑，表明试样中硫含量过高，取 20 mL 试样溶液，加入 5 mL 乙酸铅溶液，用水定容至 25 mL，混匀，静置 20 min。准确移取适量体积上清液，按照上述还原反应重新试验。

（3）比色反应

调节分光光度计，用 1 cm 比色杯，以 0 管调节零点，于波长 520 nm 处测定标准系列溶液、试样溶液和空白溶液的吸光值，绘制标准曲线，根据标准曲线计算试样溶液和空白溶液中砷的浓度。

6）数据计算和结果表述

试样中的砷含量按照式 12-6 进行计算：

$$X = \frac{(A_1 - A_2) \times V_1 \times 1000}{m \times V_2 \times 1000 \times 1000} \tag{12-6}$$

式中，X 为试样中砷的含量，mg/kg 或 mg/L；A_1 为测定用试样消解液中砷的质量，ng；A_2 为试剂空白液中砷的质量，ng；V_1 为试样消解液的总体积，mL；m 为试样质量（体积），g 或 mL；V_2 为测定用试样消解液的体积，mL。计算结果保留两位有效数字。

7）方法评价

在重复性条件下获得的两次独立测定结果的绝对差值不得超过算术平均值的 20%。

称样量为 1 g，定容体积为 25 mL 时，方法检出限为 0.2 mg/kg，方法定量限为 0.7 mg/kg。

12.3.4 食品中无机砷的测定

《食品安全国家标准 食品中总砷及无机砷的测定》（GB 5009.11—2014）第二篇规定了适用于稻米、水产动物、婴幼儿谷物辅助食品、婴幼儿罐装辅助食品中无机砷（包括砷酸盐和亚砷酸盐）含量的测定方法，分别是液相色谱-原子荧光光谱法（LC-AFS）和液相色谱-电感耦合等离子体质谱法（LC-ICP/MS）。本部分简要学习液相色谱-原子荧光光谱法（LC-AFS）测定食品中的无机砷。

1. 原理

食品试样中的无机砷经稀硝酸提取后，以液相色谱进行分离，分离后的目标化合物在酸性环境下与 KBH_4 反应，生成气态砷化合物，以原子荧光光谱仪进行测定。按保留时间定性，外标法定量。

2. 试剂和仪器

1）试剂

磷酸二氢铵；硼氢化钾；氢氧化钾；硝酸；盐酸；氨水；正己烷。

2）仪器和设备

液相色谱-原子荧光光谱联用仪（LC-AFS）；组织匀浆器；高速粉碎机；冷冻干燥机；离心机；pH 计；天平；恒温干燥箱；C_{18} 净化小柱或等效柱。

3. 方法步骤

1）试样提取

（1）稻米样品

称取稻米试样约 1.0 g（准确至 0.001 g）于 50 mL 塑料离心管中，加入 20 mL 0.15 mol/L 硝酸溶液，放置过夜。于 90℃恒温箱中热浸提 2.5 h，每 0.5 h 振摇 1 min。提取完毕，取出冷却至室温，8000 r/min 离心 15 min，取上层清液，经 0.45 μm 有机滤膜过滤后进样测定。按同一操作方法作空白试验。

（2）水产动物样品

称取水产动物湿样约 1.0 g（准确至 0.001 g），置于 50 mL 塑料离心管中，加入 20 mL 0.15 mol/L 硝酸溶液，放置过夜。于 90℃恒温箱中热浸提 2.5 h，每 0.5 h 振摇 1 min。提取完毕，取出冷却至室温，8000 r/min 离心 15 min。取 5 mL 上清液置于离心管中，加入

5 mL 正己烷，振摇 1 min 后，8000 r/min 离心 15 min，弃去上层正己烷。按此过程重复一次。吸取下层清液，经 0.45 μm 有机滤膜过滤及 C_{18} 小柱净化后进样。按同一操作方法作空白试验。

（3）婴幼儿辅助食品样品

称取婴幼儿辅助食品约 1.0 g（准确至 0.001 g）于 15 mL 塑料离心管中，加入 10 mL 0.15 mol/L 硝酸溶液，放置过夜。于 90℃恒温箱中热浸提 2.5 h，每 0.5 h 振摇 1 min，提取完毕，取出冷却至室温。8000 r/min 离心 15 min。取 5 mL 上清液置于离心管中，加入 5 mL 正己烷，振摇 1 min，8000 r/min 离心 15 min，弃去上层正己烷。按此过程重复一次。吸取下层清液，经 0.45μm 有机滤膜过滤及 C_{18} 小柱净化后进行分析。按同一操作方法作空白试验。

2）仪器参考条件

（1）液相色谱参考条件

色谱柱：阴离子交换色谱柱（柱长 250 mm，内径 4 mm），或等效柱。阴离子交换色谱保护柱（柱长 10 mm，内径 4 mm），或等效柱。

流动相组成：

①等度洗脱流动相：15 mmol/L 磷酸二氢铵溶液（pH6.0），流动相洗脱方式：等度洗脱。流动相流速：1.0 mL/min；进样体积：100 μL。等度洗脱适用于稻米及稻米加工食品。

②梯度洗脱：流动相 A：1 mmol/L 磷酸二氢铵溶液（pH9.0）；流动相 B：20 mmol/L 磷酸二氢铵溶液（pH8.0）。流动相流速：1.0 mL/min；进样体积：100μL。梯度洗脱适用于水产动物样品、含水产动物组成的样品、含藻类等海产植物的样品以及婴幼儿辅助食品。

（2）原子荧光检测参考条件

负高压：320 V；砷灯总电流：90 mA；主电流/辅助电流：55/35；原子化方式：火焰原子化；原子化器温度：中温。

载液：20%盐酸溶液，流速 4 mL/min；还原剂：30 g/L 硼氢化钾溶液，流速 4 mL/min；载气流速：400 mL/min；辅助气流速：400 mL/min。

3）标准曲线制作

取 7 支 10 mL 容量瓶，分别准确加入 1.00 mg/L 混合标准使用液 0.00 mL、0.050 mL、0.10 mL、0.20 mL、0.30 mL、0.50 mL 和 1.0 mL，加水稀释至刻度，此标准系列溶液的浓度分别为 0.0 ng/mL、5.0 ng/mL、10 ng/mL、20 ng/mL、30 ng/mL、50 ng/mL 和 100 ng/mL。

吸取标准系列溶液 100 μL 注入液相色谱-原子荧光光谱联用仪进行分析，得到色谱图，以保留时间定性。以标准系列溶液中目标化合物的浓度为横坐标，色谱峰面积为纵坐标，绘制标准曲线。

4）试样溶液的测定

吸取试样溶液 100 μL 注入液相色谱-原子荧光光谱联用仪中，得到色谱图，以保留时间定性。根据标准曲线得到试样溶液中 As(Ⅰ)与 As(Ⅴ)含量，As(Ⅰ)与 As(Ⅴ)含量的加和为总无机砷含量，平行测定次数不少于两次。

4. 数据计算和结果表述

试样中无机砷的含量按式 12-7 计算：

$$X = \frac{(c - c_0) \times V \times 1000}{m \times 1000 \times 1000} \quad (12\text{-}7)$$

式中，X 为样品中无机砷的含量（以 As 计），mg/kg；c_0 为空白溶液中无机砷化合物浓度，ng/mL；c 为测定溶液中无机砷化合物浓度，ng/mL；V 为试样消解液体积，mL；m 为试样质量，g；1000 为换算系数。

总无机砷含量等于 As(III)含量与 As(Ⅴ)含量的加和。计算结果保留两位有效数字。

5. 方法评价

在重复性条件下获得的两次独立测定结果的绝对差值不得超过算术平均值的 20%。

取样量为 1 g，定容体积为 20 mL 时，本方法检出限为：稻米 0.02 mg/kg、水产动物 0.03 mg/kg、婴幼儿辅助食品 0.02 mg/kg；定量限为：稻米 0.05 mg/kg、水产动物 0.08 mg/kg、婴幼儿辅助食品 0.05 mg/kg。

12.4　食品中锡、铬和镍的测定

随着我国经济社会的发展，锡被广泛地应用于农业、化工、医药等领域，导致生活水源、土壤及食品等生活必需品都受到了不同程度的锡污染。食品中污染的锡大多数以有机锡化合物的形式存在，毒性较强的是三丁基锡（TBT）和三苯基锡（TPT），有机锡化合物对人体的神经系统、免疫系统、内分泌系统等存在潜在毒性，从而对人类的生命健康造成极大的威胁。在食品生产、加工、储存及运输过程中都有可能用到不同形态的有机锡化合物，因而，在上述过程中，食品可能会受到污染。比如，常见的包装材料如聚氯乙烯（PVC）、马口铁中就存在锡元素，研究发现，在使用 PVC 材料包装的啤酒、蜂蜜、食醋中，均观察到了有机锡的污染。长期生活在水体中生物也会富集有机锡化合物，在许多海鲜产品中（虾、蟹、扇贝、牡蛎、海带、紫菜等）也发现了有机锡化合物的存在。

铬是人体必需微量元素之一，但无机铬的生物活性作用很小，而且难以吸收，只有当铬与有机物质结合后，才具有较高的生物学活性。铬有两种氧化态铬(III)和铬(VI)，其中铬(III)为人体所必需，铬(VI)则会对人体产生剧毒，其毒性是铬(III)的 100 倍。长期接触铬［尤其是铬(VI)］会引发人体的“铬中毒”，常见的症状有铬性皮肤溃疡、皮炎或湿疹、呼吸道炎症，并且会对消化系统、肝肾系统等造成损伤，严重时甚至会诱发恶性肿瘤。铬(III)是葡萄糖耐量因子（glucose tolerance factor，GTF）的重要组成成分，一旦缺少铬，GTF 就没有活性，就无法参与维持人体正常葡萄糖水平。因此，一般认为，铬与人体糖代谢关系十分密切，含铬的 GTF 能够提高人体的葡萄糖耐受量，并且提高胰岛素的活性功能，促进细胞对葡萄糖的摄取和利用，能够使血糖回归到正常水平。此外，铬(III)还在人体的脂代谢、蛋白质代谢等生理过程中发挥着重要作用。

镍是人体必需的微量元素之一，在人体中的分布范围十分广泛。镍在人体内含量极微，但它在人体生命活动中发挥着重要作用，不但影响某些酶的活性，还会影响内分泌的作用、促进心肌细胞修复与生长以及遗传物质的合成等。近年来，含镍工业废水及化石燃料的排放增多，环境中的镍含量随之不断升高，食品有可能成为镍的主要暴露来源，研究发现，人群通过食品摄入镍的含量一般在 50 mg/d。长期或过量摄入镍会导致皮肤损伤、肝肾功能受损，还会对神经系统、消化系统和免疫系统等造成不良影响。

12.4.1　食品中锡的测定

《食品安全国家标准 食品中锡的测定》（GB 5009.16—2023）规定了适用于各类食品中锡的测定方法，分别是氢化物原子荧光光谱法、电感耦合等离子体质谱法和电感耦合等离子体发射光谱法。电感耦合等离子体质谱法和电感耦合等离子体发射光谱法的技术要点可具体参阅《食品安全国家标准 食品中多元素的测定》（GB 5009.268—2016）。本部分主要学习食品中锡测定的氢化物原子荧光光谱法。

1. 原理

试样经消解后，在硼氢化钠的作用下生成锡的氢化物（SnH_4），并由载气带入原子化器中进行原子化，在锡空心阴极灯的照射下，基态锡原子被激发至高能态，在去活化回到基态时，发射出特征波长的荧光，其荧光强度与锡含量成正比，与标准系列溶液比较定量。

2. 试剂和仪器

试剂：硫酸；硝酸；高氯酸；硫脲；抗坏血酸；硼氢化钠；氢氧化钠。

仪器：原子荧光光谱仪；电热板；电子天平。

3. 方法步骤

1）试样消解

称取试样 1.0～5.0 g 于锥形瓶中，加入 20.0 mL 硝酸-高氯酸混合溶液（4 + 1），加 1.0 mL 硫酸，3 粒玻璃珠，放置过夜。次日置电热板上加热消解，如酸液过少，可适当补加硝酸，继续消解至冒白烟，待液体体积近 1 mL 时取下冷却。用水将消解试样转入 50 mL 容量瓶中，加水定容至刻度，摇匀备用。同时做空白试验（如试样液中锡含量超出标准曲线范围，则用水进行稀释，并补加硫酸，使最终定容后的硫酸浓度与标准系列溶液相同）。

取上述定容后的试样 10.0 mL 于 25 mL 比色管中，加入 3.0 mL 硫酸溶液（1 + 9），加入 2.0 mL 硫脲（150 g/L） + 抗坏血酸（150 g/L）混合溶液，再用水定容至 25 mL，摇匀。

2）仪器参考条件

负高压：380 V；灯电流：70 mA；原子化温度：850℃；炉高：10 mm；屏蔽气流量：1200 mL/min；载气流量：500 mL/min；测量方式：标准曲线法；读数方式：峰面积；延迟时间：1 s；读数时间：15 s；加液时间：8 s；进样体积：2.0 mL。

3）标准系列溶液的配制

标准曲线：分别吸取锡标准使用液 0.00 mL、0.50 mL、2.00 mL、3.00 mL、4.00 mL、5.00 mL 于 25 mL 比色管中，分别加入硫酸溶液（1＋9）5.00 mL、4.50 mL、3.00 mL、2.00 mL、1.00 mL、0.00 mL，加入 2.0 mL 硫脲（150 g/L）＋抗坏血酸（150 g/L）混合溶液，再用水定容至 25 mL。该标准系列溶液浓度为：0 ng/mL、20 ng/mL、80 ng/mL、120 ng/mL、160 ng/mL、200 ng/mL。

4）仪器测定

设定好仪器测量最佳条件，根据所用仪器的型号和工作站设置相应的参数，点火及对仪器进行预热，预热 30 min 后进行标准曲线及试样溶液的测定。

4. 数据计算和结果表述

试样中锡含量按式 12-8 进行计算：

$$X=\frac{(c_1-c_0)\times V_1\times V_3}{m\times V_2\times 1000} \tag{12-8}$$

式中，X 为试样中锡含量，mg/kg；c_1 为试样消解液测定浓度，ng/mL；c_0 为试样空白消解液浓度，ng/mL；V_1 为试样消解液定容体积，mL；V_3 为测定用溶液定容体积，mL；m 为试样质量，g；V_2 为测定用所取试样消解液的体积，mL；1000 为换算系数。当计算结果小于 10 mg/kg 时保留小数点后两位数字，大于 10 mg/kg 时保留两位有效数字。

12.4.2　食品中铬的测定

《食品安全国家标准　食品中铬的测定》（GB 5009.123—2023）规定了适用于各类食品中铬的测定方法，包括了石墨炉原子吸收光谱法和电感耦合等离子体质谱法。电感耦合等离子体质谱法的技术要点可具体参阅《食品安全国家标准　食品中多元素的测定》（GB 5009.268—2016）。本部分主要学习食品中铬测定的石墨炉原子吸收光谱法。

1. 原理

试样经消解处理后，采用石墨炉原子吸收光谱法，在 357.9 nm 处测定吸收值，在一定浓度范围内其吸收值与标准系列溶液比较定量。

2. 试剂和仪器

试剂：硝酸；高氯酸；磷酸二氢铵。

仪器：原子吸收光谱仪；微波消解系统；可调式电热炉；可调式电热板；压力消解罐；马弗炉；恒温干燥箱；电子天平。

3. 方法步骤

1）样品消解

食品中的铬赋存稳定，可采用湿法消解法、压力罐消解法、微波消解法和干法灰化法破坏试样有机物，具体技术参数可参考 6.3。

2）测定

（1）仪器测试条件

根据各自仪器性能调至最佳状态。

（2）标准曲线的制作

将标准系列溶液工作液按浓度由低到高的顺序分别取 10 μL（可根据使用仪器选择最佳进样量），注入石墨管，原子化后测其吸光度值，以浓度为横坐标，吸光度值为纵坐标，绘制标准曲线。

（3）试样测定

在与测定标准溶液相同的实验条件下，将空白溶液和样品溶液分别取 10 μL（可根据使用仪器选择最佳进样量），注入石墨管，原子化后测其吸光度值，与标准系列溶液比较定量。对有干扰的试样应注入 5 μL（可根据使用仪器选择最佳进样量）的磷酸二氢铵溶液（20.0 g/L）。

4. 数据计算和结果表述

试样中铬的含量按式 12-9 计算：

$$X = \frac{(c - c_0) \times V}{m \times 1000} \tag{12-9}$$

式中，X 为试样中铬的含量，mg/kg 或 mg/L；c 为测定样液中铬的含量，ng/mL；c_0 为空白液中铬的含量，ng/mL；V 为样品消解液的定容总体积，mL；m 为样品称样量，g；1000 为换算系数。当分析结果≥1 mg/kg（mg/L）时，保留三位有效数字；当分析结果＜1 mg/kg（mg/L）时，保留两位有效数字。

12.4.3　食品中镍的测定

测定食品中镍的标准有《食品安全国家标准　食品中镍的测定》（GB 5009.138—2017），新国标 GB 5009.138—2024 即将在 2024 年 8 月 8 日生效。本部分主要就石墨炉原子吸收光谱法进行学习。

1. 原理

试样消解处理后，经石墨炉原子化，在 232.0 nm 处测定吸光度。在一定浓度范围内镍的吸光度值与镍含量成正比，与标准系列比较定量。

2. 试剂和仪器

试剂：硝酸（HNO_3）；高氯酸（$HClO_4$）；硝酸钯[$Pd(NO_3)_2$]；磷酸二氢铵（$NH_4H_2PO_4$）。

仪器：原子吸收光谱仪；分析天平；可调式电热炉；可调式电热板；微波消解系统；压力消解罐；恒温干燥箱；马弗炉。

3. 方法步骤

1）试样消解

食品中的镍赋存稳定，可采用湿法消解法、压力罐消解法、微波消解法和干法灰化法破坏试样有机物，具体技术参数可参考 6.3。

2）测定

（1）仪器参考条件

根据各自仪器性能调至最佳状态。

（2）标准曲线的制作

按质量浓度由低到高的顺序分别将 10 μL 镍标准系列溶液和 5 μL 磷酸二氢铵-硝酸钯溶液（可根据所使用的仪器确定最佳进样量）同时注入石墨炉，原子化后测其吸光度值，以质量浓度为横坐标，吸光度值为纵坐标，制作标准曲线。

（3）试样溶液的测定

在与测定标准溶液相同的实验条件下，将 10 μL 空白溶液或试样溶液与 5 μL 磷酸二氢铵-硝酸钯溶液（可根据所使用的仪器确定最佳进样量）同时注入石墨炉，原子化后测其吸光度值，与标准系列比较定量。

4. 数据计算和结果表述

试样中镍的含量按式 12-10 计算：

$$X = \frac{(\rho - \rho_0) \times V}{m \times 1000} \tag{12-10}$$

式中，X 为试样中镍的含量，mg/kg 或 mg/L；ρ 为试样溶液中镍的质量浓度，μg/L；ρ_0 为空白溶液中镍的质量浓度，μg/L；V 为试样消解液的定容体积，mL；m 为试样称样量或移取体积，g 或 mL；1000 为换算系数。当镍含量≥1.00 mg/kg（或 mg/L）时，计算结果保留三位有效数字，当镍含量＜1.00 mg/kg（或 mg/L）时，计算结果保留两位有效数字。

第 13 章　食品中加工和污染产生的典型有害物质的测定

13.1　概　　述

与第 12 章所述食品中典型有害矿质污染物相比，本章中所述有害物质主要是指食品在加工中产生的、或通过食物链从环境中污染蓄积的一大类有机物质。《食品安全国家标准　食品中污染物限量》（GB 2762—2022）对这类物质中的亚硝酸盐、硝酸盐、*N*-二甲基亚硝胺、3-氯-1, 2-丙二醇、苯并[a]芘、多氯联苯等几种物质成分在各类食品中的限量进行了规定。

13.1.1　食品在加工中产生的典型有害物质

食品中含有人体所需的蛋白质、氨基酸、脂质、维生素、矿质等各种营养性物质。食品加工过程中，除了食品添加剂等外来因素影响食品安全外，食品在生产、储运、消费等过程中，由于物理、化学、生物等因素的影响，食品中的物质成分互相作用可能会产生一些有毒有害物质，或微生物滋生产生生物性有毒有害物质。目前研究明确的食品加工过程中产生的有毒有害物质以亚硝酸盐类、*N*-亚硝基化合物、丙烯酰胺、多环芳香烃化合物、杂环胺、氯丙醇等为主，可能对消费者造成神经毒性、致基因突变、致癌作用、致畸作用等健康危害。

13.1.2　食品中污染的持久性有害物质

其实别管是食品中加工产生的有害物质还是食品中污染的持久性有害物质［援引了环境持久性有机污染物（persistent organic pollutants，POPs）的概念］，都是很难界定和归类的。但是，提及持久性有害物质，首先想到的就是有着“世纪之毒”之称的二噁英。从 1998 年比利时发生“畜牧业二噁英污染危机”开始，全球相继爆发几次严重的二噁英污染事件，导致严重的食品二噁英污染问题。实际上，作为氯化多核芳香化合物总称的二噁英类物质，既非人为生产、又无任何用途，而是一些物质燃烧和各种工业生产的副产物。研究认为木材防腐和防止血吸虫使用氯酚造成的蒸发、焚烧工业的排放、落叶剂的使用、杀虫剂的制备、纸张的漂白和汽车尾气的排放等是环境中二噁英的主要来源。环境污染的二噁英通过养殖业进入食物链，可使动物、人体等生命体罹患癌症，损害生殖功能和免疫系统等。

由于这类物质结构稳定，可长期、大面积污染环境，在生命体中具有蓄积性，通过生物捕食过程沿着食物链逐渐传递，2001 年多国政府通过了《关于持久性有机污染物的斯德哥尔摩公约》，此公约旨在限制和最终杜绝持久性有机污染物的生产、使用、排放和贮存，又列出 12 种最值得关注的持久性有机污染物，包括了二噁英和多氯联苯。

本章中根据《食品安全国家标准 食品中污染物限量》（GB 2762—2022）规定了限量的物质类别，归类和学习硝酸盐、亚硝酸盐、*N*-亚硝胺、丙烯酰胺、氯丙醇、苯并[a]芘等食品中加工产生的典型有害物质检测方法，归类和学习多氯联苯和二噁英等食品中污染的典型有害物质的检测方法。

13.2 食品加工产生的典型有害物质及其检测方法

13.2.1 硝酸盐、亚硝酸盐和 *N*-亚硝胺

氮是蛋白质主要组成元素，是生命必需元素之一。但是一些含氮产品，如化肥、农药，以及一些其他含氮化学产品的生产应用，引起食品中不同程度的氮污染，如酱油中铵盐就是属于一种氮污染。特别是食品生产、加工、贮藏过程中应用的硝酸盐、亚硝酸盐类添加剂，食品中的含氮物质在化学变化和微生物转化中产生的亚硝酸盐等，致使一些食品中有害含氮污染物含量高、对人体危害大。本部分依据《食品安全国家标准 食品中污染物限量》（GB 2762—2022）规定了限量的含氮污染物，重点学习食品中亚硝酸盐、硝酸盐和 *N*-二甲基亚硝胺类物质在食品中的赋存及其测定方法。

1. 硝酸盐

根据《食品安全国家标准 食品添加剂 硝酸钠》（GB 1886.5—2015）和《食品安全国家标准 食品添加剂 硝酸钾》（GB 29213—2012），硝酸钠和硝酸钾可作为食品添加剂用于食品生产中。硝酸钠主要作为防腐剂、护色剂和增味剂。硝酸钾主要作为膨松剂、发酵剂和稳定剂。蔬菜水果等食品原料在种植过程中，因为施用硝酸铵类肥料，本身就会含有硝酸盐类物质，其赋存水平可达 10～100 mg/kg。相比较而言，硝酸盐对人体健康的危害较低，但是亚硝酸盐毒性较大。

2. 亚硝酸盐

亚硝酸盐是自然界中普遍存在的一类含氮无机化合物的总称，是亚硝酸生成的盐，含有亚硝酸根离子。常见的种类有亚硝酸钠和亚硝酸钾。亚硝酸钠是一种白色至微黄色结晶性粉末，味微咸，易溶于水。亚硝酸钾与亚硝酸钠相似，也是一种白色至微黄色结晶性粉末，易溶于水。根据《食品安全国家标准 食品添加剂 亚硝酸钠》（GB 1886.11—2016）和《食品安全国家标准 食品添加剂 亚硝酸钾》（GB 1886.94—2016），亚硝酸钠和亚硝酸钾可作为食品添加剂用于食品生产中。二者广泛用于食品加工、肉类加工、鱼糜制品，通常作为防腐剂、护色剂使用，可以保持食品的色泽和抑制细菌生长。

1）肉制品中的发色剂和防腐剂

亚硝酸盐可以与肉制品中的肌红蛋白反应生成亚硝基肌红蛋白，改善肉的色泽，增进肉的风味，防止肉毒梭状芽孢杆菌的生长和延长肉制品的货架期，因此亚硝酸盐是在肉制品中可以同时起到发色、抑菌、改善风味和质构等作用的添加剂，它的作用至今无可替代。作为一种常用的食品添加剂，亚硝酸盐在许多国家被允许使用，但是用量被严格限制。

2）蔬菜未妥善贮藏

蔬菜中本身含有硝酸盐和亚硝酸盐，二者可以相互转化。凡有利于某些还原菌，例如大肠杆菌、产气杆菌和革兰氏阳性球菌等生长和繁殖的各种因素（温度、水分、pH 值和渗透压等），都可促进硝酸盐还原成亚硝酸盐。蔬菜保持新鲜状态，放置一定时间后，亚硝酸盐的含量无明显变化；如果存放条件不好，蔬菜开始变质腐烂，其含量就会明显地增高，并且随腐烂程度的增加而迅速增高。

3）蔬菜腌制不当

在腌制蔬菜的过程中，蔬菜中的亚硝酸盐含量也会增高。腌制时使用的盐浓度为蔬菜的 5%～10%时，温度越高，所产生的亚硝酸盐就越多；但是当浓度达到 15%时，温度在 15～20℃或 37℃，亚硝酸盐的含量变化不明显。蔬菜腌制时，其中的亚硝酸盐含量随着时间的推移也会有相应的变化，在腌制过程中亚硝酸盐的浓度随时间的延长也发生相应的变化。最初 2～4 d 亚硝酸盐含量有所增加，7～8 d 时含量最高，9 d 后则趋于下降。所以食盐浓度在 15%以下时，初腌的蔬菜（8 d 以内）容易引起亚硝酸盐中毒。

3. *N*-亚硝胺

N-亚硝胺类化合物简称 *N*-亚硝胺（NAMS），是一类含有—N—N＝O 结构的化合物。NAMS 以挥发性和非挥发性形式广泛存在于鱼类、肉类、蔬菜类和啤酒类等食品中。NAMS 种类繁多，其毒性随着其烃链的延长而逐渐降低。食物中最常见的 NAMS 为 *N*-二甲基亚硝胺（NDMA）、*N*-二乙基亚硝胺（NDEA）、*N*-亚硝基吡咯烷（NPYR）、*N*-亚硝基二丙胺（NDPA），其中 NDMA 在食品中最普遍、毒性最大、挥发性强。

食品中 NAMS 是通过有机胺及其衍生物与亚硝基化合物反应形成。基本原理是来自肥料或防腐剂的硝酸盐转化成亚硝酸盐残留在食物中，NO_2^- 在酸性条件下被氢化成 $H_2NO_2^+$。生成的 $H_2NO_2^+$ 与 NO_2^- 反应脱水后形成 N_2O_3，再与食品中的胺反应产生 NAMS，其中仲胺形成的 NAMS 最稳定，伯胺形成的 NAMS 则迅速分解，叔胺几乎不能形成 NAMS。

13.2.2　食品中亚硝酸盐与硝酸盐的测定

《食品安全国家标准　食品中亚硝酸盐与硝酸盐的测定》（GB 5009.33—2016）规定了食品中硝酸盐和亚硝酸盐含量的测定方法，分别是第一法离子色谱法、第二法分光光度法、第三法蔬菜、水果中硝酸盐的测定紫外分光光度法。这部分就依据本标准规定的技术要点进行学习。

1. 离子色谱法

1）原理

试样经沉淀蛋白质、除去脂肪后，采用相应的方法提取和净化，以氢氧化钾溶液为淋洗液，阴离子交换柱分离，电导检测器或紫外检测器检测。以保留时间定性，外标法定量。

2）试剂和标准品

除非另有说明，本方法所用试剂均为分析纯，水为 GB/T 6682 规定的一级水。

试剂：乙酸；氢氧化钾。

试剂配制：①乙酸溶液（3%）：量取乙酸 3 mL 于 100 mL 容量瓶中，以水稀释至刻度，混匀。②氢氧化钾溶液（1 mol/L）。

标准品和标准溶液制备：亚硝酸钠（$NaNO_2$）和硝酸钠（$NaNO_3$），基准试剂，或采用具有标准物质证书的硝酸盐标准储备溶液，依据仪器性能和试样性质配制混合标准使用液。

3）仪器设备

离子色谱仪：配电导检测器及抑制器或紫外检测器，高容量阴离子交换柱，50 μL 定量环；食物粉碎机；超声波清洗器；分析天平：感量为 0.1 mg 和 1 mg；离心机：转速 ≥10 000 r/min，配 50 mL 离心管；0.22 μm 水性滤膜针头滤器；净化柱：包括 C_{18} 柱、Ag 柱和 Na 柱或等效柱；注射器：1.0 mL 和 2.5 mL。

注：所有玻璃器皿使用前均需依次用 2 mol/L 氢氧化钾和水分别浸泡 4 h，然后用水冲洗 3～5 次，晾干备用。

4）方法操作步骤

（1）试样制备

蔬菜、水果等新鲜食品试样，洗净晾干后，取可食部切碎混匀。将切碎的样品用四分法取适量，用食物粉碎机制成匀浆，备用。如需加水应记录加水量。

粮食及其他干燥的植物试样，除杂，取有代表性试样 50～100 g，粉碎后，过 0.30 mm 孔筛，混匀，备用。

肉类、蛋、水产及其制品，用四分法取适量或取全部，用食物粉碎机制成匀浆，备用。

乳粉、豆奶粉、婴儿配方粉等固态乳制品（不包括干酪），将试样装入能够容纳 2 倍试样体积的带盖容器中，通过反复摇晃和颠倒容器使样品充分混匀直到使试样均一化。

发酵乳、乳、炼乳及其他液体乳制品，通过搅拌或反复摇晃使试样充分混匀。

干酪，取适量的样品研磨成均匀的泥浆状。为避免水分损失，研磨过程中应避免产生过多的热量。

（2）提取

蔬菜、水果等新鲜食品试样：称取匀浆试样 5 g（精确至 0.001 g，可适当调整试样的取样量，以下相同），置于 150 mL 具塞锥形瓶中，加入 80 mL 水，1 mL 1 mol/L 氢氧化钾溶液，超声提取 30 min，每隔 5 min 振摇 1 次，保持固相完全分散。于 75℃水浴中放置 5 min，取出放置至室温，转移至 100 mL 容量瓶中，加水至刻度，混匀。溶液经滤纸过滤后，取部分溶液于 10 000 r/min 离心 15 min，上清液备用。

肉类、蛋类、鱼类及其制品等：称取匀浆试样 5 g（精确至 0.001 g），置于 150 mL 具塞锥形瓶中，加入 80 mL 水，超声提取 30 min，每隔 5 min 振摇 1 次，保持固相完全分散。于 75℃水浴中放置 5 min，取出放置至室温，转移至 100 mL 容量瓶中，加水至刻度，混匀。溶液经滤纸过滤后，取部分溶液于 10 000 r/min 离心 15 min，上清液备用。

腌鱼类、腌肉类及其他腌制品：称取匀浆试样 2 g（精确至 0.001 g），置于 150 mL 具塞锥形瓶中，加入 80 mL 水，超声提取 30 min，每隔 5 min 振摇 1 次，保持固相完全分散。于 75℃水浴中放置 5 min，取出放置至室温，转移至 100 mL 容量瓶中，加水至刻度，混匀。溶液经滤纸过滤后，取部分溶液于 10 000 r/min 离心 15 min，上清液备用。

乳：称取混匀试样 10 g（精确至 0.01 g），置于 100 mL 具塞锥形瓶中，加水 80 mL，摇匀，超声 30 min，加入 3%乙酸溶液 2 mL，于 4℃放置 20 min，取出放置至室温，转移至 100 mL 容量瓶中，加水至刻度。溶液经滤纸过滤，滤液备用。

乳粉及干酪：称取混匀试样 2.5 g（精确至 0.01 g），置于 100 mL 具塞锥形瓶中，加水 80 mL，摇匀，超声 30 min，取出放置至室温，转移至 100 mL 容量瓶中，加入 3%乙酸溶液 2 mL，加水至刻度，混匀。于 4℃放置 20 min，取出放置至室温，溶液经滤纸过滤，滤液备用。

（3）净化

取 15 mL 上述备用滤液，先后用 0.22 μm 水性滤膜针头滤器和 C_{18} 柱净化，弃去前面 3 mL（如果氯离子大于 100 mg/L，则需要依次通过针头滤器、C_{18} 柱、Ag 柱和 Na 柱，弃去前面 7 mL），收集后面洗脱液待测。

注：固相萃取柱使用前需进行活化，C_{18} 柱（1.0 mL）、Ag 柱（1.0 mL）和 Na 柱（1.0 mL），其活化过程为：C_{18} 柱（1.0 mL）使用前依次用 10 mL 甲醇、15 mL 水通过，静置活化 30 min。Ag 柱（1.0 mL）和 Na 柱（1.0 mL）用 10 mL 水通过，静置活化 30 min。

（4）仪器参考条件

色谱柱：高容量阴离子交换柱，4 mm×250 mm（带保护柱 4 mm×50 mm），或性能相当的离子色谱柱。

淋洗液：①氢氧化钾溶液，浓度 6～70 mmol/L；洗脱梯度为 6 mmol/L 30 min，70 mmol/L 5 min，6 mmol/L 5 min；流速 1.0 mL/min。②粉状婴幼儿配方食品：氢氧化钾溶液，浓度为 5～50 mmol/L；洗脱梯度为 5 mmol/L 33 min，50 mmol/L 5 min，5 mmol/L 5 min；流速 1.3 mL/min。

检测器：电导检测器，检测池温度为 35℃；或紫外检测器，检测波长为 226 nm。

进样体积：50 μL（可根据试样中被测离子含量进行调整）。

（5）测定

标准曲线的制作：将标准系列工作液分别注入离子色谱仪中，得到各浓度标准工作液色谱图，测定相应的峰高或峰面积，以标准工作液的浓度为横坐标，以峰高或峰面积为纵坐标，绘制标准曲线。

试样溶液的测定：将空白和试样溶液注入离子色谱仪中，得到空白和试样溶液的峰高或峰面积，根据标准曲线得到待测液中亚硝酸根离子或硝酸根离子的浓度。

5）数据计算和结果表述

试样中亚硝酸根离子或硝酸根离子的含量按式 13-1 计算：

$$X = \frac{(\rho - \rho_0) \times V \times f \times 1000}{m \times 1000} \tag{13-1}$$

式中，X 为试样中亚硝酸根离子或硝酸根离子的含量，mg/kg；ρ 为测定用试样溶液中的亚硝酸根离子或硝酸根离子浓度，mg/L；ρ_0 为试剂空白液中亚硝酸根离子或硝酸根离子的浓度，mg/L；V为试样溶液体积，mL；f为试样溶液稀释倍数；1000为换算系数；m为试样取样量，g。

试样中测得的亚硝酸根离子含量乘以换算系数1.5，即得亚硝酸盐（按亚硝酸钠计）含量；试样中测得的硝酸根离子含量乘以换算系数1.37，即得硝酸盐（按硝酸钠计）含量。结果保留两位有效数字。

6）方法评价

在重复性条件下获得的两次独立测定结果的绝对差值不得超过算术平均值的10%。

本方法中亚硝酸盐和硝酸盐检出限分别为0.2 mg/kg和0.4 mg/kg。

2. 分光光度法

1）原理

亚硝酸盐采用盐酸萘乙二胺法测定：试样经沉淀蛋白质、除去脂肪后，在弱酸条件下，亚硝酸盐与对氨基苯磺酸重氮化后，再与盐酸萘乙二胺偶合形成紫红色染料，外标法测得亚硝酸盐含量。

硝酸盐采用镉柱还原法测定：采用镉柱将硝酸盐还原成亚硝酸盐，测得亚硝酸盐总量，由测得的亚硝酸盐总量减去试样中亚硝酸盐含量，即得试样中硝酸盐含量。

2）试剂和材料

除非另有说明，本方法所用试剂均为分析纯，水为GB/T 6682规定的一级水。

试剂：亚铁氰化钾；乙酸锌；冰乙酸；硼酸钠；盐酸；氨水；对氨基苯磺酸；盐酸萘乙二胺；锌皮或锌棒；硫酸镉；硫酸铜。

试剂配制：①亚铁氰化钾溶液（106 g/L）：称取106.0 g亚铁氰化钾，用水溶解，并稀释至1000 mL。②乙酸锌溶液（220 g/L）：称取220.0 g乙酸锌，先加30 mL冰乙酸溶解，用水稀释至1000 mL。③饱和硼砂溶液（50 g/L）：称取5.0 g硼酸钠，溶于100 mL热水中，冷却后备用。④氨缓冲溶液（pH9.6～9.7）：量取30 mL盐酸，加100 mL水，混匀后加65 mL氨水，再加水稀释至1000 mL，混匀。调节pH至9.6～9.7。⑤氨缓冲液的稀释液：量取50 mL pH9.6～9.7氨缓冲溶液，加水稀释至500 mL，混匀。⑥盐酸（0.1 mol/L）：量取8.3 mL盐酸，用水稀释至1000 mL。⑦盐酸（2 mol/L）：量取167 mL盐酸，用水稀释至1000 mL。⑧盐酸（20%）：量取20 mL盐酸，用水稀释至100 mL。⑨对氨基苯磺酸溶液（4 g/L）：称取0.4 g对氨基苯磺酸，溶于100 mL 20%盐酸中，混匀，置棕色瓶中，避光保存。⑩盐酸萘乙二胺溶液（2 g/L）：称取0.2 g盐酸萘乙二胺，溶于100 mL水中，混匀，置棕色瓶中，避光保存。⑪硫酸铜溶液（20 g/L）：称取20 g硫酸铜，加水溶解，并稀释至1000 mL。⑫硫酸镉溶液（40 g/L）：称取40 g硫酸镉，加水溶解，并稀释至1000 mL。⑬乙酸溶液（3%）：量取冰乙酸3 mL于100 mL容量瓶中，以水稀释至刻度，混匀。

标准品：亚硝酸钠（$NaNO_2$）和硝酸钠（$NaNO_3$），基准试剂，或采用具有标准物质证书的硝酸盐标准溶液。

3）仪器设备

天平：感量为0.1 mg和1 mg；组织捣碎机；超声波清洗器；恒温干燥箱；分光光度

计；镉柱或镀铜镉柱：详细的镉柱和镀铜镉柱的制备方式可参阅 GB 5009.33—2016 第二法，也可直接选用商品化镉柱玻璃管、镀铜镉粒和玻璃棉，镉柱每次使用完毕后，应先以 25 mL 盐酸（0.1 mol/L）洗涤，再以水洗 2 次，每次 25 mL，最后用水覆盖镉柱。

4）镉柱还原效率的测定

吸取 20 mL 硝酸钠标准使用液，加入 5 mL 氨缓冲液的稀释液，混匀后注入贮液漏斗，使其流经镉柱还原，用一个 100 mL 的容量瓶收集洗提液。洗提液的流量不应超过 6 mL/min，在贮液杯将要排空时，用约 15 mL 水冲洗杯壁。冲洗水流尽后，再用 15 mL 水重复冲洗，第 2 次冲洗水也流尽后，将贮液杯灌满水，并使其以最大流量流过柱子。当容量瓶中的洗提液接近 100 mL 时，从柱子下取出容量瓶，用水定容至刻度，混匀。取 10.0 mL 还原后的溶液（相当 10 μg 亚硝酸钠）于 50 mL 比色管中，以下按 5）（3）中亚硝酸盐测定步骤操作，根据标准曲线计算测得结果，与加入量对比，还原效率应大于 95%为符合要求。还原效率按式 13-2 计算：

$$X = \frac{m_1}{10} \times 100\% \tag{13-2}$$

式中，X 为还原效率，%；m_1 为测得亚硝酸钠的含量，μg；10 为测定用溶液相当亚硝酸钠的含量，μg。

如果还原率小于 95%时，将镉柱中的镉粒倒入锥形瓶中，加入足量的盐酸（2 mol/L）中，振荡数分钟，再用水反复冲洗。

5）方法操作步骤

（1）试样制备

同 1. 4）。

（2）提取

干酪：称取试样 2.5 g（精确至 0.001 g），置于 150 mL 具塞锥形瓶中，加水 80 mL，摇匀，超声 30 min，取出放置至室温，转移至 100 mL 容量瓶中，加入 3%乙酸溶液 2 mL，加水至刻度，混匀。于 4℃放置 20 min，取出放置至室温，溶液经滤纸过滤，滤液备用。

液体乳样品：称取试样 90 g（精确至 0.001 g），置于 250 mL 具塞锥形瓶中，加 12.5 mL 饱和硼砂溶液，加入 70℃左右的水约 60 mL，混匀，于沸水浴中加热 15 min，取出置冷水浴中冷却。转移提取液至 200 mL 容量瓶中，加入 5 mL 106 g/L 亚铁氰化钾溶液，摇匀，再加入 5 mL 220 g/L 乙酸锌溶液，以沉淀蛋白质。加水至刻度，摇匀，放置 30 min，除去上层脂肪，上清液用滤纸过滤，滤液备用。

乳粉：称取试样 10 g（精确至 0.001 g），置于 150 mL 具塞锥形瓶中，加 12.5 mL 50 g/L 饱和硼砂溶液，加入 70℃左右的水约 150 mL，混匀，于沸水浴中加热 15 min，取出置冷水浴中冷却，并放置至室温。转移上述提取液至 200 mL 容量瓶中，加入 5 mL 106 g/L 亚铁氰化钾溶液，摇匀，再加入 5 mL 220 g/L 乙酸锌溶液，以沉淀蛋白质。加水至刻度，摇匀，放置 30 min，除去上层脂肪，上清液用滤纸过滤，弃去初滤液 30 mL，滤液备用。

其他样品：称取 5 g（精确至 0.001 g）匀浆试样（如制备过程中加水，应按加水量折算），置于 250 mL 具塞锥形瓶中，加 12.5 mL 50 g/L 饱和硼砂溶液，加入 70℃左右的水约 150 mL，混匀，于沸水浴中加热 15 min，取出置冷水浴中冷却，并放置至室温。转移上述提取液至 200 mL 容量瓶中，加入 5 mL 106 g/L 亚铁氰化钾溶液，摇匀，再加入 5 mL 220 g/L 乙酸锌溶液，以沉淀蛋白质。加水至刻度，摇匀，放置 30 min，除去上层脂肪，上清液用滤纸过滤，弃去初滤液 30 mL，滤液备用。

（3）亚硝酸盐的测定

吸取 40.0 mL 上述滤液于 50 mL 带塞比色管中，另吸取 0.00 mL、0.20 mL、0.40 mL、0.60 mL、0.80 mL、1.00 mL、1.50 mL、2.00 mL、2.50 mL 亚硝酸钠标准使用液（相当于 0.0 μg、1.0 μg、2.0 μg、3.0 μg、4.0 μg、5.0 μg、7.5 μg、10.0 μg、12.5 μg 亚硝酸钠），分别置于 50 mL 带塞比色管中。于标准管与试样管中分别加入 2 mL4 g/L 对氨基苯磺酸溶液，混匀，静置 3～5 min 后各加入 1 mL 2 g/L 盐酸萘乙二胺溶液，加水至刻度，混匀，静置 15 min，用 1 cm 比色杯，以零管调节零点，于波长 538 nm 处测吸光度，绘制标准曲线比较。同时做试剂空白。

（4）硝酸盐的测定

①镉柱还原

先以 25 mL 氨缓冲液的稀释液冲洗镉柱，流速控制在 3～5 mL/min（以滴定管代替的可控制在 2～3 mL/min）。吸取 20 mL 滤液于 50 mL 烧杯中，加 5 mL pH9.6～9.7 氨缓冲溶液，混合后注入贮液漏斗，使流经镉柱还原，当贮液杯中的样液流尽后，加 15 mL 水冲洗烧杯，再倒入贮液杯中。冲洗水流完后，再用 15 mL 水重复 1 次。当第 2 次冲洗水快流尽时，将贮液杯装满水，以最大流速过柱。当容量瓶中的洗提液接近 100 mL 时，取出容量瓶，用水定容刻度，混匀。

②亚硝酸钠总量的测定

吸取 10～20 mL 还原后的样液于 50 mL 比色管中，按上述（3）中进行比色操作。

6）数据计算和结果表述

（1）亚硝酸盐含量计算

亚硝酸盐（以亚硝酸钠计）的含量按式 13-3 计算：

$$X_1 = \frac{m_2 \times 1000 \times V_0}{m_3 \times V_1 \times 1000} \tag{13-3}$$

式中，X_1 为试样中亚硝酸钠的含量，mg/kg；m_2 为测定用样液中亚硝酸钠的质量，μg；1000 为转换系数；m_3 为试样质量，g；V_1 为测定用样液体积，mL；V_0 为试样处理液总体积，mL。结果保留两位有效数字。

（2）硝酸盐含量的计算

硝酸盐（以硝酸钠计）的含量按式 13-4 计算：

$$X_2 = \left(\frac{m_4 \times 1000 \times V_2 \times V_4}{m_5 \times V_3 \times V_5 \times 1000} - X_1 \right) \times 1.232 \tag{13-4}$$

式中，X_2 为试样中硝酸钠的含量，mg/kg；m_4 为经镉粉还原后测得总亚硝酸钠的质量，μg；1000 为转换系数；m_5 为试样的质量，g；V_3 为测总亚硝酸钠的测定用样液体积，mL；V_2

为试样处理液总体积，mL；V_5 为经镉柱还原后样液的测定用体积，mL；V_4 为经镉柱还原后样液总体积，mL；X_1 为由式 13-3 计算出的试样中亚硝酸钠的含量，mg/kg；1.232 为亚硝酸钠换算成硝酸钠的系数。结果保留两位有效数字。

7）方法评价

在重复性条件下获得的两次独立测定结果的绝对差值不得超过算术平均值的 10%。

亚硝酸盐检出限：液体乳 0.06 mg/kg，乳粉 0.5 mg/kg，干酪及其他 1 mg/kg；硝酸盐检出限：液体乳 0.6 mg/kg，乳粉 5 mg/kg，干酪及其他 10 mg/kg。

3. 蔬菜、水果中硝酸盐的测定　紫外分光光度法

1）原理

用 pH 为 9.6～9.7 的氨缓冲液提取样品中硝酸根离子，同时加活性炭去除色素类，加沉淀剂去除蛋白质及其他干扰物质，利用硝酸根离子和亚硝酸根离子在紫外区 219 nm 处具有等吸收波长的特性，测定提取液的吸光度，其测得结果为硝酸盐和亚硝酸盐吸光度的总和，鉴于新鲜蔬菜、水果中亚硝酸盐含量甚微，可忽略不计。测定结果为硝酸盐的吸光度，可从工作曲线上查得相应的质量浓度，计算样品中硝酸盐的含量。

2）试剂和材料

除非另有说明，本方法所用试剂均为分析纯。水为 GB/T 6682 规定的一级水。

试剂：盐酸；氨水；亚铁氰化钾；硫酸锌；正辛醇；活性炭（粉状）。

试剂配制：①氨缓冲溶液（pH = 9.6～9.7）：量取 20 mL 盐酸，加入到 500 mL 水中，混合后加入 50 mL 氨水，用水定容至 1000 mL。调 pH 至 9.6～9.7。②亚铁氰化钾溶液（150 g/L）：称取 150 g 亚铁氰化钾溶于水，定容至 1000 mL。③硫酸锌溶液（300 g/L）：称取 300 g 硫酸锌溶于水，定容至 1000 mL。

硝酸钾（KNO_3）：基准试剂，或采用具有标准物质证书的硝酸盐标准溶液。根据方法具体过程和试样性质制备合适的硝酸根标准系列溶液。

3）仪器设备

紫外分光光度计；分析天平：感量 0.01 g 和 0.0001 g；组织捣碎机；可调式往返振荡机；pH 计：精度为 0.01。

4）方法操作步骤

（1）试样制备

选取一定数量有代表性的样品，先用自来水冲洗，再用水清洗干净，晾干表面水分，用四分法取样，切碎，充分混匀，于组织捣碎机中匀浆（部分少汁样品可按一定质量比例加入等量水），在匀浆中加 1 滴正辛醇消除泡沫。

（2）提取

称取 10 g（精确至 0.01 g）匀浆试样（如制备过程中加水，应按加水量折算）于 250 mL 锥形瓶中，加水 100 mL，加入 5 mL 氨缓冲溶液（pH = 9.6～9.7），2 g 粉末状活性炭。振荡（往复速度为 200 次/min）30 min。定量转移至 250 mL 容量瓶中，加入 2 mL 150 g/L 亚铁氰化钾溶液和 2 mL 300 g/L 硫酸锌溶液，充分混匀，加水定容至刻度，摇匀，放置 5 min，上清液用定量滤纸过滤，滤液备用。同时做空白试验。

（3）测定

根据试样中硝酸盐含量的高低，吸取上述滤液 2～10 mL 于 50 mL 容量瓶中，加水定容至刻度，混匀。用 1 cm 石英比色皿，于 219 nm 处测定吸光度。

（4）标准曲线的制作

将标准曲线工作液用 1 cm 石英比色皿，于 219 nm 处测定吸光度。以标准溶液质量浓度为横坐标，吸光度为纵坐标绘制工作曲线。

5）数据计算和结果表述

硝酸盐（以硝酸根计）的含量按式 13-5 计算：

$$X = \frac{\rho \times V_6 \times V_8}{m_6 \times V_7} \tag{13-5}$$

式中，X 为试样中硝酸盐的含量，mg/kg；ρ 为由工作曲线获得的试样溶液中硝酸盐的质量浓度，mg/L；V_6 为提取液定容体积，mL；V_8 为待测液定容体积，mL；m_6 为试样的质量，g；V_7 吸取的滤液体积，mL。结果保留两位有效数字。

6）方法评价

在重复性条件下获得的两次独立测定结果的绝对差值不得超过算术平均值的 10%。

本方法中硝酸盐检出限为 1.2 mg/kg。

13.2.3　食品中 *N*-亚硝胺类化合物的测定

《食品安全国家标准　食品中 *N*-亚硝胺类化合物的测定》（GB 5009.26—2023）规定了食品中 *N*-二甲基亚硝胺的测定方法，分别是第一法水蒸气蒸馏-气相色谱-质谱/质谱法、第二法 QuEChERS-气相色谱-质谱/质谱法、第三法水蒸气蒸馏-液相色谱-质谱/质谱法、第四法气相色谱-热能分析仪法。这部分就依据本标准规定的技术要点进行学习，重点学习第一法。

1. 原理

本法以 *N*-二甲基亚硝胺-D_6 为内标，试样中加入内标，经水蒸气蒸馏，样品中的 *N*-二甲基亚硝胺通过二氯甲烷吸收，液液萃取分离，采用气相色谱-质谱/质谱联用仪（GC-MS/MS）测定，内标法定量。

2. 试剂和标准品

除非另有说明，本方法所用试剂均为分析纯，水为 GB/T 6682 规定的一级水。

试剂：二氯甲烷：色谱纯；浓硫酸；异辛烷：色谱纯；无水硫酸钠；氯化钠：优级纯。

试剂配制：硫酸溶液（1 + 3），量取 30 mL 浓硫酸，缓缓倒入 90 mL 冷水中，一边搅拌使得充分散热，冷却后小心混匀。

标准品：①*N*-二甲基亚硝胺标准溶液（$C_2H_6N_2O$）：质量浓度为 1000 μg/mL 的 *N*-二甲基亚硝胺甲醇溶液，或经国家认证并授予标准物质证书的标准品。②*N*-二甲基亚硝胺-D_6 内标标准溶液（NDMA-D_6，$C_2D_6N_2O$）：质量浓度为 1000 μg/mL，溶剂为甲醇。

标准溶液配制：①*N*-二甲基亚硝胺标准储备液（100 μg/mL）：准确吸取 1.0 mL *N*-二甲基亚硝胺标准溶液（1000 μg/mL），置于 10 mL 容量瓶中，用二氯甲烷定容至刻度，混匀。将溶液转移至棕色玻璃容器内，–18℃避光保存，保存期 6 个月。②*N*-二甲基亚硝胺标准中间液（1 μg/mL）：准确吸取 1.0 mL *N*-二甲基亚硝胺标准储备溶液，置于 100 mL 容量瓶中，用二氯甲烷定容至刻度，混匀。将溶液转移至棕色玻璃容器内，–18℃避光保存，保存期 3 个月。③*N*-二甲基亚硝胺-D_6内标储备液（100 μg/mL）：准确吸取 *N*-二甲基亚硝胺-D_6标准溶液 1.0 mL，置于 10 mL 容量瓶中，用二氯甲烷定容至刻度，混匀。将溶液转移至棕色玻璃容器内–18℃避光保存，保存期 6 个月。④*N*-二甲基亚硝胺-D_6内标中间液（1 μg/mL）：准确吸取 *N*-二甲基亚硝胺-D_6内标储备液 1.0 mL，置于 100 mL 容量瓶中，用二氯甲烷定容至刻度，混匀。将溶液转移至棕色玻璃容器内，–18℃避光保存，保存期 3 个月。⑤*N*-二甲基亚硝胺标准及内标混合系列工作液：分别准确吸取 *N*-二甲基亚硝胺标准中间液（1 μg/mL）0.1 mL、0.2 mL、0.5 mL、1.0 mL 和 2.0 mL，置于 10 mL 容量瓶中，各加内标中间液（1 μg/mL）0.4 mL，用二氯甲烷定容至刻度，混匀。*N*-二甲基亚硝胺标准系列工作溶液质量浓度为 10 μg/L、20 μg/L、50 μg/L、100 μg/L 和 200 μg/L，其中内标的质量浓度均为 40 μg/L。临用现配。

3. 仪器设备

气相色谱-质谱/质谱联用仪（GC-MS/MS）；旋转蒸发仪；全玻璃水蒸气蒸馏装置或全自动水蒸气蒸馏装置；氮吹仪；电子天平：感量为 0.001 g；制冰机；冷却水制备机；水浴锅；10 mL 带刻度试管；100～1000 μL 移液器或分度吸量管。

4. 方法操作步骤

1）试样制备

代表性样品取可食部分捣碎后，制备成均匀试样，装入洁净的容器，密封并做好标识。试样于–18℃冷冻保存，备用。

2）提取

准确称取 20 g（精确到 0.01 g）试样，加入 *N*-二甲基亚硝胺内标标准中间液（1 μg/mL）40 μL，加入 100 mL 水和 50 g 氯化钠于蒸馏瓶（管）中，充分混匀。载样前后均需进行气密性检查。在 250 mL 三角烧瓶中加入 50 mL 二氯甲烷、0.5 mL 异辛烷，冷凝管（冷却水温度控制在 10～15℃）出口伸入二氯甲烷液面下，并将三角烧瓶置于冰浴中，开启蒸馏装置加热蒸馏，收集 200～250 mL 冷凝液（包含 50 mL 二氯甲烷提取液）后关闭加热装置，停止蒸馏。注意控制蒸汽量，蒸汽加热样品时不得致使样品暴沸至蒸馏管腔体外。

3）净化

在盛有冷凝液的三角瓶中加入 15 g 氯化钠和 2 mL 硫酸溶液，搅拌使氯化钠完全溶解。然后将溶液转移至 500 mL 分液漏斗中，振荡 5 min，必要时放气，静置分层后，将二氯甲烷层转移至另一圆底烧瓶中，再用 120 mL 二氯甲烷 3 次落取，每次 40 mL 萃取，合并 4 次二氯甲烷萃取液，总体积约为 170 mL。

4）浓缩

将二氯甲烷萃取液用 10 g 无水硫酸钠脱水后，于 5～18℃水浴温度条件下旋转蒸发浓缩至 5～10 mL，转入试管中，控制氮吹温度在 18～25℃，氮吹（参考条件：氮吹流速 1 L/min）至近干（0.3～0.8 mL），用二氯甲烷溶解残渣，准确定容至 1.0 mL，上机检测。

注：控制氮吹流速，不致使液体飞溅管壁。

5）仪器参考条件

（1）气相色谱条件

色谱柱：强极性石英毛细管 WAX 柱，固定相为聚乙二醇［30 m×0.25 mm（内径）×0.25 μm（膜厚）］，或相当者；进样口温度：220℃；载气：氦气，纯度>99.999%；流速 1 mL/min；进样方式：不分流进样；进样量：1 μL；升温程序；初始温度 40℃，以 10℃/min 升至 80℃，以 1℃/min 升至 90℃，再以 30℃/min 升至 240℃，保持 2 min。

（2）质谱/质谱条件

离子源温度：250℃；色谱与质谱接口温度：250℃；电离方式：电子轰击源（EI 源）；电离能量：70 eV；溶剂延迟：6 min；四极杆温度：150℃；监测模式：多反应监测（MRM）模式，离子对参数见表 13-1。

表 13-1　*N*-二甲基亚硝胺及其内标的监测离子对

目标物	定量离子对	定量离子对碰撞能/eV	定性离子对	定性离子对碰撞能/eV
NDMA	74.0/44.0	3	74.0/42.1	19
NDMA-D_6（内标物）	80.0/50.1	5	—	—

6）标准曲线的制作

将 *N*-二甲基亚硝胺标准及内标混合系列工作溶液按浓度由低到高的顺序注入气相色谱-质谱/质谱仪进样分析，以 *N*-二甲基亚硝胺的质量浓度为横坐标，以 *N*-二甲基亚硝胺及其对应氘代同位素内标的峰面积比值为纵坐标，绘制标准曲线。

7）试样溶液的测定

（1）定性测定

按照 5）仪器参考条件测定试样和标准系列工作溶液，试样的质量色谱峰保留时间应与标准物质一致，允许偏差小于±0.5%，并且在扣除背景后的样品质谱图中，所选择的离子均出现且信噪比≥3，而且定性离子对的相对丰度（是用相对于最强离子丰度的强度百分比表示）与浓度相当的标准使用溶液的相对丰度允许偏差不超过表 13-2 规定的范围，则可判断样品中存在对应的被测物。

表 13-2　定性时相对离子丰度的最大允许偏差

相对离子丰度	>50%	20%～50%（含）	10%～20%（含）	≤10%
允许的最大偏差	±20%	±25%	±30%	±50%

（2）定量测定

将试样溶液注入气相色谱-质谱/质谱仪中，得到 *N*-二甲基亚硝胺的峰面积与对应同位素内标的峰面积的比值，根据标准曲线得到试样溶液中被测化合物的浓度。样液中 *N*-二甲基亚硝胺的峰面积比值应在标准曲线的线性范围内；如果含量超过标准曲线范围，需调整称样量或定容体积重新检测，若调整定容体积，应调整内标的添加量，使最终定容后内标与标准曲线内标的质量浓度一致。

8）空白试验

用水代替试样，按4.2）及4.3）所述操作步骤进行，必要时，进行环境空白的测定，空白测定值需低于该方法的定量限的50%。

5. 数据计算和结果表述

试样中 *N*-二甲基亚硝胺含量按式13-6计算：

$$X = \frac{(\rho - \rho_0) \times V \times 1000}{m \times 1000} \tag{13-6}$$

式中，X为试样中 *N*-二甲基亚硝胺的含量，μg/kg；ρ为试样中 *N*-二甲基亚硝胺色谱峰与对应内标物色谱峰的峰面积比值，经标准曲线求得的对应 *N*-二甲基亚硝胺质量浓度，μg/L；ρ_0为空白试验中 *N*-二甲基亚硝胺色谱峰与对应内标物色谱峰的峰面积比值，经标准曲线求得的对应 *N*-二甲基亚硝胺质量浓度，μg/L；V为试液最终定容体积，mL；1000为换算系数；m为试样的质量，g。计算结果保留小数点后两位数字。

6. 方法评价

在重复性条件下获得的2次独立测定结果的绝对差值不得超过算术平均值的20%。

称样量为 20 g，定容体积为 1.0 mL 时，本方法检出限为 0.30 μg/kg，定量限为 1.00 μg/kg。

13.2.4　丙烯酰胺

丙烯酰胺（acrylamide，AM）是一种白色晶体物质，易溶于水、甲醇、乙醇、二甲醚、丙酮、氯仿等溶剂。丙烯酰胺分子中含有碳碳双键和酰胺基，化学性质相当活泼，是重要的工业生产用原料。丙烯酰胺对眼睛和皮肤有一定的刺激作用，很容易经消化道、皮肤、肌肉或其他途径吸收，并能通过胎盘屏障。对职业接触人群的流行病学观察表明，长期小剂量摄入丙烯酰胺会出现嗜睡、情绪波动、记忆衰退、幻觉、震颤等症状，呈现一定的神经毒性，丙烯酰胺已被WHO国际癌症研究中心（IRAC）列为可能致癌物质（IIA类），也可导致遗传物质的改变。

2002年4月瑞典国家食品管理局和斯德哥尔摩大学研究人员率先报道，在一些油炸和烧烤的淀粉类食品，如炸薯条、炸土豆片等中检出丙烯酰胺，而且含量超过饮水中允许最大限量的500多倍。之后挪威、英国、瑞士和美国等国家也相继报道了类似结果。于是，学术期刊 *Nature* 上连续两篇文章，报道了美拉德反应产生丙烯酰胺的可能路径，引起一度的研究热潮。所以目前研究认为高温加工食物如炸薯条、炸薯片、油条等油炸食品以及咖啡、曲奇饼干等焙烤食品都容易因美拉德反应而在加工过程中产生丙烯酰胺。《食品安全国家标准 食品中丙烯酰胺的测定》（GB 5009.204—2014）规定了食品中丙烯酰胺的测定方法，第一法为稳定同位素稀释的液相色谱-质谱/质谱法，第二法为稳定性同位素的气相色谱-质谱/质谱法。本部分主要学习第一法。

1. 原理

本标准应用稳定性同位素稀释技术，在试样中加入 $^{13}C_3$ 标记的丙烯酰胺内标溶液，以水为提取溶剂，经过固相萃取柱或基质固相分散萃取净化后，以液相色谱-质谱/质谱的多反应监测（MRM）或选择反应监测（SRM）进行检测，内标法定量。

2. 试剂和材料

除非另有说明，本方法所用试剂均为分析纯，水为GB/T 6682规定的一级水。

试剂：甲酸：色谱纯；甲醇：色谱纯；正己烷和乙酸乙酯：分析纯，重蒸后使用；无水硫酸钠：400℃，烘烤4 h；硫酸铵；硅藻土：Extrelut™20或相当产品。

标准品：丙烯酰胺（$CH_2=CHCONH_2$）标准品（纯度＞99%）；$^{13}C_3$-丙烯酰胺（$^{13}CH_2=^{13}CH^{13}CONH_2$）标准品（纯度＞98%）。

标准溶液的配制：

①丙烯酰胺标准溶液的配制

丙烯酰胺标准储备溶液（1000 mg/L）：准确称取丙烯酰胺标准品，用甲醇溶解并定容，使丙烯酰胺浓度为1000 mg/L，置−20℃冰箱中保存。丙烯酰胺中间溶液（100 mg/L）：移取1 mL丙烯酰胺标准储备溶液，加甲醇稀释至10 mL，使丙烯酰胺浓度为100 mg/L，置−20℃冰箱中保存。丙烯酰胺工作溶液Ⅰ（10 mg/L）：移取1 mL丙烯酰胺中间溶液，用0.1%甲酸溶液稀释10 mL，使丙烯酰胺浓度为10 mg/L。临用时配制。丙烯酰胺工作溶液Ⅱ（1 mg/L）：移取1 mL丙烯酰胺工作溶液Ⅰ，用0.1%甲酸溶液稀释至10 mL，使丙烯酰胺浓度为1 mg/L。临用时配制。

②$^{13}C_3$-丙烯酰胺内标溶液

$^{13}C_3$-丙烯酰胺内标储备溶液（1000 mg/L）：准确称取 $^{13}C_3$-丙烯酰胺标准品，用甲醇溶解并定容，使 $^{13}C_3$-丙烯酰胺浓度为1000 mg/L，置−20℃冰箱保存。内标工作溶液（10 mg/L）：移取1 mL内标储备溶液，用甲醇稀释至100 mL，使 $^{13}C_3$-丙烯酰胺浓度为10 mg/L，置−20℃冰箱保存。

标准曲线工作溶液：取6个10 mL容量瓶，分别移取0.1 mL、0.5 mL、1 mL丙烯酰胺工作溶液Ⅱ（1 mg/L）和0.5 mL、1 mL和3 mL丙烯酰胺工作溶液Ⅰ（10 mg/L）与内标工作溶液（10 mg/L）0.1 mL，用0.1%甲酸溶液稀释至刻度。标准系列溶液中丙烯酰胺的浓度分别为10 μg/L、50 μg/L、100 μg/L、500 μg/L、1000 μg/L、3000 μg/L，内标浓度为100 μg/L。临用时配制。

3. 仪器设备

液相色谱-质谱/质谱联用仪（LC-MS/MS）；亲水亲油平衡（HLB）固相萃取柱：6 mL、

200 mg，或相当产品；Bond Elut-Accucat 固相萃取柱：3 mL、200 mg，或相当产品；组织粉碎机；旋转蒸发仪；氮气浓缩器；振荡器；玻璃层析柱：柱长 30 cm，柱内径 1.8 cm；涡旋混合器；超纯水装置；分析天平：感量为 0.1 mg；离心机：转速≤10 000 r/min。

4. 方法操作步骤

1）试样预处理

（1）样品提取

准确称取粉碎试样 1～2 g（精确到 0.001 g），加入 10 mg/L $^{13}C_3$-丙烯酰胺内标工作溶液 10 μL（或 20 μL），再加入超纯水 10 mL，振摇 30 min 后，于 4000 r/min 离心 10 min，取上清液待净化。

（2）样品净化

注：任选下列一种方法进行净化。

①基质固相分散萃取方法或相当：在试样提取上清液中加入硫酸铵 15 g，振荡 10 min，使其充分溶解，于 4000 r/min 离心 10 min，取上清液 10 mL，备用。如上清液不足 10 mL，则用饱和硫酸铵补足。取洁净玻璃层析柱，在底部填少许玻璃棉并压紧，依次填装 10 g 无水硫酸钠、2 g 硅藻土。称取 5 g 硅藻土 Extrelut^{TM}20 与上述试样上清液搅拌均匀后，装入层析柱中。用 70 mL 正己烷淋洗，控制流速为 2 mL/min，弃去正己烷淋洗液。用 70 mL 乙酸乙酯洗脱丙烯酰胺，控制流速为 2 mL/min，收集乙酸乙酯洗脱溶液，并在 45℃水浴中减压旋转蒸发至近干，用乙酸乙酯洗涤蒸发瓶残渣三次（每次 1 mL），并将其转移至已加入 1 mL 0.1%甲酸溶液的试管中，涡旋振荡。在氮气流下吹去上层有机相后，加入 1 mL 正己烷，涡旋振荡，于 3500 r/min 离心 5 min，取下层水相经 0.22 μm 水相滤膜过滤，待测。

②固相萃取柱净化或相当：在试样提取上清液中加入 5 mL 正己烷，振荡萃取 10 min，于 10 000 r/min 离心 5 min，除去有机相，再用 5 mL 正己烷重复萃取一次，迅速取水相 6 mL 经 0.45 μm 水相滤膜过滤。HLB 固相萃取柱使用前依次用 3 mL 甲醇、3 mL 水活化。取上述滤液 5 mL 上 HLB 固相萃取柱，收集流出液，并用 4 mL80%的甲醇水溶液洗脱，收集全部洗脱液，并与流出液合并；Bond Elut-Accucat 固相萃取柱依次用 3 mL 甲醇、3 mL 水活化后，将 HLB 固相萃取柱净化的全部洗脱液上样，在重力作用下流出，收集全部流出液，在氮气流下将流出液浓缩至近干，用 0.1%甲酸溶液定容 1.0 mL，待测。

2）仪器参考条件

（1）色谱条件

色谱柱为 Atlantis C_{18} 柱（5 μm、2.1 mm I.D.×150 mm）或等效柱；预柱：C_{18} 保护柱（5 μm、2.1 mm I.D.×30 mm）或等效柱；流动相：甲醇/0.1%甲酸（10∶90，体积分数）；流速：0.2 mL/min；进样体积：25 μL；柱温：26℃。

（2）质谱参数

依据配备的质谱仪进行工作参数优化。

①　配备三重四极串联质谱仪：

检测方式：多反应监测（MRM）；电离方式：阳离子电喷雾电离源（ESI +）；毛细管电压：3500 V；锥孔电压：40 V；射频透镜 1 电压：30.8 V；离子源温度：80℃；脱溶

剂气温度：300℃；离子碰撞能量：6 eV；丙烯酰胺：母离子 m/z 72、子离子 m/z 55、子离子 m/z 44；$^{13}C_3$-丙烯酰胺：母离子 m/z 75、子离子 m/z 58、子离子 m/z 45；定量离子：丙烯酰胺为 m/z 55，$^{13}C_3$-丙烯酰胺为 m/z 58。

② 配备离子阱串联质谱仪：

检测方式：选择反应监测（SRM）；电离方式：阳离子电喷雾电离源（ESI＋）；喷雾电压：5000 V；加热毛细管温度：300℃；鞘气：N_2，40 Arb；辅助气：N_2，20 Arb；碰撞诱导解离（CID）：10 V；碰撞能量：40 V；丙烯酰胺：母离子 m/z 72、子离子 m/z 55、子离子 m/z 44；$^{13}C_3$-丙烯酰胺：母离子 m/z 75、子离子 m/z 58、子离子 m/z 45；定量离子：丙烯酰胺为 m/z 55，$^{13}C_3$-丙烯酰胺为 m/z 58。

3）标准曲线的绘制

将标准系列工作液分别注入液相色谱-质谱/质谱系统，测定相应的丙烯酰胺及其内标的峰面积，以各标准系列工作液的丙烯酰胺进样浓度（单位：μg/L）为横坐标，以丙烯酰胺（m/z 55）和 $^{13}C_3$-丙烯酰胺内标（m/z 58）的峰面积比为纵坐标，绘制标准曲线。

4）试样溶液的测定

将试样溶液注入液相色谱-质谱/质谱系统中，测得丙烯酰胺（m/z 55）和 $^{13}C_3$-丙烯酰胺内标（m/z 58）的峰面积比，根据标准曲线得到待测液中丙烯酰胺进样浓度（单位：μg/L），平行测定次数不少于两次。

5）质谱分析

分别将试样和标准系列工作液注入液相色谱-质谱/质谱仪中，记录总离子流图和质谱图及丙烯酰胺和内标的峰面积，以保留时间及碎片离子的丰度定性，要求所检测的丙烯酰胺色谱峰信噪比（S/N）大于 3，被测试样中目标化合物的保留时间与标准溶液中目标化合物的保留时间一致，同时被测试样中目标化合物的相应监测离子丰度比与标准溶液中目标化合物的色谱峰丰度比一致。

6）数据计算和结果表述

试样中丙烯酰胺含量按式 13-7 内标法计算：

$$X = \frac{A \times f}{M} \tag{13-7}$$

式中，X 为试样中丙烯酰胺的含量，μg/kg；A 为试样中丙烯酰胺（m/z 55）色谱峰与 $^{13}C_3$-丙烯酰胺内标（m/z 58）色谱峰的峰面积比值对应的丙烯酰胺质量，ng；f 为试样中内标加入量的换算因子（内标为 10 μL 时 $f = 1$ 或内标为 20 μL 时 $f = 2$）；M 为加入内标时的取样量，g。计算结果以重复性条件下获得的两次独立测定结果的算术平均值表示，结果保留三位有效数字（或小数点后一位）。

7）方法评价

在重复性条件下获得的两次独立测定结果的绝对差值不得超过算术平均值的 20%。方法定量限为 10 μg/kg。

13.2.5　氯丙醇

氯丙醇一般是指丙三醇上羟基被氯原子取代 1～2 个所构成的一系列同系物、同分异构体的总称。在工业生产氯丙醇主要用于有机合成，也是制造环氧丙烷、丙二醇等产品的有机合成中间体。最早食品中氯丙醇污染是在酸水解植物蛋白（HVP）中发现的，有4种氯丙醇化合物，分别是3-氯-1, 2-丙二醇（3-MCPD）、2-氯-1, 3-丙二醇（2-MCPD）、1, 3-二氯-2-丙醇（1, 3-DCP）、2, 3-二氯-1-丙醇（2, 3-DCP），其中3-氯-1, 2-丙二醇（3-MCPD）和2, 3-二氯-1-丙醇（2, 3-DCP）有致癌性。

1. 食品污染氯丙醇的主要来源

1）生产酸水解植物蛋白过程中会产生氯丙醇

传统水解植物蛋白生产工艺是将植物蛋白质用浓盐酸在109℃下回流酸解，为了提高氨基酸得率，会加入过量的盐酸。在这一过程中，原料（如豆粕等）的脂肪和油脂中存在三酰甘油酯，会水解成丙三醇，并进一步与盐酸反应生成氯丙醇。所以传统酿造酱油等调味品没有发现氯丙醇污染，但是由于酸水解植物蛋白成本低，且具有氨基酸系列物和呈味成分，能增加食品的营养和风味，被认为是新型调味料的重要原料。进而导致一些添加了酸水解植物蛋白的调味品（如鸡精和酱油）污染丙三醇，甚至经常发生超标问题。

2）食品包装材料的迁移

用1, 2-环氧-3-氯丙烷（ECH）作为交联剂强化树脂生产的食品包装材料，如茶袋、咖啡滤纸、纤维肠衣等，也是食品中3-MCPD来源之一，因为ECH可从环氧树脂中溶出，与水中氯离子发生化学反应形成3-MCPD。

2. 食品中氯丙醇及其脂肪酸酯含量的测定

现行有效的国家标准为《食品安全国家标准 食品中氯丙醇及其脂肪酸酯含量的测定》（GB 5009.191—2016），新标准GB 5009.191—2024即将实施，新标准规定了食品中氯丙醇、氯丙醇脂肪酸脂和缩水甘油酯的测定方法。本部分主要依据GB 5009.191—2016的技术要点，学习食品中3-氯-1, 2-丙二醇含量的测定方法，即同位素稀释-气相色谱-质谱法。

1）原理

本标准采用同位素稀释技术，以D_5-3-氯-1, 2-丙二醇（D_5-3-MCPD）为内标。试样中加入内标，以硅藻土为吸附剂，进行固相支持液-液萃取，用正己烷-无水乙醚溶液（9 + 1）淋洗去除非极性脂质成分，用无水乙醚洗脱3-氯-1, 2-丙二醇（3-MCPD）。以七氟丁酰基咪唑衍生，采用气相色谱-质谱仪测定，内标法定量。

2）试剂和材料

除非另有说明，本方法所用试剂均为分析纯，水为GB/T 6682规定的一级水。

试剂：乙酸乙酯：色谱纯；正己烷：色谱纯；无水乙醚：使用前需重蒸，重蒸时加少量还原铁粉；氯化钠；无水硫酸钠：使用前120℃烘烤4 h；七氟丁酰基咪唑：纯度≥98%。

试剂配制：①氯化钠溶液（20%）：称取氯化钠20 g，加入80 mL水，搅拌使氯化钠充分溶解。②正己烷-无水乙醚溶液（9 + 1）：将450 mL正己烷与50 mL无水乙醚混合均匀。

标准品：①3-氯-1, 2-丙二醇（3-MCPD）标准品（$C_3H_7ClO_2$）：纯度≥98%。②D_5-3-氯-1, 2-丙二醇（D_5-3-MCPD）标准品（$C_3D_5H_2ClO_2$）：纯度≥98%。

材料：硅藻土；气密针：1 mL；玻璃层析柱：柱长 40 cm，柱内径 2 cm。

3）仪器设备

气相色谱-质谱仪；电子天平：感量分别为 1 mg 和 0.01 mg；超声振荡器；旋转蒸发仪；恒温箱或其他恒温加热器；涡旋振荡器；离心机。

4）方法操作步骤

（1）试样制备

液态样品摇匀；基质均匀的半固态样品和粉状固态样品直接测定；其他样品需匀浆粉碎均匀。制备好的试样于 0～5℃保存。

（2）试样提取

①液态试样

称取试 4 g（精确至 0.001 g）于 50 mL 烧杯中，加入 D_5-3-MCPD 标准工作液（10 mg/L）20 μL，加入氯化钠溶液（20%）4 g，超声混匀 5 min，待净化。

②半固态及固态试样（提取后无明显残渣的半固态及固态试样）

称取试样 4 g（精确至 0.001 g）于 50 mL 烧杯中，加入 D_5-3-MCPD 标准工作液（10 mg/L）20 μL，加入氯化钠溶液（20%）6 g，超声 10 min，待净化。

③半固态及固态试样（提取后有明显残渣的半固态及固态试样）

称取试样 4 g（精确至 0.001 g）于 15 mL 离心管中，加入 D_5-3-MCPD 标准工作液（10 mg/L）20 μL，加入氯化钠溶液（20%）15 g，超声提取 10 min，以 5000 r/min 离心 10 min，移取上清液，待净化。

（3）试样净化

取硅藻土 5 g，加入提取液，充分混匀，放置 10 min。取 5 g 硅藻土装入层析柱中（层析柱下端填充少量玻璃棉）。将提取液与硅藻土的混合物装入层析柱中，上层加 1 cm 高度的无水硫酸钠。用 40 mL 正己烷-无水乙醚溶液（9 + 1）淋洗，弃去流出液。用 150 mL 无水乙醚洗脱 3-MCPD（流速约为 8 mL/min），收集流出液，加入 15 g 无水硫酸钠，混匀以吸收水分，放置 10 min 后以漏斗过滤。滤液于 35℃下旋转蒸发至近干（约 0.5 mL），用 2 mL 正己烷溶解残渣，并转移至密闭性很好的适当体积（5 mL 或 10 mL）的透明具塞（盖）玻璃管中，待衍生化。

（4）衍生化

用气密针向正己烷复溶液中加入 0.04 mL 七氟丁酰基咪唑，立即密塞，涡旋混合 30 s，于 70℃保温 20 min。取出放至室温，加入 2 mL 氯化钠溶液（20%），涡旋 1 min，静置，使水相和正己烷相分层，且水相澄清。移出正己烷相，加入约 0.3 g 无水硫酸钠进行干燥，将溶液转移至进样小瓶中，供气相色谱-质谱测定。同时做 3-MCPD 系列标准工作液的衍生化。

（5）空白试样溶液制备

称取与试样相同质量的氯化钠溶液（20%）或空白试样，以下步骤按 2. 4）（2）～（4）与试样同时处理，以考察在试样测定过程中是否存在系统污染。

（6）仪器参考条件

①气相色谱参考条件

色谱柱：含 5%苯基亚芳基聚合物或 5%苯基-甲基聚硅氧烷的弱极性毛细管气相色谱-质谱柱（柱长 30 m，内径 0.25 μm，膜厚 0.25 μm），或性能相当者。载气：氦气，流速为 1 mL/min。进样口温度：250℃。进样体积：1 μL，不分流进样，不分流时间为 0.5 min，溶剂延迟时间为 5 min。程序升温：50℃保持 1 min，以 2℃/min 升至 90℃，再以 40℃/min 升至 270℃，并保持 5 min。

②质谱参考条件

离子源：电子轰击源（EI）。电离能量：70 eV。离子源温度：250℃。传输线温度：280℃。扫描方式：选择离子监测模式（SIM）。监测离子：3-MCPD 衍生物定量离子 *m/z* 253，定性离子 *m/z* 275、*m/z* 289、*m/z* 291；D_5-3-MCPD 衍生物定量离子 *m/z* 257，定性离子 *m/z* 278、*m/z* 294、*m/z* 296。

（7）标准曲线的制作

将 1 μL3-MCPD 系列标准工作液的衍生液按浓度由低到高依次注入气相色谱-质谱仪中，测得 3-MCPD 和 D_5-3-MCPD 的衍生物的峰面积，以 3-MCPD 系列标准工作溶液中的 3-MCPD 和 D_5-3-MCPD 的质量比为横坐标，以 3-MCPD 和 D_5-3-MCPD 的衍生物的峰面积比为纵坐标，绘制标准曲线。

（8）试样溶液的测定

将 1 μL 试样溶液注入气相色谱-质谱仪中，测得峰面积，根据标准曲线得到试样溶液中 3-MCPD 的质量。

5）数据计算和结果表述

试样中 3-MCPD 的含量按式 13-8 计算：

$$X = \frac{A \times f}{m \times 1000} \qquad (13\text{-}8)$$

式中，X 为试样中 3-MCPD 的含量，mg/kg；A 为试样溶液中 3-MCPD 的质量，ng；f 为称取试样后进行分析测定前的稀释倍数；m 为试样的质量，g；1000 为换算系数。计算结果保留三位有效数字。

6）方法评价

在重复性条件下获得的两次独立测定结果的绝对差值不得超过算术平均值的 20%。食品中 3-氯-1, 2-丙二醇的检出限为 0.005 mg/kg，定量限为 0.01 mg/kg。

13.3　食品中持久性有机污染物及其检测

13.3.1　多氯联苯

1. 多氯联苯的来源及影响

多氯联苯（plychlorinated biphenyls，PCBs）是在催化剂和高温条件下氯原子取代联苯的氢原子之后形成的一类人工合成的氯代联苯化合物的总称。人类研究合成这类物质主要用于生活需要材料的合成，如合成变压汽油、制作电容器、变压器等均以多氯联苯为基础材料，所以用到多氯联苯的产业成为环境多氯联苯污染的源头，据统计，多氯联苯开始批量生产后全球大约百分之五十以上的多氯联苯堆放在垃圾场中或者直接被填埋，导致环境多氯联苯的污染。

研究证实多氯联苯对人类具有致畸致癌性，是《斯德哥尔摩公约》关于持久性有机污染物受控清单中最初列出的12种持久性有机污染物之一。虽然我国企业已经停止生产PCBs，但是历史污染导致在大气、土壤等环境中仍能检测到多氯联苯，经常检测到的多氯联苯有 PCB28、PCB52、PCB101、PCB118、PCB138、PCB153、PCB180。不同结构的PCBs会引起不同的病症，包括引发人体肝脏的癌变，影响生物发育以及胎儿的形成，甚至会影响后代的繁殖能力。

多氯联苯极难溶于水而易溶于脂肪和有机溶剂，并且极难分解，因而能够在生物体脂肪中大量富集。1968年日本曾发生因PCB污染米糠油而造成的有名的公害病：油症。1973 年以后各国陆续开始减少或停止生产。PCB 的基本结构为：联苯苯环上有 10 个氢原子，按氢原子被氯原子取代的数目不同，形成一氯化物、二氯化物……十氯化物，它们各有若干个异构体。理论上一氯化物有3个异构物，二氯化物有12个，三氯化物有21个。PCB的全部异构物总共有210种，已确定结构的有102种。

水体受污染后，PCBs可被鱼类及其他水生物摄入，通过食物链或食物网发生生物富集作用。其中海藻类的富集能力在1000倍左右，虾、蟹类为4000～6000倍，鱼类可高达数万倍甚至到十余万倍。大气中的PCB多随着尘粒和雨水降至地面，转入水体与土壤中。土壤中的PCB可以通过挥发和生物转化而损失。

环境中的PCBs可以通过人体的皮肤、呼吸道被摄取。人体摄食了蓄积PCBs的食物后，则通过消化道吸收，并很快就蓄积在各种组织中，其中尤以脂肪组织含量最高。此外，还可通过胎盘、母乳转入胎儿或婴儿体内；也可通过代谢作用而降解。其代谢速率随含氯原子的增加而降低。代谢产物或PCB主要由粪便排出，乳、尿及皮脂中含量较少。

2. 多氯联苯的测定方法

《食品安全国家标准 食品中指示性多氯联苯含量的测定》（GB 5009.190—2014）规定了食品中指示性多氯联苯含量的测定方法，分别是第一法稳定性同位素稀释的气相色谱-质谱法和第二法气相色谱法。第一法规定了食品中多氯联苯包括全球环境监测系统/食品规划中规定的指示性PCBs（PCB28、PCB52、PCB101、PCB153和PCB180）及PCB18、PCB33、PCB44、PCB70、PCB105、PCB128、PCB170、PCB187、PCB194、PCB195、PCB199和PCB206含量的测定方法。第二法规定了PCB28、PCB52、PCB101、PCB118、PCB138、PCB153和PCB180的测定方法。本节中主要依据该国标方法，查阅文献资料，总结和学习食品中指示性多氯联苯含量测定的稳定性同位素稀释的气相色谱-质谱法。

1）原理

应用稳定性同位素稀释技术，在试样中加入 $^{13}C_{12}$ 标记的PCBs作为定量标准，经过索氏提取后的试样溶液经柱色谱层析净化、分离，浓缩后加入回收内标，使用气相色谱-

低分辨质谱联用仪，以四极杆质谱选择离子监测（SIM）或离子阱串联质谱多反应监测（MRM）模式进行分析，内标法定量。

2）试剂和材料

（1）试剂

正己烷，二氯甲烷，丙酮，甲醇，异辛烷：农残级；无水硫酸钠：优级纯，用前将市售无水硫酸钠装入玻璃色谱柱，依次用正己烷和二氯甲烷淋洗两次，每次使用的溶剂体积约为无水硫酸钠体积的两倍。淋洗后，将无水硫酸钠转移至烧瓶中，在 50℃下烘烤至干，然后在 225℃烘烤 8～12 h，冷却后干燥器中保存；硫酸，氢氧化钠，硝酸银：优级纯。

（2）实验材料

①色谱用硅胶（75～250 μm）：将市售硅胶装入玻璃色谱柱中，依次用正己烷和二氯甲烷淋洗两次，每次使用的溶剂体积约为硅胶体积的两倍。淋洗后，将硅胶转移到烧瓶中，以铝箔盖住瓶口置于烘箱中 50℃烘烤至干，然后升温至 180℃烘烤 8～12 h，冷却后装入磨口试剂瓶中，干燥器中保存，得到净化和活化的硅胶。②44%酸化硅胶：称取活化好的硅胶 100 g，逐滴加入 78.6 g 硫酸，振摇至无块状物后，装入磨口试剂瓶中，干燥器中保存。③33%碱性硅胶：称取活化好的硅胶 100 g，逐滴加入 49.2 g 1 mol/L 的氢氧化钠溶液，振摇至无块状物后，装入磨口试剂瓶中，干燥器中保存。④10%硝酸银硅胶：将 5.6 g 硝酸银溶解在 21.5 mL 去离子水中，逐滴加入 50 g 活化硅胶中，振摇至无块状物后，装入棕色磨口试剂瓶中，干燥器中保存。⑤碱性氧化铝：色谱层析用碱性氧化铝，660℃烘烤 6 h 后，装入磨口试剂瓶中，干燥器中保存。

（3）标准溶液

本方法中使用了时间窗口确定标准溶液：由各氯取代数的 PCBs 在 DB-5 ms 色谱柱上第一个出峰和最后一个出峰的同族化合物组成；定量内标标准溶液；回收率内标标准溶液；多氯联苯系列标准溶液；精密度和准确度实验标准溶液。具体可见 GB 5009.190—2014 的相关规定。

3）仪器和设备

气相色谱-四极杆质谱联用仪（GC-MS）或气相色谱-离子阱串联质谱联用仪；色谱柱：DB-5 ms 柱，30 m×0.25 mm×0.25 μm，或等效色谱柱；组织匀浆器；绞肉机；旋转蒸发仪；氮气浓缩器；超声波清洗器；振荡器；分析天平：感量为 0.1 g。

4）方法操作步骤

（1）试样制备

①用避光材料如铝箔、棕色玻璃瓶等包装现场采集的试样，并放入小型冷冻箱中运输到实验室，−10℃以下低温冰箱保存。

②固体试样如鱼、肉等可使用冷冻干燥或使用无水硫酸钠干燥并充分混匀。油脂类可直接溶于正己烷中进行净化处理。

（2）提取

①提取前，将一空纤维素或玻璃纤维提取套筒装入索氏提取器中，以正己烷＋二氯甲烷（50＋50）为提取溶剂，预提取 8 h 后取出晾干。

②将制备好的试样 5.0～10.0 g 装入上述处理的提取套筒中，加入 $^{13}C_{12}$ 标记的定量内标，用玻璃棉盖住试样，平衡 30 min 后装入索氏提取器，以适量正己烷 + 二氯甲烷（50 + 50）为提取溶剂，提取 18～24 h，回流速度控制在 3～4 次/h。

③提取完成后，将提取液转移到茄形瓶中，旋转蒸发浓缩至近干。如分析结果以脂肪计则需要测定试样的脂肪含量。

④脂肪含量的测定：浓缩前准确称重茄形瓶，将溶剂浓缩至干后准确称重茄形瓶，两次称重结果的差值为试样的脂肪量。测定脂肪量后，加入少量正己烷溶解瓶中残渣。

（3）净化

①酸性硅胶柱净化

净化柱装填：玻璃柱底端用玻璃棉封堵后从底端到顶端依次填入 4 g 活化硅胶、10 g 酸化硅胶、2 g 活化硅胶、4 g 无水硫酸钠。然后用 100 mL 正己烷预淋洗。

净化：将浓缩的提取液全部转移至柱上，用约 5 mL 正己烷冲洗茄形瓶 3～4 次，洗液转移至柱上。待液面降至无水硫酸钠层时加入 180 mL 正己烷洗脱，洗脱液浓缩至约 1 mL。

如果酸化硅胶层全部变色，表明试样中脂肪量超过了柱子的负载极限。洗脱液浓缩后，制备一根新的酸性硅胶净化柱，重复上述操作，直至硫酸硅胶层不再全部变色。

②复合硅胶柱净化

净化柱装填：玻璃柱底端用玻璃棉封堵后从底端到顶端依次填入 1.5 g 硝酸银硅胶、1 g 活化硅胶、2 g 碱性硅胶、1 g 活化硅胶、4 g 酸化硅胶、2 g 活化硅胶、2 g 无水硫酸钠。然后用 30 mL 正己烷 + 二氯甲烷（97 + 3）预淋洗。

净化：将经过①净化后浓缩洗脱液全部转移至柱上，用约 5 mL 正己烷冲洗茄形瓶 3～4 次，洗液转移至柱上。待液面降至无水硫酸钠层时加入 50 mL 正己烷 + 二氯甲烷（97 + 3）洗脱，洗脱液浓缩至约 1 mL。

③碱性氧化铝柱净化

净化柱装填：玻璃柱底端用玻璃棉封堵后从底端到顶端依次填入 2.5 g 经过烘烤的碱性氧化铝、2 g 无水硫酸钠。15 mL 正己烷预淋洗。

净化：将经过②净化后浓缩洗脱液全部转移至柱上，用约 5 mL 正己烷冲洗茄形瓶 3～4 次，洗液转移至柱上。当液面降至无水硫酸钠层时加入 30 mL 正己烷（2×15 mL）洗脱柱子，待液面降至无水硫酸钠层时加入 25 mL 二氯甲烷 + 正己烷（5 + 95）洗脱。洗脱液浓缩至近干。

上述三种柱净化用详细柱填装示意图可参阅 GB 5009.190—2014，或者直接选购商品化的硅胶柱。

（4）上机分析前的处理

将净化后的试样溶液转移至进样小管中，在氮气流下浓缩，用少量正己烷洗涤茄形瓶 3～4 次，洗涤液也转移至进样内插管中，氮气浓缩至约 50 μL，加入适量回收率内标，然后封盖待上机分析。

（5）仪器参考条件

①色谱条件

色谱柱：采用 30 m 的 DB-5 ms（或相当于 DB-5 ms 的其他类型）石英毛细管柱进行色谱分离，膜厚为 0.25 μm，内径为 0.25 mm。采用不分流方式进样时，进样口温度为 300℃。色谱柱升温程序如下：初始温度为 100℃，保持 2 min；15℃/min 升温至 180℃；3℃/min 升温至 240℃；10℃/min 升温至 285℃并保持 10 min。使用高纯氦气（纯度＞99.999%）作为载气。

②质谱参数

a. 四极杆质谱仪

电离模式：电子轰击源（EI），能量为 70 eV。离子检测方式：选择离子监测（SIM），检测 PCBs 时选择的特征离子为分子离子。离子源温度为 250℃，传输线温度为 280℃，溶剂延迟为 10 min。

b. 离子阱质谱仪

电离模式：电子轰击源（EI），能量为 70 eV。离子检测方式：多反应监测（MRM），检测 PCBs 时选择的母离子为分子离子（M + 2 或 M + 4），子离子为分子离子丢掉两个氯原子后形成的碎片离子（M-2Cl）。离子阱温度为 220℃，传输线温度 280℃，歧盒（manifold）温度 40℃。

（6）灵敏度检查

进样 1 μL（20pg）CS1 溶液，检查 GC-MS 灵敏度。要求 3 至 7 氯取代的各化合物检测离子的信噪比应达到 3 以上；否则，应重新进行仪器调谐，直至符合规定。

（7）PCBs 的定性和定量

①PCBs 色谱峰的确认要求：所检测的色谱峰信噪比应在 3 以上。

②监测的两个特征离子的丰度比应在理论范围之内，具体可参阅 GB 5009.190—2014 的相关规定。

③检查色谱峰对应的质谱图，当浓度足够大时，应存在丢掉两个氯原子的碎片离子。

④检查色谱峰对应的质谱图，对于三氯联苯至七氯联苯色谱峰中，不能存在分子离子加两个氯原子的碎片离子（M + 70）。

⑤被确认的 PCBs 保留时间应处在通过分析窗口确定标准溶液预先确定的时间窗口内。时间窗口确定标准溶液由各氯取代数的 PCBs 在 DB-5 ms 色谱柱上第一个出峰和最后一个出峰的同族化合物组成。使用确定的色谱条件、采用全扫描质谱采集模式对窗口确定标准溶液进行分析（1 μL），根据各族 PCBs 所在的保留时间段确定时间窗口。由于在 DB-5 ms 色谱柱上存在三族 PCBs 的保留时间段重叠的现象，因此在单一时间窗口内需要对不同族 PCBs 的特征离子进行检测。为保证分析的选择性和灵敏度要求，在确定时间窗口时应使一个窗口中检测的特征离子尽可能少。

上述过程中具体各 PCBs 在各检测器下的检测图谱可参阅 GB 5009.190—2014 的附录。

5）数据计算和结果表述

本方法中对于 PCB28、PCB52、PCB118、PCB153、PCB180、PCB206 和 PCB209 使

用同位素稀释技术进行定量，对其他目标化合物采用内标法定量；对于定量内标的回收率计算使用内标法。本方法所测定的 20 种目标化合物包括了 PCBs 工业产品中的大部分种类。从三氯联苯到八氯联苯每族三个化合物，九氯联苯和十氯联苯各一个。每族使用一个 $^{13}C_{12}$ 标记化合物作为定量内标。计算定量内标回收率的回收内标为两个。在计算定量内标的回收率时，$^{13}C_{12}$-PCB101 作为 $^{13}C_{12}$-PCB28、$^{13}C_{12}$-PCB52、$^{13}C_{12}$-1 PCB18 和 $^{13}C_{12}$-PCB153 的回收率内标，$^{13}C_{12}$-PCB194 为 $^{13}C_{12}$-PCB180、$^{13}C_{12}$-PCB202、$^{13}C_{12}$-PCB206 和 $^{13}C_{12}$-PCB209 的回收率内标。

相对响应因子（RRF）：本标准采用 RRF 进行定量计算，使用校正标准溶液计算 RRF 值，计算公式见式 13-9 和式 13-10。

$$\mathrm{RRF}_n = \frac{A_n \times c_s}{A_s \times c_n} \tag{13-9}$$

$$\mathrm{RRF}_r = \frac{A_s \times c_r}{A_r \times c_s} \tag{13-10}$$

式中，RRF_n 为目标化合物对定量内标的相对响应因子；A_n 为目标化合物的峰面积；c_s 为定量内标的浓度，μg/L；A_s 为定量内标的峰面积；c_n 为目标化合物的浓度，μg/L；RRF_r 为定量内标对回收内标的相对响应因子；A_r 为回收率内标的峰面积；c_r 为回收率内标的浓度，μg/L。

各化合物五个浓度水平的 RRF 值的相对标准偏差（RSD）应小于 20%。达到这个标准后，使用平均 RRF_n 和平均 RRF_r 进行定量计算。

含量计算：试样中 PCBs 含量的计算公式见式 13-11。

$$c_n = \frac{A_n \times m_s}{A_s \times \mathrm{RRF}_n \times m} \tag{13-11}$$

式中，c_n 为试样中 PCBs 的含量，μg/kg；A_n 为目标化合物的峰面积；m_s 为试样中加入定量内标的量，ng；A_s 为定量内标的峰面积；RRF_n 为目标化合物对定量内标的相对响应因子；m 为取样量，g。

13.3.2　二噁英

1. 二噁英常见的种类和污染食物的主要来源

二噁英（dioxin），又称二氧杂芑（qǐ），是一种无色无味、毒性严重的脂溶性物质。在分子结构上，这类物质是一些氯化多核芳香化合物的总称，所以也有教材和文献资料将其归为多氯联苯类物质。常见的二噁英分为多氯二苯并对二噁英（polychlorinated dibenzo-p-dioxins，PCDDs）和多氯二苯并呋喃（polychlorinated dibenzofurans，PCDFs），总的英文简写为 PCDD/Fs。PCDD/Fs 是一类毒性很强的三环芳香族有机化合物，由 2 个或 1 个氧原子联接 2 个被氯取代的苯环组成，每个苯环上可以取 0～4 个氯原子，所以共有 75 个 PCDD 异构体和 135 个 PCDF 异构体。PCDD/Fs 的毒性与氯原子取代的 8 个位置有关，人们最为关注的是 2, 3, 7, 8 四个共平面取代位置均有氯原子的 PCDD/Fs 同系物，共有 17 种。其中毒性最强的是 2, 3, 7, 8-四氯代二苯并对二噁英，其毒性相当于氰化钾

（KCN）毒性的1000倍，因此被称为“地球上毒性最强的毒物”，又因其一旦渗透到环境之中，就很难自然降解消除，故有着“世纪之毒”之称。

如前所述，二噁英既非人为生产、又无任何用途，而是一些物质燃烧和各种工业生产的副产物。产生后因其性质极其稳定而长期并不断扩散于环境的水体、土壤和大气中，通过悬浮颗粒物质的吸附以及水生食物链的转移进入水产品中，再通过食物链危及消费者健康。相关研究表明我国一些地区市售的食物样品中动物性食品二噁英类化合物检出率高于植物性食品，肉类食品样品中PCDD/Fs和二噁英样多氯联苯（DL-PCBs）毒性当量浓度均高于全国水平。市售婴幼儿配方乳品中PCDD/Fs和DL-PCBs污染处于低水平，整体状况良好。

2. *测定方法*

目前有效的国标是《食品安全国家标准 食品中二噁英及其类似物毒性当量的测定》（GB 5009.205—2013），新国标GB 5009.205—2024即将于2024年8月8日生效。本部分主要依据GB 5009.205—2013的技术要点，适当参考GB 5009.205—2024的内容，对食品中二噁英的测定方法进行学习。食品中二噁英及其类似物毒性当量的测定常用的方法是气相色谱-串联质谱法，检测的目标物是食品中17种2, 3, 7, 8-取代的PCDDs、多氯代二苯并呋喃（PCDD/Fs）和12种二噁英样多氯联苯（DL-PCBs）含量及二噁英毒性当量。

1）原理

应用高分辨气相色谱-高分辨串联质谱联用技术，在质谱分辨率大于10 000的条件下，通过精确质量测量监测目标化合物的两个离子，获得目标化合物的特异性响应。以目标化合物的同位素标记化合物为定量内标，采用稳定性同位素稀释法准确测定食品中2, 3, 7, 8位氯取代的PCDD/Fs和DL-PCBs的含量；并以各目标化合物的毒性当量因子（TEF）与所测得的含量相乘后累加，得到样品中二噁英及其类似物的毒性当量（TEQ）。

2）试剂和材料

（1）有机溶剂

注：以下有机溶剂均为农残级，浓缩10 000倍后不得检出二噁英及其类似物。

丙酮；正己烷；甲苯；环己烷；二氯甲烷；乙醚；甲醇；正壬烷；异辛烷；乙酸乙酯；乙醇

（2）PCDD/Fs、DL-PCBs标准溶液

校正和时间窗口确定的标准溶液、净化标准溶液、同位素标记定量内标的储备溶液、回收率内标标准溶液、精密度和回收率检查标准溶液、保留时间窗口确定的标准溶液、系列标准溶液等可参照GB 5009.205—2013的相关要求自行配制，或直接选购市售的符合使用要求的标准溶液，临用时按照说明书移取、混合等。

（3）样品净化用吸附剂

①氧化铝

注：如果内标化合物的回收率能达到要求，则可在酸性氧化铝或碱性氧化铝中选择一种用于样品提取液净化。但所有样品，包括初始精确度和回收率检查试验，均应使用同样类型的氧化铝。

酸性氧化铝：在 130℃下至少加热活化 12 h。碱性氧化铝：在 600℃下至少加热活化 24 h。加热温度不能超过 700℃，否则其吸附能力降低。活化后保存在 130℃的密闭烧瓶中。应在烘烤后五天内使用。

②硅胶

规格：75～250 μm 或相当等级的硅胶。活性硅胶：使用前，取硅胶分别用甲醇、二氯甲烷清洗，在 180℃下至少烘烤 1 h 或 150℃下至少烘烤 4 h（最多 6 h）。在干燥器中冷却，保存在带螺帽密封的玻璃瓶中。酸化硅胶（44%，质量分数）：称取 56 g 活性硅胶置于 250 mL 具塞磨口旋转烧瓶中，在玻璃棒搅拌下加入 44 g 硫酸，将烧瓶用旋转蒸发器旋转 1～2 h，使之混合均匀无结块，置干燥器内，可保存 3 周。碱化硅胶（33%，质量分数）：称取 100 g 活性硅胶置于 250 mL 具塞磨口旋转烧瓶中，在玻璃棒搅拌下逐滴加入 49 g NaOH 溶液（1 mol/L），将烧瓶用旋转蒸发器中旋转 1～2 h，使之混合均匀无结块。将碱化硅胶置干燥器内保存。硝酸银硅胶：称取 10 g 硝酸银置于 100 mL 烧杯中，加水 40 mL 溶解。将该溶液转移至 250 mL 旋转烧瓶中，慢慢加入 90 g 活性硅胶，在旋转蒸发器中旋转 1～2 h，使之干燥并混合均匀。取出后，在干燥器中冷却，置于褐色玻璃瓶内保存。

③弗罗里硅土

规格：150～250 μm。使用前，称取 500 g，装入索氏提取器中，用适量正己烷：二氯甲烷（1∶1，体积比）提取 24 h。含水 1%（质量分数）的弗罗里硅土：称取弗罗里硅土 99.0 g，加水 1.0 mL，搅拌均匀，用带聚氟乙烯螺帽的玻璃瓶封装。

④混合活性炭

称取 9.0 g CarbopakC（推荐使用 Supelco1—0258，或其他相当的类型）和 41.0 g Celite545（推荐使用 Supelco2—0199，或其他相当的类型），充分混合，含活性炭为 18%（质量分数）。在 130℃中至少活化 6 h，在干燥器中保存。

（4）其他试剂和材料

无水硫酸钠（Na_2SO_4）：优级纯；硫酸（H_2SO_4）：优级纯；氢氧化钠（NaOH）：优级纯；硝酸银（$AgNO_3$）：优级纯；草酸钠（$Na_2C_2O_4$）：优级纯；玻璃棉：使用前以二氯甲烷及正己烷回流 48 h，用氮气吹干后，置于棕色瓶内备用；凝胶色谱填料：Bio-BeadsS-X3，38～75 μm；硅藻土（选用）：加速溶剂萃取用。

（5）参考基质

玉米油或其他植物油。基质中未检出 PCDD/Fs 和 DL-PCBs 为最理想的情况。由于环境中 PCBs 的广泛存在，植物油中可能存在背景水平的 PCBs，作为基质时要求其背景水平不得超过 GB 5009.205—2013 附录 C 表 C.1 中的检测限（检出限）的值。

3）仪器和设备

高分辨气相色谱-高分辨质谱仪（HRGC-HRMS）。

气相色谱柱，不同的目标物应选用不同的气相色谱柱：

①用于 PCDD/Fs 检测：DB-5 ms（5%二苯基-95%二甲基聚硅氧烷）柱，60 m×0.25 mm×0.25 μm 或等效色谱柱；②用于 DL-PCBs 检测：DB-5 ms 柱，60 m×0.25 mm×0.25 μm 或等效色谱柱。

玻璃层析柱：带聚四氟乙烯柱塞，150 mm×8 mm，300 mm×15 mm。

全自动样品净化系统（选用）：配备酸碱复合硅胶柱、氧化铝和活性炭净化柱。

凝胶色谱系统（GPC）（选用，手动或自动系统）：玻璃柱（内径 15～20 mm），内装 50 g S-X3 凝胶。

高效液相色谱仪（HPLC）（选用）：包括泵、自动进样器、六通转换阀、检测器和馏分收集器，配备 Hypercarb（100 mm×4.6 mm，5 μm）或相当色谱柱。

其他器械：组织匀浆器；绞肉机；冻干机；旋转蒸发器；氮气浓缩器；超声波清洗器；振荡器；索氏提取器；天平：感量为 0.1 mg；恒温干燥箱：用于烘烤和贮存吸附剂，能够在 105～250℃范围内保持恒温（±5℃）。

4）方法操作步骤

（1）样品采集、制备与保存

①现场采集的样品用避光材料如铝箔、棕色玻璃瓶等包装，置冷冻箱中运输到实验室，–10℃以下低温保存。

②液体或固体样品，如鱼、肉、蛋、奶等经过匀浆使其匀质化后可使用冷冻干燥或无水硫酸钠干燥，混匀。油脂类样品可直接用正己烷溶解后进行净化分离。

（2）试样预处理

①溶剂和提取液的旋转蒸发浓缩

在试验开始前，预先将 100 mL 正己烷：二氯甲烷（1∶1，体积比）作为提取溶剂浓缩，以清洗整个旋转蒸发仪系统。在两个浓缩样品之间，分三次用 2～3 mL 溶剂洗涤旋转蒸发仪接口，用烧杯收集废液。将装有样品提取液的茄形瓶连接到旋转蒸发器上，缓慢抽真空，调节转速和水浴的温度(或真空度)，使浓缩在 15～20 min 内完成。当茄形瓶中溶剂约为 2 mL 时，缓慢并小心地向旋转蒸发仪中放气，用 2 mL 溶剂洗涤接口，用烧杯收集废液。

②固态试样的索氏提取

提取前，在索氏提取器中装入一支空的纤维素或玻璃纤维提取套筒，以正己烷：二氯甲烷（1∶1，体积比）为提取溶剂，预提取 8 h 后取出晾干。

将处理好、准确称取的食品试样装入提取套筒中，在提取套筒中加入适量 $^{13}C_{12}$ 标记的定量内标的储备溶液，用玻璃棉盖住样品，平衡 30 min 后装入索氏提取器，以适量正己烷：二氯甲烷（1∶1，体积比）为溶剂提取 18～24 h，回流速度控制在 3～4 次/h。

提取后，将提取液转移到茄形瓶中，旋转蒸发浓缩至近干。

茄形瓶中的残留物用少量正己烷溶解以进行后续的净化。如需要考察净化过程的回收率则加入净化标准溶液，但质量控制下的日常分析中该步骤可省略。

若结果报告需报告脂肪含量，则需要测定样品的脂肪含量。测定脂肪含量后，可以加少量正己烷溶解，以备进行净化处理。

③液态试样的液液萃取

依情况准确量取液体奶样样品 200～300 mL，转移至大小合适的分液漏斗中，加入适量 $^{13}C_{12}$ 标记的定量内标的储备溶液。按 20 mg/g 样品的比例称取草酸钠，加少量水溶解后，将该溶液加入样品，充分振摇。加入与样品等体积的乙醇，再进行振摇。在样品-乙醇溶液中加入等体积的乙醚：正己烷（2∶3，体积比），振摇 1 min。静置分层后，转移出有机相。然后在水相中加入与样品原始体积相同的正己烷，振摇 1 min。静置分层后，转移出有机相。合并有机相，浓缩至小于 75 mL。转移提取液至 250 mL 分液漏斗中，加入 30 mL 蒸馏水振摇，弃去水相。转移上层有机相至 250 mL 烧瓶中，加入适量无水硫酸钠，振摇。静置 30 min 后，用一张经过甲苯淋洗过的滤纸过滤，滤液置于茄形瓶中。旋转蒸发浓缩至近干。如需测定脂肪含量，则按重量法测定脂肪含量。茄形瓶中的残留物用少量正己烷溶解以进行下面的净化。如需要考察净化过程的回收率则加入净化标准溶液，但质量控制下的日常分析中该步骤可省略。

④其他

取适量黄油等油脂试样置烧杯中，加热至 50～60℃，使油脂明显地分离出来。熔化的油脂经干燥的滤纸或者一小段玻璃棉过滤到另一容器中，从中准确称取油脂样品适量（精确到 0.001 g），用正己烷溶解后，加入适量 $^{13}C_{12}$ 标记的定量内标。

（3）试样净化

试样提取后，按照以下的①～⑥操作步骤进行净化处理样品提取液，或选用⑦的全自动样品净化系统进行自动净化分离，或如⑧所述，根据试样情况和测定目的，查找选用适合的净化程序。

①酸化硅胶净化除脂

在浓缩的样品提取液中加入 100 mL 正己烷，并加入 50 g 酸化硅胶，用旋转蒸发仪在 70℃条件下旋转加热 20 min。静置 8～10 min 后，将正己烷倒入茄形瓶中。用 50 mL 正己烷洗瓶中硅胶，合并正己烷于茄形瓶中，重复 3 次。用旋转蒸发仪浓缩至 2～5 mL。

如果酸化硅胶的颜色较深，则应取用新的酸化硅胶柱，重复上述过程，直至酸化硅胶为浅黄色。

②混合硅胶柱净化

层析柱的填充或直接选购符合使用要求的商品化混合硅胶柱。用 150 mL 正己烷预淋洗层析柱。当液面降至无水硫酸钠层上方约 2 mm 时，关闭柱阀，弃去淋洗液，柱下放一茄形瓶。检查层析柱，如果出现沟流现象应重新装柱。将已浓缩的经酸化硅胶柱净化的提取液加入柱中，打开柱阀使液面下降，当液面降至无水硫酸钠层时，关闭柱阀。用 5 mL 正己烷洗涤茄形瓶 2 次，将洗涤液一并加入柱中，打开柱阀，使液面降至无水硫酸钠层。如果仅测定 PCDD/Fs，则用 350 mL 正己烷洗脱；如果同时测定 PCDD/Fs 和 DL-PCBs，则用 400 mL 正己烷洗脱，收集洗脱液。将收集在茄形瓶中的洗脱液用旋转蒸发仪浓缩至 3～5 mL，供下一步净化用。

③氧化铝柱净化

氧化铝柱 1：a. 层析柱填充；b. 用 150 mL 正己烷预淋洗层析柱；c. 加入经过混合硅胶柱净化的提取液，并用 5 mL 正己烷分两次洗涤原茄形瓶，将洗涤液合并后上柱，重复洗涤一次；d. 用 60 mL 正己烷清洗烧瓶后淋洗氧化铝柱，弃去淋洗液；e. 仅测定 PCDD/Fs 时：用 200 mL 正己烷∶二氯甲烷（98∶2，体积比）淋洗干扰组分，弃去淋洗液。柱下放一茄形瓶，用 200 mL 正己烷∶二氯甲烷（1∶1，体积比）洗脱，收集洗脱液，加入 3 mL 的辛烷或壬烷，供 PCDD/Fs 分析用；f. 同时测定 PCDD/Fs 和 DL-PCBs 时：柱下放一茄形瓶，用 90 mL 甲苯洗脱，收集洗脱液，加入 3 mL 的辛烷或壬烷，供 DL-PCBs

分析用。柱下放置另一茄形瓶，再用 200 mL 正己烷：二氯甲烷（1：1，体积比）洗脱，收集洗脱液，加入 3 mL 的辛烷或壬烷，供 PCDD/Fs 分析用；g. 将收集在茄形瓶中的各洗脱液分别用旋转蒸发仪浓缩至 3～5 mL，供下一步净化用。

氧化铝柱 2：a. 层析柱填充；b. 用 20 mL 正己烷预淋洗层析柱；c. 加入经氧化铝柱 1 净化的提取液（PCDD/Fs 部分），使其完全渗入柱内；d. 用 4 mL 正己烷：二氯甲烷（98：2，体积比）冲洗原茄形瓶，将冲洗下来的溶液，倒入柱内，让其完全渗入柱内；重复一次；e. 用 40 mL 的正己烷：二氯甲烷（98：2，体积比）（包括烧瓶清洗）淋洗，弃去淋洗液，柱下放一茄形瓶；f. 用 30 mL 正己烷：二氯甲烷（1：1，体积比）淋洗液洗脱 PCDD/Fs，收集洗脱液，加入 3 mL 的辛烷或壬烷；g. 用 30 mL 正己烷：二氯甲烷（99：1，体积比）预淋洗层析柱；h. 加入浓缩后的经氧化铝柱 1 净化的提取液（DL-PCBs 部分），让其完全渗入柱内；i. 用 5 mL 正己烷：二氯甲烷（1：1，体积比）洗涤原茄形瓶两次。当样品已完全渗入柱内，将冲洗下来的溶液，倒入柱内，使其完全渗入柱内；j. 用 15 mL 正己烷：二氯甲烷（1：1，体积比）洗脱，收集洗脱液，加入 3 mL 的辛烷或壬烷；k. 将收集在茄形瓶中的各洗脱液分别用旋蒸浓缩至 3～5 mL 左右，供进一步测定或净化用。

④凝胶渗透柱净化

本步骤是用于去除样品提取液中类脂的备选净化方法，必要时选用。

⑤活性炭柱净化

本步骤是 PCDD/Fs 和非邻位氯取代的 DL-PCBs 备选的净化方法，必要时选用。

⑥弗罗里硅土柱净化

本步骤是 PCDD/Fs 备选的净化方法，必要时选用。

⑦全自动样品净化系统自动净化分离

全自动样品净化系统的自动净化分离原理与传统的柱色谱方法相同，该系统使用三根一次性商业化净化柱，依次为多层硅胶柱、碱性氧化铝柱和活性炭柱。整个净化过程通过计算机按设定程序控制往复泵和阀门进行。

⑧其他

为了将 PCDD/Fs 和 DL-PCBs 从基质材料中充分地分离出来，可根据基质材料或干扰组分的具体情况选用不同的吸附剂进行净化。制备酸化硅胶以除去组织样品中的脂肪。凝胶渗透色谱可用来除去那些能导致气相色谱柱柱效降低的大分子干扰物（如蜂蜡等酸碱不能破坏的大分子），必要时可用手动层析柱对提取液进行初步净化。酸性、中性和碱性硅胶、氧化铝和弗罗里硅土可用于消除非极性和极性的干扰物质。活性炭柱能将 PCDD/Fs 以及非邻位氯取代的 PCB77、PCB126 和 PCB169 与其他同类物质和干扰物质分离，可在必要时使用。除了非邻位氯取代的 PCB77、PCB126 和 PCB169 外，其他 DL-PCBs 一般不需要活性炭柱净化。HPLC 可以特异性地分离某些类似物和同系物。

通常在用酸化硅胶或凝胶渗透色谱除去组织样品中的类脂后，使用 3 根层析柱净化，即一根混合型硅胶柱和两根不同的氧化铝柱。也可以采取其他备选净化方法，组合使用。无论采用何种组合，在进行净化前，实验室应证实其选择的净化过程能满足方法的要求。

（4）微量浓缩

将上述净化后浓缩的提取液转移到带刻度氮吹管中，置于氮气浓缩器下吹氮浓缩（可在 45℃的控温条件下进行），然后转移至微量进样小瓶中，继续浓缩到约 100 μL。加入 PCDD/Fs 回收率内标标准溶液 10 μL 和 DL-PCBs 回收率内标标准溶液 40 μL，继续在微小氮气气流下浓缩至约 20 μL，汞 GC-MS 测定。

（5）仪器分析条件

可参考 GB 5009.205—2013 和 GB 5009.205—2024 的相关推荐条件，结合仪器性能、试样性质和检测目的进行选择和优化。

（6）建立标准曲线

将 PCDD/Fs 校正标准溶液和 DL-PCBs 校正标准溶液，分别按浓度由低到高的顺序注入 GC-MS/MS 中，以目标物的含量为横坐标，峰面积为纵坐标，根据内标法定量，绘制标准曲线，求出线性相关方程。

（7）试样分析

参考 GB 5009.205—2013 和 GB 5009.205—2024 的相关推荐条件，根据设备具体操作参数建立标准曲线后对试样溶液进行定性和定量测定。以标准曲线计算试样溶液中待测目标物的浓度，再计算各组分在试样中的含量。通过计算各组分含量与相应毒性当量因子（toxic equivalency factor，TEF）乘积之和，获得试样中二噁英及其类似物的毒性当量（toxic equivalent quantity，TEQ）

5）最终结果的报告

①样品中的 PCDD/Fs 和 DL-PCBs 结果需要报告测定的 17 种 PCDD/Fs 和 12 种 DL-PCBs 的浓度、检出限和各自的 TEQ 数值，以及 TEQ_{PCDDs}、TEQ_{PCDFs}、$TEQ_{PCDD/Fs}$、$TEQ_{DL\text{-}PCBs}$和 $TEQ_{PCDD/Fs+DL\text{-}PCBs}$，所有数据都应报告三位有效数字。

②一般以组织的湿重含量报告结果（μg/kg），而不是依据组织的脂肪含量。同时报告脂类的百分含量，以便于计算以脂类计的浓度。

③在定量限或以上的结果以实际结果报告；低于检出限的结果可以报告“未检出”或按管理机构的要求报告。

④出具结果报告时应注明所采用 TEF 的来源。

6）方法评价

以取样量为 50 g 样品计，2, 3, 7, 8-四氯代二苯并二噁英（2, 3, 7, 8-TCDD）和 2, 3, 7, 8-四氯代二苯并呋喃（2, 3, 7, 8-TCDF）为 0.04 ng/kg，八氯代二苯并二噁英（OCDD）和八氯代二苯并呋喃（OCDF）为 0.40 ng/kg，其余 PCDD/Fs 为 0.20 ng/kg、DL-PCB 为 1.00 ng/kg。

13.3.3　苯并[a]芘与多环芳烃

1. 苯并[a]芘的来源及其对食品的污染

苯并[a]芘（benzo[a]pyrene，B[a]P），是一类多环芳烃有机化合物，包括 1, 2-二羟基-1, 2-二氢苯并[a]芘等 10 多类，为黄色至棕色粉末，不溶于水，微溶于乙醇、甲醇，溶于苯、甲苯、二甲苯、氯仿、乙醚、丙酮等。

BaP 主要存在于工业产生的污水、被污染的土壤、生化燃料燃烧产生的废气等体系中。此外 BaP 也会由于烟草的不完全燃烧所产生。在工业生产中，木材、煤、石油、天然气等有机物的不完全燃烧也会产生大量的 B[a]P，附着在大气颗粒上，通过自然界中水循环作用进入到地面水，导致水体污染。

一方面，产自 B[a]P 污染环境中食物通过食物链可蓄积 B[a]P，从而导致食品中苯并[a]芘的污染。另一方面，在食品高温加工过程中可产生 B[a]P，具体来讲主要是 3, 4-苯并[a]芘。苯并[a]芘是已发现的 200 多种多环芳烃中最主要的环境和食品污染物，而且污染广泛，污染量大，致癌性强。人体中的苯并[a]芘主要通过食物和饮用水摄入，并对皮肤、食管、肺、肝、肾、胃、肠等器官产生致癌性和致病性；也通过人体排泄物进入土壤中，进而污染农作物，再通过农作物进入人体中，形成恶性循环。

2. 苯并[a]芘基于国家标准的测定方法

《食品安全国家标准　食品中苯并[a]芘[①]的测定》（GB 5009.27—2016）中规定了食品中苯并[a]芘的测定方法。本部分依据 GB 5009.27—2016 的技术要点，结合该检测技术研究进展进行总结和学习。

1）原理

试样经过有机溶剂提取，中性氧化铝或分子印迹小柱净化，浓缩至干，乙腈溶解，反相液相色谱分离，荧光检测器检测，根据色谱峰的保留时间定性，外标法定量。

2）试剂和材料

除非另有说明，本方法所用试剂均为分析纯，水为 GB/T 6682 规定的一级水。

甲苯（C_7H_8）：色谱纯；乙腈（CH_3CN）：色谱纯；正己烷（C_6H_{14}）：色谱纯；二氯甲烷（CH_2Cl_2）：色谱纯。

苯并[a]芘标准品（$C_{20}H_{12}$）：纯度≥99.0%，或经国家认证并授予标准物质证书的标准物质。

中性氧化铝柱：填料粒径 75～150 μm，22 g，60 mL。苯并[a]芘分子印迹柱：500 mg，6 mL。微孔滤膜：0.45 μm。

3）仪器和设备

液相色谱仪：配有荧光检测器；分析天平：感量为 0.01 mg 和 1 mg；粉碎机；组织匀浆机；离心机：转速≥4000 r/min；涡旋振荡器；超声波振荡器；旋转蒸发器或氮气吹干装置；固相萃取装置。

4）方法操作步骤

（1）试样制备、提取及净化

①谷物及其制品

预处理：去除杂质，磨碎成均匀的样品，储于洁净的样品瓶中，并标明标记，于室温下或按产品包装要求的保存条件保存备用。

提取：称取 1 g（精确到 0.001 g）试样，加入 5 mL 正已烷，涡旋混合 0.5 min，40℃下超声提取 10 min，4000 r/min，离心 5 min，转移出上清液。再加入 5 mL 正已烷重复提取一次。合并上清液，用下列 2 种净化方法之一进行净化。

① 国标中为苯并（a）芘，但常用表述方式为苯并[a]芘，本书统一用苯并[a]芘。

净化方法 1：采用中性氧化铝柱，用 30 mL 正己烷活化柱子。将待净化液转移进柱子，打开旋塞，以 1 mL/min 的速度收集净化液到茄形瓶，再转入 50 mL 正己烷洗脱，继续收集净化液。将净化液在 40℃下旋转蒸至约 1 mL，转移至色谱仪进样小瓶，在 40℃氮气流下浓缩至近干。用 1 mL 正己烷清洗茄形瓶，将洗涤液再次转移至色谱仪进样小瓶并浓缩至干。准确吸取 1 mL 乙腈到色谱仪进样小瓶，涡旋复溶 0.5 min，过微孔滤膜后供液相色谱测定。

净化方法 2：采用苯并[a]芘分子印迹柱，依次用 5 mL 二氯甲烷及 5 mL 正己烷活化柱子。将待净化液转移进柱子，待液面降至柱床时，用 6 mL 正己烷淋洗柱子，弃去流出液。用 6 mL 二氯甲烷洗脱并收集净化液到试管中。将净化液在 40℃下氮气吹干，准确吸取 1 mL 乙腈涡旋复溶 0.5 min，过微孔滤膜后供液相色谱测定。

②熏、烧、烤肉类及熏、烤水产品

预处理：肉去骨、鱼去刺、贝去壳，把可食部分绞碎均匀，储于洁净的样品瓶中，并标明标记，于−16～−18℃冰箱中保存备用。

提取和净化：同①。

③油脂及其制品

提取：称取 0.4 g（精确到 0.001 g）试样，加入 5 mL 正己烷，涡旋混合 0.5 min，净化。若样品为人造黄油等含水油脂制品，则会出现乳化现象，需要 4000 r/min 离心 5 min，转移出正己烷层待净化。净化：除了最后用 0.4 mL 乙腈涡旋复溶试样外，其余操作同①。

（2）仪器参考条件

色谱柱：C_{18}，柱长 250 mm，内径 4.6 mm，粒径 5 μm，或性能相当者；流动相：乙腈 + 水 = 88 + 12；流速：1.0 mL/min；荧光检测器：激发波长 384 nm，发射波长 406 nm；柱温：35℃；进样量：20 μL。

（3）标准曲线的制作

将标准系列工作液分别注入液相色谱中，以标准系列工作液的浓度为横坐标，以峰面积为纵坐标，得到标准曲线回归方程。

（4）试样溶液的测定

将待测液进样测定，得到苯并[a]芘色谱峰面积。根据标准曲线回归方程计算试样溶液中苯并[a]芘的浓度。

5）分析结果的表述

试样中苯并[a]芘的含量按式 13-12 计算：

$$X = \frac{\rho \times V}{m} \times \frac{1000}{1000} \qquad (13\text{-}12)$$

式中，X 为试样中苯并[a]芘含量，μg/kg；ρ 为由标准曲线得到的样品净化溶液浓度，ng/mL；V 为试样最终定容体积，mL；m 为试样质量，g；1000 为由 ng/g 换算成 μg/kg 的换算因子。结果保留到小数点后一位。

6）方法评价

在重复性条件下获得的两次独立测试结果的绝对差值不得超过算术平均值的 20%。方法检出限为 0.2 μg/kg，定量限为 0.5 μg/kg。

第 14 章　食品中农药残留和兽药残留的测定

14.1　概　述

提及食品中的农药残留和兽药残留，别管是普通民众，还是专业技术人员，都甚是担忧其通过食物链对人体健康可能的危害性。据统计，因为不科学、不规范使用农药等原因导致农药污染性食物中毒，是比较常见的化学性食物中毒事件。研究也确实证明了农药、除草剂、兽药、持久性有机污染物等外源性化学物残留会显著增加人群患高血压、糖尿病、高胆固醇血症、高尿酸血症等慢性病的风险。但是，不能否认的是，农药、兽药在现代化农业、畜牧业、水产业生产中，保证了产业的产量，提高了产品质量。这就要求相关产业要严格控制农药和兽药的使用，保证其在相关产品中的残留不会对消费者具有健康危害性。

14.1.1　我国农药残留和兽药残留的相关国家标准

本书第 2 章已经讲过我国制定和发布的食品中农药残留和兽药残留检测方法与规程的强制标准，现行有效的农药残留检测方法标准有 120 项，兽药残留检测方法标准有 95 项。为了规范产业生产中农药和兽药的规范性使用，保护消费者健康，截至 2023 年 9 月，国家制定并颁布了《食品安全国家标准 食品中农药最大残留限量》（GB 2763—2021）、《食品安全国家标准 食品中 2, 4-滴丁酸钠盐等 112 种农药最大残留限量》（GB 2763.1—2022）、《食品安全国家标准 食品中兽药最大残留限量》（GB 31650—2019）、《食品安全国家标准 食品中 41 种兽药最大残留限量》（GB 31650.1—2022）。国家市场监督管理总局先后发布的《水产品中孔雀石绿的快速检测 胶体金免疫层析法》（KJ201701）等 49 项食品快速检测方法，大部分是关于食品中农兽药残留检测方法的，旨在快速检测排查农兽药残留在食品安全风险中的隐患，具体的方法文本可在国家市场监督管理总局食品安全抽检监测司食品快速检测方法数据库（http://www.samr.gov.cn/spcjs/ksjcff/）中查询和下载。

14.1.2　农药残留和兽药残留的相关概念

为了规范和明确农兽药残留相关概念，本部分主要依据《食品安全国家标准 食品中农药最大残留限量》（GB 2763—2021）、《食品安全国家标准 食品中兽药最大残留限量》（GB 31650—2019）两份文件中的术语和定义，简要梳理和描述残留物、最大残留限量、再残留限量和每日允许摄入量、食品动物、动物性食品、可食性组织等概念，以方便检测方法的学习。

1. 残留物

农药残留：由于使用农药而在食品、农产品和动物饲料中出现的任何特定物质，包括被认为具有毒理学意义的农药衍生物，如农药转化物、代谢物、反应产物及杂质等。

兽药残留：对食品动物用药后，动物产品的任何可食用部分中所有与药物有关的物质的残留，包括药物原形和/或其代谢产物。

2. 每日允许摄入量

每日允许摄入量是指人的一生中每日从食物或饮水中摄取某物质，而不产生可检测到的危害健康的估计量，以每千克体重可摄入的量表示（mg/kg bw 或 μg/kg bw）。

3. 最大残留限量

农残：在食品或农产品内部或表面法定允许的农药最大浓度，以每千克食品或农产品中农药残留的毫克数表示（mg/kg）。

兽残：对食品动物用药后，允许存在于食物表面或内部的该兽药残留的最高量/浓度（以鲜重计，单位为 μg/kg）。

4. 再残留限量

一些持久性农药虽然已禁用，但还长期存在环境中，从而在此食品中形成残留，为控制这类农药残留物对食品污染而制定其在食品中的残留限量，以每千克食品或农产品中农药残留的毫克数表示（mg/kg）。

5. 食品动物和动物性食品

食品动物（food-producing animal）：各种供人食用或其产品供人食用的动物。

动物性食品（animal derived food）：供人食用的动物组织以及蛋、奶和蜂蜜等初级动物性产品。

6. 可食性组织

全部可食用的动物组织，包括肌肉、脂肪以及肝、肾等脏器。

在对动物性食品测定样本进行描述时，还经常涉及皮＋脂、皮＋肉、副产品、可食下水、肌肉、蛋、奶等术语，在此一并描述。

皮＋脂（skin with fat）：带脂肪的可食皮肤。

皮＋肉（muscle with skin）：一般特指鱼的带皮肌肉组织。

副产品（by-product）：除肌肉、脂肪以外的所有可食组织，包括肝、肾等。

可食下水（edible offal）：除肌肉、脂肪、肝、肾以外的可食部分。

肌肉（muscle）：仅指肌肉组织。

蛋（egg）：家养母禽所产的带壳蛋。

奶（milk）：由正常乳房分泌而得，经一次或多次挤奶，既无加入也未经提取的奶。或者也指处理过但未改变其组分的奶，或根据国家立法已将脂肪含量标准化处理过的奶。

本章主要依据食品安全国家标准农药残留检测方法标准和兽药残留检测方法标准，学习食品中农药残留和兽药残留的检测技术。

14.2　食品中农药残留的检测

我国是农业大国，也是农药使用量大国。据统计和报道，2020 年前，我国农药使用量可分为两个阶段，1990～2014 年，农药使用量呈稳步上升的趋势；2015～2020 年，我国实行了农药和化肥的“双行动”，农药使用量逐年减少。在农药管理上，我国颁布的《中华人民共和国食品安全法》明确了不能在国家规定的农作物中使用剧毒和高毒农药，并加速淘汰剧毒、高毒农药。到 2018 年，我国对涕灭威、克百威、甲拌磷、甲基异硫磷、氧乐果、水胺硫磷等 6 种高毒性氨基甲酸酯类和有机磷类农药的记录进行注销，到 2020 年不准再使用。除此之外，我国和发达国家均在不断提高新型农药制剂的创新能力和竞争力，致力于低毒新型农药的研发，如研发的 40%氯虫·噻虫嗪水分散粒剂、30%苯甲·丙环唑乳油、25%噻嗪酮可湿性粉剂、25%噻嗪酮可湿性粉剂都有较好的高效性和安全。目前，在农药品种不断优化的背景下，双酰胺类和新烟碱类杀虫剂、甲氧基丙烯酸酯类杀菌剂、对羟基苯基丙酮酸双氧化酶（HPPD）类除草剂等高活性农药的用量不断地增加。所以，《食品安全国家标准 食品中农药最大残留限量》（GB 2763—2021）规定了食品中 2, 4-滴丁酸等 546 种农药 10 092 项最大残留限量，《食品安全国家标准 食品中 2, 4-滴丁酸钠盐等 112 种农药最大残留限量》（GB 2763.1—2022）规定了食品中 2, 4-滴丁酸钠盐等 112 种农药 290 项最大残留限量。

按照农药在农业生产中的用途，可分为杀虫剂、杀菌剂、除草剂、植物生长调节剂、粮食熏蒸剂等类别。按照化学成分来看，除传统的有机氯、有机磷、氨基甲酸酯类、拟除虫菊酯类以及砷、汞、铜、硫磺等制剂外，新型的、高效的、环境友好型的绿色农药制剂越来越多。至此，现有部分食品分析相关书籍所分类的“有机磷农药和有机氯农药杀虫剂”已不再满足现有教学要求。

本节主要依据食品安全国家标准中现行有效的农药残留检测方法标准，整理并对比不同食品试样中多种农药及相关化学品残留量测定的气相色谱-质谱法，整理和对比不同食品试样中有机氯农药和有机磷农药的测定方法。

14.2.1　不同食品试样中多种农药及相关化学品残留量测定的气相色谱-质谱法

《食品安全国家标准 水果和蔬菜中 500 种农药及相关化学品残留量的测定 气相色谱-质谱法》（GB 23200.8—2016）规定了苹果、柑桔、葡萄、甘蓝、芹菜、西红柿中 500 种农药及相关化学品残留量的测定，其他蔬菜和水果可参照执行；《食品安全国家标准 粮谷中 475 种农药及相关化学品残留量的测定 气相色谱-质谱法》（GB 23200.9—2016）规定的是大麦、小麦、燕麦、大米、玉米中 475 种农药及相关化学品残留量的测定，其他粮谷可参照执行，亦可适用于其他食品；《食品安全国家标准 食用菌中 503 种农药及相关化学品残留量的测定 气相色谱-质谱法》（GB 23200.15—2016）则主要是针对滑子菇、金针菇、黑木耳等相关食用菌中 503 种农药及相关化学品残留的测定进行了技术规定。本部分主要参考这三项国标中相关技术要点，对农药多残留检测技术进行整理和学习，认知到农残检测对仪器发展的诉求，同时也能理解不同种类的食品试样在相同的测定过程，试样制备和预处理的差异性。

1. 水果和蔬菜中500种农药及相关化学品残留量的测定 气相色谱-质谱法

1）原理

试样用乙腈匀浆提取，盐析离心后，取上清液，经固相萃取柱净化，用乙腈-甲苯溶液（3 + 1）洗脱农药及相关化学品，溶剂交换后用气相色谱-质谱仪检测。

2）试剂和材料

试剂：乙腈：色谱纯；氯化钠：优级纯；无水硫酸钠：分析纯。用前在650℃灼烧4 h，贮于干燥器中，冷却后备用；甲苯：优级纯；丙酮：分析纯，重蒸馏；二氯甲烷：色谱纯；正己烷：分析纯，重蒸馏。

标准品和标准溶液配制：500 种农药及相关化学品标准物质，纯度≥95%，可详见GB 23200.8—2016的相关技术规定。

材料：Envi-18 柱：12 mL，2.0 g 或相当者；Envi-Carb 活性炭柱：6 mL，0.5 g 或相当者；Sep-Pak NH_2 固相萃取柱：3 mL，0.5 g 或相当者。

3）仪器和设备

气相色谱-质谱仪：配有电子轰击源（EI）；分析天平：感量 0.01 g 和 0.0001 g；均质器：转速不低于 20 000 r/min；鸡心瓶：200 mL；移液器：1 mL；氮气吹干仪。

4）方法操作步骤

（1）试样制备

水果、蔬菜试样取样部位按 GB 2763 附录 A 执行，将试样切碎混匀均一化制成匀浆，制备好的试样均分成两份，装入洁净的盛样容器内，密封并标明标记。将试样于−18℃冷冻保存。

（2）试样预处理

①试样提取

称取 20 g 试样（精确至 0.01 g）于 80 mL 离心管中，加入 40 mL 乙腈，用均质器在15 000 r/min 匀浆提取 1 min，加入 5 g 氯化钠，再匀浆提取 1 min，将离心管放入离心机，在 3000 r/min 离心 5 min，取上清液 20 mL（相当于 10 g 试样量），待净化。

②提取液净化

将 Envi-18 柱或等效柱放入固定架上，加样前先用 10 mL 乙腈预洗柱，下接鸡心瓶，移入上述 20 mL 提取液，并用 15 mL 乙腈洗涤柱，将收集的提取液和洗涤液在 40℃水浴中旋转浓缩至约 1 mL，备用。

在 Envi-Carb 柱或等效柱中加入约 2 cm 高无水硫酸钠，将该柱连接在 Sep-Pak 氨丙基柱或等效柱顶部，将串联柱下接鸡心瓶放在固定架上。加样前先用 4 mL 乙腈-甲苯溶液（3 + 1）预洗柱，当液面到达硫酸钠的顶部时，迅速将上述浓缩液转移至净化柱上，再每次用 2 mL 乙腈-甲苯溶液（3 + 1）三次洗涤样液瓶，并将洗涤液移入柱中。在串联柱上加上 50 mL 贮液器，用 25 mL 乙腈-甲苯溶液（3 + 1）洗涤串联柱，收集所有流出物于鸡心瓶中，并在 40℃水浴中旋转浓缩至约 0.5 mL。每次加入 5 mL 正己烷在 40℃水浴中旋转蒸发，进行溶剂交换二次，最后使样液体积约为 1 mL，加入 40 μL 内标溶液，混匀，用于气相色谱-质谱测定。

注：本方法中所用商品化材料均是特定厂家的商品，是为了能更清晰地描述方法操作过程和参数，实际测试过程中可选其他任何等效材料。

（3）测定

①气相色谱-质谱参考条件

色谱柱：DB-1701（30 m×0.25 mm×0.25 μm）石英毛细管柱或相当者；色谱柱温度程序：40℃保持 1 min，然后以 30℃/min 程序升温至 130℃，再以 5℃/min 升温至 250℃，再以 10℃/min 升温至 300℃，保持 5 min；载气：氦气，纯度≥99.999%，流速：1.2 mL/min；进样口温度：290℃；进样量：1 μL；进样方式：无分流进样，1.5 min 后打开分流阀和隔垫吹扫阀；电子轰击源：70 eV；离子源温度：230℃；GC-MS 接口温度：280℃；选择离子监测：每种化合物分别选择一个定量离子，2～3 个定性离子。每组所有需要检测的离子按照出峰顺序，分时段分别检测。本方法下每种化合物的保留时间、定量离子、定性离子及定量离子与定性离子的丰度比值可具体参见 GB 23200.8—2016 中附录 B，每组检测离子的开始时间和驻留时间可具体参阅 GB 23200.8—2016 中附录 C。

②定性测定

进行样品测定时，如果检出的色谱峰的保留时间与标准样品相一致，并且在扣除背景后的样品质谱图中，所选择的离子均出现，而且所选择的离子丰度比与标准样品的离子丰度比相一致（相对丰度＞50%，允许±10%偏差；相对丰度＞20%～50%，允许±15%偏差；相对丰度＞10%～20%，允许±20%偏差；相对丰度≤10%，允许±50%偏差），则可判断样品中存在这种农药或相关化学品。如果不能确证，应重新进样，以扫描方式（有足够灵敏度）或采用增加其他确证离子的方式或用其他灵敏度更高的分析仪器来确证。

③定量测定

本方法采用内标法单离子定量测定。内标物为环氧七氯。为减少基质的影响，定量用标准溶液应采用基质混合标准工作溶液。标准溶液的浓度应与待测化合物的浓度相近。本方法的 A、B、C、D、E 五组标准物质在苹果基质中选择离子监测 GC-MS 图具体可参见 GB 23200.8—2016 中附录 D。

5）平行试验和空白试验

平行试验：按以上步骤对同一试样进行平行测定。

空白试验：除不称取试样外，均按上述步骤进行。

6）数据计算和结果表述

气相色谱-质谱测定结果可由计算机按内标法自动计算，也可按式 14-1 计算：

$$X = C_s \times \frac{A}{A_s} \times \frac{C_i}{C_{si}} \times \frac{A_{si}}{A_i} \times \frac{V}{m} \times \frac{1000}{1000} \tag{14-1}$$

式中，X：试样中被测物残留量，mg/kg；C_s：基质标准工作溶液中被测物的浓度，μg/mL；A：试样溶液中被测物的色谱峰面积；A_s：基质标准工作溶液中被测物的色谱峰面积；C_i：试样溶液中内标物的浓度，μg/mL；C_{si}：基质标准工作溶液中内标物的浓度，μg/mL；A_{si}：基质标准工作溶液中内标物的色谱峰面积；A_i：试样溶液中内标物的色谱峰面积；V：样液最终定容体积，mL；*m*：试样溶液所代表试样的质量，g。计算结果应扣除空白值，测定结果用平行测定的算术平均值表示，保留两位有效数字。

2. 粮谷中475种农药及相关化学品残留量的测定　气相色谱-质谱法

1）原理

同1.中原理。

2）试剂、材料、标准品和标准溶液

同1.中相关内容，可依据本方法过程的具体需求，对相应的材料、标准品和标准溶液进行适当的调整。

3）方法操作步骤

（1）试样的制备

按GB 5491规定的方法扦取粮谷试样，经粉碎机粉碎，样品全部过425 μm的标准网筛，取筛下物混匀，制备好的试样均分成两份，装入洁净的容器内，密封并标明标记。

（2）试样预处理

①试样提取

称取10 g试样（精确至0.01 g）与10 g硅藻土混合，可选用加速溶剂萃取仪，提高粮食等固态试样中农药及其相关化学品的溶出。将试样和硅藻土移入加速溶剂萃取仪34 mL萃取池中，在10.34 MPa压力、80℃条件下，加热5 min，用乙腈静态萃取3 min，循环2次，然后用池体积60%的乙腈（20.4 mL）冲洗萃取池，并用氮气吹扫100 s。萃取完毕后，将萃取液混匀，对含油量较小的样品，取萃取液体积的二分之一（相当于5 g试样量），对含油量较大的样品取萃取液体积的四分之一（相当于2.5 g试样量），待净化。

②提取液净化

用10 mL乙腈预洗Envi-18柱或等效柱，然后将Envi-18柱放入固定架上，下接梨形瓶，移入上述萃取液，并用15 mL乙腈洗涤Envi-18柱，收集萃取液及洗涤液，在旋转蒸发器上将收集的液体浓缩至约1 mL，备用。

在Envi-Carb柱或等效柱中加入约2 cm高无水硫酸钠，将该柱连接在Sep-PakNH2柱或等效柱顶部，用4 mL乙腈-甲苯溶液（3＋1）预洗串联柱，下接梨形瓶，放入固定架上。将上述样品浓缩液转移至串联柱中，用3×2 mL乙腈-甲苯溶液洗涤样液瓶，并将洗涤液移入柱中，在串联柱上加上50 mL贮液器，再用25 mL乙腈-甲苯溶液洗涤串联柱，收集上述所有流出物于梨形瓶中，并在40℃水浴中旋转浓缩至约0.5 mL。加入2×5 mL正己烷进行溶剂交换两次，最后使样液体积约为1 mL，加入40 μL内标溶液，混匀，用于气相色谱-质谱测定。

注：依据国标文件，本节的净化过程中给出的具体净化用材料均是相关生产厂家的商品化产品，给出是为了能更详细地描述方法过程。

③测定

气相色谱-质谱参考条件和测定过程可参考1. 4)（3）。

4）数据计算和结果表述

气相色谱-质谱测定结果可由计算机按内标法自动计算，也可按式14-1计算。

14.2.2 不同食品试样中有机氯农药和有机磷农药测定方法

在世界第一个杀虫剂类农药发展阶段，主要研发和使用的就是有机氯农药和有机磷农药。在后续的发展中又逐渐研制和使用拟除虫菊酯类和氨基甲酸酯类两大类杀虫剂农药。有机氯和有机磷农药在使用初期显著提升了农业生产，但是研究发现有机氯农药化学性质很稳定，不易降解，可长期在环境、食物链和人体中蓄积和残留，并随着水、风等扩大其污染范围，所以《关于持久性有机污染物的斯德哥尔摩公约》已要求全球已停止有机氯农药的生产和使用，但是因为其在早期全球使用量大，残留时间长，目前仍是食品中农药残留重要监测目标物。

本部分将参考《食品安全国家标准 水产品中多种有机氯农药残留量的检测方法》（GB 23200.88—2016）、《食品安全国家标准 动物源性食品中 9 种有机磷农药残留量的测定 气相色谱法》（GB 23200.91—2016）、《食品安全国家标准 植物源性食品中 90 种有机磷类农药及其代谢残留量的测定 气相色谱法》（GB 23200.116—2019）相关技术要点，整理和学习不同食品样本中有机氯和有机磷农药的气相色谱测定方法。

1. 水产品中多种有机氯农药残留量的检测方法

1）原理

试样经与无水硫酸钠一起研磨干燥后，用丙酮-石油醚提取农药残留，提取液经弗罗里硅土柱净化，净化后样液用配有电子俘获检测器的气相色谱仪测定，外标法定量。

2）试剂和材料

（1）试剂和溶液配制

除另有规定外，所有试剂均为分析纯，水为符合 GB/T 6682 中规定的一级水。

试剂：丙酮：重蒸馏；石油醚：沸程 60～90℃经氧化铝柱净化后用全玻璃蒸馏器蒸馏，收集 60～90℃馏分；乙醚：重蒸馏；无水硫酸钠：分析纯；650℃灼烧 4 h，贮于密封容器中备用。

溶液配制：乙醚-石油醚淋洗溶液（15 + 85），取 150 mL 乙醚，加入 850 mL 石油醚，摇匀备用。

（2）标准品

有机氯农药标准品（α-BHC、β-BHC、γ-BHC、δ-BHC、六氯苯、七氯、环氧七氯、艾氏剂、狄氏剂、异狄氏剂、o, p'-DDT、p, p'-DDT、p, p'-DDD、p, p'-DDE）：纯度≥99%。

（3）标准溶液配制

14 种有机氯农药标准溶液：准确称取适量的每种农药标准品，分别用少量苯溶解，然后用石油醚配成浓度各为 0.100 mg/mL 的标准储备溶液。根据需要再以石油醚配制成适用浓度的混合标准工作溶液。保存于 4℃冰箱内。

（4）材料

①氧化铝：层析用，中性，100～200 目，800℃灼烧 4 h，冷却至室温贮于密封容器中备用。使用前应在 130℃干燥 2 h。②弗罗里硅土：60～100 目，650℃灼烧 4 h，贮于密封容器中备用。使用前应在 130℃干燥 1 h。

注：每批弗罗里硅土用前应做淋洗曲线。

3）仪器与设备

气相色谱仪：配电子捕获检测器（ECD）；氧化铝净化柱：300 mm×20 mm（内径）玻璃柱，装入氧化铝 40 g，上端装入 10 g 无水硫酸钠，干法装柱，使用前用 40 mL 石油醚淋洗；分析天平：感量 0.01 g 和 0.0001 g；索氏提取器：250 mL；全玻璃重蒸馏装置；玻璃研钵：口径 11.5 cm；旋转蒸发器或氮气流浓缩装置：配有 250 mL 蒸发瓶；微量注射器：10μL；脱脂棉：经过丙酮-石油醚（2 + 8）混合液抽提 6 h 处理过；绞肉机。

4）方法操作步骤

（1）试样制备与保存

按 GB 2763 附录 A 确定样品取样部位进行取样，将抽取的样品用家用绞肉机绞碎，充分混匀。用四分法缩分出 1 kg，均分为二份，分别装入洁净容器内，作为试样。密封，并标明标记。将试样于−18℃以下冷冻保存。

在抽样和制样的操作过程中，必须防止样品受到污染或发生残留物含量的变化。

（2）试样预处理

①提取

称取绞碎混匀的试样 10.0 g（精确至 0.1 g）于研钵中，加 15 g 无水硫酸钠研磨几分钟，将试样制成干松粉末。装入滤纸筒内。放入索氏提取器中。在提取器的瓶中加入 100 mL 丙酮-石油醚（2 + 8）混合液，在水浴上提取 6 h（回流速度每小时 10～12 次）。将提取液减压或氮气流浓缩至约 5 mL。

②净化

将提取液全部移入弗罗里硅土净化柱中。弃去流出液。注入 200 mL 乙醚-石油醚淋洗液进行洗脱。开始时，取部分乙醚-石油醚混合液反复清洗提取瓶，并把洗液注入净化柱中。洗脱流速为 2～3 mL/min，收集流出液于 250 mL 蒸发瓶中。在减压或氮气流中浓缩并定容至 10 mL，供气相色谱测定。

（3）测定

①气相色谱参考条件

色谱柱：SGE 毛细管柱（或等效的色谱柱），25 m×0.53 mm（内径），0.15μm 膜厚；固定相：HT5（非极性）键合相；载气：氮气（纯度≥99.99%），10 mL/min；助气：氮气（纯度≥99.99%），40 mL/min；柱温的程序升温建议如下：初始温度 100℃保持 2 min，以 5℃/min 升至 140℃，以 10℃/min 升至 200℃，然后以 15℃/min 升温至 230℃，保持 5 min；进样口温度：200℃；检测器温度：300℃；进样方式：柱头进样方式。

②气相色谱测定

根据样液中有机氯农药种类和含量情况，选定峰高相近的相应标准工作混合液。标准工作混合液和样液中各有机氯农药响应值均应在仪器检测线性范围内。对标准工作混合液和样液等体积参插进样测定。在上述色谱条件下，各有机氯农药出峰顺序和保留时间见表 14-1。在上述方法条件下 14 种有机氯农药标准品的色谱图可详见 GB 23200.88—2016 附录 A 中图 Al。

表 14-1　各有机氯农药出峰顺序和保留时间

农药名称	保留时间/min	农药名称	保留时间/min
α-BHC	10.55	环氧七氯	15.04
HCB	10.76	狄氏剂	16.28
γ-BHC	11.75	p, p'-DDE	16.44
β-BHC	12.10	异狄氏剂	16.75
δ-BHC	12.90	o, p'-DDT	17.12
七氯	13.08	p, p'-DDD	17.44
艾氏剂	13.97	p, p'-DDT	17.92

5）数据计算和结果表述

用色谱数据处理机或按式 14-2 计算试样中有机氯农药的含量，计算结果需将空白值扣除。

$$X_i = \frac{h_i \times c \times V}{h_{is} \times m} \tag{14-2}$$

式中，X_i：试样中有机氯农药残留量，mg/kg；c：标准工作溶液中各有机氯农药的浓度，μg/mL；h_i：样液中各有机氯农药的峰高，mm；h_{is}：标准工作溶液中各有机氯农药的峰高，mm；V：样液最终定容体积，mL；m：称取试样量，g；计算结果须扣除空白值，测定结果用平行测定的算术平均值表示，保留两位有效数字。

2. 动物源性食品中 9 种有机磷农药残留量的测定 气相色谱法

1）原理

试样经乙腈振荡提取，以凝胶色谱柱净化，用配有火焰光度检测器的气相色谱仪测定，外标法定量。

2）试剂和材料

（1）试剂和溶液配制

试剂：乙酸乙酯：色谱纯；乙腈：色谱纯；环己烷：色谱纯。

试剂配制：GPC 洗脱液：[乙酸乙酯 + 环己烷（1 + 1，体积比）]，取 100 mL 乙酸乙酯，加入 100 mL 环己烷，摇匀备用。

（2）标准品和标准溶液配制

有机磷类标准品：敌敌畏（dichlorvos），甲胺磷（methamidophos），乙酰甲胺磷（acephate），甲基对硫磷（parathion methyl），马拉硫磷（malathion），对硫磷（parathion），喹硫磷（quinalphos），杀扑磷（methidathion），三唑磷（triazophos），纯度均≥99%。

敌敌畏、甲胺磷、乙酰甲胺磷、甲基对硫磷、马拉硫磷、对硫磷、喹硫磷、杀扑磷、三唑磷标准储备溶液：分别称取适量标准品，分别用丙酮溶解定容至 100 mL，溶液浓度为 100 g/mL。临用前根据需要用丙酮稀释至适当浓度，作为混合标准工作液。保存于 4℃冰箱内。或直接选购商品化标准溶液（须得到国家标准物质认证证书）。

3）仪器和设备

气相色谱仪，配有火焰光度检测器（磷滤光片 525 nm）；分析天平：感量 0.01 g 和 0.0001 g；旋转蒸发器；凝胶净化成品柱：400 mm×25 mm（内径）；填料：Bio-Beads，S-X3，38～75 μm（在使用前需先做淋洗曲线），或等效；恒温振荡器；混匀器。

4）方法操作步骤

（1）试样制备与保存

从所取全部火腿或腌制鱼干样品中取出有代表性样品约 500 g，取样部位按 GB 2763 附录 A 执行，用厨房绞肉机绞碎，混合均匀，均分成两份，分别装入洁净容器作为试样。密封，并标明标记。

在抽样和制样的操作过程中，应防止样品污染或发生残留物含量的变化。将试样存放于−18℃以下冰箱保存。

（2）试样预处理

①提取

称取 20 g 绞碎并混合均匀试样（精确到 0.01 g）置于 100 mL 具塞三角瓶中，加入 50 mL 乙腈，在 30℃±2℃振荡器上，振摇 2 h，过滤，用乙腈少量多次洗涤残渣，合并滤液，置 40℃以下水浴减压浓缩至近干。

③　净化

将上述浓缩近干的残渣用 GPC 洗脱液定容至 10 mL，混匀 2 min，离心 5 min，3000 r/min。取 5.0 mL 上清液过凝胶净化成品柱，流速 5 mL/min，用 GPC 洗脱液洗脱，弃去前 100 mL 淋洗液，收集 100 mL 至 165 mL 的洗脱液，在 40℃以下水浴减压浓缩至近干，加入 8 mL 乙酸乙酯溶解，定量转移至 10 mL 离心管中，在 40℃以下水浴中用平缓氮气流吹至干，火腿样品准确加入 1.0 mL 丙酮，水产品（腌制品）准确加入 5.0 mL 丙酮，混匀，供气相色谱测定。

（3）测定

①气相色谱参考条件

色谱柱：石英毛细管柱，DB-1701，30 m×0.53 mm（内径）×1.0 μm（膜厚），或等效者；载气：氮气（纯度大于 99.999%）；载气流速 10 mL/min；尾吹气流速：30 mL/min；氢气流速：75 mL/min，空气流速：100 mL/min；柱温：初始温度 150℃保持 2 min，以 8℃/min 升至 270℃保持 18 min；进样口温度：250℃；检测器温度：250℃；进样方式：不分流进样；进样量：2 μL；开阀时间：1.5 min。

②色谱测定与确证

根据样品中被测有机磷农药的含量，选定峰面积相近的标准工作溶液。标准工作溶液和样液中各种有机磷的响应值均应在仪器的线性范围内。标准工作溶液和样液等体积穿插进样测定。在上述色谱条件下标准品的色谱图可参见 GB 23200.91—2016 附录 A 中图 A.1。

5）数据计算和结果表述

用色谱数据处理机或按式 14-3 计算试样中有机磷类农药的含量：

$$X_i = \frac{A_i \times C_{si} \times V}{A_{si} \times m} \tag{14-3}$$

式中，X_i：试样中各有机磷类农药的残留含量，mg/kg；A_i：样液中各有机磷类农药的峰面积；V：样液最终定容体积，mL；A_{si}：标准工作液中各有机磷农药的峰面积；C_{si}：标准工作液中有机磷农药的浓度，μg/mL；m：最终样液所代表的试样量，g。计算结果须扣除空白值，测定结果用平行测定的算术平均值表示，保留两位有效数字。

3. 植物源性食品中 90 种有机磷类农药及其代谢物残留量的测定 气相色谱双柱法

1）原理

试样用乙腈提取，提取液经固相萃取或分散固相萃取净化，使用带火焰光度检测器的气相色谱仪检测，根据双柱色谱峰的保留时间定性，外标法定量。

2）试剂与材料

（1）试剂和溶液配制

乙腈；丙酮：色谱纯；甲苯：色谱纯；无水硫酸镁；氯化钠；乙酸钠。乙腈-甲苯溶液（3＋1，体积比）：量取 100 mL 甲苯加入 300 mL 乙腈中，混匀。

（2）标准品和标准溶液配制

本方法测定的 90 种有机磷类农药及其代谢物标准品及其制备浓度，详见 GB 23200.116—2019。

（3）材料

固相萃取柱：石墨化炭黑填料（GCB）500 mg/氨基填料（NH_2）500 mg，或等效，6 mL；乙二胺-N-丙基硅烷硅胶（PSA）：40～60 μm；十八烷基甲硅烷改性硅胶（C_{18}）：40 μm～60 μm；陶瓷均质子：2 cm（长）×1 cm（外径）；微孔滤膜（有机相）：0.22 μm×25 mm。

3）仪器和设备

气相色谱仪：配有双火焰光度检测器（FPD 磷滤光片）。分析天平：感量 0.1 mg 和 0.01 g；高速匀浆机：转速不低于 15 000 r/min；离心机：转速不低于 4200 r/min；组织捣碎机；旋转蒸发仪；氮吹仪，可控温；涡旋振荡器。

4）方法操作步骤

（1）试样制备和储存

蔬菜和水果的取样量按照相关标准规定执行，食用菌样品随机取样 1 kg。样品取样部位按 GB 2763 的规定执行。对于个体较小的样品，取样后全部处理；对于个体较大的基本均匀样品，可在对称轴或对称面上分割或切成小块后处理；对于细长、扁平或组分含量在各部分有差异的样品，可在不同部位切取小片或截成小段后处理；取后的样品将其切碎，充分混匀，用四分法取样或直接放入组织捣碎机中捣碎成匀浆，放入聚乙烯瓶中。

取谷类样品 500 g，粉碎后使其全部可通过 425 μm 的标准网筛，放入聚乙烯瓶或袋中。取油料作物、茶叶、坚果和调味料各 500 g，粉碎后充分混匀，放入聚乙烯瓶或袋中。

植物油类搅拌均匀，放入聚乙烯瓶中。

将试样按照测试和备用分别存放。于–20～–16℃条件下保存。

（2）试样预处理

①蔬菜、水果和食用菌

称取 20 g（精确到 0.01 g）试样于 150 mL 烧杯中，加入 40 mL 乙腈，用高速匀浆机 15 000 r/min 匀浆 2 min，注意停顿放气。提取液过滤至装有 5～7 g 氯化钠的 100 mL 具塞量筒中，盖上塞子，剧烈振荡 1 min，在室温下静置 30 min。

准确吸取 10 mL 上清液于 100 mL 烧杯中，80℃水浴中氮吹蒸发近干，加入 2 mL 丙酮溶解残余物；盖上铝箔，备用。

将上述备用液完全转移至 15 mL 刻度离心管中，再用约 3 mL 丙酮分 3 次冲洗烧杯，并转移至离心管，最后定容至 5.0 mL，涡旋 0.5 min，微孔滤膜过滤，待测。

②油料作物和坚果

称取 10 g（精确到 0.01 g）试样于 150 mL 烧杯中，加入 20 mL 水，混匀后，静置 30 min，再加入 50 mL 乙腈，用高速匀浆机 15 000 r/min 匀浆 2 min，提取液过滤至装有 5～7 g 氯化钠的 100 mL 具塞量筒中盖上塞子，剧烈振荡 1 min，在室温下静置 30 min。

准确吸取 8 mL 上清液于 15 mL 刻度离心管中，加入 900 mg 无水硫酸镁、150 mgPSA、150 mgC_{18}，涡旋 0.5 min，4200 r/min 离心 5 min，准确吸取 5 mL 上清液加入到 10 mL 刻度离心管中，80℃水浴中氮吹蒸发近干，准确加入 1.00 mL 丙酮，涡旋 0.5 min，用微孔滤膜过滤，待测。

③谷物

称取 10 g（精确到 0.01 g）试样于 150 mL 具塞锥形瓶中，加入 20 mL 水浸润 30 min，加入 50 mL 乙腈，在振荡器上以转速为 200 r/min 振荡 30 min，提取液过滤至装有 5～7 g 氯化钠的 100 mL 具塞量筒中，盖上塞子，剧烈振荡 1 min，在室温下静置 30 min。

准确吸取 10 mL 上清液于 100 mL 烧杯中，80℃水浴中氮吹蒸发近干，加入 2 mL 丙酮溶解残余物，完全转移至 10.0 mL 刻度试管中，再用 5 mL 丙酮分 3 次冲洗烧杯，收集淋洗液于刻度试管中，50℃水浴氮吹蒸发近干，准确加入 2.00 mL 丙酮，涡旋 0.5 min，微孔滤膜过滤，待测。

④茶叶和调味料

称取 5 g（精确到 0.01 g）试样于 150 mL 烧杯中，加入 20 mL 水浸润 30 min，加入 50 mL 乙腈，用高速匀浆机 15 000 r/min 高速匀浆 2 min，提取液过滤至装有 5～7 g 氯化钠的 100 mL 具塞量筒中，盖上塞子，剧烈振荡 1 min，在室温下静置 300 min。

准确吸取 10 ml 上清液于 100 ml 烧杯中，80℃水浴中氮吹蒸发近干，加 2 mL 乙腈-甲苯溶液（3＋1，体积比）溶解残余物，待净化。

将固相萃取柱用 5 mL，乙腈-甲苯溶液预淋洗。当液面到达柱筛板顶部时，立即加入上述待净化溶液，用 100 mL 茄形瓶收集洗脱液，用 2 mL 乙腈-甲苯溶液刷洗烧杯后过柱，并重复一次。再用 15 mL 乙腈-甲苯溶液洗脱柱子，收集的洗脱液于 40℃水浴中旋转蒸发近干，用 5 mL 丙酮冲洗茄形瓶并 10 mL 离心管中，50℃水浴中氮吹蒸发近干。准确加入 1.00 mL 丙酮，涡旋混匀，用微孔滤膜过滤，待测。

⑤植物油

称取 3 g（精确至 0.01 g）试样于 50 mL 塑料离心管中加入 5 mL 水、15 mL 乙腈，并加入 6 g 无水硫酸镁、1.5 g 醋酸钠及 1 颗陶瓷均质子，剧烈振荡 1 min，4200 r/min 离心 5 min。

准确吸取 8 mL 上清液到内有 900 mg 无水硫酸镁，150 mgPSA、150 mgC_{18}的 15 mL 离心管中，涡旋 0.5 min，4200 r/min 离心 5 min，准确吸取 5 mL，上清液放入 10 mL 刻度离心管中，80℃水浴中氮吹蒸发近干，准确加入 1.00 mL 丙酮，涡旋 0.5 min，用微孔滤膜过滤，待测。

（3）测定

①仪器参考条件

色谱柱：A 柱：50%聚苯基甲基硅氧烷石英毛细管柱，30 m×0.53 mm（内径）×1.0 μm，或相当者；B 柱：100%聚苯基甲基硅氧烷石英毛细管柱，30 m×0.53 mm（内径）×1.5 μm，或相当者。

色谱柱温度：150℃保持 2 min，然后以 8℃/min 程序升温至 210℃，再以 5℃/min 升温至 250℃，保持 15 min。

载气：氮气，纯度≥99.999%，流速为 8.4 mL/min；进样口温度：250℃；检测器温度：300℃；进样量：1 μL；进样方式：不分流进样；燃气：氢气，纯度≥99.999%，流速为 80 mL/min；助燃气：空气，流速为 110 mL/min。

②绘制标准曲线

将混合标准中间溶液用丙酮稀释成质量浓度为 0.005 mg/L、0.01 mg/L、0.05 mg/L、0.1 mg/L 和 1 mg/L 的系列标准溶液，参考色谱条件进行测定。以农药质量浓度为横坐标、色谱的峰面积积分值为纵坐标，绘制标准曲线。

（4）定性及定量

以目标农药的保留时间定性。被测试样中目标农药双柱上色谱峰的保留时间与相应标准色谱峰的保留时间相比较，相差应在±0.05 min 之内。以外标法定量。

（5）试样溶液的测定

将混合标准工作溶液和试样溶液依次注入气相色谱仪中，保留时间定性，测得目标农药色谱峰面积，根据式 14-4，得到各农药组分含量。待测样液中农药的响应值应在仪器检测的定量测定线性范围之内，超过线性范围时，应根据测定浓度进行适当倍数稀释后再进行分析。

5）数据计算和结果表述

试样中被测农药残留量按式 14-4 计算：

$$\omega = \frac{V_1 \times A \times V_3}{V_2 \times A_s \times m} \times \rho \tag{14-4}$$

式中，ω：样品中被测组分含量，mg/kg；V_1：提取溶剂总体积，mL；V_2：提取液分取体积，mL；V_3：待测溶液定容体积，mL；A：待测溶液中被测组分峰面积；A_s：标准溶液中被测组分峰面积；m：试样质量，g；ρ：标准溶液中被测组分质量浓度，mg/L。

计算结果应扣除空白值，计算结果以重复性条件下获得的 2 次独立测定结果的算术平均值表示，保留两位有效数字。当结果超过 1 mg/kg 时，保留三位有效数字。

14.3　食品中兽药残留的检测

我国不仅是农业大国，也是养殖业大国。生产实践证明，兽用抗菌药、激素、抗虫药等药物是养殖过程中不可或缺的投入品，其使用量与养殖量有较明显相关性。使用兽用药物致使的动物性食品中的兽药残留，不仅对消费者身体健康具有潜在危害性，还对我国经济发展和养殖产品的国际声誉具有不利影响。为此，我国制定和颁布了《食品安全国家标准 食品中兽药最大残留限量》(GB 31650—2019)、《食品安全国家标准 食品中41种兽药最大残留限量》(GB 31650.1—2022)，对养殖业中兽用药物的使用进行规范。总体上，GB 31650共对238种/类兽药在动物性食品中的残留量做出规定，占我国批准使用食品动物兽药数量的90%以上，基本覆盖已批准使用的兽药品种和主要动物性食品。

根据GB 31650，目前食品动物兽药按照其作用主要分为抗菌类、消炎类、抗/杀虫类、镇定剂类、性激素类等类型的药物；按照限量技术要求主要分为：已批准动物性食品中最大残留限量规定的兽药，有阿苯达唑等104种/类药物；允许用于食品动物，但不需要制定残留限量的兽药，有醋酸等154种/类药物；允许作治疗用，但不得在动物性食品中检出的兽药，有氯丙嗪等9种/类药物。

本节主要依据食品安全国家标准中现行有效的兽药残留检测方法标准，整理并对比不同食品试样中抗生素残留量测定的方法，整理和对比不同食品试样中性激素的测定方法，整理和对比不同食品试样中抗/杀虫类药物残留量的测定方法。

14.3.1　不同食品试样中抗生素残留量的测定

1. *奶和奶粉中头孢类药物残留量的测定 液相色谱-串联质谱法*

《食品安全国家标准 奶和奶粉中头孢类药物残留量的测定 液相色谱-串联质谱法》(GB 31659.3—2022)规定了牛奶、羊奶和奶粉中头孢氨苄、头孢拉定、头孢唑林、头孢哌酮、头孢乙腈、头孢匹林、头孢洛宁、头孢喹肟、头孢噻肟等9种头孢类抗生素残留量检测的制样和液相色谱-串联质谱测定方法，本部分依据该标准规定的相关技术要点进行学习。

1）原理

试样中的药物残留用磷酸盐缓冲溶液提取，亲水亲脂平衡固相萃取柱净化，液相色谱-串联质谱法测定，基质校准外标法定量。

2）试剂与材料

（1）试剂和试剂配制

试剂：甲醇（CH_3OH）：色谱纯；乙腈（CH_3CN）：色谱纯；甲酸（HCOOH）：色谱纯；正己烷（C_6H_{14}）；磷酸二氢钾（KH_2PO_4）；氢氧化钠（NaOH）。

试剂配制：①2.5 mol/L氢氧化钠溶液：取氢氧化钠50 g，加水溶解并稀释至500 mL。②30%乙腈溶液：取乙腈 30 mL，用水稀释至 100 mL。③0.05 mol/L 磷酸盐缓冲溶液（pH = 8.5）：取磷酸二氢钾6.8 g，用水溶解并稀释至1000 mL，用2.5 mol/L氢氧化钠溶液调节 pH 至 8.5。④0.1%甲酸溶液：取甲酸 1 mL，用水稀释至 1000 mL。⑤0.1%甲酸溶液-甲醇（95∶5）：取 0.1%甲酸溶液 95 mL、甲醇 5 mL，混匀。

（2）标准品

头孢氨苄、头孢拉定、头孢唑林、头孢哌酮、头孢乙腈、头孢匹林、去乙酰基头孢匹林，头孢洛宁、头孢喹肟、头孢噻肟等标准品和标准溶液具体见 GB 31659.3—2022 相关技术规定。

（3）材料

固相萃取柱：亲水亲脂平衡型固相萃取柱，500 mg/6 mL，或相当者；针头式过滤器：尼龙材质，孔径 0.22 μm 或性能相当者。

3）仪器和设备

液相色谱-串联质谱仪：配电喷雾离子源；分析天平：感量 0.000 01 g 和 0.01 g；氮吹仪；固相萃取装置；涡旋混合器；离心管：聚丙烯塑料离心管，10 mL、50 mL；pH 计。

4）方法操作步骤

（1）试样的制备和保存

取适量新鲜或解冻的空白或供试样品，并均质。

①取均质后的供试样品，作为供试试样；

②取均质后的空白样品，作为空白试样；

③取均质后的空白样品，添加适宜浓度的标准工作液，作为空白添加试样。

上述制备好的试样−18℃以下保存。

（2）试样的预处理

①提取

取牛奶、羊奶试料 5 g（准确至±0.05 g）或奶粉试料 0.5 g（准确至±0.01 g），于 50 mL 离心管，加磷酸盐缓冲溶液 20 mL，涡旋混匀 30 s，用 2.5 mol/L 氢氧化钠溶液调节 pH 至 8.5，备用。

②净化

取固相萃取柱，依次用甲醇 5 mL、磷酸盐缓冲溶液 10 mL 活化。取上述提取的备用液，过柱，待液面到达柱床表面时再依次用磷酸盐缓冲溶液 3 mL 和水 2 mL 淋洗，弃去全部流出液。用乙腈 3 mL 洗脱，收集洗脱液于 10 mL 离心管中，加正己烷 3 mL，涡旋混合 1 min，静置 5 min，弃去上层正己烷层，取乙腈层在 40℃水浴氮气吹干，加 0.1%甲酸溶液-甲醇（95∶5）1.0 mL 溶解，过 0.22 μm 滤膜，供液相色谱串联质谱测定。

（3）基质匹配标准曲线的制备

取空白试样依次按上述提取和净化处理，40℃水浴氮气吹干，分别加系列混合标准工作溶液 1.0 mL 溶解残渣，过 0.22 μm 滤膜，制备 2.5 μg/L、5.0 μg/L、20 μg/L、100 μg/L、200 μg/L 和 500 μg/L 的系列基质匹配标准工作溶液，供液相色谱-串联质谱测定。以定量离子对峰面积为纵坐标、标准溶液浓度为横坐标，绘制标准曲线。求算回归方程和相关系数。

（4）测定

①液相色谱参考条件

色谱柱：C_{18} 色谱柱（100 mm×2.0 mm，1.7 μm）或相当者；流动相：A 为 0.1%甲

酸溶液，B 为甲醇，梯度洗脱程序可见 GB 31659.3—2022 推荐，也可根据设备具体情况优化；流速：0.3 mL/min；柱温：35℃；进样量：10 μL。

②质谱参考条件

离子源：电喷雾（ESI）离子源；扫描方式：正离子扫描；检测方式：多反应监测（MRM）；毛细管电压：2000 V；RF 透镜电压：0.5 V；离子源温度：150℃；脱溶剂气温度：500℃；锥孔气流速：50 L/h；脱溶剂气流速：1000 L/h；二级碰撞气：氩气。

③测定

取试样溶液和基质匹配标准溶液，作单点或多点校准，按外标法以色谱峰面积定量。基质匹配标准溶液及试样溶液中目标药物的特征离子质量色谱峰峰面积均应在仪器检测的线性范围之内，如超出线性范围，应将基质匹配标准溶液和试样溶液作相应稀释后重新测定。试样溶液中待测物质的保留时间与基质匹配标准工作液中待测物质的保留时间之比，偏差在±2.5%以内，且试样溶液中的离子相对丰度与基质匹配标准溶液中的离子相对丰度相比，符合表 14-2 的要求，则可判定为样品中存在对应的待测物质。标准溶液多反应监测色谱图可参见 GB 31659.3—2022 附录 B。

表 14-2　定性确证时相对离子丰度的允许偏差

相对离子丰度/%	允许偏差/%
＞50	±20
＞20～50	±25
＞10～20	±30
≤10	±50

5）数据计算和结果表述

试样中待测药物的残留量按标准曲线或式 14-5 计算。

$$X = \frac{C_s \times A \times V \times 1000}{A_s \times m \times 1000} \tag{14-5}$$

式中，X：试样中待测药物残留量，μg/kg；C_s：标准溶液中待测药物浓度，μg/L；A：试样溶液中待测药物的峰面积；V：定容体积，mL；A_s：标准溶液中待测药物的峰面积；m：试样质量，g。

注：头孢匹林残留量以头孢匹林和去乙酰基头孢匹林之和计。

6）方法评价

本方法中头孢哌酮、头孢乙腈和头孢唑林在奶和奶粉中的检出限分别为 2.0 μg/kg 和 20 mg/kg，定量限分别为 4.0 μg/kg 和 40 μg/kg；其余头孢类药物和去乙酰基头孢匹林在奶和奶粉中的检出限分别为 0.5 μg/kg 和 5 μg/kg，定量限分别为 1.0 μg/kg 和 10 μg/kg。

本方法在 1.0～200 μg/kg 添加浓度水平上的回收率为 60%～120%。

本方法的批内相对标准偏差≤15%，批间相对标准偏差≤20%。

2. 动物性食品中四环素类、磺胺类和喹诺酮类药物残留量的测定 液相色谱-串联质谱法

《食品安全国家标准 动物性食品中四环素类、磺胺类和喹诺酮类药物残留量的测定 液相色谱-串联质谱法》（GB 31658.17—2021）规定了动物性食品中四环素类、磺胺类和喹诺酮类药物残留量检测的制样和液相色谱-串联质谱测定方法，本部分主要依据该标准规定的相关技术要点进行学习。

1）原理

试样中残留的四环素类、磺胺类和喹诺酮类药物，用 Mcllvaine-Na_2EDTA 缓冲液提取，亲水亲脂平衡型固相萃取柱净化，液相色谱-串联质谱法测定，外标法定量。

2）试剂与材料

（1）试剂和试剂配制

试剂：乙腈：色谱纯；甲醇：色谱纯；乙酸乙酯：色谱纯；甲酸：色谱纯；二水合乙二胺四乙酸二钠（$C_{10}H_{14}N_2Na_2O_8 \cdot 2H_2O$）；浓氨水；十二水合磷酸氢二钠（$Na_2HPO_4 \cdot 12H_2O$）；二水合磷酸二氢钠（$NaH_2PO_4 \cdot 2H_2O$）；一水合柠檬酸（$C_6H_8O_7 \cdot H_2O$）；氢氧化钠。

试剂配制：①0.05 mol/L 磷酸二氢钠溶液：取 7.8 g $NaH_2PO_4 \cdot 2H_2O$，用水溶解并稀释至 1000 mL。②0.05 mol/L 磷酸氢二钠溶液：取 17.9 g $Na_2HPO_4 \cdot 12H_2O$，用水溶解并稀释至 1000 mL。③0.05 mol/L 磷酸盐缓冲液：取 0.05 mol/L 磷酸二氢钠溶液 190 mL，用 0.05 mol/L 磷酸氢二钠溶液稀释至 1000 mL。④1 mol/L 氢氧化钠溶液：取 4 g 氢氧化钠，用水溶解并稀释至 100 mL。⑤0.03 mol/L 氢氧化钠溶液：取 1 mol/L 氢氧化钠溶液 3 mL，用水稀释至 100 mL。⑥Mcllvaine-Na_2EDTA 缓冲液：取 12.9 g $C_6H_8O_7 \cdot H_2O$、10.9 g$Na_2HPO_4 \cdot 12H_2O$、39.2 g $C_{10}H_{14}N_2Na_2O_8 \cdot 2H_2O$，加水 900 mL，用 1 mol/L 的氢氧化钠溶液调 pH 至 5.0±0.2，用水稀释至 1000 mL。⑦洗脱液：取 150 mL 甲醇，加 150 mL 乙酸乙酯、6 mL 浓氨水，混匀。⑧复溶液：取 40 mL 水，加 5 mL 甲醇、5 mL 乙腈、0.05 mL 甲酸，混匀。

（2）标准品

四环素类：四环素、金霉素、土霉素、多西环素含量均≥95.0%。磺胺类：乙酰磺胺、磺胺吡啶、磺胺嘧啶、磺胺甲噁唑、磺胺噻唑、磺胺甲嘧啶、磺胺二甲异噁唑、磺胺甲噻二唑、苯甲酰磺胺、磺胺二甲异嘧啶、磺胺二甲嘧啶、磺胺间甲氧嘧啶、磺胺甲氧哒嗪、磺胺对甲氧嘧啶、磺胺氯哒嗪、磺胺邻二甲氧嘧啶、磺胺间二甲氧嘧啶、磺胺苯吡唑、酞磺胺噻唑含量均≥95.0%。喹诺酮类：诺氟沙星、依诺沙星、环丙沙星、培氟沙星、洛美沙星、达氟沙星、恩诺沙星、氧氟沙星、麻保沙星、沙拉沙星、二氟沙星、噁喹酸、氟甲喹含量均≥95.0%。本方法中所用标准品的通用名称、化学式、CAS 号、标准溶液配制等技术信息可参阅 GB 31958.17—2021。

（3）材料

亲水亲脂平衡型固相萃取柱：200 mg/6 mL，或相当者；微孔尼龙滤膜：0.22 μm。

3）仪器和设备

液相色谱-串联质谱仪：配电喷雾离子源；分析天平：感量 0.000 01 g 和 0.01 g；高

速冷冻离心机：−2℃、14 000 r/min；组织匀浆机；涡旋混合器；固相萃取装置；氮吹仪；超声波清洗仪；微量移液器。

4）方法操作步骤

（1）试样的制备

本方法适用于牛、羊、猪和鸡的肌肉、肝脏和肾脏组织中四环素类（四环素、金霉素、土霉素、多西环素）、磺胺类（乙酰磺胺、磺胺吡啶、磺胺嘧啶、磺胺甲硝唑、磺胺噻唑、磺胺甲嘧啶、磺胺二甲异噁唑、磺胺甲噻二唑等 19 种）和喹诺酮类（诺氟沙星、依诺沙星、环丙沙星、培氟沙星等 13 种）药物残留量的测定。

取适量新鲜或解冻的空白或待测食品试样，绞碎，并使均质。

取均质后的待测食品试样，为待测样本；取均质后的空白试验，为空白样本；取均质后的空白样品，添加适宜浓度的标准工作液，为空白添加样本。

所有样本−18℃以下保存。

（2）试样的提取

称取各试样 1 g（准确至±0.01 g），加 Mcllvaine-Na_2EDTA 缓冲液 8 mL。涡旋 1 min，超声 20 min，−2℃、10 000 r/min 离心 5 min，收集上清液，残渣中加磷酸盐缓冲液 8 mL，重复提取 1 次，合并 2 次提取液，混匀，备用。

（3）提取液的净化

固相萃取柱依次用甲醛 5 mL 和水 5 mL 活化，取上述提取备用液过柱，依次用 5 mL 水和 5 mL20%甲醇水溶液淋洗，抽干，再次洗脱，收集洗脱液，5℃水溶氨气吹干，加 2.2）中的复溶液 1.0 mL，涡旋 1 min 溶解残余物，14 000 r/min 离心 5 min，微孔滤膜过滤，液相色谱-串联质谱测定。

（4）基质匹配标准曲线的制备

精密量取混合标准工作液适量，分别加入 6 份经提取和净化的空白试样残渣中，45℃水浴氮气吹干，加入 2.2）中的复溶液 1.0 mL，涡旋溶解残余物，配制成浓度为 2 μg/L、10 μg/L、50 μg/L、100 μg/L、250 μg/L 和 500 μg/L 的基质匹配系列混合标准溶液，微孔滤膜过滤，液相色谱-串联质谱仪测定。以测得的特征离子峰面积为纵坐标、对应的标准溶液浓度为横坐标，绘制标准曲线，求算回归方程和相关系数。

（5）测定

①液相色谱参考条件

色谱柱：C_{18}（50 mm×2.1 mm，1.7 μm），或相当者；柱温：35℃；进样量：10 μL；流速：0.3 mL/min；流动相：A 为 0.1%甲酸水溶液，B 为甲醇：乙腈（2∶8，含 0.1%甲酸，体积比）溶液，梯度洗脱条件如 GB 31658.17—2021 所示例，可根据设备具体情况优化。

②质谱参考条件

离子源：电喷雾离子源；扫描方式：正离子扫描；检测方式：多反应监测；离子源温度：100℃；雾化温度：450℃；电离电压：3.0 kV；锥孔气流速：30 L/h；雾化气流速：1000 L/h；本方法中被测目标物的定性离子对、定量离子对及锥孔电压和碰撞能量具体可参见 GB 31958.17—2021 表 2。

③定性测定

在上述测试条件下，试样溶液中四环素类、磺胺类、喹诺酮类药物的保留时间与基质匹配标准溶液中相应四环素类、磺胺类、喹诺酮类药物的保留时间，偏差在±2.5%以内，且检测到的相对离子丰度，应当与浓度相当的基质匹配标准溶液相对离子丰度一致。其允许偏差应符合表 14-3 的要求。

表 14-3　定性确证时相对离子丰度的允许偏差

相对离子丰度/%	＞50	20～50	10～20	≤10
允许的最大偏差/%	±20	±25	±30	±50

④定量测定

按上述设定仪器条件，以基质匹配标准溶液浓度为横坐标，以峰面积为纵坐标，绘制标准工作曲线，作单点或多点校准，按外标法计算试样中药物的残留量，基质匹配标准溶液及试样溶液中的目标物响应值均应在仪器检测的线性范围内。

5）数据计算和结果表述

试样中四环素类、磺胺类、喹诺酮类药物的残留量按标准曲线或式 14-6 计算。

$$X = \frac{A \times C_s \times V}{A_s \times m} \tag{14-6}$$

式中，X：试样中四环素类、磺胺类、喹诺酮类药物残留量，μg/kg；C_s：基质匹配标准溶液中四环素类、磺胺类、喹诺酮类药物浓度，μg/L；A：试样溶液中四环素类、磺胺类、喹诺酮类药物的色谱峰面积；A_s：基质匹配标准溶液中四环素类、磺胺类、喹诺酮类药物的色谱峰面积；V：试样最终定容体积，mL；m：供试样质量，g。

6）方法评价

本方法的检出限为 2 μg/kg，定量限为 10 μg/kg。

本方法在 10～500 μg/kg 添加浓度水平上的回收率为 60%～110%。

本方法批内相对标准偏差≤15%，批间相对标准偏差≤20%。

14.3.2　不同食品试样中性激素残留的测定

1. 动物性食品中醋酸甲地孕酮和醋酸甲羟孕酮残留量的测定　液相色谱-串联质谱法

《食品安全国家标准　动物性食品中醋酸甲地孕酮和醋酸甲羟孕酮残留量的测定　液相色谱-串联质谱法》（GB 31660.4—2019）规定了适用于猪、牛、羊肌肉、脂肪、肝脏、肾脏和牛奶中醋酸甲地孕酮和醋酸甲羟孕酮残留量的检测方法，本部分依据该标准的相关技术要点进行学习。

1）原理

试样中残留的醋酸甲地孕酮和醋酸甲羟孕酮经乙腈提取，正己烷除脂，混合阳离子柱净化，甲醇洗脱，液相色谱-串联质谱法测定，内标法定量。

2）试剂与材料

（1）试剂

试剂：乙腈：色谱纯；甲醇；甲酸：色谱纯；乙酸；正己烷；乙酸乙酯；乙酸铵。

试剂配制：①0.2 mol/L 乙酸铵缓冲液：取乙酸铵 15.4 g，加水 900 ml 使溶解，用乙酸调 pH 值至 5.2，加水稀释至 1000 mL。②2%甲酸水溶液：取甲酸 2 mL，加水溶解并稀释至 100 mL。③0.1%甲酸水溶液：取甲酸 1 mL，加水溶解并稀释至 1000 mL。④50%甲醇水溶液：取甲醇 50 mL，加水溶解并稀释至 100 mL。⑤30%甲醇水溶液：取甲醇 30 mL，加水溶解并稀释至 100 mL。⑥0.1%甲酸水乙腈溶液：取 0.1%甲酸水溶液 20 mL，加乙腈溶解并稀释至 100 mL，混匀。

（2）标准品

醋酸甲地孕酮（megestrol acetate，$C_{24}H_{32}O_4$）、醋酸甲羟孕酮（medroxyprogesterone acetate，$C_{24}H_{34}O_4$），含量均≥98.0%。内标：氘代醋酸甲地孕酮（megestrol acetate-D_3），含量≥98.0%。标准溶液等技术信息可参阅 GB 31660.4—2019.

（3）材料

混合阳离子固相萃取柱：60 mg/3 mL，或相当者；β-盐酸葡萄糖醛苷酶/芳基硫酸酯酶；微孔滤膜：0.22μm。

3）仪器和设备

液相色谱-串联质谱仪：配电喷雾离子源；分析天平：感量 0.000 01 g 和 0.01 g；氮吹仪；涡旋混合器：3000 r/min；超声波萃取仪；移液枪：200μL，1 mL，5 mL；离心机：10 000 r/min；梨形瓶：100 mL；旋转蒸发器；固相萃取装置。

4）方法操作步骤

（1）试样的制备与保存

取适量新鲜或解冻的空白或供试组织，绞碎，并使均质。脂肪组织于 60℃水浴中融化。

——取均质后的供试样品，作为供试试料。

——取均质后的空白样品，作为空白试料。

——取均质后的空白样品，添加适宜浓度的标准工作液，作为空白添加试样。

–18℃以下保存，3 个月内进行分析检测。

（2）试样的预处理

①酶解

取试样 2 g（准确到±20 mg），于 50 mL 离心管中，加内标工作液 40μL，加 0.2 mol/L 乙酸铵缓冲液 4 mL，涡旋混匀后加入 β-盐酸葡萄糖醛苷酶/芳基硫酸酯酶 40 μL，于 37℃下避光水浴低速振荡，酶解 12 h。

②提取

肌肉、肝脏、肾脏组织：试样经酶解后，加乙酸乙酯 10 mL，于旋涡振荡器上剧烈振荡 10 min，4000 r/min 离心 5 min，取上清液至梨形瓶中。残渣加乙酸乙酯 10 mL 重复提取 1 次，合并上清液，50℃旋转蒸发至干。加乙腈 10 mL、正己烷 5 ml 使溶解，转至 50 ml 离心管中，低速涡旋 10 s，3000 r/min 离心 2 min，弃正己烷层，下层液于 50℃旋转蒸发至干，加 30%甲醇水溶液 3 mL，溶解，用于净化处理。

脂肪组织：试样经酶解后，加乙腈 10 mL，于旋涡振荡器上剧烈振荡 0.5 min，50℃超声提取 10 min，4000 r/min 离心 5 min，取上清液移至另一 50 mL 离心管中。残渣加乙腈 10 mL 重复提取 1 次。合并上清液，加正己烷 4 mL，低速涡旋 10 s，3000 r/min 离心 2 min，弃正己烷层。加正己烷 4 mL，再次除脂。下层 50℃旋转蒸发至干，加入 30%甲醇水溶液 3 mL 溶解，用于净化处理。

③净化

混合阳离子固相萃取柱用甲醇、水各 3 mL 活化，取上述待净化提取液过柱，依次用水、50%甲醇溶液各 3 mL 淋洗，抽干。用甲醇 5 mL 洗脱，洗脱液于 50℃下氮气吹干。用 0.2 mL 乙腈（80%）-0.1%甲酸溶液溶解残余物，涡旋混匀，过 0.22μm 滤膜或 15 000 r/min 高速离心 10 min，取上清液，供高效液相色谱-串联质谱仪测定。

（3）测定

①液相色谱参考条件

色谱柱：C_{18} 色谱柱（50 mm×2.1 mm，1.7μm），或相当者；流动相：A：0.1%甲酸乙腈，B：0.1%甲酸溶液，梯度洗脱；流速：0.2 mL/min；柱温：30℃；进样量：10μL。

②质谱参考条件

离子源：电喷雾（ESI）离子源；扫描方式：正离子扫描；检测方式：多反应监测；电离电压：3000 V；源温：100℃；雾化温度：350℃；锥孔气流速：25 L/h；雾化气流速：450 L/h；本方法中各待测目标物的定性离子对、定量离子对和碰撞能量可详见 GB 31660.4—2019 中表 2。

③标准曲线的制备

精密量取适量混合标准工作液及内标标准工作液，用流动相稀释配制成浓度为 2 ng/mL、5 ng/mL、25 ng/mL、50 ng/mL、100 ng/mL 的系列标准溶液（内标均为 20 ng/mL）。以特征离子质量色谱峰面积比为纵坐标，标准溶液浓度为横坐标，绘制标准曲线。

④试样测定

取试样溶液和标准溶液，作单点或多点校准，按内标法以峰面积比计算。试样溶液及标准溶液中醋酸甲地孕酮、醋酸甲羟孕酮与氘代醋酸甲地孕酮的峰面积比应在仪器检测的线性范围之内。试样溶液的离子相对丰度与标准溶液的离子相对丰度相比，符合表 14-4 的要求。本方法中醋酸甲地孕酮、醋酸甲羟孕酮和氘代醋酸甲地孕酮多反应监测特征离子质量色谱图可参见 GB 31660.4—2019 中附录 A。

表 14-4　定性确证时相对离子丰度的允许偏差

相对离子丰度/%	允许偏差/%
>50	±20
20～50	±25
10～20	±30
≤10	±50

5）数据计算和结果表述

试样中待测药物的残留量按式 14-7 计算：

$$X = \frac{A \times A'_{is} \times C_s \times C_{is} \times V}{A_{is} \times A_s \times C'_{is} \times m} \tag{14-7}$$

式中，X：试样中被测物质的残留量，μg/kg；C_s：标准工作溶液中被测物质的浓度，ng/mL；C_{is}：试样溶液中内标的浓度，ng/mL；C'_{is}：标准工作溶液中内标的浓度，ng/mL；A：试样溶液中被测物质的峰面积；A'_{is}：标准工作溶液中内标的峰面积；A_{is}：试样溶液中内标的峰面积；A_s：标准工作溶液中被测物质的峰面积；V：试样溶液定容体积，mL；m：试料质量，g。计算结果需扣除空白值。测定结果用两次平行测定的算术平均值表示，保留三位有效数字。

6）方法评价

本方法的检出限为 0.5 μg/kg，定量限为 1 μg/kg。本方法在 1～5 μg/kg 添加浓度水平上的回收率为 70%～120%。本方法的批内相对标准偏差≤20%，批间相对标准偏差≤20%。

2. 动物性食品及尿液中雌激素类药物多残留的测定 液相色谱-串联质谱法

《食品安全国家标准 动物性食品及尿液中雌激素类药物多残留的测定 液相色谱-串联质谱法》（GB 31658.9—2021）规定了猪、牛、羊、鸡组织（肌肉、肝脏、肾脏和脂肪），鸡蛋，牛奶，羊奶，猪尿和牛尿中雌激素类药物残留量检测的制样和液相色谱-串联质谱测定方法。兽药检测时，需要经常到养殖场进行现场取样。这就涉及食品动物的尿液甚至粪便，如本标准中所述猪尿和牛尿中目标物的检测。本部分依据 GB 31658.9—2021 规定的相关技术要点进行学习。

1）原理

试样中残留的药物经酶解后用乙腈提取，固相萃取柱净化，液相色谱-串联质谱仪测定，内标法定量。

2）试剂与材料

（1）试剂和试剂配制

试剂：乙腈：色谱纯；甲醇；氢氧化钠；正己烷；二氯甲烷；氯化钠；乙酸铵；乙酸；β-葡萄糖醛酸酶/芳基硫酸酯酶（β-glucuronidase/arylsulfatase）；β-葡萄糖醛酸酶 4.5 U/mL，芳基硫酸酯酶 14 U/mL。

试剂配制：①二氯甲烷-甲醇溶液：取二氯甲烷 70 mL、甲醇 30 mL，混合。②甲醇-水溶液：取甲醇 40 mL、水 60 mL，混合。③乙酸铵溶液（0.02 mol/L）：取乙酸铵 1.54 g，加水溶解并稀释至约 800 mL，调节 pH 至 5.2，稀释至 1000 mL，混匀。④40%乙腈溶液：取乙腈 200 mL、水 300 mL，混匀。

（2）标准品

雌三醇、雌酮、炔雌醇、17α-雌二醇、17β-雌二醇、己烯雌酚、己烷雌酚、己二烯雌酚雌三醇-D_3、雌酮-D_2、炔雌醇-D_4、17α 雌二醇-D_2、17β-雌二醇-D_2、己烯雌酚-D_8、己烷雌酚-D_4 和己二烯雌酚-D_6，含量均≥95%。详细信息可见 GB 31658.9—2021 的技术规定。

（3）材料

HLB 固相萃取柱：200 mg/6 mL，或相当者。氨基固相萃取柱：500 mg/6 mL，或相当者，使用前用二氯甲烷-甲醇溶液6 mL活化。针头式过滤器（通用型滤膜）：尼龙材质，孔径0.22 μm或性能相当者。

3）仪器和设备

液相色谱串联质谱仪：配自动进样器和电喷雾离子源；分析天平：感量 0.000 01 g和0.01 g；氮吹仪；固相萃取装置；离心管：聚丙烯塑料离心管，50 mL；离心机：10 000 r/min或以上；pH计；涡旋混合器。

4）方法操作步骤

（1）试样的制备与保存

取适量新鲜或解冻的空白或供试组织，绞碎，并使均质。

①取均质后的供试样品，作为供试试料；

②取均质后的空白样品，作为空白试料；

③取均质后的空白样品，添加适宜浓度的标准工作液，作为空白添加试料。

−18℃以下保存，3个月内进行分析检测。

（2）试样预处理

①提取

动物组织、牛奶、羊奶和鸡蛋：取试样5 g（准确至±0.05 g）于50 mL离心管，准确加入混合内标工作液50 μL，混合15 s，加乙酸铵溶液10 mL、β-葡萄糖醛酸酶/芳基硫酸酯酶50 μL，涡旋1 min，盖盖子，（37±1）℃振荡酶解12 h。取出，冷却至室温，加氯化钠4 g，振摇溶解，加乙腈20 mL，涡旋1 min，10 000 r/min离心5 min，取乙腈层，加乙腈15 mL，重复提取。合并2次提取液，加正己烷10 mL，涡旋1 min，10 000 r/min离心2 min，取乙腈层，40℃氮吹至干，用甲醇1 mL溶解，再加水9 mL水，备用。

动物尿液：取试样5.00 mL于50 mL离心管，用乙酸调节pH至5.2，准确加混合内标工作液50 μL，混合15 s，加乙酸铵溶液10 mL、β-葡萄糖醛酸酶/芳基硫酸酯酶50 μL，后续提取步骤同上述动物组织、牛奶、羊奶和鸡蛋操作步骤，得到备用液。

②净化

取HLB固相萃取柱，依次用二氯甲烷-甲醇6 mL、甲醇6 mL和水6 mL活化，取上述提取备用液，过柱，控制流速不超过2 mL/min。依次用甲醇-水3 mL、水3 mL淋洗小柱，抽干，再将活化过的氨基固相萃取柱串联在HLB固相萃取柱下方，用二氯甲烷-甲醇8 mL洗脱，收集洗脱液，取下HLB柱，再用二氯甲烷-甲醇2 mL洗氨基柱，合并洗脱液，40℃水浴氮气吹干，用40%乙腈溶液1 mL溶解残渣，涡旋混匀，0.22 μm滤膜过滤，供液相色谱-串联质谱测定。

（3）测定

①液相色谱参考条件

色谱柱：C_{18}色谱柱（100 mm×2.1 mm，1.7 μm），或相当者；流动相：A为水，B为乙腈，梯度洗脱；流速：0.4 mL/min；柱温：40℃；进样量：10 μL。

②质谱参考条件

离子源：电喷雾离子源；扫描方式：负离子扫描；检测方式：多反应监测（MRM）；毛细管电压：2.5 kV；RF透镜电压：0.5 V；离子源温度：150℃；脱溶剂气温度：600℃；

锥孔气流速：50 L/h；脱溶剂气流速：1100 L/h；倍增器电压：650 V；二级碰撞气：氩气；在本测定方法中，被测目标物的保留时间、定性离子对、定量离子对、锥孔电压和碰撞能量参考值可详见 GB 32658.9—2021 中表 2。

③标准曲线的制备

取 1.0 μg/L、2.0 μg/L、5.0 μg/L、20.0 μg/L、50.0 μg/L、200.0 μg/L 的系列混合标准工作溶液，供液相色谱-串联质谱测定。以激素类药物与相应内标物峰面积的比值为纵坐标，标准溶液浓度为横坐标，绘制标准曲线，求算回归方程和相关系数。

④试样测定

取混合标准工作液与试样溶液交替进样，作单点或多点校准，按内标法以色谱峰面积定量，每种雌激素选择对应的同位素内标物进行定量。试样溶液中待测物的响应值均应在仪器测定的线性范围内。试样中待测物质的保留时间与相应内标物保留时间的比值与标准溶液中待测物质的保留时间与相应内标物保留时间的比值偏差在±2.5%之内，且样品中各组分的相对离子丰度与浓度接近的标准溶液的相对离子丰度一致，偏差不超过方法规定的范围，则可判定为样品中存在对应的待测物。标准工作溶液多反应监测色谱图可详见 GB 32658.9—2021 中附录 B。

5）数据计算和结果表述

试料中待测药物的残留量按标准曲线或按式（14-8）至式（14-10）计算。

$$C = \frac{A_i \times A'_{is} \times C_s \times C_{is}}{A_{is} \times A_s \times C'_{is}} \tag{14-8}$$

动物性食品中的残留量：

$$X = \frac{C \times V \times 1000}{m \times 1000} \tag{14-9}$$

尿液中的残留量：

$$X = \frac{C \times V}{\upsilon} \tag{14-10}$$

式中，X：试料中雌激素类药物残留量，μg/kg 或 μg/L；C：试料溶液中雌激素类药物浓度，μg/L；C_{is}：试料溶液中雌激素类药物内标浓度，μg/L；C_s：标准溶液中雌激素类药物浓度，μg/L；C'_{is}：标准溶液中雌激素类药物内标浓度，μg/L；A_i：试料溶液中雌激素类药物的峰面积；A_{is}：试料溶液中雌激素类药物内标的峰面积；A_s：标准溶液中雌激素类药物的峰面积；A'_{is}：标准溶液中雌激素类药物内标的峰面积；V：定容体积，mL；m：试料质量，g；υ：试料体积，mL。

6）方法评价

本方法在猪、牛、羊、鸡组织（肌肉、肝脏、肾脏和脂肪），鸡蛋，牛奶和羊奶中的检出限为 0.50 μg/kg，定量限为 1.0 μg/kg；猪尿和牛尿中的检出限为 0.50 μg/L，定量限为 1.0 μg/L。

本方法在 1～5 μg/kg（L）添加浓度水平上的回收率为 80%～130%。

本方法的批内相对标准偏差≤15%，批间相对标准偏差≤20%。

第 15 章　食品中典型生物性毒素的测定

15.1　概　　述

15.1.1　食品中典型生物性毒素的类别

根据《食品安全国家标准 食品中真菌毒素限量》(GB 2761—2017)，真菌毒素是指真菌在生长繁殖过程中产生的次生有毒代谢产物。本标准规定了食品中黄曲霉毒素 B_1、黄曲霉毒素 M_1、脱氧雪腐镰刀菌烯醇、展青霉素、赭曲霉毒素 A 及玉米赤霉烯酮的限量指标。实际上，食品中典型的生物性毒素不仅局限于真菌毒素，还有滋生腐败性或致病性细菌而产生的有毒代谢物，如食品的细菌性腐败可导致食品中甲酸积累，而食品中的甲酸是对人体健康有害的物质成分（具体可见第 10 章）。

根据《食品安全学》等课程，食品原料固有危害性物质成分也是影响食品安全的重要因素，主要包括植物性食物中含有的天然有毒物质，如苷类、生物碱、有毒蛋白或复合蛋白、内酯、萜类等；动物性食物中含有的天然有毒物质，如动物肝脏、动物甲状腺和肾上腺、河鲀毒素、鱼类中高含量的组胺、贝类毒素、有毒蜂蜜等；蕈菌毒素。

所以，食品中的生物毒素不一定都是滋生了腐败微生物（如青霉属、镰刀菌属、曲霉属等）或滋生了致病性微生物（如金黄色葡萄球菌、鼠伤寒菌、副溶血弧菌等）才产生而存在的。也可以是食品中天然存在的。如此一来，为了区别生物性毒素与食品中的腐败菌和致病菌，可将生物性毒素（biotoxin）定义为：存在于食品中的、生物性来源的、不可自复制的有毒物质。在此定义下，存在于食品中的、可自复制的有毒生物物质即是致病菌。基于上述的概念，可将食品中的生物毒素按照来源分为三大类：微生物毒素（microtoxin）、植物毒素（phytotoxin）和动物毒素（zootoxin）。

15.1.2　相关国家标准

目前，在食品安全国家标准的收录中，与食品中生物毒素相关的有《食品安全国家标准 食品中真菌毒素限量》(GB 2761—2017)、《食品安全国家标准 预包装食品中致病菌限量》(GB 29921—2021)、《食品安全国家标准 散装即食食品中致病菌限量》(GB 31607—2021）三项通用标准。目前未见出台植物毒素和动物毒素的限量标准，但是相关产品的质量标准中可见对植物毒素或动物毒素的限量要求，如《食品安全国家标准 植物油》(GB 2716—2018）中规定了源自棉籽的食用植物油（包括调和油）中植物毒素游离棉酚的含量≤200 mg/kg；《食品安全国家标准 动物性水产制品》(GB 10136—2015）中规定盐渍鱼（高组胺鱼类）中组胺含量≤40 mg/100 g。

在理化检验方法标准上，有《食品安全国家标准 食品中黄曲霉毒素 B 族和 G 族的测定》(GB 5009.22—2016)、《食品安全国家标准 食品中黄曲霉毒素 M 族的测定》

（GB 5009.24—2016）等 10 余项微生物毒素测定标准；有《食品安全国家标准 食品中氰化物的测定》（GB 5009.36—2023）、《食品安全国家标准 植物性食品中游离棉酚的测定》（GB 5009.148—2014）等 5 项植物毒素测定标准；有《食品安全国家标准 贝类中失忆性贝类毒素的测定》（GB 5009.198—2016）等 10 余项动物毒素的测定标准。

本章主要依据相关国家标准规定的、食品中典型生物毒素测定方法的技术要点，结合文献研究进展，对黄曲霉毒素、游离棉酚、植酸、皂苷、河鲀毒素等代表性生物毒素的测定方法进行整理和学习。若读者需要更多的方法信息，可参阅相关国家标准或查阅文献资料。

15.2 食品中典型真菌毒素的测定方法

真菌毒素（mycotoxins）是真菌的次生代谢产物，是农产品的主要污染物之一。目前已知的真菌毒素有 200 多种，其中研究得比较深入的有十几种。根据真菌毒素作用的靶器官或真菌毒素引起的病理改变，可将真菌毒素分为肝脏毒、肾脏毒、神经毒、震颤毒等。有研究就真菌毒素对农业及人类健康的危害程度和对社会经济发展影响的重要性，对世界上 30 多个国家和地区进行了调查，结果表明，排在第一位的是黄曲霉毒素，其次为赭曲霉毒素、单端孢霉烯族化合物、玉米赤霉烯酮、桔青霉素、杂色曲霉素、展青霉素、圆弧偶氮酸等。后续研究又发现污染玉米的主要真菌毒素成分有伏马菌素。

黄曲霉毒素是由曲霉属中的黄曲霉、寄生曲霉和少数集蜂曲霉产生的化学结构类似的一组化合物，均为二呋喃香豆素的衍生物，研究发现的有 20 多种，但是已分离鉴定的约为 12 种，包括黄曲霉毒素 B_1、B_2、G_1、G_2、M_1、M_2、P_1、Q、H_1、GM、B2a 等。但毒性最强、污染粮油的主要是黄曲霉毒素 B 族和 G 族，奶牛摄食被 B_1 和 B_2 污染的饲料后，在牛奶和尿中可检出黄曲霉毒素 M_1 和 M_2。本节主要以黄曲霉毒素 B 族、G 族和 M 族的测定方法及其发展为例，整理和学习食品中真菌毒素的测定方法。

15.2.1 食品中黄曲霉毒素 B 族和 G 族的测定方法

《食品安全国家标准 食品中黄曲霉毒素 B 族和 G 族的测定》（GB 5009.22—2016）规定了食品中黄曲霉毒素 B_1、B_2、G_1、G_2（AFT B_1、AFT B_2、AFT G_1、AFT G_2）的测定方法。第一法为同位素稀释液相色谱-串联质谱法；第二法为高效液相色谱-柱前衍生法；第三法为高效液相色谱-柱后衍生法；第四法为酶联免疫吸附筛查法；第五法为薄层色谱法。第一法、第二法和第三法适用于谷物及其制品、豆类及其制品、坚果及籽类、油脂及其制品、调味品、婴幼儿配方食品和婴幼儿辅助食品中黄曲霉毒素 B_1、B_2、G_1、G_2 的测定；第四法适用于谷物及其制品、豆类及其制品、坚果及籽类、油脂及其制品、调味品、婴幼儿配方食品和婴幼儿辅助食品中黄曲霉毒素 B_1 的测定。本节中主要学习适用范围更广的高效液相色谱-柱前衍生法和高效液相色谱-柱后衍生法。

1. 高效液相色谱-柱前衍生法

1）原理

试样中的黄曲霉毒素 B_1、B_2、G_1、G_2，用乙腈-水溶液或甲醇-水溶液的混合溶液提取，提取液经黄曲霉毒素固相净化柱净化去除脂肪、蛋白质、色素及碳水化合物等干扰物质，净化液用三氟乙酸柱前衍生，液相色谱分离，荧光检测器检测，外标法定量。

2）试剂和材料

除非另有说明，本方法所用试剂均为分析纯，水为 GB/T 6682 规定的一级水。

（1）试剂和试剂配制

试剂：甲醇，乙腈，正己烷：色谱纯；三氟乙酸。

试剂配制：①乙腈-水溶液（84 + 16）：取 840 mL 乙腈加入 160 mL 水。②甲醇-水溶液（70 + 30）：取 700 mL 甲醇加入 300 mL 水。③乙腈-水溶液（50 + 50）：取 500 mL 乙腈加入 500 mL 水。④乙腈-甲醇溶液（50 + 50）：取 500 mL 乙腈加入 500 mL 甲醇。

（2）标准品和标准溶液配制

AFT B_1 标准品：纯度≥98%；AFT B_2 标准品：纯度≥98%；AFT G_1 标准品：纯度≥98%；AFT G_2 标准品：纯度≥98%。

标准溶液配制：根据方法和仪器工作性能配制单标和混标，或者直接购置经国家认证并授予标准物质证书的标准试剂。

（3）仪器和设备

匀浆机；高速粉碎机；组织捣碎机；超声波/涡旋振荡器或摇床；天平：感量 0.01 g 和 0.000 01 g；涡旋混合器；高速均质器：转速 6500～24 000 r/min；离心机：转速≥6000 r/min；玻璃纤维滤纸：快速、高载量、液体中颗粒保留 1.6 μm；氮吹仪；液相色谱仪：配荧光检测器；色谱分离柱；黄曲霉毒素专用型固相萃取净化柱（以下简称净化柱），或相当者；一次性微孔滤头：带 0.22 μm 微孔滤膜（所选用滤膜应采用标准溶液检验确认无吸附现象，方可使用）；筛网：1～2 mm 试验筛孔径；恒温箱；pH 计。

3）方法操作步骤

（1）样品制备

①液体样品（植物油、酱油、醋等）

采样量需大于 1 L，对于袋装、瓶装等包装样品需至少采集 3 个包装（同一批次或号），将所有液体样品在一个容器中用匀浆机混匀后，其中任意的 100 g（mL）样品进行检测。

②固体样品（谷物及其制品、坚果及籽类、婴幼儿谷类辅助食品等）

采样量需大于 1 kg，用高速粉碎机将其粉碎，过筛，使其粒径小于 2 mm 孔径试验筛，混合均匀后缩分至 100 g，储存于样品瓶中，密封保存，供检测用。

③半流体（腐乳、豆豉等）

采样量需大于 1 kg（L），对于袋装、瓶装等包装样品需至少采集 3 个包装（同一批次或号），用组织捣碎机捣碎混匀后，储存于样品瓶中，密封保存，供检测用。

（2）样品提取

①液体样品

植物油脂：称取 5 g 试样（精确至 0.01 g）于 50 mL 离心管中，加入 20 mL 乙腈-水溶液（84 + 16）或甲醇-水溶液（70 + 30），涡旋混匀，置于超声波/涡旋振荡器或摇床中振荡 20 min（或用均质器均质 3 min），在 6000 r/min 下离心 10 min，取上清液备用。

酱油、醋：称取 5 g 试样（精确至 0.01 g）于 50 mL 离心管中，用乙腈或甲醇定容至 25 mL（精确至 0.1 mL），涡旋混匀，置于超声波/涡旋振荡器或摇床中振荡 20 min（或用均质器均质 3 min），在 6000 r/min 下离心 10 min（或均质后玻璃纤维滤纸过滤），取上清液备用。

②固体样品

一般固体样品：称取 5 g 试样（精确至 0.01 g）于 50 mL 离心管中，加入 20.0 mL 乙腈-水溶液（84 + 16）或甲醇-水溶液（70 + 30），涡旋混匀，置于超声波/涡旋振荡器或摇床中振荡 20 min（或用均质器均质 3 min），在 6000 r/min 下离心 10 min（或均质后玻璃纤维滤纸过滤），取上清液备用。

婴幼儿配方食品和婴幼儿辅助食品：称取 5 g 试样（精确至 0.01 g）于 50 mL 离心管中，加入 20.0 mL 乙腈-水溶液（50 + 50）或甲醇-水溶液（70 + 30），涡旋混匀，置于超声波/涡旋振荡器或摇床中振荡 20 min（或用均质器均质 3 min），在 6000 r/min 下离心 10 min（或均质后玻璃纤维滤纸过滤），取上清液备用。

③半流体样品

称取 5 g 试样(精确至 0.01 g)于 50 mL 离心管中，加入 20.0 mL 乙腈-水溶液(84 + 16)或甲醇-水溶液（70 + 30），置于超声波/涡旋振荡器或摇床中振荡 20 min（或用均质器均质 3 min），在 6000 r/min 下离心 10 min（或均质后玻璃纤维滤纸过滤），取上清液备用。

（3）样品黄曲霉毒素固相净化柱净化

移取适量上清液，按净化柱操作说明进行净化，收集全部净化液。

（4）衍生

用移液管准确吸取 4.0 mL 净化液于 10 mL 离心管后在 50℃下用氮气缓缓地吹至近干，分别加入 200 μL 正己烷和 100 μL 三氟乙酸，涡旋 30 s，在 40℃±1℃的恒温箱中衍生 15 min，衍生结束后，在 50℃下用氮气缓缓地将衍生液吹至近干，用初始流动相定容至 1.0 mL，涡旋 30 s 溶解残留物，过 0.22 μm 滤膜，收集滤液于进样瓶中以备进样。

（5）色谱参考条件

色谱参考条件列出如下：

流动相：A 相，水，B 相，乙腈-甲醇溶液（50 + 50）；梯度洗脱：24%B（0～6 min），35%B（8.0～10.0 min），100%B（10.2～11.2 min），24%B（11.5～13.0 min）；色谱柱：C_{18} 柱（柱长 150 mm 或 250 mm，柱内径 4.6 mm，填料粒径 5.0 μm），或相当者；流速：1.0 mL/min；柱温：40℃；进样体积：50 μL；检测波长：激发波长 360 nm；发射波长 440 nm。

（6）样品测定

标准曲线的制作：系列标准工作溶液由低到高浓度依次进样检测，以峰面积为纵坐标、浓度为横坐标作图，得到标准曲线回归方程。

试样溶液的测定：待测样液中待测化合物的响应值应在标准曲线线性范围内，浓度超过线性范围的样品则应稀释后重新进样分析。

空白试验：不称取试样，按 1. 4)（2）～（4）的步骤做空白试验。应确认不含有干扰待测组分的物质。

4）数据计算和结果表述

试样中 AFT B_1、AFT B_2、AFT G_1 和 AFT G_2 的残留量按式 15-1 计算：

$$X=\frac{\rho\times V_1\times V_3\times 1000}{V_2\times m\times 1000} \tag{15-1}$$

式中，X 为试样中 AFT B_1、AFT B_2、AFT G_1 或 AFT G_2 的含量，μg/kg；ρ 为进样溶液中 AFT B_1、AFT B_2、AFT G_1 或 AFT G_2 按照外标法在标准曲线中对应的浓度，ng/mL；V_1 为试样提取液体积（植物油脂、固体、半固体按加入的提取液体积；酱油、醋按定容总体积），mL；V_3 为净化液的最终定容体积，mL；1000 为换算系数；V_2 为净化柱净化后的取样液体积，mL；m 为试样的称样量，g。计算结果保留三位有效数字。

5）方法评价

在重复性条件下获得的两次独立测定结果的绝对差值不得超过算术平均值的 20%。

当称取样品 5 g 时，柱前衍生法的 AFT B_1 的检出限为 0.03 μg/kg，AFT B_2 的检出限为 0.03 μg/kg，AFT G_1 的检出限为 0.03 μg/kg，AFT G_2 的检出限为 0.03 μg/kg；柱前衍生法的 AFT B_1 的定量限为 0.1 μg/kg，AFT B_2 的定量限为 0.1 μg/kg，AFT G_1 的定量限为 0.1 μg/kg，AFT G_2 的定量限为 0.1 μg/kg。

2. 高效液相色谱-柱后衍生法

下述方法的仪器检测部分，包括碘或溴试剂衍生、光化学衍生、电化学衍生等柱后衍生方法，可根据实际情况，选择其中一种方法即可。

1）原理

试样中的黄曲霉毒素 B_1、B_2、G_1、G_2，用乙腈-水溶液或甲醇-水溶液的混合溶液提取，提取液经免疫亲和柱净化和富集，净化液浓缩、定容和过滤后经液相色谱分离，柱后衍生（碘或溴试剂衍生、光化学衍生、电化学衍生等），经荧光检测器检测，外标法定量。

2）试剂和材料

除非另有说明，本方法所用试剂均为分析纯，水为 GB/T 6682 规定的一级水。

（1）试剂和试剂配制

试剂：甲醇：色谱纯；乙腈：色谱纯；氯化钠；磷酸氢二钠；磷酸二氢钾；氯化钾；盐酸；Triton X-100[$C_{14}H_{22}O(C_2H_4O)_n$]（或吐温-20，$C_{58}H_{114}O_{26}$）；碘衍生使用试剂：碘（I_2）；溴衍生使用试剂：三溴化吡啶（$C_5H_6Br_3N_2$）；电化学衍生使用试剂：溴化钾、浓硝酸。

试剂配制：①乙腈-水溶液（84 + 16）：取 840 mL 乙腈加入 160 mL 水。②甲醇-水溶液（70 + 30）：取 700 mL 甲醇加入 300 mL 水。③乙腈-水溶液（50 + 50）：取 500 mL 乙腈加入 500 mL 水。④乙腈-水溶液（10 + 90）：取 100 mL 乙腈加入 900 mL 水。⑤乙腈-甲醇溶液（50 + 50）：取 500 mL 乙腈加入 500 mL 甲醇。⑥磷酸盐缓冲溶液（PBS）：称取 8.00 g 氯化钠、1.20 g 磷酸氢二钠（或 2.92 g 十二水合磷酸氢二钠）、0.20 g 磷酸二氢钾、0.20 g 氯化钾，用 900 mL 水溶解，用盐酸调节 pH 至 7.4，用水定容至 1000 mL。⑦1%Triton X-100（或吐温-20）的 PBS：取 10 mL Triton X-100，用 PBS 定容至 1000 mL。⑧0.05%碘溶液：称取 0.1 g 碘，用 20 mL 甲醇溶解，加水定容至 200 mL，用 0.45 μm 的

滤膜过滤，现配现用（仅碘柱后衍生法使用）。⑨5 mg/L 三溴化吡啶水溶液：称取 5 mg 三溴化吡啶溶于 1 L 水中，用 0.45 μm 的滤膜过滤，现配现用（仅溴柱后衍生法使用）。

（2）标准品和标准溶液的配制

AFT B_1 标准品：纯度≥98%；AFT B_2 标准品：纯度≥98%；AFT G_1 标准品：纯度≥98%；AFT G_2 标准品：纯度≥98%。

标准溶液配制：根据方法和仪器工作性能配制单标和混标，或者直接购置经国家认证并授予标准物质证书的标准试剂。

3）仪器和设备

匀浆机；高速粉碎机；组织捣碎机；超声波/涡旋振荡器或摇床；天平：感量 0.01 g 和 0.000 01 g；涡旋混合器；高速均质器：转速 6500～24 000 r/min；离心机：转速≥6000 r/min；玻璃纤维滤纸：快速、高载量、液体中颗粒保留 1.6 μm；固相萃取装置（带真空泵）；氮吹仪；液相色谱仪：配荧光检测器（带一般体积流动池或者大体积流通池）；液相色谱柱；光化学柱后衍生器（适用于光化学柱后衍生法）；溶剂柱后衍生装置（适用于碘或溴试剂衍生法）；电化学柱后衍生器（适用于电化学柱后衍生法）；免疫亲和柱：AFT B_1 柱容量≥200 ng，AFT B_1 柱回收率≥80%，AFT G_2 的交叉反应率≥80%；黄曲霉毒素固相净化柱或功能相当的固相萃取柱：对复杂基质样品测定时使用；一次性微孔滤头：带 0.22 μm 微孔滤膜（所选用滤膜应采用标准溶液检验确认无吸附现象，方可使用）；筛网：1～2 mm 试验筛孔径。

4）方法操作步骤

（1）样品制备

方法同 1. 4）（1）。

（2）样品提取

方法同 1. 4）（2）。

（3）样品净化

使用不同来源的免疫亲和柱，在样品的上样、淋洗和洗脱的操作方面可能略有不同，应该按照生产商所提供的操作说明书要求进行操作。

①免疫亲和柱净化

上样液的准备：准确移取 4 mL 上述上清液，加入 46 mL 1%TritonX-100（或吐温-20）的 PBS（使用甲醇-水溶液提取时可减半加入），混匀。

免疫亲和柱的准备：将低温下保存的免疫亲和柱恢复至室温。

试样的净化：免疫亲和柱内的液体放弃后，将上述样液移至 50 mL 注射器筒中，调节下滴速度，控制样液以 1～3 mL/min 的速度稳定下滴。待样液滴完后，往注射器筒内加入 2×10 mL 水，以稳定流速淋洗免疫亲和柱。待水滴完后，用真空泵抽干亲和柱。脱离真空系统，在亲和柱下部放置 10 mL 刻度试管，取下 50 mL 的注射器筒，2×1 mL 甲醇洗脱亲和柱，控制 1～3 mL/min 的速度下滴，再用真空泵抽干亲和柱，收集全部洗脱液至试管中。在 50℃下用氮气缓缓地将洗脱液吹至近干，用初始流动相定容至 1.0 mL，涡旋 30 s 溶解残留物，0.22 μm 滤膜过滤，收集滤液于进样瓶中以备进样。

②黄曲霉毒素固相净化柱和免疫亲和柱同时使用（对花椒、胡椒和辣椒等复杂基质）

净化柱净化：移取适量上清液，按净化柱操作说明进行净化，收集全部净化液。

免疫亲和柱净化：用刻度移液管准确吸取上部净化液 4 mL，加入 46 mL 1%Triton X-100（或吐温-20）的 PBS（使用甲醇-水溶液提取时可减半加入），混匀。按①中试样的净化步骤处理。

（4）液相色谱参考条件

①无衍生器法（大流通池直接检测）

液相色谱参考条件列出如下：

流动相：A 相，水；B 相，乙腈-甲醇（50 + 50）；等梯度洗脱条件：A，65%；B，35%；色谱柱：C_{18} 柱（柱长 100 mm，柱内径 2.1 mm，填料粒径 1.7 μm），或相当者；流速：0.3 mL/min；柱温：40℃；进样量：10 μL；激发波长：365 nm；发射波长：436 nm（AFT B_1、AFT B_2），463 nm（AFT G_1、AFT G_2）。

②柱后光化学衍生法

液相色谱参考条件列出如下：

流动相：A 相，水；B 相，乙腈-甲醇（50 + 50）；等梯度洗脱条件：A，68%；B，32%；色谱柱：C_{18} 柱（柱长 150 mm 或 250 mm，柱内径 4.6 mm，填料粒径 5 μm），或相当者；流速：1.0 mL/min；柱温：40℃；进样量：50 μL；光化学柱后衍生器；激发波长：360 nm；发射波长：440 nm。

③柱后碘或溴试剂衍生法

a. 柱后碘衍生法

液相色谱参考条件列出如下：

色谱洗脱等条件同上。柱后衍生化系统：衍生溶液：0.05%碘溶液；衍生溶液流速：0.2 mL/min；衍生反应管温度：70℃；激发波长：360 nm；发射波长：440 nm。

b. 柱后溴衍生法

液相色谱参考条件列出如下：

色谱洗脱等条件同上。柱后衍生系统：衍生溶液：5 mg/L 三溴化吡啶水溶液；衍生溶液流速：0.2 mL/min；衍生反应管温度：70℃；激发波长：360 nm；发射波长：440 nm。

④柱后电化学衍生法

液相色谱参考条件列出如下：

流动相：A 相，水（1 L 水中含 119 mg 溴化钾，350 μL 4 mol/L 硝酸）；B 相，甲醇；等梯度洗脱条件：A，60%；B，40%；色谱柱：C_{18} 柱（柱长 150 mm 或 250 mm，柱内径 4.6 mm，填料粒径 5 μm），或相当者；柱温：40℃；流速：1.0 mL/min；进样量：50 μL；电化学柱后衍生器：反应池工作电流 100 μA；1 根 PEEK 反应管路（长度 50 cm，内径 0.5 mm）；激发波长：360 nm；发射波长：440 nm。

（5）样品测定

标准曲线的制作：系列标准工作溶液由低到高浓度依次进样检测，以峰面积为纵坐标、浓度为横坐标作图，得到标准曲线回归方程。

试样溶液的测定：待测样液中待测化合物的响应值应在标准曲线线性范围内，浓度超过线性范围的样品则应稀释后重新进样分析。

空白试验：不称取试样，按照 2. 4）（3）～（5）做空白试验。应确认不含有干扰待测组分的物质。

5）数据计算和结果表述

试样中 AFT B_1、AFT B_2、AFT G_1 和 AFT G_2 的残留量按式 15-2 计算：

$$X=\frac{\rho\times V_1\times V_3\times 1000}{V_2\times m\times 1000} \tag{15-2}$$

式中，X 为试样中 AFT B_1、AFT B_2、AFT G_1 或 AFT G_2 的含量，μg/kg；ρ 为进样溶液中 AFT B_1、AFT B_2、AFT G_1 或 AFT G_2 按照外标法在标准曲线中对应的浓度，ng/mL；V_1 为试样提取液体积（植物油脂、固体、半固体按加入的提取液体积；酱油、醋按定容总体积），mL；V_3 为样品经免疫亲和柱净化洗脱后的最终定容体积，mL；V_2 为用于免疫亲和柱的分取样品体积，mL；1000 为换算系数；m 为试样的称样量，g。计算结果保留三位有效数字。

6）方法评价

在重复性条件下获得的两次独立测定结果的绝对差值不得超过算术平均值的 20%。

当称取样品 5 g 时，柱后光化学衍生法、柱后溴衍生法、柱后碘衍生法、柱后电化学衍生法的 AFT B_1 的检出限为 0.03 μg/kg，AFT B_2 的检出限为 0.01 μg/kg，AFT G_1 的检出限为 0.03 μg/kg，AFT G_2 的检出限为 0.01 μg/kg；无衍生器法的 AFT B_1 的检出限为 0.02 μg/kg，AFT B_2 的检出限为 0.003 μg/kg，AFT G_1 的检出限为 0.02 μg/kg，AFT G_2 的检出限为 0.003 μg/kg。

柱后光化学衍生法、柱后溴衍生法、柱后碘衍生法、柱后电化学衍生法：AFT B_1 的定量限为 0.1 μg/kg，AFT B_2 的定量限为 0.03 μg/kg，AFT G_1 的定量限为 0.1 μg/kg，AFT G_2 的定量限为 0.03 μg/kg；无衍生器法：AFT B_1 的定量限为 0.05 μg/kg，AFT B_2 的定量限为 0.01 μg/kg，AFT G_1 的定量限为 0.05 μg/kg，AFT G_2 的定量限为 0.01 μg/kg。

15.2.2　食品中黄曲霉毒素 M 族的测定方法

《食品安全国家标准 食品中黄曲霉毒素 M 族的测定》（GB 5009.24—2016），规定了食品中黄曲霉毒素 M_1（AFT M_1）和黄曲霉毒素 M_2（AFT M_2）的测定方法。第一法为同位素稀释液相色谱-串联质谱法；第二法为高效液相色谱法；第三法为酶联免疫吸附筛查法。本部分学习高效液相色谱法。

1. 原理

试样中的黄曲霉毒素 M_1 和黄曲霉毒素 M_2 用甲醇-水溶液提取，上清液稀释后，经免疫亲和柱净化和富集，净化液浓缩、定容和过滤后经液相色谱分离，荧光检测器检测。外标法定量。

2. 试剂和材料

除非另有说明，本方法所用试剂均为分析纯，水为 GB/T 6682 规定的一级水。

1）试剂和试剂配制

试剂：乙腈：色谱纯；甲醇：色谱纯；氯化钠；磷酸氢二钠；磷酸二氢钾；氯化钾；盐酸；石油醚：沸程为 30～60℃。

试剂配制：①乙腈-水溶液（25 + 75）：量取 250 mL 乙腈加入 750 mL 水中，混匀。②乙腈-甲醇溶液（50 + 50）：量取 500 mL 乙腈加入 500 mL 甲醇中，混匀。③磷酸盐缓冲溶液（PBS）：称取 8.00 g 氯化钠、1.20 g 磷酸氢二钠（或 2.92 g 十二水合磷酸氢二钠）、0.20 g 磷酸二氢钾、0.20 g 氯化钾，用 900 mL 水溶解后，用盐酸调节 pH 至 7.4，再加水至 1000 mL。

2）标准品和标准溶液配制

AFT M_1 标准品：纯度≥98%；AFT M_2 标准品：纯度≥98%。

标准溶液配制：根据方法和仪器性能配制合适的单标和混合标准品，或直接选购经国家认证并授予标准物质证书的标准试剂。

3）仪器和设备

天平：感量 0.01 g、0.001 g 和 0.000 01 g；水浴锅：温控 50℃±2℃；涡旋混合器；超声波清洗器；离心机：转速≥6000 r/min；旋转蒸发仪；固相萃取装置（带真空泵）；氮吹仪；圆孔筛：1～2 mm 孔径；液相色谱仪（带荧光检测器）；玻璃纤维滤纸：快速、高载量、液体中颗粒保留 1.6 μm；一次性微孔滤头：带 0.22 μm 微孔滤膜；免疫亲和柱：柱容量≥100 ng。

注：对于不同批次的亲和柱在使用前需进行质量验证。

3. 方法操作步骤

使用不同厂商的免疫亲和柱，在样品的上样、淋洗和洗脱的操作方面可能略有不同，应该按照供应商所提供的操作说明书要求进行操作。

1）样品提取

（1）液态乳、酸奶

称取 4 g 混合均匀的试样（精确到 0.001 g）于 50 mL 离心管中，加入 100 μL $^{13}C_{17}$-AFT M_1 内标溶液（5 ng/mL）振荡混匀后静置 30 min，加入 10 mL 甲醇，涡旋 3 min。置于 4℃、6000 r/min 下离心 10 min 或经玻璃纤维滤纸过滤，将适量上清液或滤液转移至烧杯中，加 40 mL 水或 PBS 稀释，备用。

（2）乳粉、特殊膳食用食品

称取 1 g 样品（精确到 0.001 g）于 50 mL 离心管中，加入 100 μL $^{13}C_{17}$-AFT M_1 内标溶液（5 ng/mL）振荡混匀后静置 30 min，加入 4 mL 50℃热水，涡旋混匀。如果乳粉不能完全溶解，将离心管置于 50℃的水浴中，将乳粉完全溶解后取出。待样液冷却至 20℃后，加入 10 mL 甲醇，涡旋 3 min。置于 4℃、6000 r/min 下离心 10 min 或经玻璃纤维滤纸过滤，将适量上清液或滤液转移至烧杯中，加 40 mL 水或 PBS 稀释，备用。

（3）奶油

称取 1 g 样品（精确到 0.001 g）于 50 mL 离心管中，加入 100 μL $^{13}C_{17}$-AFT M_1 内标溶液（5 ng/mL）振荡混匀后静置 30 min，加入 8 mL 石油醚，待奶油溶解，再加 9 mL 水

和 11 mL 甲醇，振荡 30 min，将全部液体移至分液漏斗中。加入 0.3 g 氯化钠充分摇动溶解，静置分层后，将下层移到圆底烧瓶中，旋转蒸发至 10 mL 以下，用 PBS 稀释至 30 mL。

（4）奶酪

称取 1 g 已切细、过孔径 1～2 mm 圆孔筛混匀样品（精确到 0.001 g）于 50 mL 离心管中，加 100 μL $^{13}C_{17}$-AFT M_1 内标溶液（5 ng/mL）振荡混匀后静置 30 min，加入 1 mL 水和 18 mL 甲醇，振荡 30 min，置于 4℃、6000 r/min 下离心 10 min 或经玻璃纤维滤纸过滤，将适量上清液或滤液转移至圆底烧瓶中，旋转蒸发至 2 mL 以下，用 PBS 稀释至 30 mL。

2）净化

（1）免疫亲和柱的准备

将低温下保存的免疫亲和柱恢复至室温。

（2）净化

免疫亲和柱内的液体放弃后，将上述样液移至 50 mL 注射器筒中，调节下滴流速为 1～3 mL/min。待样液滴完后，往注射器筒内加入 10 mL 水，以稳定流速淋洗免疫亲和柱。待水滴完后，用真空泵抽干亲和柱。脱离真空系统，在亲和柱下放置 10 mL 刻度试管，取下 50 mL 的注射器筒，加入 2×2 mL 乙腈（或甲醇）洗脱亲和柱，控制 1～3 mL/min 下滴速度，用真空泵抽干亲和柱，收集全部洗脱液至刻度试管中。在 50℃下氮气缓缓地将洗脱液吹至近干，用初始流动相定容至 1.0 mL，涡旋 30 s 溶解残留物，0.22 μm 滤膜过滤，收集滤液于进样瓶中以备进样。

3）液相色谱参考条件

液相色谱柱：C_{18} 柱（柱长 150 mm，柱内径 4.6 mm；填料粒径 5 μm），或相当者。柱温：40℃。流动相：A 相，水；B 相，乙腈-甲醇（50 + 50）。等梯度洗脱条件：A，70%；B，30%。流速：1.0 mL/min。荧光检测波长：激发波长 360 nm；发射波长 430 nm。进样量：50 μL。

4）测定

标准曲线的制作：将系列标准溶液由低到高浓度依次进样检测，以峰面积-浓度作图，得到标准曲线回归方程。

试样溶液的测定：待测样液中的响应值应在标准曲线线性范围内，超过线性范围的则应稀释后重新进样分析。

空白试验：不称取试样，按 3. 1）～2）的步骤做空白试验。确认不含有干扰待测组分的物质。

4. 数据计算和结果表述

试样中 AFT M_1 或 AFT M_2 的残留量按式 15-3 计算：

$$X = \frac{\rho \times V \times f \times 1000}{m \times 1000} \tag{15-3}$$

式中，X 为试样中 AFT M_1 或 AFT M_2 的含量，μg/kg；ρ 为进样溶液中 AFT M_1 或 AFT M_2 的浓度，ng/mL；V 为样品经免疫亲和柱净化洗脱后的最终定容体积，mL；f 为样液稀释因子；1000 为换算系数；m 为试样的称样量，g。计算结果保留三位有效数字。

5. 方法评价

在重复性条件下获得的两次独立测定结果的绝对差值不得超过算术平均值的 20%。

称取液态乳、酸奶 4 g 时，本方法 AFT M_1 检出限为 0.005 μg/kg，AFT M_2 检出限为 0.002 5 μg/kg，AFT M_1 定量限为 0.015 μg/kg，AFT M_2 定量限为 0.007 5 μg/kg。称取乳粉、特殊膳食用食品、奶油和奶酪 1 g 时，本方法 AFT M_1 检出限为 0.02 μg/kg，AFT M_2 检出限为 0.01 μg/kg，AFT M_1 定量限为 0.05 μg/kg，AFT M_2 定量限为 0.025 μg/kg。

与 GB 5009.24—2016 第一法同位素稀释液相色谱-串联质谱法方法灵敏度进行对比，后者称取液态乳、酸奶 4 g 时，AFT M_1 检出限为 0.005 μg/kg，AFT M_2 检出限为 0.005 μg/kg，AFT M_1 定量限为 0.015 μg/kg，AFT M_2 定量限为 0.015 μg/kg。称取乳粉、特殊膳食用食品、奶油和奶酪 1 g 时，AFT M_1 检出限为 0.02 μg/kg，AFT M_2 检出限为 0.02 μg/kg，AFT M_1 定量限为 0.05 μg/kg，AFT M_2 定量限为 0.05 μg/kg。

15.3　食品中典型植物毒素的测定方法

15.3.1　植物性食品中游离棉酚的测定

1. 原理

植物油中游离棉酚经无水乙醇提取，利用高效液相色谱法检测，色谱峰保留时间定性，外标法定量。

以棉籽饼为原料的水溶性液体样品中的游离棉酚经无水乙醚提取，浓缩至干，再加入乙醇溶解，利用高效液相色谱法检测，色谱峰保留时间定性，外标法定量。

2. 试剂和材料

1）试剂和试剂配制

除非另有说明，本方法所用试剂均为分析纯，水为 GB/T 6682 规定的一级水。

试剂：磷酸；无水乙醇；丙酮；氮气；甲醇。

试剂配制：磷酸溶液，取 300 mL 水，加 6.0 mL 磷酸，混匀，经 0.45 μm 滤膜过滤。

2）标准品和标准溶液配制

棉酚（$C_{32}H_{34}O_{10}$）标准品：纯度＞95%。

棉酚标准储备液（1.0 mg/mL）：准确称取 0.1 g（精确到 0.0001 g）棉酚纯品，用丙酮溶解，并定容至 100.00 mL；棉酚中间标准溶液（50 μg/mL）：取 1 mg/mL 棉酚储备液 5.0 mL 于 100 mL 容量瓶中，用无水乙醇定容至刻度；棉酚标准工作液：准确吸取 1.00 mL、2.00 mL、5.00 mL、8.00 mL 棉酚标准溶液于 10 mL 容量瓶中，用无水乙醇稀释至刻度，此溶液相应于 5 μg/mL、10 μg/mL、25 μg/mL、40 μg/mL 的标准系列。

3. 仪器和设备

高效液相色谱仪：带紫外检测器或者二极管阵列检测器；浓缩仪；离心机：3000 r/min。

4. *方法操作步骤*

1）试样制备

植物油：称取油样 1 g（精确至 0.01 g）于离心试管中，加入 5 mL 无水乙醇，剧烈振摇 2 min，静置分层（或冰箱过夜），取上清液滤纸过滤，4000 r/min 离心 10 min，上清液过 0.45 μm 滤膜，即为试样液。

以棉籽饼为原料的水溶性液体样品：称取样品 10 g（精确至 0.01 g）于离心试管中，加入 10 mL 无水乙醇，振摇 2 min，静置 5 min，取上层乙醚层 5 mL，用氮气吹干，用 1.0 mL 无水乙醇定容，过 0.45 μm 滤膜，即为试样液。

2）色谱测定

（1）参考色谱条件

色谱柱：C_{18} 柱，250 mm×4.6 mm，5 μm，或具同等性能的色谱柱。流动相：甲醇：磷酸溶液＝85∶15。流速：1.0 mL/min。柱温：40℃±1℃。测定波长：235 nm。进样体积：10 μL。

（2）标准曲线的绘制

分别将棉酚标准工作液注入高效液相色谱仪中，记录峰高或峰面积。以峰高或者峰面积为纵坐标，以棉酚标准工作液浓度为横坐标绘制标准曲线。

（3）试样测定

将试样液注入高效色谱仪中，记录峰高或者峰面积，根据标准曲线计算的待测液中棉酚的浓度。

5. *数据计算和结果表述*

试样“植物油”中游离棉酚含量按式 15-4 计算：

$$X = \frac{5 \times c}{m} \tag{15-4}$$

式中，X 为试样中棉酚的含量，mg/kg；m 为试样的质量，g；c 为测定试样液中棉酚的含量，μg/mL；5 为“植物油”折合所用无水乙醇的体积，mL。

试样“以棉籽饼为原料的水溶性液体样品”中游离棉酚含量按式（15-5）计算：

$$X = \frac{2 \times c}{m} \tag{15-5}$$

式中，X 为试样中棉酚的含量，mg/kg；m 为试样的质量，g；c 为测定试样液中棉酚的含量，μg/mL；2 为“以棉籽饼为原料的水溶性液体样品”折合所用无水乙醇的体积，mL。

计算结果以重复性条件下获得的两次独立测定结果的算术平均值表示，结果保留两位有效数字。

6. *方法评价*

在重复性条件下获得的两次独立测定结果的绝对差值不得超过算术平均值的 10%。

植物油体样品取样 1.0 g 时，检出限为 2.5 mg/kg，定量限为 7.5 mg/kg。以棉籽饼为原料的水溶性液体样品取样 10 g 时，检出限为 0.25 mg/kg，定量限为 0.75 mg/kg。

15.3.2　皂苷的检测方法

豆角皂苷是生豆角中普遍含有的一种三萜类糖苷，能够强烈地刺激胃肠道黏膜，引起出血性炎症并产生中毒症状。近年来，因食用未完全熟制豆角而造成的食物中毒事件常有发生，豆角皂苷中毒已经成为常见化学性食物中毒原因之一，引起社会日益重视。

1. 实验材料

1）仪器与试剂

水浴锅；有毒豆角速测试剂盒；醋酐、氢氧化钠、盐酸和浓硫酸。

2）试样的准备

生四季豆、盐、酱油、食用调和油，可随机购自超市。

生四季豆试样洗净、沥干后，分别制成生豆角（不处理）、半熟豆角（焯水 1 min）以及熟豆角（沸煮 10 min）样品，切成 1 mm 左右的细丝备用。盐、酱油、食用调和油按照 1∶1∶1 的比例进行混合后备用。

2. 方法步骤

1）泡沫试验法验证

（1）原理

皂苷类成分能降低液体表面张力而使其水溶液产生蜂窝状泡沫，且在酸性和碱性条件下均不易消退。

（2）实验步骤

取生豆角样品 10 g，加水 30 mL，在沸水中加热 10 min，过滤后滤液供试验使用；取试管两支，每管加入 2 mL 提取液，然后一管加入 50 g/L 氢氧化钠 2 mL，另一管加入 0.6 mol/L 盐酸 2 mL，塞紧后剧烈摇动 2 min 后静置，观察结果。

（3）实验结果表述

实验结果以描述性表述：酸性管和碱性管均有泡沫产生，其泡沫在 15 min 内均不消失，可判断提取液中存在皂苷。

2）醋酐-浓硫酸显色法验证

（1）原理

浓硫酸使羧基脱水，增加双键结构，再经过双键位移，双分子缩合等反应生成共轭双键系统，在酸作用下形成阳碳离子盐而显色。

（2）实验步骤

取 1）（2）步骤的提取液 1 mL 置于试管中，加 1 mL 醋酐溶解后，沿管壁缓慢加入数滴浓硫酸，若有皂苷会在两液间出现紫红色环。

（3）实验结果表述

实验结果以描述性表述：样品紫色环并不明显且容易在震动中被破坏，但是相对于阴性参考，提取液的颜色变成浅紫色，可判断提取液中存在皂苷。

3）速测试剂盒法验证

（1）原理

皂苷类物质与试剂中的氧化剂发生反应，脱水后与显色剂结合生成深色络合物。

（2）实验步骤

分别取生豆角、半熟豆角以及熟豆角试样约 2 g 放入 10 mL 具塞试管中，加 5 mL C 试液（提取液），用力振摇 50 次左右，取 1 mL 上清液或滤液于 1.5 mL 透明离心管中，加入 2 滴 A 试液（氧化剂），盖盖后摇匀，再加入 3 滴 B 试液（显色剂）摇匀，2 min 内观察结果。

（3）实验结果表述

实验结果以描述性表述：根据速测盒的结果判断，生豆角呈青黑色，豆角加热的时间越长颜色越浅，煮熟、炒透的豆角溶液为溶剂本色。

4）基质干扰实验

为模拟实际生活中送检试样（菜品）中可能混入的调味料，实验可使用盐、酱油、食用调和油的混合物作为干扰因素，与样品一同加入进行实验，加入量为检测样品量的 10%。

5）实际样品测定

为了验证上述几种方法在实际样品检测中的效果，可对几种常见豆角类食品分别采用三种方法进行测定，并将结果填入表 15-1 进行描述性表述。

表 15-1　实际样品测定

样品	生豆角	半熟豆角	熟豆角	干煸四季豆	凉菜豆角	炖豆角	豆角炒肉	炒豌豆	煮毛豆	豆角饼
泡沫试验法	+/–	+/–	+/–	+/–	+/–	+/–	+/–	+/–	+/–	+/–
醋酐-浓硫酸显色法	+/–	+/–	+/–	+/–	+/–	+/–	+/–	+/–	+/–	+/–
速测试剂盒法	+/–	+/–	+/–	+/–	+/–	+/–	+/–	+/–	+/–	+/–

注：“+”为阳性、“–”为阴性，“/”为无法判断。

15.3.3　植酸的作用及其测定方法

植酸是食品中天然存在的一种抗营养剂，同时也是一种重要的食品添加剂。按《食品安全国家标准 食品添加剂使用标准》（GB 2760—2014）中规定植酸适用于水产品对虾进行保鲜，使用时要控制残留量≤20 mg/kg。日本在贝类罐头中用 0.1%～0.5%植酸防止黑变，鱼类用 0.3%植酸在 100℃处理 2 min 可防止鱼体变色，用 0.01%～0.05%植酸与微量柠檬酸混合配制的溶液，可作果蔬、花卉保鲜剂，效果很好。

在罐头食品中添加植酸可达到稳定护色效果。在鱼、虾、乌贼等水产品罐头中添加微量植酸，可防止鸟粪石（玻璃状磷酸铵镁结晶）生成。国外把植酸称为“struvite”防止剂，已广泛应用在罐装食品中。

在饮料中添加 0.01%～0.05%植酸，可除去过多的金属离子（特别是对人体有害的重金属），对人体有良好保护作用。在日本、欧美等常用作饮料除金剂。含有植酸主要成分的快速止渴饮料，最适于激烈训练的运动员和高温作业工人饮用，具有快速止渴、复活神经机能和保护脑、肝、眼的作用，这种饮料在日本已投入批量生产。

将一份 50%植酸和三份山梨醇脂酸（亲水/亲油值＝4.3）混合，以 0.2%加入植物油中，抗氧化性能极好。植酸可防止过氧化氢（双氧水）分解，因此可作双氧水储藏稳定剂。

植酸钠或铋盐能减少胃分泌物，用于治疗胃炎、十二指肠炎、腹泻等。植酸可解除铅中毒，并可作重金属中毒防止剂。将植酸加到含单孢丝菌属介质中，可促进庆大霉素和氨基配糖物抗生素的发酵，使产量提高几倍，在乳酸菌的培养基里加入植酸，可促进乳酸菌的生长。

1. 原理

试样用酸性溶液提取，经阴离子交换树脂吸附和解吸附，洗脱液中的植酸与三氯化铁-磺基水杨酸混合液发生褪色反应，用分光光度计在波长 500 nm 处测定吸光度，计算试样中植酸含量。

2. 试剂与仪器

1）试剂和试剂配制

除非另有说明，本方法所用试剂均为分析纯，水为 GB/T 6682 规定的三级水。

试剂：氢氧化钠；氯化钠；三氯化铁；盐酸；磺基水杨酸。

试剂配制：①30 g/L 氢氧化钠溶液：称取氢氧化钠 30 g，用水溶解定容至 1000 mL。②0.7 mol/L 氯化钠溶液：称取氯化钠 40.91 g，用水溶解定容至 1000 mL。③0.05 mol/L 氯化钠溶液：称取氯化钠 2.92 g，用水溶解定容至 1000 mL。④1.2%盐酸溶液：量取盐酸 33.3 mL，加入 966.7 mL 水溶解。⑤硫酸钠-盐酸提取溶液：称取 100 g 无水硫酸钠溶于 1.2%盐酸溶液，用 1.2%盐酸溶液定容 1000 mL。⑥三氯化铁-磺基水杨酸反应溶液：称取 1.5 g 三氯化铁和 15 g 磺基水杨酸，加水溶解并定容至 500 mL，使用前用水稀释 15 倍。

2）标准品和标准溶液配制

植酸钠标准品（CAS 号：14306-25-3），纯度≥85%。

植酸标准溶液：准确称取 1.65 g（精确至 0.01 g）植酸钠标准品，用水溶解定容至 100 mL，配得浓度为 10.0 mg/mL 植酸标准储备液。使用前，用水稀释至浓度 0.1 mg/mL。

3）材料和仪器

阴离子交换树脂 AG1-X4（106～250 μm），离子交换容量：3.5 mmol/g（干）；天平：感量 0.01 g；振荡器；离心机：5000 r/min；分光光度计；固相萃取空柱管：ϕ0.8 cm×10 cm 或相当者。

3. 方法操作步骤

1）试样制备与保存

固体样品：取有代表性可食用部分，用组织捣碎机粉碎匀浆，混合均匀后装入洁净容器内密封并做好标识。

液体样品：取有代表性的样品混合均匀后，装入洁净容器内密封并做好标识。

试样保存：试样于−18℃冰箱内保存。

注：制样和样品保存过程中，应防止样品受到污染和待测物损失。

2）分析步骤

（1）提取

称取试样 10.0 g，置于具塞三角瓶中，加入 40 mL 硫酸钠-盐酸提取溶液，振荡提取 2 h，提取液于 5000 r/min 离心 5 min，收集全部上清液并用硫酸钠-盐酸提取溶液定容至 50 mL，经快速滤纸过滤后备用。

（2）净化

取 0.5 g 阴离子交换树脂湿法装入空柱管中，分别用 15 mL 氯化钠溶液和 20 mL 水洗涤离子交换柱。取 5 mL（鲜虾样品取 10 mL）滤液，加入 1 mL（鲜虾样品加 2 mL）氢氧化钠溶液，用水稀释至 30 mL（鲜虾样品至 60 mL），混匀后转入活化后的离子交换柱中，再分别用 15 mL 水和 15 mL 氯化钠溶液以 1 mL/min 的流速淋洗交换柱，弃去流出液。最后用 25 mL 氯化钠溶液洗脱，收集全部洗脱液于 25 mL 具塞刻度管中，定容至刻度。

注：树脂装填时上下层需放置孔径 20～50 μm 的筛板，并压实树脂。

（3）标准曲线的制作

准确吸取植酸标准溶液 0.0 mL、0.04 mL、0.1 mL、1.0 mL、2.0 mL、5.0 mL 于 6 支 10 mL 比色管中，分别用水稀释至 5 mL，制得含植酸 0.0 mg、0.004 mg、0.01 mg、0.1 mg、0.2 mg、0.5 mg 的系列标准溶液，加入 4 mL 三氯化铁-磺基水杨酸反应溶液，混匀，静置 20 min 后取部分清液倒入 1 cm 比色皿中，于 500 nm 处测定吸光度，以吸光度为纵坐标，植酸的质量为横坐标，绘制标准曲线或计算回归方程。

（4）测定

准确吸取 5 mL（2）所得洗脱液于 10 mL 比色管中，加入三氯化铁-磺基水杨酸反应溶液 4 mL，混匀，静置 20 min 后取部分清液倒入 1 cm 比色皿中，于 500 nm 处测定吸光度，并在标准曲线上查得或从回归方程计算出试液中植酸含量。

4. 数据计算和结果表述

试样中植酸含量按式 15-6 计算：

$$X = \frac{m_2 \times 25 \times 1000}{m_1 \times 5 \times V \times 1000} \times 50 \tag{15-6}$$

式中，X 为试样中植酸含量，g/kg；m_2 为 5 mL 供测定用的试液中植酸的质量，mg；25 为洗脱液定容体积，mL；m_1 为试样质量，g；5 为供测定用的试液体积，mL；V 为供净化的提取液体积，mL；50 为提取液定容体积，mL。计算结果保留三位有效数字。

5. 方法评价

适用于食用油脂、加工水果、肉制品、鲜虾、糖果、果蔬饮料中植酸的测定。

在重复性条件下获得的两次独立测定结果的绝对差值不得超过算术平均值的 5%。

15.4　食品中典型动物毒素的测定方法

15.4.1　贝类中失忆性贝类毒素的测定

1. 原理

本方法测定基础是竞争性酶联免疫反应，酶标板上包被有针对软骨藻酸（DA）抗体的捕捉抗体，加入抗软骨藻酸抗体、标准液或样品溶液及软骨藻酸酶标记物，游离的失忆性贝类毒素与软骨藻酸酶标记物竞争软骨藻酸抗体，同时软骨藻酸抗体与捕捉抗体连接。没有结合的酶标记物在洗涤步骤中被除去。将酶基质和显色剂加入到微孔中并且孵育。结合的酶标记物将无色的发色剂转化为蓝色的产物。加入反应终止液后使颜色由蓝转变为黄色。在 450 nm 测量微孔溶液的吸光度值，试样中失忆性贝类毒素的含量与吸光度值成反比，按绘制的标准曲线定量计算。

2. 试剂和材料

1）试剂和试剂配制

除非另有说明，本方法所用试剂均为分析纯，水为 GB/T 6682 规定的一级水。

试剂：甲醇；十二水合磷酸氢二钠；氯化钠；氯化钾；磷酸二氢钾；吐温-20；抗 DA 抗体；牛血清白蛋白（BSA）；DA 酶标记物；过氧化氢；3, 3, 5, 5-四甲基联苯胺（TMB）；硫酸。

试剂配制：①PBS 溶液（pH 7.4）：分别称取磷酸二氢钾 0.20 g、十二水合磷酸氢二钠 2.90 g、氯化钠 8.00 g、氯化钾 0.20 g，加水溶解并定容至 1000 mL。②抗体稀释液：称取 1.0 g BSA，加 PBS 溶液（pH7.4）溶解并定容至 1000 mL。③抗 DA 抗体工作液：抗 DA 抗体用抗体稀释液稀释至工作浓度。④DA 酶标记物工作液：用抗体稀释液将 DA 酶标记物稀释至工作浓度。⑤洗脱液：吸取 0.5 mL 吐温-20，用 PBS 溶液（pH7.4）稀释至 1000 mL。⑥硫酸溶液（6 mol/L）：吸取 319.2 mL 硫酸，缓缓加至 600 mL 水中，并用水稀释至 1000 mL。

2）标准品和标准溶液配制

软骨藻酸（DA，$C_{15}H_{21}NO_6$）标准溶液。

DA 标准系列工作液：准确吸取适量 DA 标准溶液用 PBS 溶液稀释并定容，配制成质量浓度分别为 0 ng/mL、0.5 ng/mL、1.0 ng/mL、2.0 ng/mL、5.0 ng/mL 和 10.0 ng/mL 的 DA 标准系列工作液。现用现配。

3）材料和仪器

包被有 DA 捕捉抗体的微孔板；水相微孔滤膜：0.45 μm。

酶标仪；天平：感量为 0.01 g；均质器；离心机：转速≥6000 r/min。

3. 方法操作步骤

1）样品采集

至少采集 10 个贝类样品，并使贝肉达 200 g 以上。冷冻样品置于保温盒中冷冻送检，或保证其处于低温状态（0～10℃）送检。如为带壳样品，应开壳，去除水分后冷冻送检。

2）试样制备

生鲜带壳样品：用清水将贝类样品外表彻底洗净，切断闭壳肌，开壳，用水淋洗内部去除泥沙及其他外来物。将闭壳肌和连接在胶合部的组织分开，取出贝肉，切勿割破肉体。开壳前不要加热或用麻醉剂。收集 100 g 贝肉置于孔径约 2 mm 的金属筛网上，沥水 5 min，检出碎壳等杂物，将贝肉均质，备用。

冷冻样品：在室温下，使冷冻样品呈半冷冻状态。带壳冷冻样品，按处理生鲜带壳样品的方法清洗、开壳、淋洗取肉，除去贝肉外部附着的冰片，抹去水分，室温缓化。将 100 g 解冻的贝肉均质，备用。

贝类罐头：将贝类罐头内容物沥干水分，充分均质，备用。

贝肉干制品：称取 100 g 贝肉干制品放入一定量水中浸泡 24～48 h（4℃冷藏），沥干、均质、备用。

盐渍制品：用清水洗涤，流水脱盐，沥干，均质，备用。

3）试样提取

称取 10 g（精确至 0.01 g）试样，加入 10 mL 水，涡旋振荡 1 min，加入 20 mL 甲醇，涡旋振荡 1 min，6000 r/min 离心 10 min，移取上清液，用 0.45 μm 的水相微孔滤膜过滤，得到试样提取液，用 PBS 溶液（pH7.4）稀释 100 倍，得到试样稀释液。吸取 50 μL 试样稀释液进行测定。

4）测定

将已包被捕捉抗体的微孔条插入微孔架并做好标记，其中包括空白对照孔、标准液孔和样液孔，分别做平行孔。向空白对照孔加入 150 μL PBS 溶液（pH7.4），向标准液孔加入 50 μL 失忆性贝类毒素标准系列工作液，向样液孔加入 50 μL 样液。向上述所有微孔中加入 100 μL DA 酶标记物工作液，轻轻混合，再加入 100 μL DA 抗体工作液，迅速充分混合 1 min，用粘胶纸封住微孔以防溶液挥发，4℃孵育 2 h。孵育结束后，倒去孔中液体，每个微孔注入 300 μL 洗脱液冲洗，翻转微孔板，倾去孔内液体，再重复以上洗板操作 2 次，在吸水纸上拍干。每孔加 150 μL 过氧化氢和 TMB 充分混合，室温避光孵育 30 min。每孔加入 50 μL 硫酸溶液（6 mol/L）迅速混匀，终止反应，在 30 min 内测量并记录 450 nm 波长下的吸光度值。若试样稀释液经测定超出标准曲线的线性范围，可扩大稀释倍数后重新进行测定。

5）标准曲线的制作

以失忆性贝类毒素标准系列工作液的质量浓度的以 10 为底的对数值为横坐标，以按式 15-9 计算的标准液的百分比吸光度值为纵坐标，绘制标准曲线。

失忆性贝类毒素标准液（或样液）的百分比吸光度值按式 15-7 计算：

$$A = \frac{S - S_1}{S_0 - S_1} \times 100\% \qquad (15\text{-}7)$$

式中，A 为百分比吸光度值；S 为失忆性贝类毒素标准工作液或样液的平均吸光度值；S_1 为空白对照孔的平均吸光度值；S_0 为 0 μg/L 的失忆性贝类毒素标准工作液的平均吸光度值。

4. 数据计算和结果表述

试样中失忆贝类毒素的含量按式 15-8 计算：

$$X = \frac{\rho \times V \times f}{m} \tag{15-8}$$

式中，X 为试样中失忆性贝类毒素的含量，μg/g；ρ 为试样待测液中失忆性贝类毒素的质量浓度，ng/mL；V 为试样提取液的体积，mL；f 为稀释倍数；m 为试样的称样量，g。

当测定值＜20 μg/g 时，则报告失忆性贝类毒素含量＜20 μg/g。

当测定值≥20 μg/g 时，则报告实际测定结果。

注：任何失忆性贝类毒素含量大于 20 μg/g 的样品即被认为是有害的，人类食用不安全。

5. 方法评价

本方法的定量限为 1 μg/g。

15.4.2　水产品中河鲀毒素的测定①

1. 原理

根据河鲀毒素易溶于酸性溶液原理，试样制备后经两次乙酸溶液（0.5%）煮沸提取，20 000 *g* 离心收集上清液，将两次上清液合并定容至 25 mL，用于小鼠生物试验。根据小鼠注射试样提取液后的死亡时间，查出鼠单位，并按小鼠体重校正鼠单位，计算确定河鲀毒素含量。

2. 试剂和材料

1）试剂和试剂配制

除非另有说明，本方法所用试剂均为分析纯，实验用水为 GB/T 6682 规定的三级水。冰乙酸，氢氧化钠。

乙酸溶液（0.5%）：将 5 mL 冰乙酸用水稀释至 1 L；氢氧化钠溶液（1 mol/L）：将 40 g 氢氧化钠用水溶解并定容至 1000 mL。

2）标准品

河鲀毒素（$C_{11}H_{17}N_3O_8$），纯度≥98%，或经国家认证并授予标准物质证书的标准物质。

3）实验动物

小白鼠：体重 19.0～21.0 g，无特定病原体级（SPF）昆明系雄性健康小鼠。

3. 仪器和设备

均质器：≥12 000 r/min；电子天平：感量 0.1 g；离心机：离心力≥30 000 *g*；秒表。

---

① 本小节依据的国标为《食品安全国家标准 水产品中河豚毒素的测定》（GB 5009.206—2016），但根据最新的名词审定，河豚毒素应为河鲀毒素，本书根据最新审定的名词进行表述。

4. 方法操作步骤

为避免毒素的危害，应戴手套进行检验操作。移液器吸头等用过的器材、废弃的提取液等应在氢氧化钠溶液（1 mol/L）中浸泡 1 h 以上，以使毒素分解。

1）试样制备

（1）冷冻河鲀鱼样品

将样品装于密封塑料袋内于自来水水流下快速解冻。解冻后用水洗净，用滤纸吸干，分解成肌肉、肝脏、皮肤等部分。分别称量后将各组织剪碎，充分均质。

（2）新鲜河鲀鱼样品

将样品用水洗净后用滤纸吸干，分解成肌肉、肝脏、皮肤等部分，分别称量后将各组织剪碎，充分均质。

2）试样提取

（1）肌肉组织试样

准确称取试样 10 g（精确至 0.1 g）于 50 mL 离心管中，加入乙酸溶液（0.5%）11 mL，充分混匀，沸水浴中煮沸 10 min，不断搅拌以防止组织结块。冷却至室温，20 000 *g* 高速离心 20 min，移取上清液于 25 mL 容量瓶中。向沉淀中加入乙酸溶液（0.5%）11 mL，充分混匀，沸水浴中煮沸 5 min，不断搅拌以防止组织结块。冷却至室温，20 000 *g* 高速离心 20 min，移取上清液。合并上清液，混匀，用乙酸溶液（0.5%）定容至 25 mL。此提取液 1 mL 相当于 0.4 g 试样。

（2）肝脏组织试样

准确称取 10 g（精确至 0.1 g）试样于 50 mL 离心管中，加入乙酸溶液（0.5%）8 mL，充分混匀，室温下 20 000 *g* 高速离心 20 min，移取上清液于 25 mL 容量瓶中。用 8 mL 乙酸溶液（0.5%）重复提取 1 次。合并上清液，混匀，用乙酸溶液（0.5%）定容至 25 mL。此提取液 1 mL 相当于 0.4 g 试样。

（3）皮肤组织试样

准确称取 10 g（精确至 0.1 g）试样于 50 mL 离心管中，加入乙酸溶液（0.5%）11 mL，充分混匀，室温下 20 000 *g* 高速离心 20 min，移取上清液于 25 mL 容量瓶中。用 11 mL 乙酸溶液（0.5%）重复提取 1 次。合并上清液，用乙酸溶液（0.5%）定容至 25 mL。此提取液 1 mL 相当于 0.4 g 试样。

注 1：试样制备时，冷冻样品须在半解冻状态下进行操作。试样若不能及时检验，应于 4℃保存，在 24 h 内检验。

注 2：如果河鲀鱼样品的脏器或者组织不足 10 g 的情况下，按照以上方法进行提取操作，需适量减少乙酸溶液（0.5%）的加入量。

注 3：提取液中应不含有离心分离液表面上被分离出来的油状物、胶状物或者脂质类。

3）小鼠试验

选取 19.0～21.0 g 的无特定病原体级（SPF）昆明系雄性健康小鼠 6 只，称量并记录体重。随机分为实验组和空白对照组两组，每组 3 只。对每只试验小鼠腹腔注射 1 mL 试样提取液或乙酸溶液（0.5%）（空白对照液）。若注射过程中注射液溢出，须将该只小鼠丢弃，并重新注射一只小鼠。记录注射开始和完毕时间，仔细观察并记录小鼠停止呼吸时的死亡时间（到小鼠呼出最后一口气止）。

若注射试样提取液后，小鼠死亡时间小于 7 min，则按表 15-2 计算出 1 mL 试样提取液的毒力，以此为基准，配制出使小鼠在 7～13 min 死亡所需的稀释液，采用乙酸溶液（0.5%）进行稀释，将稀释液再注射至少 3 只小鼠以确定试样的毒力。具体示例如下：

从 10.0 g 脏器试样提取得到 25 mL 试样溶液对 3 只小鼠进行试验，若中位数致死时间是 5 min 15 s，小鼠体重为 19.5 g，试样提取液的毒力约为 3.58 MU/mL。按表 15-2 可以推测，稀释 1 倍后死亡时间约为 10 min。将试样溶液稀释 1 倍进行试验，若得出中位数致死时间为 10 min，则稀释液的毒力即为 1.80 MU/mL。因为稀释倍数是 2，提取系数为 3.11，重量校正系数为 0.98，所以毒力计算如下：

1 mL 试样的毒力 = 1.80 MU×3.11×2×0.98 = 10.97 MU。

若注射试样溶液后，小鼠的死亡时间大于或等于 7 min，则直接根据中位数致死时间确定试样的毒力。

小鼠中毒死亡症状：被注射了河鲀毒素的小鼠初期安静，随后出现呼吸困难，急促，腹部收缩加快，反应迟钝，继而出现突然疾走，急跑急跳，四处乱窜，东倒西歪，翻转乱跳等挣扎动作，数十秒后，小鼠后腿剧烈抽搐，2～3 次后趴卧不动，腹部呼吸逐渐微弱减慢，最后死亡。以停止呼吸作为判断死亡的标准。

5. 数据计算和结果表述

1）毒力的计算

根据小鼠试验中得到的小鼠致死时间，计算出中位数致死时间，然后按表 15-2 计算出毒力（若中位数致死时间刚好处于表 15-2 中给出的两时间中间时，则取两时间中较大的时间值；若介于表 15-2 中给出的两时间中但不正好处于中间时，则取更接近于中位数致死时间的时间值）。若小鼠体重不正好为 20.0 g，则按表 15-3 对鼠单位（MU）进行校正，通过校正后的鼠单位表示出提取液的毒力。

1 MU 的定义为使体重为 20.0 g 的无特定病原体级（SPF）昆明系雄性小鼠 30 min 死亡的毒力，相当于 0.18 μg 河鲀毒素。

试样中河鲀毒素的含量按式 15-9 计算：

$$X = M \times E \times f \times W \tag{15-9}$$

式中，X 为试样中河鲀毒素的含量，单位为鼠单位每克（MU/g）；M 为 1 mL 注射液的鼠单位数，单位为鼠单位（MU）；E 为提取系数，本方法提取系数为 3.11；f 为试样提取液的稀释倍数；W 为小鼠体重校正系数。

表 15-2　河鲀毒素致小鼠死亡时间-鼠单位（MU）换算表

致死时间 分:秒	鼠单位（MU）	致死时间 分:秒	鼠单位（MU）	致死时间 分:秒	鼠单位（MU）
4:00	6.13	7:00	2.48	14:00	1.42
0:05	5.80	0:10	2.42	0:30	1.40

续表

致死时间 分:秒	鼠单位（MU）	致死时间 分:秒	鼠单位（MU）	致死时间 分:秒	鼠单位（MU）
0:10	5.52	0:20	2.36	15:00	1.36
0:15	4.11	0:30	2.31	0:30	1.34
0:20	5.06	0:40	2.26	16:00	1.32
0:25	4.85	0:50	2.21	0:30	1.29
0:30	4.67	8:00	2.18	17:00	1.27
0:35	4.52	0:15	2.11	0:30	1.26
0:40	4.35	0:30	2.06	18:00	1.24
0:45	4.22	0:45	2.00	0:30	1.22
0:50	4.09	9:00	1.95	19:00	1.20
0:55	3.96	0:15	1.92	0:30	1.19
5:00	3.86	0:30	1.87	20:00	1.18
0:05	3.75	0:45	1.84	0:30	1.15
0:10	3.66	10:00	1.80	21:00	1.14
0:15	3.58	0:15	1.76	0:30	1.13
0:20	3.49	0:30	1.73	22:00	1.12
0:25	3.41	0:45	1.71	0:30	1.11
0:30	3.33	11:00	1.67	23:00	1.09
0:35	3.27	0:15	1.65	0:30	1.08
0:40	3.20	0:30	1.62	24:00	1.07
0:45	3.14	0:45	1.60	0:30	1.06
0:50	3.08	12:00	1.58	25:00	1.06
0:55	3.02	0:15	1.55	26:00	1.04
6:00	2.96	0:30	1.53	27:00	1.02
0:10	2.86	0:45	1.52	28:00	1.01
0:20	2.78	13:00	1.49	29:00	1.01
0:30	2.69	0:15	1.48	30:00	1.00
0:40	2.61	0:30	1.46		
0:50	2.55	0:45	1.45		

表 15-3　小鼠体重-鼠单位校正表

小鼠体重/g	鼠单位（MU）
19.0	0.95
19.5	0.98
20.0	1.00
20.5	1.03
21.0	1.05

2）结果报告

在空白对照组小鼠正常的情况下，河鲀鱼各组织中河鲀毒素含量进行如下判断和表述：

若小鼠的死亡时间大于 30 min，结果报告为＜3.11 MU/g 肌肉组织/肝脏/皮肤。

若小鼠的死亡时间小于 30 min，结果按式 15-9 计算得到实际结果报告，待测样品中河鲀毒素含量为×××MU/g 肌肉组织/肝脏/皮肤。

若 3 只小鼠死亡时间不都小于 30 min 或不都大于 30 min，则需重新注射 3 只小鼠，以确保 3 只小鼠死亡时间都小于 30 min 或都大于 30 min，结果据此判定；若重复注射 3 只小鼠死亡时间仍出现第一次小鼠死亡情况，则需根据第一次注射 3 只小鼠的中位数致死时间判定结果。

6. 方法评价

本方法的检出限为 3.11 MU/g。